重点大学软件工程规划系列教材

软件测试工程师成长之路

软件测试方法与技术实践指南
Java EE篇
（第3版）

王顺 潘娅 盛安平 印梅 编著

清华大学出版社
北京

内 容 简 介

本书以实际项目为原型,以关键的理论与丰富的实践为指导,贯彻了先进的项目管理理念与全程质量管理思想。

本书第一篇由众多来自全国各大高校第一线长期从事软件测试理论研究及考试研究的教师参与书籍的创作、组稿与审阅,目的是让软件测试领域核心理论知识在一个章节中完美地展示出来,方便教师的教学与学生的回顾。

本书第二篇由众多资深软件测试工程师通过多年经验的积累与提炼,以一个完整软件项目为实例,对软件测试工程师的日常工作进行详细的介绍,帮助读者掌握各种技术并能灵活地使用和扩展这些技术。让每一位读者清晰地理解作为一名软件测试工程师需要在软件生产流程各阶段做什么、怎么做、有哪些可以借鉴的经验技巧与参考文档。

本书第三篇是众多资深软件工程师在软件测试领域各大技术主题分享,展现众多实际工作中典型的测试技巧、测试技术,不仅告诉读者如何做,更主要是如何做得更好,向资深工程师方向发展,同时激起每个读者对技术的不懈追求和积极动手实践的兴趣。读者通过认真地体会这些技术细节并积极实践后,就能够积累丰富的实战经验,为今后的工作打下坚实的基础。

本书第四篇是引导师生自己动手实践,在实践中不断总结与提高。

本书适用于高校计算机及软件工程各专业作为软件实践教材,也可供有兴趣或正在从事软件测试工作的人员参考。

图书在版编目(CIP)数据

软件测试工程师成长之路——软件测试方法与技术实践指南 Java EE 篇/王顺等编著. —3 版. —北京:清华大学出版社,2014(2020.12重印)

(重点大学软件工程规划系列教材)

ISBN 978-7-302-36039-1

Ⅰ. ①软… Ⅱ. ①王… Ⅲ. ①软件—测试—高等学校—教材 ②JAVA 语言—程序设计—高等学校—教材 Ⅳ. ①TP311.5 ②TP312

中国版本图书馆 CIP 数据核字(2014)第 065993 号

责任编辑:刘向威 薛 阳
封面设计:傅瑞学
责任校对:白 蕾
责任印制:吴佳雯

出版发行:清华大学出版社
　　　　网　　　址:http://www.tup.com.cn,http://www.wqbook.com
　　　　地　　　址:北京清华大学学研大厦 A 座　　　　　　邮　　编:100084
　　　　社 总 机:010-62770175　　　　　　　　　　　　邮　　购:010-83470235
　　　　投稿与读者服务:010-62776969,c-service@tup.tsinghua.edu.cn
　　　　质量反馈:010-62772015,zhiliang@tup.tsinghua.edu.cn
　　　　课件下载:http://www.tup.com.cn,010-83470236
印 装 者:三河市君旺印务有限公司
经　　销:全国新华书店
开　　本:185mm×260mm　　印　张:32.25　　字　数:770 千字
版　　次:2010 年 7 月第 1 版　2014 年 6 月第 3 版　印　次:2020 年 12 月第10次印刷
印　　数:9901~11400
定　　价:59.00 元

产品编号:056804-02

言若金叶软件研究中心系列
软件工程师实践指南总序

言若金叶软件研究中心(Golden Leaf Software Research Centre,以下简称"中心")成立于 2004 年 5 月,是一个以网络形式组织而成的软件研究团队,主要致力于网络软件的研究与开发,参与国内计算机专业著作的研制与开发以及国际软件的协作与发展,从而推动我国信息化进程。

目前,中国高校中的计算机教育大多是理论教育,缺乏实践类教程。中国的大学生也因为缺少计算机实践能力而缺乏自信,无法找到能让自己立足本专业的实力,因而裹足不前。是打破这种僵局的时候了,让我们来主导这场革新,并且这场革新只能成功,因为大家等得太久,我们不能承受使如此庞大的人群失望。中心计划将在近 5 年的时间内把中国所有能实践的计算机理论教材,都配上相应的实践教程。让学生知道如何将所学的理论运用到实践中去,在实践中体会成长的快乐和成功的喜悦。我们要站在时代的制高点,高瞻远瞩,谋划久远,找到学生想从事软件行业必备的技术与素养,同时注重各领域知识的衔接。计算机编程技术与日常生活息息相关,我们力图用最浅显易懂的语言,表达最深的软件知识。

作为教育者,我们深知一个人的成长或成才,是多方面因素综合的结果,很多事情不是仅有理论知识就能做成的。如今的大学教育已成了大众消费,每个人只要想上大学,基本上都能实现,只不过是名牌大学还是普通大学的区别。正因为大学如此易考,每年毕业的大学生也就非常多,因此在社会中生存的压力也随之增大。我们现在见到许多这样的情况:大学的学历、中学的能力、小学的心态和幼儿园的受挫能力,可见学生的心理与人格教育也不容忽视。因此,每章末都有读书笔记和励志名言,引导学生正确认识人生旅途中所经历的一切。

21 世纪最缺乏的是高素质人才,每一个人都要努力使自己由应试型人才向素质型人才转变,由理论型人才向实用型人才转变,由专业型人才向复合型人才转变;终生学习,为家庭、为国家、为民族做出自己应有的贡献。这其中终生学习非常重要,终生学习不是指一直在学校学习,而是自学能力的培养。不会自学的人,就不可能有创新,就不可能有大的发展,就相当于没有上过大学。

其实我们每个人都知道如何能获得成功,但这世上还是有 90%以上的人不能做到真正意义上的成功,因为最重要的不是你知不知道怎样能成功,而是你是否做了,到底坚持了多久,是否坚持到将自己都感动过无数次!人生是一个漫长的过程,不在乎你一时的得与失,心态要平静。只要你有一个坚定的方向,有执著的信念,那么你一定能做成这件事,成功对你来说只是时间问题。做学问就一定要能坐得住,要耐得住寂寞,否则不可能成就大的事业,也就不可能在学术上有很高的造诣。

系列丛书的特点:

1. 作者阵容强大

该套丛书主作者都来自全国乃至全世界各大软件公司,大家因共同的信念而集合在一起。他们有多年的计算机实践经验,只是不知道如何有效地表述。作者大多来自全国各大高校与软件培训中心,他们大多清楚目前学生需要什么样的实践知识,但苦于缺少实践,无法指导。中心的任务就是首先建立软件工程师必须具备的技能知识框架体系,其次对于各种计算机语言,在框架内补充各自的知识,最后由工程师去写代码,由各大学教师去阅读。

2. 动用书籍的实践者队伍

中心每本书都有许多的实践人员,他们是软件工程师、高校教师、培训机构人员、高校在读博士或硕士,也有少许高年级的本科生。实践者队伍的选择也是来自各个专业,他们可能是学计算机的,或者是学日语或法语的,对数学、计算机没有什么概念,我们的目标是让每一个想看懂的人都能学会。实践者从不同角度来检阅系列丛书中的每本书是否适合绝大部分人学习。

3. 书中所有的例程都能正确运行

我们不是做伪代码,书中所有的例程都能正确运行。这是众多的实践者一起试验出来的结果。如果某个程序不能实践出来,书中会有解释,说明这个核心代码段,是为了解释某个大型功能,因书的篇幅不够,因而省略了其他代码。

4. 不仅是简单的计算机技术实战经验的传授,更是树立人生信仰的坐标

知识、技能目前不会,我们可以很快学到,只要你愿意。但一个人的信仰是扎根心底的,且坚不可摧。所以只要你有恒心,就一定能成为领域的佼佼者!

这套丛书的编写得到了许多美国、法国、英国留学生的支持,更是得到了硅谷的许多美籍华人的智力支持,让我们能够轻松地跟进国际最新的技术步伐。我要感谢你们的是,你们虽然身在国外,但都深植一颗爱国的心。这套丛书的出版同时得到清华大学、北京大学、北京航空航天大学、南京大学、中国科学技术大学、合肥工业大学、加利福尼亚大学(University of California)、滑铁卢大学(University of Waterloo)、国防科学技术大学、西南科技大学、北京交通大学、中南大学、武汉大学、苏州大学、西安工业大学、电子科技大学、同济大学、四川大学、武汉理工大学、解放军电子工程学院、北京师范大学、安徽大学、西南交通大学、重庆邮电大学、重庆交通大学等高等院校教师与学生的大力支持,在此由衷地感谢。

致所有团队成员:我深信今天的沉默,是为了明天能闪亮的更久远。潜心研究技术,造福中国软件产业,这不仅关系到某个人、某个家庭,甚至可以改变一代人或好几代人对技术的追求,对生活的向往,对人生的反思。书是人类思想的延续,一本好书足可以影响一个人

的一生。团队的成员,你们承载着几百万乃至上千万大学生的期望,你们不会孤单。你们应运而生,顺时而动。在你们走过的道路上,虽然有你们留下的无数汗水,甚至泪水,但你们的辛劳不会白费。是你们的付出,让后来人减少了许多碰壁的机会;是你们的努力,让许多人拥有了自信的笑容,生活得如此从容。

燃起生命的大火,扬起生命的风帆!
生命因为奋斗不息而光彩夺目,因为消沉磨灭而黯淡无光!

第 3 版前言

《软件测试方法与技术实践指南》第 1 版的出版,距今已经有 4 年时间;第 2 版的出版,距今也有两年时间。书籍第 1 版与第 2 版得到广大高校与读者的好评,并在全国高校计算机教学中起到积极的作用,在此我代表言若金叶软件研究中心(以下简称"中心")全体清华专著成员向大家表示衷心的感谢。书籍第 3 版的出版,将最大程度上满足全国各大高校、各大软件公司、各大软件培训中心的多层次需求。同时,继续保持本书在全国软件实践类专著中遥遥领先的地位,加强本书对全国各大高校和软件公司的深远影响。

中心除加大软件实践类教程广度与深度的研发与编写外,另一个重要工作就是积极配合教育部高等学校计算机科学与技术教学指导委员会、国家级实验教学示范中心建设单位联席会(计算机学科组)、清华大学出版社等在国内宣传计算机实践教学,身体力行地推动中国高校软件实践教学向更高层次发展,同时也为国家高素质软件实践人才的成长与发展搭建优秀的平台。

《软件测试工程师成长之路——软件测试方法与技术实践指南》第 3 版的出版秉承第 1 版与第 2 版的优点,从整个软件生命周期与全程质量管理的角度,阐述测试工程师在各个阶段的主要工作,以及每一阶段所起的作用。同时,增加软件测试工程师各大技术主题分享,为每一位读者从初级测试工程师向中高级测试工程师发展指明了道路。

当读者拿到本书时,中心已经完成了面向全国的十八届测试工程师培训与项目实训。有相当多高校的计算机教师,包括博士生、硕士生、本科生,部分高职高专学生加入了中心的培训与项目实训。实际的教学与学生们实际的项目实践,更进一步地推动了实践教程的发展,使该教程更适合引领高校学生动手实践及各大软件公司工程师们提高软件开发质量水平。

本书涉及的内容:

全书分为四大篇,同时有 4 个附录,每一篇的规划都是层层递进,相互关联的,附录也不例外。

第一篇:软件测试工程师知识筹备与成长发展,共分为 3 章。第 1 章讲解本书特色与使用方法;第 2 章将软件测试核心的理论知识串接起来,展示了从事软件测试工作所需要的最基础的理论;第 3 章讲解测试工程师如何成长,方便学生从高校毕业后能找准自己的位置,在软件测试工程师工作岗位上不断成长。

第一篇从理论上阐述了软件测试工程师的工作范畴、日常工作内容;成为测试工程师所必需的知识技能和个人素养;测试工程师成长和发展的前景。

第二篇:基于 Java EE 产品线的项目实践,共分为 7 章。该篇主要通过实例来讲述从软件最初的简单需求模型到最终的产品发布各个阶段测试工程师的主要工作,包括项目初期各阶段的主要工作、软件测试计划的制定、软件测试案例的编写、软件项目各部门相互协作、执行测试案例并报告缺陷、产品功能完善与修复缺陷阶段、测试工程师在产品发布前后的工作。

第4章和第5章通过实例,深入讲解编写高质量的测试计划的方法,以及学习如何在项目中维护和执行测试计划。

第6章通过各种类型测试用例:白盒测试、黑盒测试、压力性能测试、Web安全测试、跨平台/跨浏览器测试、本地化国际化测试、Accessbility的编写实例,深入学习编写各种测试用例的方法,以及学习在项目中和项目结束后维护测试用例。

第7章和第8章能学习到如何与产品经理、项目经理、软件工程师、环境维护工程师一起处理各种状态的Bug;如何管理和分析项目过程中以及项目结束后各种状态、类型、级别的Bug;以及如何通过分析结果提高测试工程师本身乃至整个测试团队的测试水平。结合各种编写测试用例的方法以及各种Bug的实例,深入学习如何在整个项目中更早、更多地发现Bug,以及如何才能报出正确、详细且能被软件开发工程师接受的Bug。

第9章和第10章能深入学习到如何编写高质量的质量分析报告;如何组织验收单位、软件公司内部员工进行有效的验收测试;如何处理验收测试中发现的问题;以及如何有效地处理客户实际使用过程中发现的问题。

第二篇从项目全程质量管理的角度阐述软件项目每个过程中,软件测试工程师的作用、工作重点以及扮演的角色。

第三篇:软件测试领域九大专题技术分享,共分为9章。涉及软件测试领域的方方面面,同时紧随国际软件测试最新的技术,有一定的前瞻性,技术研究深入,方便引导读者进入高级工程师行列。内容包括Web测试专题技术分享、Client测试专题技术分享、Mobile测试专题技术分享、国际化本地化测试专题技术分享、跨平台跨浏览器专题技术分享、Web安全测试专题技术分享、敏捷测试专题技术分享、软件自动化测试专题技术分享、压力与性能测试专题技术分享。

第三篇通过众多全球知名软件公司资深工程师的各大软件测试技术主题分享,让读者能更清楚地了解自己目前的水平,如何进行更深层次的提高以及怎样跻身资深工程师行列。

第四篇:师生动手实践,共1章。引导读者立即实践,展示自己的专业水平,阅读中心在国际软件测试中积累的经验分享,欣赏全国大学生软件实践能力比赛的获奖作品,使自己更快地适应软件工程师角色。

书籍附录A的内容是本书第二篇对应的软件系统,师生安装好系统后教学更有针对性;附录B是将书中或软件测试工作中常遇到的英语与对应的中文解释,方便读者进入国际软件测试队伍中;附录C是面试指南,方便学生找到一份满意的工作;附录D是对本书所有作者与贡献者的介绍,感谢他们的辛勤努力、对技术的不懈追求、对加快祖国信息化发展步伐的雄心壮志,才成就了今天的系列实践教材。

第3版新增/新修订章节主要作者与贡献人:

本书ASP.NET篇第3版由王顺负责策划与主编,兰景英、盛安平、恽菊花为副主编,王顺、兰景英、盛安平负责主审。

本书Java EE篇第3版由王顺负责策划与主编,潘娅、盛安平、印梅为副主编,王顺、潘娅、盛安平负责主审。

第3版新增/修订章节第1、11、13、16、20章由王顺编写,第2、3章由潘娅、兰景英编写,

第12、15章由盛安平编写,第18、19章由恽菊花编写,第14章由崔贤编写,第17章由盛安平、王莉编写,书籍附录由王顺编写,印梅主要负责书籍配套教学电子文档的整理合成与制作。

为保持本书简约而不简单的风格(清晰的软件生产流水线,以及每个阶段测试工程师的主要工作)和教师对书籍教学的继承性,原书第1版与第2版中涉及一个完整项目流程实践的所有章节没有改变(第4~10章)。

本书的出版同时得到中心官方合作院校和许多高校软件测试专业教师、软件测试领域资深专家的大力支持,他们是:同济大学软件学院朱少民教授、西南科技大学计算机学院范勇教授、安徽财经大学信息学院陈涛博士、广州番禺理工学院孙庚副教授、四川理工学院软件工程系何海涛主任等。

为配合本书的实践教学,各大在线网站的开发与运维主要由中心系统架构师、资深软件开发工程师、资深软件测试工程师团队、资深项目管理师团队完成,主要成员有:王顺、Waley Zhang(美)、汪红兵、李化、盛安平、恽菊花、吴治、高轶等。

同时,书籍各大技术专题分享中的许多例程由中心软件测试国际团队的教师、工程师和学生提供,主要成员有:严兴莉、胡绵军、张凤、李林、王璐、张文平、李凤、裴姚君、钟育镁、陈丽、杨君、甘雪莲、王婷婷等。

本书使用常见问题解答:

(1) 本书第1、2、3版有什么区别,为什么要有这么多版本?作为高校教师应该选择哪个版本来进行教学?作为想从事软件测试行业或已经是软件测试工程师,应该选择哪个版本学习?

如果说本书第1版给读者展示了什么是软件测试工程师及其所要具备的基本技能,如何完成测试环境的搭建;测试计划、测试案例的编写;测试工具的使用;如何发现和报告缺陷,以及相关测试报告的编写等软件测试工程师耳熟能详的工作。那么第2版是对第1版的巩固与提高,读者虽然已经掌握了软件测试的基本知识与基本技巧,但缺乏项目实践,技能也不够系统,所以第2版新增加了国际软件测试经验与技术分享以及中心5大网站,供读者实践,加深了本书的实践导向。第3版的出版是为了满足更深层次地学习软件测试、软件开发、软件质量管理、软件流程控制,使读者能尽快地通过实践进入到高级工程师行列;第3版不仅优化了核心理论知识,保持一个完整项目流程,增加软件测试领域各大专题技术分享,同时还增加了师生和读者动手实践空间,以及软件测试面试技巧。

3个版本可以满足不同层次的读者与高校教学实践的需求。

作为高校教师,需要看贵校或贵专业想要通过本课程的学习将学生培养成什么样的人才,以及每周给多少次课程来上这门课。如果只是想让学生知道软件测试的基本流程以及满足师生简单层次的动手实践,选用本书第1版或第2版都可以。如果想让学生向更高层次发展,建议选用本书第3版。如果学校每周有一两次课上这门实践课程,建议使用本书第1版或第2版(少课时版);如果每周有三四次课,建议选用本书第3版。

作为想从事软件测试行业或已经是软件测试工程师的成员,请直接选用本书第3版。

(2) 本书适合高校哪些专业师生学习?读者群体有多广?

本书虽然是软件测试工程师成长实践类教材,但因为软件质量是软件产品的生命线,所以全国各大高校计算机学院、信息管理学院、软件学院各专业都可以选用本书作为软件实践类教材。教师和学生通过学习本书,就能知道软件生产的整个流程,以及在软件生产各环节如何避免引入软件缺陷,各种类型软件常出现的软件缺陷在哪里,在软件开发、软件测试及软件项目管理时,如何减少这些缺陷存在的可能性,如何保证开发的软件足够安全,怎样验证所使用的软件是安全的等,对各大软件专业都有帮助。

除了全国各大高校信息类师生可以选用本教程外,工程硕士、工程博士、全国各大软件培训机构的软件工程师培训、全国各大软件公司的软件工程师都可以选择本书第3版,学习当前最新的技术、阅读资深工程师各大技术专题分享、增强自己的技术实力,在竞争中展现自我。

(3)某重点高校计算机学院反映:学院规定的计算机理论课程每学期都上不完,怎么有时间来学习这个实践教程?

对于这一点中心认为,对学生的教育,不是让他们知道所有的既定理论、定理,更主要是让学生应用这些知识。

本书第3版的出版就是为了取代传统的计算机理论教学,大家都知道经过一本书的理论教学之后,实际能记得或用得上的理论总结后可能只有几句话或几页纸。本书第3版的第一篇中的第2章软件测试领域核心知识大串讲,完全可以替代传统的理论教学书籍中能学到的知识,同时第一篇中的第3章,讲解进入测试工程师行业后如何进一步的发展,附录C中讲解软件测试工程师面试技巧,少许的几章已经比传统的理论课程有更强大的生命力。

同时本书第3版第二篇从水平角度出发,基于一个完整的软件产品线,讲述软件生产的各个流程及各阶段软件测试工程师的主要工作,需要掌握的技巧。本书第3篇从纵深角度出发将目前软件测试领域九大专题技术进行串讲,方便师生了解前沿技术以及分享众多资深工程师的经验,很容易引领读者进入软件工程师行列并很快地向高级工程师方向成长。本书第3版出版的初衷就是用来替代传统的理论书籍教育,采用理论实践相结合的方式并更为突出实践的重要性,体现每一个学习者的主动性与创造性。

如果某重点高校的教师认为自己的学生毕业后大多都会去做软件测试方面的学术研究、或认为自己教授的某门软件测试教程已经相当的熟悉,不想再做改变,在这种情况下中心推荐理论归理论教学,《软件测试方法与技术实践指南》第1版与第2版可以用8~16次课教学,第3版可以用12~20次教学。学生动手实践及经验分享可以不占用教学时间,由学生自行完成。这样对教师与学生都有一个新的要求,教师要对软件测试各环节非常熟悉才能把握好教学;而学生需要利用闲暇时间动手实践,去领会与运用各种测试技术。

(4)某高职高专计算机专业教师咨询,我们学校的师生能不能选用本课程,学生能不能学会,会不会太难?

虽然目前选用本书的高校有许多是全国985高校、211高校、省市重点高校、军事类重点高校,同时我也能看到有许多高职高专院校使用我们的教程,如广州番禺职业技术学院、常州机电职业技术学院、保定电力职业技术学院等。因为重点院校许多学生会继续深造走向科研,做学术研究,所以要掌握的知识一方面要广,另一方面要深;而高职高专定位应该是培养高技能的应用人才,所以针对软件测试这门课来说,完全可以放弃传统的理论课教学,改用这本实践教程,从头开始学,加大学生实践与测试经验反馈的力度。

中心所有软件实践类教程都不是从纯理论研究的角度出发来编写的,而是从如何应用到工作实际中这一角度出发,所以学生一定能学会,不用担心。

(5)有些学生看完本书后认为:这本书很简单,没什么可学的,怎么办?

中心把书籍写得深入浅出,把软件行业复杂的流程和软件从业人员的主要工作清晰地勾勒出来,所以让人感觉很简单。但简单不代表你就能不经过系统学习,轻易从事这方面的工作,更不代表你可以在这个领域有很高的造诣。经过近十年的发展,中国的软件行业对软件测试及全程软件质量控制越来越重视,而国内软件测试工程师缺口比较大,相反许多高校计算机学院毕业的学生,因为没有工作经验,不懂实践而找不到好的工作。作为测试新手,如果想在职场获得更多的尊重,更多的薪水,只会简单的测试理论,只知道基本的应用是远远不够的。

本书第 3 版增加了各大专题技术分享,从而方便读者进入高级工程师行列。许多技术看似简单,但能把这些技术融会贯通,熟练运用,需要多年的动手实践积累和不断总结提高,才能运用得恰到好处。

(6) 有潜在读者反映,本书是否适合自学?如果自学过程中有什么不理解,怎么办?有高校教师觉得自己对软件测试领域的实践不够多,感觉不太能适合本课程教学,所以不选用本书作为软件实践教材,如何克服畏惧心理?教师如果在教学过程中,存在疑问,找谁联系?

中心编写的软件实践类专著,满足自学的要求,完全适合自学。各大高校教师,如果只是担心自己的经验不够,而没有选用本教程,那就太可惜了,因为教授本书的时间越长,教的班级越多,领悟与发现就会越多,技术也会越来越强,您会惊奇地发现几年之后,自己也变成了这方面的专家。

如果您只是担心使用本书有疑问向谁问的问题,中心早就已经有解决方案:请访问本书官方网站 http://books.roqisoft.com/itest。

使用《软件测试工程师成长之路——软件测试方法与技术实践指南》作为教材的高校教师,请加入在线官方教师 QQ 交流群:200236945。加入群后,请修改自己的群名片为“姓名＋所在高校”格式(如,张三＋哈工大)。

使用《软件测试工程师成长之路——软件测试方法与技术实践指南》书籍作者/贡献者/读者在线官方 QQ 交流群号:QQ 群 1:143416681,QQ 群 2:166256311,QQ 群 3:12525831,QQ 群 4:113715517(请选择一个没有满员的群加入)。加入群后,请修改自己的群名片为“姓名＋地区＋职业”格式(如,张三＋合肥＋学生)

如果您在自学本书时还感到吃力,想要参加中心的相应级别工程师培训,请访问言若金叶研究中心全国软件工程师培训官网:http://training.roqisoft.com。

(7) 学生学完后,都跃跃欲试想展示一下运用本书中提到的各种技术,有没有什么地方可以供学生展示自己的能力?

中心从 2012 年本书第 2 版出版后,就开始组织全国大学生软件实践能力比赛,全国大学生软件实践能力比赛官方地址为 http://collegecontest.roqisoft.com。

里面有软件测试工程师技能比赛,也有软件开发工程师技能比赛,欢迎大家来展示自己的实力。获得名次和相应证书后也为大家进入未来职场提供一个敲门砖。

同时,每年都有许多全国优秀在校大学生通过中心平台参与到国际软件外包项目和自主研发项目,锻炼了自己软件实践能力与实战经验的同时,也可获得相应的报酬。

(8) 本书 ASP.NET 版与 Java EE 版两个版本,有什么区别?

本书 ASP.NET 版与 Java EE 版两个版本从目录结构上看没有太多的区别,主要是实践上配套软件是用什么语言开发的区别。两个版本,第一篇完全一致;第二篇因是一个具体软件生产流程的例子所以有区别:ASP.NET 版是用 ASP.NET 技术开发的大学图书管理系统,Java EE 版是用 Java EE 技术开发的大学学籍管理系统,两个系统都比较容易理解;第三篇的区别在第 18 章和第 19 章自动化测试与压力性能测试的实践举例,ASP. NET 是用的大学图书管理系统,Java EE 用的是大学学籍管理系统;第四篇完全一致;附录的不同点在附录 A 上:ASP. NET 讲的是大学图书管理系统的安装配置,Java EE 讲的是大学学籍管理系统的安装配置。

教师和学生可以选择自己熟悉或喜欢的语言版本作为教材,如果两种语言比较起来熟悉程度和喜欢程度都差不多,就可以任意选择一个版本进行教学与实践。

(9) 本书配套的大学学籍管理系统与大学图书管理系统的账户与密码是什么?对应的软件和教学 PPT 从什么地方下载?

在清华大学出版社图书网站中搜索本书,就能下载到相应的软件与教学 PPT,里面也有账户与密码的说明。Java EE 版大学学籍管理系统默认账号与密码:admin/pass111,ASP. NET 版大学图书管理系统默认账号与密码:admin/pass123。此外,在中心官网与论坛中有许多测试经验与技巧分享,有兴趣的读者可以访问查看。

随着软件行业的发展,要求软件测试工程师越来越专业,很多学生想从事软件测试的职业,但对这个职业很迷茫,不知道从事这个职业需要具备哪些专业知识,需要积累哪些经验,如果从事这个职业后,如何提高自己,等等。深入学习本书,希望您能找到满意的答案。

致谢

感谢清华大学出版社提供的这次合作机会,使该实践教程能够早日与读者见面。

感谢团队成员的共同努力,因为大家都为一个共同的信念"为加快祖国的信息化发展步伐而努力"而紧密团结在一起。感谢团队成员的家人,是家人和朋友的无私关怀和照顾,最大限度的宽容和付出成就了今天这一教程。

由于作者水平与时间的限制,本书难免会存在一些问题,如果在使用本书过程中有什么疑问,请发送 E-mail 到 tsinghua. group@gmail. com 或 roy. wang123@gmail. com,作者及其团队将会及时给予回复。

后记

您也可以到中心的官网 http://www.leaf520.com 进行更深层次的学习与讨论,在言若金叶软件研究中心官网,您可以:

了解中心最新的动态;

掌握中心最新的专著进展情况;

报名参加中心的软件工程师培训;

报名参加中心软件工程师认证;

报名参加中心软件实训与外包,锻炼自己能力的同时获得应有报酬;

加入中心会员,或者直接加入中心,成为中心的一员,共同体验成长的快乐;

加入中心软件各领域 QQ 群,和其他高手或同学一起探讨学习困难与成长经验;

加入中心软件外包 QQ 群,由资深工程师与项目管理师带领您参与国际软件外包。

一切成就,只因有你! 相信追求梦想的力量!

王　顺

2013 年于西南科技大学计算机科学与技术学院

目　　录

第一篇　软件测试工程师知识筹备与成长发展

第三篇 软件测试领域 9 大专题技术分享

第一篇

软件测试工程师知识筹备与成长发展

第1章 本书特色与使用方法

【本章重点】

本章主要讲解本书的特色和亮点，三个版本之间的关系，面向的读者群体，书籍第3版四大篇章之间的关联，如何更好地使用本书，以及配套资源下载使用方法。其中，本书四大篇章之间的关联是本章的重点所在，读者只有领悟到四大篇章之间的关联才能从整体上把握本书，知道目前自己所处的位置，更好地提升自己。

1.1 本书特色

言若金叶软件研究中心组编的《软件测试工程师成长之路——软件测试方法与技术实践指南》以实际项目为原型，以关键的理论与丰富的实践为指导，贯彻了先进的项目管理理念与全程质量管理思想。以一个完整软件项目为实例，对软件测试工程师的日常工作进行详细的介绍，帮助读者掌握各种技术并能灵活地使用和扩展这些技术。

软件工程师实践指南系列书籍出版的目的是：加快祖国的信息化进程，让更多的信息技术学习者走出迷茫与彷徨，揭开软件工程师的神秘面纱，完成自身向软件工程师的转变。

系列实践指南的基本理念是：让每一位想进入信息技术行业的人，都有可能进入 IT 行业，都能结合自身的发展情况，选择合适的方向，快速完成自身的转变。

系列实践指南的特点：紧随人类认知的发展过程，从零开始学，配合该领域相关的知识，让每一位读者体验到自己在动手实践时获得的成功与喜悦。丛书由四大篇章构成，分别从预备级、初级、中级、高级软件工程师成长历程进行，书中每一章开始都会有导读，带领读者进行学习，每一章的结束都会有读书笔记，读者可以写下在阅读本章后的感言与学习心得。

希望通过作者和每一位读者的共同努力，为祖国的信息化建设做出应有的贡献。

1.2 本书第3版亮点

（1）优化原书第 1～3 章，内容隶属于本书第一大篇章。第 1 章专门讲解如何使用本书，以及本书 4 大篇章之间的内在联系；第 2 章将软件测试核心的理论知识串讲起来，让读者发现其实并不需要太多的理论，就可以胜任软件测试工程师职务；第 3 章讲解测试工程师如何成长，指导读者走上工作岗位后能找准自己的位置，在软件测试工程师工作岗位上不断成长。

（2）保持原书中完整项目流程展示，即测试工程师在软件生产流程各环节中的主要工作，内容隶属于本书第二大篇章，从第 4 章至第 10 章保持原有风格，使教师教学有相应的继承性。第二篇章是从水平的角度出发，讲解一个完整的软件项目流程，以及各阶段测试工程师的主要工作，属于扁平式的知识传播。

（3）新增软件测试领域各大主题技术分享，内容隶属于本书第三大篇章，从第 11 章至第 19 章是从纵深方向出发，讲解软件测试工程师各大主题技术的经验分享，将读者从工程师逐步引导至高级测试工程师行列，培养高级工程师的思维方式，具备高级工程师对软件项目的开阔眼界和对某些技术领域的精深研究。

（4）新增师生动手实践章节，内容隶属于本书第四大篇章，第四篇虽然只有一章，即第 20 章，但其扩展性很强，提供了中心各大网站应用，以及目前国内知名的网站应用，引导读者动手实践。同时展示如何能做得更好，以及全国大学生软件实践能力大赛的比赛获奖作品欣赏，提高师生的技术水平与实践水平。

本次对原版的改动比较大，既有相应领域核心知识串讲，也有进入这个领域如何继续成长，同时包括从水平角度出发一个完整的软件生产流程各环节软件测试工程师的主要工作，也具备从纵深层次出发软件测试领域各大主题技术分享，还有师生动手实践篇，众多的优势使得本书更适合成为软件实践类精品著作。

1.3　本书第 1、2、3 版之间的关系

软件测试方法与技术实践指南第 1 版由中心在 2003—2007 年进行构思，2007—2009 年正式组织编写、修订、审阅，2010 年 7 月在清华大学出版社出版。本书主要阐述软件测试工程师在软件整个生命周期的每一个环节主要做的事务，需要哪些技能，日常与核心工作是什么等，并通过具体的项目实例，从头至尾展示了一个软件项目在生产及维护过程中测试工程师的工作。本书为教师与学生揭开了软件测试工程师的神秘面纱，使学生清楚地知道要想成为一个测试工程师应该如何做，给教师与学生指明了方向。

软件测试方法与技术实践指南第 2 版由中心在 2010—2012 年编写、修订、审阅，2012 年 7 月在清华大学出版社出版。本书增加了更多的软件项目实例。中心动用资深软件开发工程师、系统架构师、资深软件测试工程师、高校教师、高校学生等研制提供中心五大网站，供教师与学生在平时教学或从测试工程师角度动手实践做项目。同时，中心把在国际软件测试市场中取得的经验放在最后一章（第 12 章　国际软件测试经验分享），更为有效地指导教师与学生实践。

软件测试方法与技术实践指南第 3 版由中心在 2012—2014 年编写、修订、审阅，第 3 版的出版将对第 2 版进一步深化，不仅告诉读者如何做软件测试项目，每个软件项目阶段测试工程师如何做，做什么，有哪些方法与技巧，而且最具特色的是增加了各大软件测试主题技术专题分享，向更高层次发展。这些主题分享包括：

（1）Web 测试专题技术分享；

（2）Client 测试专题技术分享；

（3）Mobile 测试专题技术分享；

（4）国际化本地化测试专题技术分享；

（5）跨平台跨浏览器专题技术分享；

（6）Web 安全测试专题技术分享；

（7）敏捷测试专题技术分享；

（8）软件自动化测试专题技术分享；

（9）压力与性能测试专题技术分享。

通过保持以前版本简约而不简单的风格，清晰的软件生产流水线，以及每个阶段测试工程师的主要工作，让读者懂得作为软件测试工程师需要如何做，同时补充了各大专题技术分享，即测试工程师如何能在自己的岗位上做得更好，展现自己的专业素养与自身价值。

1.4　本书面向的读者群体

本书既有一个软件生产流程各环节软件测试工程师日常工作的水平介绍，也有软件测试各大主题技术纵深层次分享，同时包括软件测试领域核心理论知识串讲，给读者留下更多的动手实践空间，以及软件测试工程师面试技巧和软件测试工程师如何在公司内持续成长。

因为软件质量是软件产品的生命线，所以全国各大高校计算机学院、信息管理学院、软件学院任何一个专业都可以选用本教程，包括大学专科、本科、科研型硕士，以及工程硕士、工程博士。

本书实践性很强，对软件工程师培训与就业的指导意义很大，同时适合全国各大软件测试工程师培训机构，选为培训教材。

本书由众多资深软件工程师多年软件行业实践经验总结，适合各大软件公司软件测试工程师提高自身技能，向高级工程师方向发展。

本书同时适合所有想从事软件行业或想了解软件行业的社会成员自学。

1.5　本书四大篇章之间的关系

本书第一大篇章主要讲解软件测试工程师所必备的核心理论知识，理论总结的目的是为了方便指导后面的实践，对实践内容进行总结抽象与概括提高。同时讲解测试工程师如何在自己的岗位上不断发展与提高。

本书第二大篇章通过一个具体的软件项目，从软件工程的角度生动地讲解了在软件生产各环节软件测试工程师所要做的主要工作，以及各项工作的理论与实践经验分享，包括各类文档的编写等。

软件工程的基本流程，也就是 ERCM（Engineering Release Cycle Methodology），它把软件工程划分成不同的阶段，并规定了在每个阶段里，不同角色的成员需要做些什么事情，需要达到什么样的目标。

在实际的软件工程过程中，一般把项目划分成如下几个阶段。

（1）PRD 生成阶段。PRD（Product Requirements Document）是产品需求文档，它决定了产品需要做什么，要实现哪些功能，它对整个项目具有指导作用，是软件开发的基准。PRD 通常由 PM（产品经理）根据客户的实际需求设计完成。在生成阶段，EM（工程部经理）、DEV（开发工程师）就会参与进来，阅读 PRD，并且提交发现的问题。QA（Quality

Assurance)工程师会在 PRD 生成之后,参与 PRD 的阅读,提交发现的问题;PM 会与 DEV 和 QA 对问题进行讨论,并根据讨论结果修改 PRD。在 PRD 审阅完毕后,PM、EM、DEV 和 QA 对产品需求的理解应该是一致的。

(2) SPEC 设计阶段。SPEC(Specification)是产品规格说明书,当 PRD 确定之后,EM 就要根据 PRD 设计 SPEC。在 SPEC 中,将根据 PRD 细化客户的每个需求,详细设计产品的每个功能、逻辑关系、产品界面风格等。当 SPEC 设计完之后,PM、DEV、QA 必须共同对 SPEC 进行审阅,从各自的角度检查 SPEC 是否有设计不合理的、遗漏的地方,并与 EM 共同讨论,按照讨论结果进行修改。SPEC 设计完成后,DEV 就要开始根据 SPEC 设计开发文档,QA 开始进行 Test Plan 和 Test Case 的设计。

(3) Test Plan 设计阶段。测试计划是 QA 工程师完成的,当 SPEC 中的内容最终确定之后,QA 工程师就要开始制定测试计划。在这个阶段,开发工程师就要开始写代码。

(4) Test Case 设计阶段。测试用例同样也是 QA 工程师完成的,它也是基于 SPEC 设计的,和 Test Plan 几乎在同一个阶段完成。开发工程师在这个阶段,需要对自己写的代码进行单元测试。

(5) 产品代码 CC(Code Complete)阶段。在产品 SPEC 确定之后,开发工程师就开始写代码,到 CC 阶段,就需要完成所有代码设计,并且完成代码的单元测试。

(6) 产品 CF(Code Freeze)阶段。当代码完成之后(CC),测试工程师开始进入测试周期,一般经过两到三轮测试之后,产品中存在的问题基本上全部被发现,再也找不到比较严重的产品缺陷,而且开发工程师把所有找到的产品缺陷修复,就可以达到 CF 标准。在 CF 之后,一般情况下,不允许轻易地改动代码,即使需要改动,也必须经过一定的流程控制,以确保没有 Regression 问题出现。

(7) 产品 ER(Engineer Release)阶段。当代码 CF 之后,测试工程师需要经过一两轮的验证测试,确定没有较严重的缺陷存在时,产品就可以对外发布,或与客户一起进行验收测试。

详细的 ERCM 流程图如图 1-1 所示。

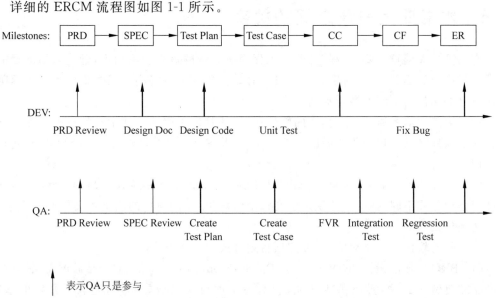

图 1-1　软件生产基本流程 ERCM

图中涉及的英文名词中英文对照：

Milestone——里程碑

PRD——Product Requirements Document（产品需求文档）

SPEC——Specification（产品规格说明书）

CC——Code Complete（代码完成）

CF——Code Freeze（代码冻结）

ER——Engineering Release（工程交付）

PM——Product Manger（产品经理）

EM——Engineer Manager（工程部经理）

DEV——Developer（开发者）

QA——Quality Assurance（质量测试工程师）

FVR——Feature Validation Report（功能验证测试）

Integration Test——综合测试

Regression Test——衰退测试

第二大篇章紧紧围绕ERCM软件生产基本流程图来讲解，所以在学习过程中如果感到自己迷失了方向，可以再回过头来看看这张图，就能体会到第4～10章为什么这样编排。

本书第三大篇章对第二大篇章进一步深化，并从不同角度进行深化和扩展。第二篇章从公司软件生产流程上讲解，不能充分体现软件从业者个体技术实力。第三篇章从软件测试各大专题技术纵深方向出发，体现个体的技术能力和对软件项目的影响，如图1-2所示。

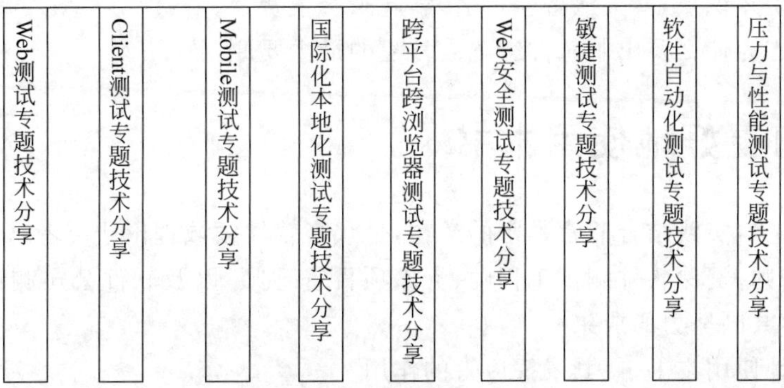

图 1-2　软件测试领域九大主题技术分享

第三大篇章围绕软件测试领域九大主题技术分享展开，层层推进，不断深化个人技术实力。

经过前面三篇的学习与实践，大家或许会想：本书有没有提供可供大家亲自动手实践的项目呢？答案是肯定的。为满足不同喜好的成员实践要求，本书既提供了在线的网页版的实践项目，只要能上网就可以参与实践；也提供了单机版的实践项目，只要在本机安装就可以进行实战练习。这也就是第四篇引出的原因。

本书四大篇章之间关联：第一篇理论知识回顾，引导所有打算从事软件测试工程师行业的成员，尽快地梳理软件测试工程师必须要掌握的理论知识，做到胸有成竹；第二篇基于产品线的项目实践，引导读者了解软件项目整个流程以及在各个阶段测试工程师所要做的事务,让读者知道测试工程师究竟是做什么的;第三篇软件测试技术主题分享,引导读者如何做得更好,每一个主题的核心技术分享,使我们逐步成长为一名资深的工程师;第四篇立即实践,展示自己的专业水平,阅读中心在国际软件测试中积累的经验分享,欣赏全国大学生软件实践的获奖作品,使自己更快地适应软件工程师角色。

1.6 本书与市面上其他软件实践类书籍的主要区别

现在计算机书籍有很多,但是实践类书籍还相对较少,尚处于摸索阶段,目前市面上的实践书籍大概有以下 4 类。

(1) 仅仅是理论书籍的延续,只是书名换了,这大多是搞理论研究的专家编的,对想提高动手能力的学生来说,指导意义不大。

(2) 确实是实践类的书,但大多是入门指南,缺乏系统性,很少有发展的方向指导,对学生的深层次发展、前瞻性引导意义不大。

(3) 确实是实践类的书,只是按照成功的一个或几个项目来编写,铺天盖地的代码段在书籍中复制、粘贴,但学生真能遇到这样的项目很少,实际指导意义不是很大,因为学生想要做和能够做的和书中已经做好的项目相差甚远。

(4) 确实是实践类的书,并且也比较注重与实际的结合,也没有铺天盖地的代码复制、粘贴,也试图去让学生明白每一个知识,但知识不够系统,没有很准确地把握学生的实际,也不能很好地将各个知识点有机地串联起来。学生对照着这样的书来学习时会很迷茫,不能系统地理解整个知识点,就无法融会贯通,学起来会很费劲。

这些是中心为什么要出版软件实践类教程的最主要原因。

1.7 如何更好地使用本书

本书是理论与实践结合非常紧密的产物,是众多软件领域理论研究者、资深软件开发工程师、系统架构师、资深软件测试工程师、资深项目管理师,以及软件公司测试工程师、大学教师、大学学生共同努力的成果。

如何更好地使用本书,使其发挥应有的作用?

本书两大核心篇章之第二篇章:软件生产流程一定要熟悉,这样进行到各个阶段才能有备无患,能很快地进入岗位、胜任从学生到软件工程师的转变。

本书两大核心篇章之第三篇章:软件测试领域九大领域专题技术分享一定要认真研究,不断总结、掌握与灵活运用各项技术,这样才能在工作岗位上游刃有余,展示个人的专业实力,提高软件产品质量。

本书第一大篇章理论知识串讲是为了同学们在应聘软件测试工程师工作岗位笔试时应对理论知识做准备的,笔试的实践知识或上机的实践知识主要来源于第二篇与第三篇。通过笔试后,一般都有面试,书籍附录的面试题与参考回答技巧,能有助于每一位应聘者脱颖而出,获得更多的认可与更高的薪酬。

本书第四篇章的师生动手实践虽然只有一章,但很重要。因为别人的知识分享得再精彩,没有自身的努力与付出,也成不了自己的知识,不能融会贯通,不知道各种技能应用的场合。

本书四大篇章缺少任何一篇都不完美,即使是书籍的附录也是精心编制。本书中的各大在线网站选材基本上都是中心开发的网站,因为这些网站由中心维护,不会轻易被关闭、被修改、被删除而导致读者对照着书籍无法得到实践的内容。当然,也有可能因为中心的网站在某几个案例中表现得不够明显,所以选了其他网站,但选材基本上都是国际或国内知名的网站或应用,从而保持相对的连贯性与一致性,最大程度地满足读者实践的需求与亲身体会的原动力。

因为本书第二大篇章是基于软件生产整个流程进行讲解的,所以在教师或学生进入第二篇章时,请对应所学书籍的附录 A 安装上相应的系统,这样更方便教学实践与动手实践的进行。在师生共同实践过程中体会本书组织的精妙之处,在不知不觉中体验软件测试工程师任职中所要做的工作。

1.8 本书及其配套下载资源使用说明

本书配套可下载资源有大学学籍管理系统安装配制说明书和另外三个文件夹。详细介绍如下。

1. 大学学籍管理系统安装配制说明书

在说明书中详细介绍了 JRE 的安装及环境变量的配置,同时介绍了 Apache Tomcat 和 MySQL 的安装,最后介绍了如何在 Tomcat 中部署"大学学籍管理系统"。

2. "大学学籍管理系统安装配制"文件夹

这个文件夹包含创建"大学学籍管理系统"所需数据库的 SQL 语句,以及部署"大学学籍管理系统"所需要的包。

3. "Test Case 实例"文件夹

本书是以实践为主,书中介绍了很多设计测试用例的实例,希望通过这些实例,读者能够在实际工作中,独立地去设计测试用例。在这个文件夹里含有"Java EE 项目测试用例",每条实例都有"标题"、"操作步骤"和"期望结果",读者可以参照这些实例,去体会测试用例的写法。

4. "Bug 实例"文件夹

软件测试工程师最主要的工作是给产品报 Bug,在这个文件夹中含有 Java EE 项目一些经典的 Bug,通过这些 Bug 实例,读者可以体会到,如何尽快地发现产品中存在的问题,以及如何报出来。

5. Bugfree 的使用

在本书中介绍了一个缺陷管理系统的实例,通过这个实例,读者可以认识到缺陷管理系统是如何管理 Bug 和 Test Case 的。读者应多加练习,掌握 Bug 的新建、确认、修改等日常工作。

6. 自动化测试工具的使用

本书第 18 章和第 19 章详细介绍了自动化测试的实例,自动化测试的源代码在配套下载资源中也有提供,方便读者进行练习与总结提高。

7. 教学 PPT 以及书籍中配套的文档下载

本书教学 PPT 以及书中配套的文档都可以在书籍配套软件资源中下载,欢迎请广大师生参阅和使用。

【专家点评】

本书的内容针对软件测试工程师需要重点掌握的部分,都进行了重点描述与展开,读者可以根据篇章的页数来确定需要重点掌握和认真研究的章节。当然,本书每章都是根据项目的进展环环相扣进行的,所以对本书要整体通读并能有重点地练习与实践。

1.9 读书笔记

读书笔记　　　*Name*：　　　　　　　　*Date*：

励志名句：*People With Passion Can Change The World.* ——*Steve Jobs*

充满激情的人可以改变世界。——乔布斯

第2章 软件测试核心理论知识串讲

【本章重点】

软件测试是对软件产品进行验证和确认的活动过程,其目的是尽可能早地发现软件产品的各种缺陷,并评估软件产品质量。软件测试模型是软件测试工作的框架,描述软件测试过程中所包含的主要活动以及活动间的相互关系,软件测试模型主要有:V 模型、W 模型、X 模型、H 模型和前置模型等。测试用例的设计是软件测试活动中最重要的工作之一,直接影响测试的质量和效果,测试用例设计方法分为黑盒测试、白盒测试和灰盒测试。高质量的软件不是测试出来的,而是靠软件开发团队所有成员的共同努力获得的。软件测试工作的有效组织、管理和实施,是提高软件测试效率的基本保障。

2.1 软件测试

【学习目标】

通过本节的学习,理解软件测试的定义、原则和分类,了解软件测试的策略。

【知识要点】

软件测试的定义;软件测试的原则;软件测试分类。

2.1.1 软件测试的定义

1979 年,G. J. Myers 对软件测试的定义:程序测试是为了发现错误而执行程序的过程。

1983 年,IEEE 对软件测试的定义:使用人工或者自动的手段来运行或测定某个系统的过程,其目的在于检验它是否满足规定的需求或者是弄清预期结果与实际运行结果之间的差别。

1983 年,B. hetzel 对软件测试的定义:以评价一个程序或系统的属性为目标的任何一种活动;测试是对软件质量的度量。

2002 年,测试的定义:使用人工或者自动手段来运行或测试被测试件的过程,其目的在于检验它是否满足规定的需求并弄清预期结果与实际结果之间的差别。它是帮助识别开发完成(中间或最终版本)的计算机软件(整体或部分)的正确度(correctness)、完全度(completeness)和质量(quality)的软件过程。

从上面的定义可以看出,软件测试的内涵在不断丰富,对软件测试的认识在不断深入。要完整理解软件测试,就要从不同角度去审视。软件测试就是对软件产品进行验证和确认的活动过程,其目的就是尽快尽早地发现软件产品在整个开发生命周期中存在的各种缺陷,以评估软件的质量是否达到可发布水平。软件测试是软件质量保证的关键元素,代表了需求规格说明书、设计和编码的最终检查。

软件测试是软件质量保证过程中的重要一环,同时也是软件质量控制的重要手段之一,测试工程师与整个项目团队共同努力,确保按时向客户提交满足客户要求的高质量软件产品。软件测试的目的就是尽快尽早地将被测件中所存在的缺陷找出来,并促进系统分析工程师、设计工程师和程序员等尽快地解决这些缺陷,并评估被测试件的质量水平。

2.1.2　软件测试的原则

软件测试从不同的角度出发会派生出两种不同的测试原则,从用户的角度出发,通过软件测试能充分暴露软件中存在的问题和缺陷,从而考虑是否可以接受该产品;从开发者的角度出发,就是希望测试能表明软件已经正确地实现了用户的需求,达到软件正式发布的要求,以确立人们对软件质量的信心。在软件测试中应力求遵循以下原则。

1. 可追溯性

所有的测试都应追溯到用户需求。从用户角度来看,最严重的缺陷就是那些导致软件无法满足用户需求的缺陷。如果软件实现的功能不是用户所期望的,将导致软件测试和软件开发工作毫无意义。

2. 尽早开展预防性测试

测试工作进行得越早,越有利于提高软件的质量和降低软件的质量成本,这是预防性测试的基本原则。由于软件的复杂性和抽象性,在软件生命周期各阶段都可能产生错误,所以不应把软件测试仅看做是软件开发的一个独立阶段,而应当把它贯穿到软件开发的各个阶段中去。研究数据显示,软件开发过程中发现缺陷的时间越晚,修复缺陷所花费的成本就越大,因此在需求分析阶段就应开始进行测试工作,这样才能尽早发现和预防错误,尽量避免将软件缺陷遗留到下一个开发阶段,提高软件质量。

3. 投入/产出原则

根据软件测试的经济成本观点,在有限的时间和资源下进行完全测试找出软件所有的错误和缺陷是不可能的,也是软件开发成本所不允许的,因此软件测试不能无限进行下去,应适时终止。不充分的测试是不负责任的,过分的测试是一种资源的浪费,同样也是一种不负责任的表现。因此应在满足软件预期的质量标准时,确定质量的投入/产出比。

4. 进行回归测试

由于修改了原来的缺陷,将可能导致新的缺陷产生。因此修改缺陷后,应集中对软件的可能受影响的模块/子系统进行回归测试,以确保修改缺陷后不引入新的软件缺陷。

5. 注意测试中的群集现象

在所测程序段中,若发现错误数目多,则残存错误数目也比较多。这种错误群集性现象,已为许多程序的测试实践所证实。根据这个规律,应当对错误群集的程序段进行重点测试,以提高测试投资的效益。

6. 同时考虑有效输入和无效输入

在测试软件时,一个自然的倾向就是将重点集中在有效和预期的输入情况上,而容易忽略无效和未预料到的情况。但软件产品中突然暴露出来的许多问题常常是程序以某些新的或未预料到的方式运行时发现的。因此针对未预料到的和无效输入情况设计的测试用例,似乎比针对有效输入情况的那些测试用例更能发现问题。

7. 设立独立的测试机构或委托第三方测试

由于思维定势和心理因素等原因,开发工程师难以发现自己的错误,同时揭露自己程序中的错误也是件非常困难的事。因此,测试一般由独立的测试部门或第三方机构进行,但需要软件开发工程师的积极参与。

8. 严格执行测试计划,排除测试的随意性

制定严格的测试计划,并把测试时间安排的尽量宽松。测试计划应包括被测软件的功能,输入和输出,测试内容,各项测试的进度安排,资源要求,测试资料,测试工具,测试用例的选择,测试的控制方式和过程,系统组装方式,跟踪规程,调试规程,以及回归测试的规定等以及评价标准。

2.1.3 软件测试分类

软件测试分类,可按照软件开发的阶段、测试技术、测试组织、测试内容,以及软件工程的发展历史阶段等来进行划分。

1. 按照开发阶段划分

1) 单元测试

单元测试(Unit Testing)又称模块测试,是对软件设计的最小单元进行功能、性能、接口和设计约束等正确性进行检验,检查其在语法、格式和逻辑上的错误,并验证程序是否符合规范,发现单元内部可能存在的各种缺陷。

单元测试的对象是软件设计的最小单位——模块或函数,单元测试的依据是详细设计描述。测试者要根据详细设计说明书和源程序清单,了解模块的I/O条件和模块的逻辑结构。主要采用白盒测试技术,辅之以黑盒测试,使之对任何合理和不合理的输入都能鉴别和响应。在单元测试中,需要对5个方面的内容进行测试:模块接口、模块局部数据结构、模块边界条件、模块独立路径和模块的各种出错处理。

在单元测试时,如果模块不是独立的程序,需要辅助测试模块。有两种辅助模块:驱动

模块和桩模块。驱动模块(Driver)是所测模块的主程序,它接收测试数据,把这些数据传递给所测试模块,最后再输出测试结果。桩模块(Stub)是用来代替所测模块调用的子模块。被测试模块、驱动模块和桩模块共同构成了一个测试环境。

2)集成测试

集成测试(Integration Testing)又称为组装测试或联合测试,是测试单元在集成时是否有缺陷。它是单元测试的逻辑扩展,通过测试识别组合单元时出现的问题。

集成测试的目标就是检测系统是否达到需求;对业务流程及数据流的处理是否符合标准;检测系统对业务流处理是否存在逻辑不严谨或者错误;检测需求是否存在不合理的标准及要求。具体检测包括功能正确性验证、接口测试、全局数据结构的测试以及计算精度检测等在集成测试时可能出现的错误。

集成测试的方法主要有基于功能分解的集成、基于调用图的集成、基于路径的集成、高频集成、基于进度的集成、基于风险的集成等。

3)系统测试

系统测试(System Testing)是将已经集成好的软件系统,作为整个计算机系统的一个元素,与支持软件、计算机硬件、外设、数据等其他系统元素结合在一起,在模拟实际使用环境下,对计算机系统进行一系列测试活动。

系统测试的基本测试方法是通过与系统的需求定义做比较,发现软件与系统定义不符合或与之矛盾的地方,以验证系统的功能和性能等是否满足其规约所指定的要求。

系统测试除了验证系统的功能外,还会涉及安全性、性能压力、可用性、可靠性、健壮性、可恢复性等方面的测试,而且每一种测试都有其特定的目标。

4)验收测试

验收测试(Acceptance Testing)也称为交付测试,是在软件产品完成了单元测试、集成测试和系统测试之后,产品发布之前所进行的软件测试活动,它是技术测试的最后一个阶段。其目的是确保软件准备就绪,并且可以让最终用户将其用于执行软件的既定功能和任务。

验收测试主要是验证系统是否达到了用户需求规格说明书中的要求,并试图尽可能地发现软件中存留的缺陷,从而为软件进一步改善提供帮助,保证系统或软件产品最终被用户接受。验收测试内容包括安装测试、功能测试、可靠性测试、安全性测试、时间及空间性能测试、易用性测试、兼容性测试、可维护性测试、文档测试等。

2. 按照测试技术划分

静态测试(Static Testing)是指不运行程序,通过人工对程序和文档进行分析与检查。静态测试实际上是对软件中的需求说明书、设计说明书、程序源代码等进行评审。动态测试(Dynamic Testing)是指通过人工或使用工具运行程序进行检查、分析程序的执行状态和程序的外部表现,一般包括白盒测试、黑盒测试和灰盒测试。测试技术划分如图2-1所示。

1)白盒测试

白盒测试(White Box Testing)又称结构测试。白盒测试可以把程序看成装在一个透明的白盒子里,也就是清楚了解程序结构和处理过程,检查是否所有的结构及路径都是正确的,检查软件内部动作是否按照设计说明的规定正常进行。

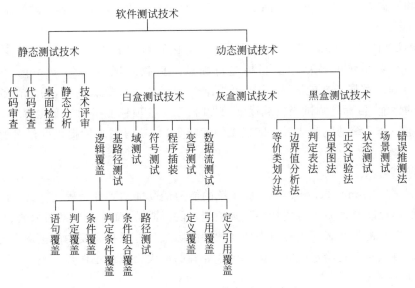

图 2-1　软件测试技术的分类

2）黑盒测试

黑盒测试(Black Box Testing)把测试对象看成一个黑盒子,完全不考虑程序内部结构和处理过程。通常在程序界面处进行测试,它只是检查程序或软件是否按照需求规格说明书的规定正常运行。

3）灰盒测试

灰盒测试(Gray Box Testing)是介于白盒测试与黑盒测试之间的测试。灰盒测试关注输出对于输入的正确性;同时也关注内部表现,但这种关注不像白盒测试那样详细、完整。灰盒测试结合了白盒测试和黑盒测试的要素。

3. 按照测试实施组织划分

1）开发方测试

开发方测试是开发方在软件开发环境下,通过检测和提供客观证据,证实软件的实现是否满足规定的需求。

2）用户测试

用户测试是在实际应用环境下,用户通过运行和使用软件找出软件使用过程中发现的软件的缺陷与问题,检测与核实软件实现是否符合用户的预期要求,并把信息反馈给开发者。

3）第三方测试

第三方测试又称"独立测试",是介于软件开发方和用户方之间的测试组织的测试。软件第三方测试也就是由在技术、管理和财务上与开发方和用户方相对独立的组织进行的软件测试。一般情况下是在模拟用户真实应用环境下,进行软件确认测试。

4. 按照测试的具体内容划分

1）功能测试

功能测试(Functional Testing)又称为行为测试(Behavioral testing),是根据产品特性、

操作描述和用户方案,测试一个产品的特性和可操作行为以确定它们满足设计需求。

2)性能测试

性能测试(Performance Testing)是通过自动化的测试工具模拟多种正常、峰值以及异常负载条件来对系统的各项性能指标进行测试。负载测试(Load Testing)和压力测试(Stress Testing)都属于性能测试,两者可以结合进行。通过负载测试,确定在各种工作负载下系统的性能,目标是测试当负载逐渐增加时,系统各项性能指标的变化情况。压力测试是通过确定一个系统的瓶颈或者不能接受的性能点,来获得系统能提供的最大服务级别的测试。

3)容量测试

容量测试(Volume Testing)是检验系统的能力最高能达到什么程度。其目的是通过测试预先分析出反映软件系统应用特征的某项指标的极限值(如最大并发用户数、数据库记录数等),系统在其极限状态下没有出现任何软件故障或还能保持主要功能正常运行。容量测试还将确定测试对象在给定时间内能够持续处理的最大负载或工作量。

4)健壮性测试

健壮性测试(Robustness Testing)又称为容错性测试,用于测试系统在出现故障时,是否能够自动恢复或者忽略故障继续运行。健壮性测试包括两个方面:①输入异常数据或进行异常操作,以检验系统的保护性。②灾难恢复性测试:通过各种手段,让软件强制性地发生故障,然后验证系统已保存的用户数据是否丢失,系统和数据是否能尽快恢复。

5)安全性测试

安全性测试(Security Testing)验证集成在系统内的保护机制是否能够在实际中保护系统不受到非法的侵入。软件系统的安全要求系统除了经受住正面的攻击,还必须能够经受住侧面的和背后的攻击。软件系统安全性一般分为三个层次,即应用程序级别的安全性、数据库管理系统的安全性,以及系统级别的安全性。

6)可靠性测试

可靠性测试(Reliability Testing)是指在一定的环境下,在给定的时间内,系统不发生故障的概率。可靠性测试包括的内容非常广泛。在性能测试方面,可靠性测试中的一定环境就是指在系统加载一定压力(如资源使用在70%～90%的使用率下)的情况下来运行给定时间的系统表现。通常使用以下几个指标来度量系统的可靠性:平均失效间隔时间是否超过规定时限;因故障而停机的时间在一年中应不超过多少时间。

7)兼容性测试

兼容性测试(Compatibility Testing)即测试软件在特定的硬件、软件、操作系统、网络等环境下系统能否正常运行。其目的就是检验被测软件对其他应用软件或者其他系统的兼容性,比如在对一个共享资源(数据、数据文件或者内存)进行操作时,检测两个或多个系统需求能否正常工作以及相互交互使用。

8)易用性测试

易用性测试(Usability Testing)是考察评定软件的易学易用性,各个功能是否易于完成,软件界面是否友好等方面。通常对易用性有如下定义:易见,仅凭观察,用户就应知道设备的状态,该设备供选择可以采取的行动;易学,不通过帮助文件或通过简单的帮助文件,用户就能对一个陌生的产品有清晰的认识;易用,用户不翻阅手册就能使用软件。

9）本地化测试

本地化测试（Localization Testing）是保证本地化的软件在语言、功能和界面等方面符合本地用户的最终需要。本地化测试的环境是在本地化的操作系统上安装本地化的软件。从测试方法上可以分为基本功能测试，安装/卸载测试，当地区域的软硬件兼容性测试。测试的内容主要包括软件本地化后的界面布局和软件翻译的语言质量，包含软件、文档和联机帮助等部分。

10）配置测试

配置测试（Configuration Testing）是指不同的硬件配置下，在不同的操作系统和应用软件环境中，检查系统是否发生功能或者性能上的问题。从而了解不同环境对系统性能的影响程度，找到系统各项资源的最优分配。其目的是保证被测试的软件在尽可能多的硬件平台上运行。

11）安装测试

安装测试（Installation Testing）是对软件的全部、部分或升级安装/卸载处理过程的测试。其目的是检测系统的各类安装（如典型、全部、自定义、升级等）和卸载是否全面、完整，是否会影响到其他的软件系统，硬件的配置是否合理。

12）文档测试

文档测试（Documentation Testing）是对系统提交给用户的文档进行验证，它要求检查系统的文档是否齐全，检查是否有多余文档或者死文档，检查文档内容是否正确、规范、一致。通过文档测试保证用户文档的正确性并使得操作手册能够准确无误。其方法一般由单独的一组测试人员实施。文档测试可以辅助系统的可用性测试、可靠性测试，也可提高系统的可维护性和可安装性。

2.1.4　软件测试策略

依据软件本身的性质、规模及应用场合的不同，选择不同的测试方案，以最少的软件、硬件及人力资源投入得到最佳的测试效果，这就是软件测试策略目标所在。当然，在提高测试效果的方法与手段上，策略只是一个部分，人员的素质、测试的管理、流程的控制等很多方面的工作都将影响测试效果。

一个好的测试策略，必将给软件测试带来事半功倍的效果，它可以充分利用有限的人力和物力资源，高效率、高质量地完成测试。测试策略通常是描述测试工程的总体方法和目标。描述目前在进行哪一阶段的测试（如单元测试，集成测试，系统测试）以及每个阶段内进行的测试种类（如功能测试，性能测试，压力测试等），以确定合理的测试方案使得测试更有效。

【专家点评】

本节介绍了软件测试的定义、原则、分类和测试策略。通过软件测试的分类可以帮助读者全面地了解测试的概貌和内容。

2.2 软件测试模型

【学习目标】

理解软件测试的各种模型。

【知识要点】

V 模型；W 模型；X 模型；H 模型；前置模型。

2.2.1 V 模型

在传统的瀑布型软件开发过程中,仅将测试过程作为需求分析、设计、实现后的一个阶段,对软件测试过程没有进一步的描述。V 模型针对瀑布模型对软件测试过程进行了补充和完善。V 模型中,测试过程被加在开发过程的后半部分,如图 2-2 所示。V 模型反映出了测试活动与分析设计活动的关系。从左到右描述了基本的开发过程和测试行为,非常明确地标注了测试过程中存在的不同类型的测试,并且清楚地描述了这些测试阶段和开发过程期间各阶段的对应关系。

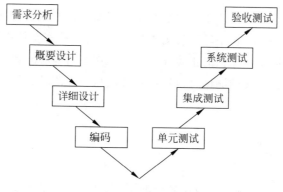

图 2-2　V 模型示意图

在 V 模型中的测试执行阶段一侧,先进行单元测试,然后进行集成测试、系统测试,最后是验收测试,这些测试形成了软件测试的不同层次(级别),并与开发过程的相应阶段对应。简单地说,单元测试和集成测试主要检测程序的执行是否满足软件设计的要求；系统测试应检测系统功能、性能的质量特性是否达到系统要求的指标；验收测试确定软件的实现是否满足用户需要或合同的要求。

V 模型中没有对测试设计进行明确说明,仅强调每个开发阶段有一个与之相关的测试级别。在实际操作中,在需求分析阶段文档通过评审后,就要进行验收测试和系统测试设计,同样,在概要设计通过评审后要进行集成测试设计。

V 模型仅把测试作为在编码之后的一个阶段,是针对程序进行寻找错误的活动,而忽视了测试活动对需求分析、系统设计等活动的验证和确认。其主要不足有:

(1) 软件测试执行是在编码实现后才进行,容易导致从需求、设计等阶段隐藏的缺陷一直到验收测试才被发现,这将导致发现和消除这些缺陷的代价非常高。

（2）将开发和测试过程划分为固定边界的不同阶段，使得相关人员很难跨过这些边界来采集测试所需要的信息。

（3）容易让人形成"测试是开发之后的一个阶段"、"测试的对象就是程序"等误解。

2.2.2　W模型

在 V 模型中，软件测试执行是在编码实现后才进行，容易导致从需求、设计等阶段隐藏的缺陷一直到验收测试才被发现。由于软件缺陷的发现和解决的成本具有放大性，如在需求阶段遗留的缺陷在产品交付后才发现和解决，其代价是在需求阶段发现和解决代价的40～1000 倍。因此，软件测试工作越早进行，其发现和解决错误的代价越小，风险也越小。根据这个观点，Systeme Evolutif 公司在 V 模型基础上提出了 W 模型，如图 2-3 所示。该模型是由两个"V"重叠而成，其中一个表示开发过程，另外一个表示测试过程。软件测试中的各项活动与开发过程各个阶段的活动相对应。软件开发过程中各阶段性可交付产品（文档、代码和可执行程序等）都要进行测试，以尽可能在各阶段产生的缺陷在该阶段得到发现和消除。

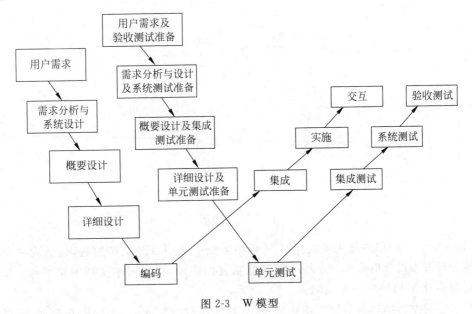

图 2-3　W 模型

按照 W 模型进行的软件测试实际上是对软件开发过程中各个阶段的可交付产品（即输出）的验证和确认活动。在开发过程中的各个阶段，需要进行需求评审、概要设计评审、详细设计评审，并完成相对应的验收测试、系统测试、集成测试和单元测试等工作。

W 模型使我们树立了一种新的观点，即软件测试并不等于程序的测试，不应仅局限于程序测试的狭小范围内，而应贯穿于整个软件开发周期。因此，需求阶段、设计阶段和程序实现等各个阶段所得到的文档，如需求规格说明书、系统架构设计书、概要设计书、详细设计书和源代码等都应成为测试的对象。也就是说，测试与开发是同步进行的。W 模型有利于尽早地全面地发现问题。例如，需求分析完成后，测试人员就应该参与到对需求的验证和确认活动中，以尽早地找出需求方面的缺陷。同时，对需求的测试也有利于及时了解项目难度和测试风险,及早制定应对措施,这将显著减少总体测试时间,加快项目进度。

但 W 模型也存在局限性。在 W 模型中,需求、设计、编码等活动是被视为串行的;同时,测试和开发活动也保持着一种线性的前后关系,上一阶段完全结束,才可正式开始下一个阶段工作。这样就无法支持迭代的开发模型。对于当前软件开发复杂多变的情况,W 模型并不能解除测试管理面临的困惑。

2.2.3 X 模型

X 模型的基本思想是由 Marick 提出的,Robin F. Goldsmith 采用了 Marick 的部分想法并经过重新组织,形成了 X 模型,如图 2-4 所示。该模型并不是为了和 V 模型相对应而选择该名称,而是因为 X 通常代表未知。

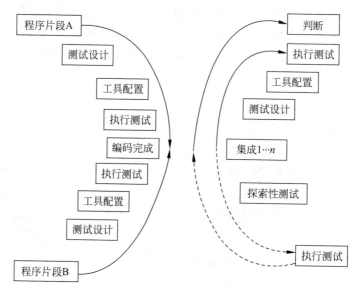

图 2-4　X 模型

Marick 对 V 模型的最主要批评是 V 模型无法引导项目的全部过程,他认为一个模型必须能处理开发的所有方面,包括交接、频繁重复的集成,以及需求文档的缺乏等。X 模型的目标是弥补 V 模型的一些缺陷。

X 模型的左边描述的是针对单独程序片段所进行的相互分离的编码和测试,此后将进行频繁的交接,通过集成最终合成为可执行的程序。图中右上半部这些可执行程序还需要进行测试,已通过集成测试的成品若达到发布标准,则可提交给用户,也可以作为更大规模和范围内集成的一部分。多根并行的曲线表示软件变更可以在各个部分发生。在图中右下方,X 模型还定位了探索性测试,这是不进行事先计划的特殊类型的测试,这种探索性测试往往能帮助有经验的测试人员在测试计划之外发现更多的软件错误。

X 模型的主要不足有:X 模型从没有被文档化,其内容一开始需要从 V 模型的相关内容中进行推断,而且 X 模型没有明确的需求角色确认。

2.2.4 H 模型

V 模型和 W 模型均存在一些不足之处，它们都把软件的开发视为需求、设计、编码等一系列串行的活动；而事实上，这些活动在大部分时间内是可以交叉进行的，所以相应的测试层次之间也不存在严格的次序关系。同时各层次的测试（单元测试、集成测试、系统测试等）也存在反复触发、迭代的关系。

为了解决以上问题，有专家提出了 H 模型，如图 2-5 所示。它将测试活动完全独立出来，形成了一个完全独立的流程，将测试准备活动和测试执行活动清晰地体现出来。

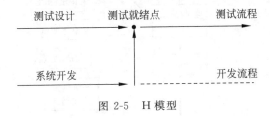

图 2-5　H 模型

H 模型给出了在整个生产周期中某个层次上的一次测试"微循环"。图中的其他流程图可以是任意开发流程。例如，设计流程和编码流程；也可以是其他非核心开发流程，例如，SQA 流程，甚至是测试流程本身。H 模型揭示了：

（1）软件测试不仅指测试的执行，还包括很多其他的活动；

（2）软件测试是一个独立的流程，贯穿产品整个生命周期，与其他流程并发地进行；

（3）软件测试要尽早准备，尽早执行；

（4）软件测试是根据被测件的不同而分层次进行的。不同层次的测试活动可以是按照某个次序先后进行的，但也可能是反复的。

在 H 模型中，软件测试模型是一个独立的流程，贯穿于整个产品周期，与其他流程并发地进行。当某个测试时间点就绪时，软件测试即从测试准备阶段进入测试执行阶段。

2.2.5 前置模型

前置测试模型是由 Robin FGoldsmith 等人提出的，是一个将测试和开发紧密结合的模型，该模型提供了轻松的方式，可以使项目加快速度。前置测试模型可参考图 2-6。

前置测试模型体现了下列要点。

1．开发和测试相结合

前置测试模型将开发和测试的生命周期整合在一起，标识了项目生命周期从开始到结束之间的关键行为，并且表示了这些行为在项目周期中的价值所在。如果其中有些行为没有得到很好的执行，那么项目成功的可能性就会因此而有所降低。

2．对每一个交付内容进行测试

每一个交付的开发结果都必须通过一定的方式进行测试。源程序代码并不是唯一需要

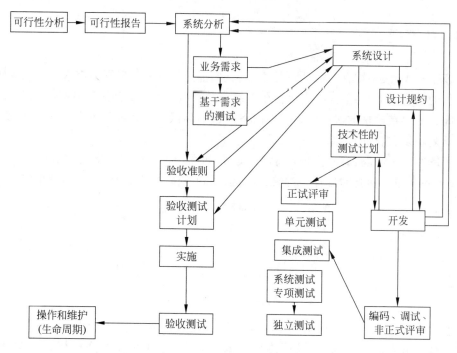

图 2-6　前置测试模型

测试的内容,其他要测试的对象还包括可行性报告、业务需求说明,以及系统设计文档等。这同 V 模型中开发和测试的对应关系是相一致的,并且在其基础上有所扩展,变得更为明确。

前置测试模型包括两项测试计划技术。第一项技术是开发基于需求的测试用例。这并不仅仅是为以后提交上来的程序的测试做好初始化准备,也是为了验证需求是否是可测试的。第二项技术是定义验收标准。在接受交付的系统之前,用户需要用验收标准来进行验证。验收标准不仅是定义需求,还应在前置测试之前进行定义,这将帮助揭示某些需求是否正确,以及某些需求是否被忽略了。

同样,系统设计在投入编码实现之前也必须经过测试,以确保其正确性和完整性。很多组织趋向于对设计进行测试,而不是对需求进行测试。

3. 在设计阶段进行计划和测试设计

设计阶段是做测试计划和测试设计的最好时机。很多组织要么根本不做测试计划和测试设计,要么在即将开始执行测试之前才飞快地完成测试计划和设计。在这种情况下,测试只是验证了程序的正确性,而不是验证整个系统本该实现的东西。

4. 测试和开发结合在一起

前置测试将测试执行和开发结合在一起,并在开发阶段以编码-测试-编码-测试的方式来体现。也就是说,程序片段一旦编写完成,就会立即进行测试。在技术测试计划中必须定义好这样的结合。测试的主体方法和结构应在设计阶段定义完成,并在开发阶段进行补充和升版。这尤其会对基于代码的测试产生影响,这种测试主要包括针对单元的测试和集成

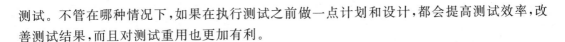

测试。不管在哪种情况下,如果在执行测试之前做一点计划和设计,都会提高测试效率,改善测试结果,而且对测试重用也更加有利。

5. 让验收测试和技术测试保持相互独立

验收测试应该独立于技术测试,这样可以提供双重的保险,以保证设计及程序编码能够符合最终用户的需求。验收测试既可以在实施阶段的第一步来执行,也可以在开发阶段的最后一步执行。

前置测试模型提倡验收测试和技术测试沿循两条不同的路线来进行,每条路线分别验证系统是否能够如预期的设想那样进行正常工作。这样,当单独设计好的验收测试完成了系统的验证,即可确信这是一个正确的系统。

6. 反复交替的开发和测试

在项目中从很多方面可以看到变更的发生,例如需要重新访问前一阶段的内容,或者跟踪并纠正以前提交的内容,修复错误,排除多余的成分,以及增加新发现的功能,等等。开发和测试需要一起反复交替地执行。

7. 发现内在的价值

前置测试能给需要使用测试技术的开发人员、测试人员、项目经理和用户等带来很多不同于传统方法的内在的价值。与以前的方法中很少划分优先级所不同的是,前置测试用较低的成本来及早发现错误,并且充分强调了测试对确保系统的高质量的重要意义。前置测试代表了整个对测试的新的不同的观念。在整个开发过程中,反复使用了各种测试技术以使开发人员、经理和用户节省其时间,简化其工作。

通常情况下,开发人员会将测试工作视为阻碍其按期完成开发进度的额外的负担。然而,当我们提前定义好该如何对程序进行测试以后,会发现开发人员将节省至少 20% 的时间。保守地说,在编码之前对设计进行测试可以节省总共将近一半的时间,这可以从以下方面体现出来。

(1) 针对设计的测试编写是检验设计的一个非常好的方法,由此可以及时避免因为设计不正确而造成的重复开发及代码修改。

(2) 测试工作先于程序开发而进行,这样可以明显地看到程序应该如何工作。提前的测试可以帮助开发人员立刻得到正确的定位。

(3) 在测试先于编码的情况下,开发人员可以在一完成编码时就立刻进行测试。

(4) 即使是最好的程序员,从他们各自的观念出发,也常常会对一些看似非常明确的设计说明产生不同的理解。如果他们能参考到测试的输入数据及输出结果要求,就可以帮助他们及时纠正理解上的误区,使其在一开始就编写出正确的代码。

(5) 前置测试定义了如何在编码之前对程序进行测试设计,开发人员一旦体会到其中的价值,就会对其表现出特别的欣赏。前置方法不仅能节省时间,而且可以减少那些令他们十分厌恶的重复工作。

【专家点评】

软件测试贯穿于整个软件生命周期,和软件开发相辅相成。本节详细介绍了 5 种常见的软件测试模型。

2.3 软件缺陷

【学习目标】

理解软件缺陷,了解缺陷的分类。

【知识要点】

软件缺陷、缺陷的分类。

2.3.1 软件缺陷的定义

软件缺陷是对软件产品预期属性的偏离现象,它包括检测缺陷和残留缺陷。检测缺陷是指软件在交付用户使用之前被检测出的缺陷。残留缺陷是指软件发布后存在的缺陷,包括在用户安装前未被检测出的缺陷和已被发现但还未被修复的缺陷。

软件故障(Software Failure)是指用户使用软件时,由于残留缺陷引起的软件失效症状。

不要将软件缺陷和软件错误两个概念混淆起来。软件缺陷的范围更广,它涵盖了软件错误、不一致性问题、功能需求定义缺陷和产品设计缺陷等。软件错误仅是软件缺陷的一种,即程序或系统的内部缺陷,通常是软件代码本身的问题,如算法错误、语法错误、内存泄漏、数据溢出等。软件错误必须被修正,但软件缺陷不一定被修正。

缺陷类型(Type):根据缺陷的自然属性划分的缺陷种类。

缺陷严重程度(Severity):指因缺陷引起的故障对软件产品的影响程度。

缺陷优先级(Priority):指缺陷必须被修复的紧急程度。

缺陷状态(Status):指缺陷通过一个跟踪修复过程的进展情况。

缺陷起源(Origin):指缺陷引起的故障或事件第一次被检测到的阶段。

缺陷来源(Source):指引起缺陷的起因。

缺陷根源(Root Cause):指发生错误的根本因素。

2.3.2 软件缺陷的分类

由于软件缺陷分布在软件开发周期中的不同阶段,对于不同阶段,其缺陷的分类标准是不一样的。由于软件的缺陷有很多属性,根据属性也可将缺陷分成不同的种类。缺陷的优先级是指缺陷必须被修复的紧急程度,如表 2-1 所示。

表 2-1　缺陷优先级示例

缺陷优先级	描　　述
Ⅰ级(Resolve Immediately)	缺陷必须被立即解决
Ⅱ级(Normal Queue)	缺陷需要正常排队等待修复或列入软件发布清单
Ⅲ级(Not Urgent)	缺陷可以在方便时被纠正

缺陷状态是指缺陷通过一个跟踪修复过程的进展情况。缺陷管理过程中的主要状态如表 2-2 所示。

表 2-2 缺陷状态示例

缺 陷 状 态	描 述
新缺陷（New）	已提交到系统中的缺陷
接受（Accepted）	经缺陷评审委员会的确认，认为缺陷确实存在
已分配（Assigned）	缺陷已分配给相关的开发人员进行修改
已打开（Open）	开发人员开始修改缺陷，缺陷处于打开状态
已拒绝（Rejected）	拒绝已经提交的缺陷，不需修复或不是缺陷或需重新提交
推迟（Postpone）	推迟修改
已修复（Fixed）	开发人员已修改缺陷
已解决（Resolved）	缺陷被修改，测试人员确认缺陷已修复
重新打开（Reopen）	回归测试不通过，再次打开状态
已关闭（Closed）	已经被测试，将其关闭

缺陷起源是指缺陷在哪个阶段被发现，如表 2-3 所示。

表 2-3 缺陷起源示例

缺 陷 起 源	描 述
需求（Requirement）	在需求阶段发现的缺陷
架构（Architecture）	在构架阶段发现的缺陷
设计（Design）	在设计阶段发现的缺陷
代码（Code）	在编码阶段发现的缺陷
测试（Test）	在测试阶段发现的缺陷

缺陷来源是指缺陷由什么问题引起的，如表 2-4 所示。

表 2-4 缺陷来源示例

缺 陷 起 源	描 述
需求（Requirement）	由于需求的问题引起的缺陷
架构（Architecture）	由于构架的问题引起的缺陷
设计（Design）	由于设计的问题引起的缺陷
编码（Code）	由于编码的问题引起的缺陷
测试（Test）	由于测试的问题引起的缺陷
集成（Integration）	由于集成的问题引起的缺陷

缺陷严重级别是指因缺陷引起的故障对被测试软件的影响程度，它可能是即时的，也可能是一段时间之后对系统带来的影响或破坏，如表 2-5 所示。

缺陷的严重级别可根据项目的实际情况制定，一般在系统需求评审通过后，由开发人员、测试人员等组成相关人员共同讨论，达成一致，为后续的系统测试的 Bug 级别判断提供依据。

表 2-5　缺陷严重级别示例

缺 陷 级 别	描　　　述
严重缺陷(Critical)	不能执行正常工作功能或重要功能。使系统崩溃或资源严重不足。 (1) 由于程序所引起的死机,非法退出 (2) 死循坏 (3) 数据库发生死锁 (4) 错误操作导致的程序中断 (5) 严重的计算错误 (6) 与数据库连接错误 (7) 数据通信错误
较严重缺陷(Major)	严重地影响系统要求或基本功能的实现,且没有办法更正(重新安装或重新启动该软件不属于更正办法)。 (1) 功能不符 (2) 程序接口错误 (3) 数据流错误 (4) 轻微数据计算错误
一般缺陷 (Average Severity)	严重地影响系统要求或基本功能的实现,但存在合理的更正办法(重新安装或重新启动该软件不属于更正办法)。 (1) 界面错误(附详细说明) (2) 打印内容、格式错误 (3) 简单的输入限制未放在前台进行控制 (4) 删除操作未给出提示 (5) 数据输入没有边界值限定或不合理
次要缺陷(Minor)	使操作者不方便或遇到麻烦,但它不影响执行工作或功能实现。 (1) 辅助说明描述不清楚 (2) 显示格式不规范 (3) 系统处理未优化 (4) 长时间操作未给用户进度提示 (5) 提示窗口文字未采用行业术语
改进型缺陷 (Enhancement)	(1) 对系统使用的友好性有影响,例如,名词拼写错误、界面布局或色彩问题、文档的可读性、一致性等 (2) 建议

【专家点评】

软件测试的主要目的之一就是尽快尽早地发现软件缺陷。对软件缺陷进行分类有利于加强缺陷的管理、跟踪和修复。

2.4　测试用例

【学习目标】

理解测试用例,掌握测试用例设计方法。

【知识要点】

测试用例、等价类划分方法、边界值测试、基于判定表的测试、因果图法、场景测试、逻辑覆盖、基路径测试、数据流测试。

2.4.1 测试用例的定义

实现测试目标、完成测试,是借助测试用例来实现的。测试用例的设计和编制是软件测试活动中最重要的工作之一。测试用例是测试工作的指导,是软件测试必须遵守的准则,更是软件测试质量稳定的根本保障。

测试用例是为某个特定测试目标而设计的,它是测试操作过程列、条件、期望结果及相关数据的一个特定的集合;因此,测试用例必须给出测试目标、测试对象、测试环境、前提条件、输入数据、测试步骤和预期结果。

测试目标:回答为什么测试,如测试被测件的功能、性能、兼容性、安全性等。

测试对象:回答测什么,如对象、类、函数、接口等。

测试环境:回答测试用例运行时所处的环境,包括系统的软硬件配置和设定等要求。

测试前提:回答测试在满足什么条件下开始测试,即测试用例运行时所处的前提条件。

输入数据:回答运行测试时需要运行哪些测试数据,即在测试时,系统所接受的各种可变化的数据组。

操作步骤:回答运行测试用例的操作步骤序列,如先打开对话框,输入第一组测试数据,单击"运行"按钮等。

预期结果:按操作步骤序列运行测试用例时,被测件的预期运行结果。

2.4.2 测试用例设计方法

测试用例设计就是将软件测试的行为进行一个科学化的组织归纳。常用的测试用例设计技术有黑盒测试和白盒测试。黑盒测试技术中包括:等价类划分法、边界值分析法、判定表、因果图、功能图法、场景法、错误推测法等。白盒测试技术中包括逻辑覆盖法、基路径测试法、数据流测试、程序插装、域测试、符号测试、程序变异测试等。

1. 等价类划分法

等价类划分法是把所有可能的输入数据,即程序的输入域划分成若干部分(子集),然后从每一个子集中选取少数具有代表性的数据作为测试用例。

使用等价类划分法设计测试用例时,要同时考虑有效等价类和无效等价类。因为用户在使用软件时,有意或无意输入一些非法的数据是常有的事情。软件不仅要能接收合理的数据,也要能经受意外的考验,这样的测试才能确保软件具有更高的可靠性。

有效等价类是指对于程序的规格说明来说是合理的、有意义的输入数据构成的集合。利用有效等价类可检验程序是否实现了规格说明中所规定的功能和性能。无效等价类与有效等价类的定义恰巧相反。无效等价类是指对程序的规格说明是不合理的或无意义的输入数据所构成的集合。对于具体的问题,无效等价类至少应有一个,也可能有多个。

例1:

假定一台 ATM 机允许提取增量为 50 元,总金额为 100~2000(包含 2000)元不等的金额,请用等价类方法进行测试。

(1)划分等价类,如表 2-6 所示。

表 2-6 例 1 的等价类

有效等价类	编 号	无效等价类	编 号
整数	1	浮点数	4
100~2000	2	小于 100	5
		大于 2000	6
能被 50 整除	3	不能被 50 整除	7

(2)根据上面划分等价类设计测试用例,如表 2-7 所示。

表 2-7 例 1 的测试用例

用例编号	输入数据	预期结果	覆盖的等价类
1	100	提取成功	1、2、3
2	100.5	提示:输入无效	4
3	50	提示:输入无效	5
4	2050	提示:输入无效	6
5	101	提示:输入无效	7

2. 边界值分析

对于软件缺陷,有句谚语:"缺陷遗漏在角落里,聚集在边界上"。边界值分析关注的是输入空间的边界。边界值测试背后的基本原理是错误更可能出现在输入变量的极值附近。因此针对各种边界情况设计测试用例,可以查出更多的错误。

一般情况下,确定边界值应遵循以下几条原则。

(1)如果输入条件规定了值的范围,则应取刚达到这个范围的边界的值,以及刚刚超越这个范围边界的值作为测试输入数据。

(2)如果输入条件规定了值的个数,则用最大个数、最小个数、比最小个数少 1、比最大个数多 1 的数作为测试数据。

(3)如果程序的规格说明给出的输入域或输出域是有序集合,则应选取集合的第一个元素和最后一个元素作为测试数据。

(4)如果程序中使用了一个内部数据结构,则应当选择这个内部数据结构的边界上的值作为测试数据。

(5)分析规格说明,找出其他可能的边界条件。

例 2:

有一个小程序,能够求出三个在 0~9999 间整数中的最大者,请用健壮性边界值测试方法设计测试用例。

(1)各变量分别取略小于最小值、最小值、略大于最小值、正常值、略小于最大值、最大值和略大于最大值,所以 A、B、C 分别取值为:−1、0、1、5000、9998、9999、10 000。

(2)设计测试用例,如表 2-8 所示。

表 2-8 例 2 的测试用例

测试用例	输入数据			预期输出
	A	B	C	
1	−1	5000	5000	A 超出[0,9999]
2	0	5000	5000	5000
3	1	5000	5000	5000
4	5000	5000	5000	5000
5	9998	5000	5000	9998
6	9999	5000	5000	9999
7	10 000	5000	5000	A 超出[0,9999]
8	5000	−1	5000	B 超出[0,9999]
9	5000	0	5000	5000
10	5000	1	5000	5000
11	5000	9998	5000	9998
12	5000	9999	5000	9999
13	5000	10 000	5000	B 超出[0,9999]
14	5000	5000	−1	C 超出[0,9999]
15	5000	5000	0	5000
16	5000	5000	1	5000
17	5000	5000	9998	9998
18	5000	5000	9999	9999
19	5000	5000	10 000	C 超出[0,9999]

3. 基于判定表的测试

判定表能够将复杂的问题按照各种可能的情况全部列举出来,简明并避免遗漏。因此,利用判定表能够设计出完整的测试用例集合。在所有功能性测试方法中,基于判定表的测试方法是最严格的。

判定表通常由 4 个部分组成,如表 2-9 所示。

表 2-9 判定表结构

桩	规 则
条件桩	条件项
动作桩	动作项

(1) 条件桩:列出了问题的所有条件。通常认为列出的条件的次序无关紧要。

(2) 动作桩:列出了问题规定可能采取的操作。这些操作的排列顺序没有约束。

(3) 条件项:列出对应条件桩的取值。

(4) 动作项:列出在条件项的各种取值情况下应该采取的动作。

动作项和条件项紧密相关,它指出了在条件项的各组取值情况下应采取的动作。任何一个条件组合的特定取值及其相应要执行的操作称为规则。在判定表中贯穿条件项和动作项的一列就是一条规则。规则指示了在规则的各条件项指示的条件下要采取动作项中的行为。显然,判定表中列出多少组条件取值,也就有多少条规则,即条件项和动作项有多少列。

为了使用判定表标识测试用例,在这里把条件解释为程序的输入,把动作解释为程序的输出。在测试时,有时条件最终引用输入的等价类,动作引用被测程序的主要功能处理,这时规则就解释为测试用例。由于判定表的特点,可以保证能够取到输入条件的所有可能的条件组合值,因此可以做到测试用例的完整集合。

使用判定表进行测试时,首先需要根据软件规格说明建立判定表。判定表设计的步骤如下。

(1) 确定规则的个数。

假如有 n 个条件,每个条件有两个取值("真","假"),则会产生 2^n 条规则。如果每个条件的取值有多个值,规则数等于各条件取值个数的积。

(2) 列出所有的条件桩和动作桩。

在测试中,条件桩一般对应着程序输入的各个条件项,而动作桩一般对应着程序的输出结果或要采取的操作。

(3) 填入条件项。

条件项就是每条规则中各个条件的取值。为了保证条件项取值的完备性和正确性,可以利用集合的笛卡儿积来计算。首先找出各条件项取值的集合,然后将各集合作笛卡儿积,最后将得到的集合的每一个元素填入规则的条件项中。

(4) 填入动作项,得到初始判定表。

在填入动作项时,必须根据程序的功能说明来填写。首先根据每条规则中各条件项的取值,来获得程序的输出结果或应该采取的行动,然后在对应的动作项中作标记。

(5) 简化判定表、合并相似规则(相同动作)。

若表中有两条以上规则具有相同的动作,并且在条件项之间存在极为相似的关系,便可以合并。合并后的条件项用符号"—"表示,说明执行的动作与该条件的取值无关,称为无关条件。

例 3:

某程序规定:"对总成绩大于 450 分,且各科成绩均高于 85 分或者是优秀毕业生,应优先录取,其余情况作其他处理"。下面根据建立判定表的步骤来介绍如何为本例建立判定表。

(1) 根据问题描述的输入条件和输出结果,列出所有的条件桩和动作桩。

(2) 本例中输入有三个条件,每个条件的取值为"是"或"否",因此有 $2 \times 2 \times 2 = 8$ 种规则。

(3) 每个条件取真假值,并进行相应的组合,得到条件项。

(4) 根据每一列中各条件的取值得到所要采取的行动,填入动作桩和动作项,便得到初始判定表,如表 2-10 所示。

表 2-10　判定表

		1	2	3	4	5	6	7	8
条件	总成绩大于 450 分吗?	Y	Y	Y	Y	N	N	N	N
	各科成绩均高于 85 分吗?	Y	Y	N	N	Y	Y	N	N
	优秀毕业生吗?	Y	N	Y	N	Y	N	Y	N
动作	优先录取	√	√	√					
	作其他处理				√	√	√	√	√

(5) 通过合并相似规则后得到简化的判定表,如表 2-11 所示。

表 2-11　简化后的判定表

		1	2	3	4
条件	总成绩大于 450 分吗?	Y	Y	Y	N
	各科成绩均高于 85 分吗?	Y	N	N	—
	优秀毕业生吗?	—	Y	N	—
动作	优先录取	√	√		
	做其他处理			√	√

4. 因果图法

因果图中使用了简单的逻辑符号,以直线连接左右结点。左结点表示输入状态(或称原因),右结点表示输出状态(或称结果)。通常用 c_i 表示原因,一般置于图的左部; e_i 表示结果,通常在图的右部。c_i 和 e_i 均可取值"0"或"1",其中"0"表示某状态不出现,"1"表示某状态出现。

因果图中包含 4 种关系,如图 2-7 所示。

(1) 恒等:若 c_1 是 1,则 e_1 也是 1;若 c_1 是 0,则 e_1 为 0。

(2) 非:若 c_1 是 1,则 e_1 是 0;若 c_1 是 0,则 e_1 是 1。

(3) 或:若 c_1 或 c_2 或 c_3 是 1,则 e_1 是 1;若 c_1、c_2 和 c_3 都是 0,则 e_1 为 0。"或"可有任意多个输入。

(4) 与:若 c_1 和 c_2 都是 1,则 e_i 为 1;否则 e_i 为 0。"与"也可有任意多个输入。

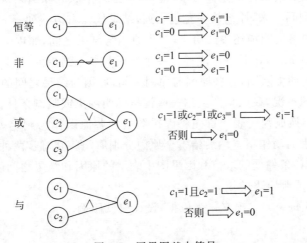

图 2-7　因果图基本符号

在实际问题中输入状态相互之间、输出状态相互之间可能存在某些依赖关系,称为"约束"。为了表示原因与原因之间,结果与结果之间可能存在的约束条件,在因果图中可以附加一些表示约束条件的符号。对于输入条件的约束有 E、I、O、R 4 种,对于输出条件的约束只有 M 约束。输入输出约束图形符号如图 2-8 所示。

为便于理解,这里设 c_1、c_2 和 c_3 表示不同的输入条件。

(1) E(异):表示 c_1,c_2 中至多有一个可能为 1,即 c_1 和 c_2 不能同时为 1。

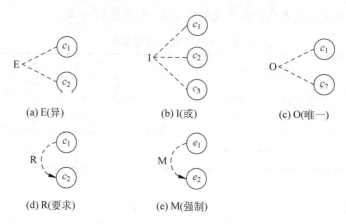

图 2-8　输入输出约束图形符号

（2）I(或)：表示 c_1, c_2, c_3 中至少有一个是 1，即 c_1, c_2, c_3 不能同时为 0。

（3）O(唯一)：表示 c_1, c_2 中必须有一个且仅有一个为 1。

（4）R(要求)：表示 c_1 是 1 时，c_2 必须是 1，即不可能 c_1 是 1 时 c_2 是 0。

（5）M(强制)：表示如果结果 e_1 是 1 时，则结果 e_2 强制为 0。

　　因果图可以很清晰地描述各输入条件和输出结果的逻辑关系。如果在测试时必须考虑输入条件的各种组合，就可以利用因果图。因果图最终生成的是判定表。采用因果图设计测试用例的步骤如下。

　　（1）分析软件规格说明描述中哪些是原因，哪些是结果。其中，原因常常是输入条件或是输入条件的等价类；结果常常是输出条件。然后给每个原因和结果赋予一个标识符。并且把原因和结果分别画出来，原因放在左边一列，结果放在右边一列。

　　（2）分析软件规格说明描述中的语义，找出原因与结果之间，原因与原因之间对应的是什么关系。根据这些关系，将其表示成连接各个原因与各个结果的"因果图"。

　　（3）由于语法或环境限制，有些原因与原因之间，原因与结果之间的组合情况不可能出现。为表明这些特殊情况，在因果图上用一些记号标明约束或限制条件。

　　（4）把因果图转换成判定表。首先将因果图中的各原因作为判定表的条件项，因果图的各结果作为判定表的动作项。然后给每个原因分别取"真"和"假"两种状态，一般用"0"和"1"表示。最后根据各条件项的取值和因果图中表示的原因和结果之间的逻辑关系，确定相应的动作项的值，完成判定表的填写。

　　（5）把判定表的每一列拿出来作为依据，设计测试用例。

例 4：

　　某软件规格说明书要求：第一列字符必须是 A 或 B，第二列字符必须是一个数字，在此情况下进行文件的修改，但如果第一列字符不正确，则给出信息 L，如果第二列字符不是数字，则给出信息 M。下面介绍使用因果图法设计测试用例。

　　（1）根据说明书分析出原因和结果。

原因：

1——第一列字符是 A

2——第一列字符是 B

3——第二列字符是一数字

结果:

21——修改文件

22——给出信息 L

23——给出信息 M

（2）绘制因果图。

根据原因和结果绘制因果图。把原因和结果用前面的逻辑符号连接起来，画出因果图，如图 2-9（a）所示。考虑到原因 1 和原因 2 不可能同时为 1，因此在因果图上施加 E 约束。具有约束的因果图如图 2-9（b）所示。

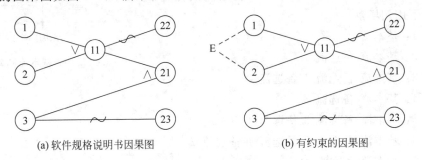

(a) 软件规格说明书因果图　　　　　　　(b) 有约束的因果图

图 2-9　例 4 因果图

注：11 是中间结点

（3）根据因果图所建立的判定表如表 2-12 所示。

表 2-12　软件规格说明书的判定表

		1	2	3	4	5	6	7	8
条件	1	1	1	1	1	0	0	0	0
	2	1	1	0	0	1	1	0	0
	3	1	0	1	0	1	0	1	0
	11	—	—	1	1	1	1	0	0
动作	22	/	/	0	0	0	0	1	1
	21	/	/	1	0	1	0	0	0
	23	/	/	0	1	0	1	0	1

注意：表中 8 种情况的左面两列情况中，原因 1 和原因 2 同时为 1，这是不可能出现的，故应排除这两种情况。因此只需针对第 3~8 列设计测试用例。

5. 场景法

现在的软件几乎都是用事件触发来控制流程的，事件触发时的情景便形成了场景，而同一事件不同的触发顺序和处理结果就形成事件流。这一系列的过程利用场景法可以清晰地描述。将这种方法引入到软件测试中，可以比较生动地描绘出事件触发时的情景，有利于测试设计者设计测试用例，同时使测试用例更容易理解和执行。通过运用场景来对系统的功能点或业务流程的描述，从而提高测试效果。

场景一般包含基本流和备用流，从一个流程开始，经过遍历所有的基本流和备用流来完成整个场景。

对于基本流和备选流的理解,可以参考图 2-10。图中经过用例的每条路径都反映了基本流和备选流,都用箭头来表示。中间的直线表示基本流,是经过用例的最简单的路径。备选流用曲线表示,一个备选流可能从基本流开始,在某个特定条件下执行,然后重新加入基本流中;也可能起源于另一个备选流,或者终止用例而不再重新加入某个流。

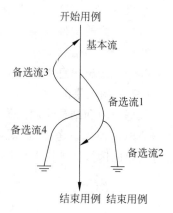

图 2-10　基本流和备选流

根据图中每条经过用例的可能路径,可以确定不同的用例场景。从基本流开始,再将基本流和备选流结合起来,可以确定以下用例场景。

场景 1:基本流

场景 2:基本流 备选流 1

场景 3:基本流 备选流 1 备选流 2

场景 4:基本流 备选流 3

场景 5:基本流 备选流 3 备选流 1

场景 6:基本流 备选流 3 备选流 1 备选流 2

场景 7:基本流 备选流 4

场景 8:基本流 备选流 3 备选流 4

注意:为方便起见,场景 5、6 和 8 只描述了备选流 3 指示的循环执行一次的情况。

使用场景法设计测试用例的基本设计步骤如下。

(1) 根据说明,描述出程序的基本流及各项备选流;

(2) 根据基本流和各项备选流生成不同的场景;

(3) 对每一个场景生成相应的测试用例;

(4) 对生成的所有测试用例重新复审,去掉多余的测试用例,测试用例确定后,对每一个测试用例确定测试数据值。

6. 错误推测法

错误推测法的基本思想是列举出程序中所有可能有的错误和容易发生错误的特殊情况,根据这些特殊情况选择测试用例。

用错误推测法进行测试,首先需罗列出可能的错误或错误倾向,进而形成错误模型;然后设计测试用例以覆盖所有的错误模型。例如,对一个排序的程序进行测试,其可能出错的情况有:输入表为空的情况;输入表中只有一个数字;输入表中所有的数字都具有相同的值;输入表已经排好序等。

7. 逻辑覆盖法

逻辑覆盖测试是根据被测试程序的逻辑结构设计测试用例。逻辑覆盖测试考察的重点是图中的判定框。因为这些判定若不是与选择结构有关,就是与循环结构有关,是决定程序结构的关键成分。

按照对被测程序所作测试的有效程度,逻辑覆盖测试可由弱到强区分为 6 种覆盖。

（1）语句覆盖：是指设计若干个测试用例，运行被测试程序，使程序中的每条可执行语句至少执行一次。这里所谓"若干个"，当然是越少越好。

（2）判定覆盖：又称为分支覆盖，其基本思想是设计若干测试用例，运行被测试程序，使得程序中每个判断的取真分支和取假分支至少经历一次，即判断的真假值均曾被满足。

（3）条件覆盖：是指设计若干测试用例，执行被测程序以后，要使每个判断中每个条件的可能取值至少满足一次，即每个条件至少有一次为真值，有一次为假值。

（4）判定-条件覆盖：是将判定覆盖和条件覆盖结合起来，即设计足够的测试用例，使得判断条件中的每个条件的所有可能取值至少执行一次，并且每个判断本身的可能判定结果也至少执行一次。

（5）条件组合覆盖：是指设计足够的测试用例，运行被测程序，使得所有可能的条件取值组合至少执行一次。

（6）路径覆盖：是指设计足够多的测试用例，运行被测试程序，来覆盖程序中所有可能的路径。

例 5：

请用逻辑覆盖法对下面的代码（Java）进行测试。

```java
public char function(int x, int y) {
    char t;
    if ((x >= 90) && (y >= 90)) {
        t = 'A';
    } else {
        if ((x + y) >= 165) {
            t = 'B';
        } else {
            t = 'C';
        }
    }
    return t;
}
```

（1）画出程序对应的控制流图，如图 2-11 所示。

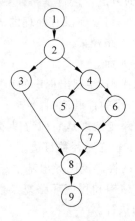

图 2-11　例 5 的控制流图

为表达清晰,代码中各条件取值标记如下:

x>=90	T1,	x<90	F1,
y>=90	T2,	y<90	F2,
x+y>=165	T3,	x+y<165	F3

(2)测试用例如表 2-13 所示。

表 2-13 例 5 的测试用例

覆盖类型	测试数据	覆盖条件	执行路径
语句覆盖	x=80,y=80	F1 F2 F3	1-2-4-6-7-8-9
	x=85,y=85	F1 F2 T3	1-2-4-5-7-8-9
	x=90,y=90	T1 T2 T3	1-2-3-8-9
判定覆盖	x=80,y=80	F1 F2 F3	1-2-4-6-7-8-9
	x=85,y=85	F1 F2 T3	1-2-4-5-7-8-9
	x=90,y=90	T1 T2 T3	1-2-3-8-9
条件覆盖	x=80,y=80	F1 F2 F3	1-2-4-6-7-8-9
	x=90,y=90	T1 T2 T3	1-2-3-8-9
判定条件覆盖	x=80,y=80	F1 F2 F3	1-2-4-6-7-8-9
	x=90,y=90	T1 T2 T3	1-2-3-8-9
	x=85,y=85	F1 F2 T3	1-2-4-5-7-8-9
条件组合覆盖	x=80,y=80	F1 F2 F3	1-2-4-6-7-8-9
	x=90,y=90	T1 T2 T3	1-2-3-8-9
	x=85,y=90	F1 T2 T3	1-2-4-5-7-8-9
	x=90,y=60	T1 F2 T3	1-2-4-6-7-8-9
路径覆盖	x=80,y=80	F1 F2 F3	1-2-4-6-7-8-9
	x=90,y=90	T1 T2 T3	1-2-3-8-9
	x=85,y=90	F1 T2 T3	1-2-4-5-7-8-9

8.基路径测试法

基路径测试是在程序控制流图的基础上,通过分析控制构造的环路复杂性,导出基本可执行路径集合,从而设计测试用例的方法。进行基路径测试需要获得程序的环路复杂性,并找出独立路径。独立路径是指包括一组以前没有处理的语句或条件的 一条路径。控制流图中所有独立路径的集合就构成了基本路径集。

基本路径测试法包括以下 5 个方面。

(1)根据详细设计或者程序源代码,绘制出程序的程序流程图。

(2)根据程序流程图,绘制出程序的控制流图。

(3)计算程序环路复杂性。环路复杂度是一种为程序逻辑复杂性提供定量测度的软件度量,将该度量用于计算程序的基本独立路径数目边。

(4)找出基本路径。通过程序的控制流图导出基本路径集。

(5)设计测试用例。根据程序结构和程序环路复杂性设计用例输入数据和预期结果,确保基本路径集中的每一条路径的执行。

例6:

请用基路径测试法测试下面的代码。

```java
public void sort(int iRecordNum, int iType) {
    int x = 0;
    int y = 0;
    while (iRecordNum > 0) {
        if (iType == 0) {
            x = y + 2;
        } else {
            if (iType == 1) {
                x = y + 5;
            } else {
                x = y + 10;
            }
        }
        iRecordNum -- ;
    }
}
```

(1)根据代码画出对应的控制流图,如图2-12所示。

(2)通过公式:$V(G)=E-N+2$来计算控制流图的圈复杂度。E是流图中边的数量,在本例中$E=13$,N是流图中结点的数量,在本例中,$N=11$,$V(G)=13-11+2=4$。

(3)独立路径必须包含一条定义之前不曾用到的边。根据上面计算的圈复杂度,可得出4个独立的路径。

路径1:1-2-3-4-5-10-3-11。

路径2:1-2-3-4-6-7-9-10-3-11。

路径3:1-2-3-4-6-8-9-10-3-11。

路径4:1-2-3-11。

(4)导出测试用例。

为了确保基本路径集中的每一条路径的执行,根据判断结点给出的条件,选择适当的数据以保证某一条路径可以被测试到,满足上面例子基本路径集的测试用例如表2-14所示。

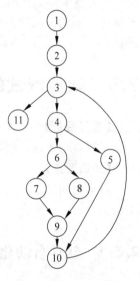

图2-12 控制流图

表2-14 测试用例

用例编号	路 径	输入数据	预期输出
1	路径1:1-2-3-4-5-10-3-11	iRecordNum=1,iType=0	x=2
2	路径2:1-2-3-4-6-7-9-10-3-11	iRecordNum=1,iType=1	x=5
3	路径3:1-2-3-4-6-8-9-10-3-11	iRecordNum=1,iType=3	x=10
4	路径4:1-2-3-11	iRecordNum=0,iType=1	x=0

9. 数据流测试

数据流测试是基于程序的控制流,从建立的数据目标状态的序列中发现异常的结构测试方法。数据流测试使用程序中的数据流关系用来指导测试者选取测试用例。其基本思想是：一个变量的定义,通过辗转的引用和定义,可以影响到另一个变量的值,或者影响到路径的选择等。进行数据流测试时,根据被测试程序中变量的定义和引用位置选择测试路径。因此,可以选择一定的测试数据,使程序按照一定的变量的定义-引用路径执行,并检查执行结果是否与预期的相符,从而发现代码的错误。

10. 程序插装

程序插装(Program Instrumentation)概念是由 J. G. Huang 教授首次提出,它使被测试程序在保持原有逻辑完整性基础上,在程序中插入一些探针(又称为"探测仪"),通过探针的执行并抛出程序的运行特征数据。基于这些特征数据分析,可以获得程序的控制流及数据流信息,进而得到逻辑覆盖等动态信息。

【专家点评】

(1) 本节详细介绍了黑盒测试用例设计方法,特别对等价类划分、边界值分析、基于判定表的测试、因果图法和场景测试进行了深入分析,并通过实例展示了各种黑盒测试方法设计测试用例的过程。测试时根据被测试对象选择合适的测试方法,多种方法可以综合运用。

(2) 本节详细介绍了白盒测试用例设计方法,主要包括逻辑覆盖、基路径测试、数据流测试等。不论采用哪种白盒测试方法,只有对程序内部结构十分了解才能进行适度有效的测试。

2.5 软件测试的自动化

【学习目标】

了解自动化测试的特点和自动化测试工具的分类。

【知识要点】

自动化测试的定义和特点、白盒测试工具、功能测试工具、性能测试工具、测试管理工具。

2.5.1 软件自动化测试

随着应用软件程序规模的不断扩大,业务逻辑越来越复杂,软件系统的可靠性已无法通过手工测试来全面验证。随着软件开发技术的快速发展和软件工程的不断进步,传统的手工测试已经远远满足不了软件开发的需求,其局限性越来越多地暴露出来。手工测试面临的主要问题和挑战有：

(1) 不适合回归测试。回归测试是软件开发测试中非常频繁的一项测试,若通过手工测试,则会耗费大量人力物力。

(2) 许多与时序、死锁、资源冲突、多线程等有关的错误,通过手工测试很难捕捉到。

(3) 进行系统负载测试时,需要模拟大量数据或大量并发用户等应用场合时,很难通过手工测试来进行。

(4) 进行系统可靠性测试时,需要模拟系统长时间(如 10 年)运行,以验证系统能否稳定运行,这也是手工测试无法模拟的。

(5) 如果有大量(几千上万)的测试用例,需要在短时间内(1 天)完成,手工测试几乎不可能做到。

软件自动化测试就是使用自动化测试工具来代替手工进行的一系列测试动作,验证软件是否满足需求,它包括测试活动的管理与实施。自动化测试主要是通过所开发的软件测试工具、脚本等来实现,其目的是减轻手工测试的工作量,以达到节约资源(包括人力、物力等)、保证软件质量、缩短测试周期、提高测试效率的目的。

自动化测试以其高效率、重用性和一致性成为软件测试的一个主流。正确实施软件自动化测试并严格遵守测试计划和测试流程,可以达到比手工测试更有效、更经济的效果。相比手工测试,自动化测试具有如下优点:

(1) 程序的回归测试更方便;

(2) 可以运行更多更烦琐的测试;

(3) 执行手工测试很难或不可能进行的测试;

(4) 充分利用资源;

(5) 测试具有一致性和可重复性;

(6) 测试的复用性;

(7) 让产品更快面向市场;

(8) 增加软件信任度。

当然,自动化测试也并非万能,人们对自动化测试的理解也存在许多误区,认为自动化测试能完成一切工作,从测试计划到测试执行,都不需要人工干预。其实自动化测试所完成的测试功能也是有限的。自动化测试存在下列局限性:

(1) 不能完全取代手工测试;

(2) 不能期望自动化测试发现大量新缺陷;

(3) 软件自动化测试可能会制约软件开发;

(4) 软件自动化测试本身没有想象力;

(5) 自动化测试实施的难度较大;

(6) 测试工具与其他软件的互操作性问题。

综上所述,软件自动化测试的优点和收益是显而易见的,但同时它也并非万能,只有对其进行合理的设计和正确的实施才能从中获益。

2.5.2　软件测试工具分类

软件测试工具可以从不同的方面去分类。根据测试方法,自动化测试工具可以分为:白盒测试工具、黑盒测试工具。根据测试的对象和目的,自动化测试工具可以分为:单元测试工具、功能测试工具、负载测试工具、数据库测试工具、嵌入式测试工具、页面链接测试工具、测试管理工具等。

1. 白盒测试工具

白盒测试工具一般是针对代码进行的测试,测试所发现的缺陷可以定位到代码级。根据测试工具工作原理的不同,白盒测试工具可分为静态测试工具和动态测试工具。

静态测试工具是在不执行程序的情况下,分析软件的特性。静态测试工具一般是对代码进行语法扫描,找出不符合编码规范的地方,根据某种质量模型评价代码的质量,生成系统的调用关系图等。

动态测试工具与静态测试工具不同,动态测试工具一般采用"插桩"的方式,向代码生成的可执行文件中插入一些监测代码,用来统计程序运行时的数据。其与静态测试工具最大的不同就是动态测试工具要求被测系统实际运行。

常用的白盒测试工具有:Parasoft 公司的 Jtest、C++ Test、. test、CodeWizard 等,Compuware 公司的 DevPartner、BoundsChecker、TrueTime 等,IBM 公司的 Rational PurifyPlus、PureCoverage 等,Telelogic 公司的 Logiscope,开源测试工具 JUnit 等。

2. 黑盒测试工具

黑盒测试工具是在明确软件产品应具有的功能的条件下,完全不考虑被测程序的内部结构和内部特性,通过测试来检验软件功能是否按照软件需求规格的说明正常工作。

黑盒测试工具的一般原理是利用脚本的录制/回放,模拟用户的操作,然后将被测系统的输出记录下来同预先给定的预期结果进行比较。黑盒测试工具可以大大减轻黑盒测试的工作量,在迭代开发的过程中,能够很好地进行回归测试。

按照完成的职能不同,黑盒测试工具可以分为:

(1) 功能测试工具——用于检测程序能否达到预期的功能要求并正常运行。

(2) 性能测试工具——用于确定软件和系统的性能。

功能测试工具通过自动录制、检测和回放用户的应用操作,将被测系统的输出记录同预先给定的标准结果比较,功能测试工具能够有效地帮助测试人员对复杂的企业级应用的不同发布版本的功能进行测试,提高测试人员的工作效率和质量。其主要目的是检测应用程序是否能够达到预期的功能并正常运行。

性能测试工具通常指用来支持压力、负载测试,能够录制和生成脚本、设置和部署场景、产生并发用户和向系统施加持续压力的工具。性能测试工具通过实时性能监测来确认和查找问题,并针对所发现问题对系统性能进行优化,确保应用的成功部署。性能测试工具能够对整个企业架构进行测试,通过这些测试企业能最大限度地缩短测试时间,优化性能和加速应用系统的发布周期。

常用的功能测试工具有:HP 公司的 WinRunner 和 QuickTest Professional,IBM 公司的 Rational Robot,Segue 公司的 SilkTest,Compuware 公司的 QA Run 等。

常用的性能测试工具有:HP 公司的 LoadRunner,Microsoft 公司的 Web Application Stress(WAS),Compuware 公司的 QALoad,RadView 公司的 WebLoad,Borland 公司的 SilkPerformer,Apache 的 Jmeter 等。

3. 测试管理工具

一般而言,测试管理工具对测试需求、测试计划、测试用例、测试实施进行管理,并且测试管理工具还包括对缺陷的跟踪管理。测试管理工具能让测试人员、开发人员或其他的 IT 人员通过一个中央数据仓库,在不同地方就能交互信息。

一般情况下,测试管理工具应包括以下内容:

(1) 测试用例管理;

(2) 缺陷跟踪管理(问题跟踪管理);

(3) 配置管理。

常用的测试管理工具有:IBM 公司的 TestManager、ClearQuest,HP 公司的 Quality Center、TestDirector,Compureware 公司的 TrackRecord,Atlassian 公司的 JIRA,开源的 Bugzilla、TestLink、Mantis 等。

4．专用测试工具

除了上述的自动化测试工具外,还有一些专用的自动化测试工具,例如,针对数据库测试的 TestBytes,数据生成器 DataFactory,对 Web 系统中的链接进行测试的工具 Xenu Link Sleuth 等。

【专家点评】

自动化测试是软件测试中提高测试效率、覆盖率和可靠性等的重要手段,合理选择和正确使用测试工具可以使测试工作事半功倍。

2.6　软件测试管理

【学习目标】

了解测试团队的建设与管理,理解软件测试过程和缺陷管理流程,熟悉软件测试文档。

【知识要点】

软件测试过程管理,缺陷管理,测试计划书,测试用例文档,测试报告。

2.6.1　测试团队建设与管理

建立、组织和管理一支优秀的测试团队是做好软件测试工作的基础,也是最重要的工作之一。在组建测试团队之前,首先要分析测试组织的现状(如初始级别的、扩展级别的、成熟级别的等状态),然后分析企业的组织框架(软件测试是属于开发部门管理,是独立测试部门,还是属于 QA 组织等),最后根据所开发的软件产品的类型(产品型、项目型等)确定测试工程师需要哪些测试技能。换句话说,测试团队的组建必须根据企业的具体情况和项目情况来确定如何组建。

1．测试团队的基本构成

一个比较健全的测试部门应该包含下列角色:

(1) 测试经理;

(2) 内审员;

(3) 测试组长;

(4) 测试设计人员/资深测试工程师;

(5) 一般/初级测试工程师;

（6）实验室管理人员。

软件测试团队不仅是指被分配到某个测试项目中工作的一组人员，还指一组互相依赖的人员齐心协力进行工作，以实现项目的测试目标。要使这些测试工程师发展成为一个有效协作的团队，既要有测试项目经理的努力，也需要软件测试团队中每位测试工程师的付出。测试项目团队工作是否有效将决定软件测试的成败。高效的软件测试团队具有以下特征：

（1）对软件项目的测试目标有清晰的理解；

（2）对每位测试工程师的角色和职责有明确的期望；

（3）以目标为导向；

（4）高度的互助合作；

（5）高度的信任。

2．测试团队的任务

测试团队的任务是建立测试计划，设计测试用例，执行测试，评估测试结果和递交测试报告等。另外，测试团队还要完成其他任务，如阅读和审查软件功能说明书，设计文档，审查程序，和开发人员、项目经理等进行充分交流，搭建测试环境。所有的任务都是为了履行测试团队的责任。测试人员的基本责任应该是：

（1）尽早地发现软件程序、系统和产品中出现的问题，并督促开发人员尽快地解决程序中的缺陷；

（2）尽早发现文档中存在的问题，并督促开发、产品经理、项目经理等解决问题；

（3）帮助项目管理人员制定合理的测试计划；

（4）对问题进行分析、分类总结和跟踪，以便让项目的管理者和相关的负责人能够对产品当前的质量情况一目了然；

（5）帮助改善开发流程，提高产品开发效率；

（6）提高程序编写的规范性、易读性、可维护性等；

（7）设计自动化测试脚本，提高测试的效率；

（8）维护测试环境；

（9）测试知识、产品知识的共享、传递。

2.6.2　软件测试过程管理

软件测试不等于程序测试，软件测试贯穿于软件开发的整个生命周期。软件测试过程主要包括测试准备、测试计划、测试用例设计、测试执行、测试结果分析。

1．测试准备阶段

测试准备阶段需要组建测试小组，参加有关项目计划、分析和设计会议，获取必要的需求分析、系统设计文档，以及相关产品/技术知识的培训。

2．测试计划阶段

测试计划阶段的主要工作是确定测试内容或质量特性，确定测试的充分性要求，制定测试策略和方法，对可能出现的问题和风险进行分析和估计，制定测试资源计划和测试进度计划以指导测试的执行。

3．测试设计阶段

软件测试设计建立在测试计划之上，通过设计测试用例来完成测试内容，以实现所确定的测试目标。软件测试设计的主要内容有：

（1）制定测试技术方案，分析测试技术方案是否可行、是否有效、是否能达到预定的测试目标。

（2）设计测试用例，选取和设计测试用例，获取并验证测试数据；根据测试资源、风险等约束条件，确定测试用例执行顺序；分析测试用例是否完整、是否考虑边界条件、能否达到其覆盖率要求。

（3）测试开发，获取测试资源，开发测试软件（包括驱动模块、桩模块、录制和开发自动化测试脚本等）。

（4）设计测试环境，建立并校准测试环境，分析测试环境是否和用户的实际使用环境接近。

（5）进行测试就绪审查，主要审查测试计划的合理性和测试用例的正确性、有效性和覆盖充分性，审查测试组织、环境和设备工具是否齐备并符合要求。在进入下一阶段工作之前，应通过测试就绪评审。

4．测试执行阶段

建立和设置好相关的测试环境，准备好测试数据，执行测试用例，获取测试结果。分析并判定测试结果，根据不同的判定结果采取相应的措施。对测试过程的正常或异常终止情况进行核对。根据核对结果，对未达到测试终止条件的测试用例，决定是停止测试还是需要修改或补充测试用例集，并进一步测试。

5．测试结果分析

测试结束后，评估测试效果和被测软件项，描述测试状态。对测试结果进行分析，以确定软件产品的质量，为产品的改进或发布提供数据和支持。在管理上，应做好测试结果的审查和分析，做好测试报告的撰写和审查工作。

2.6.3　缺陷管理

1．缺陷管理流程

为正确跟踪软件中缺陷的处理过程，通常将软件测试中发现的缺陷作为记录输入到缺陷跟踪管理系统。在缺陷管理系统中，缺陷的状态主要有提交、确认、拒绝、修正和已关闭

等,其生命周期过程主要经历从被发现、报告到被修复、被验证和最后被关闭等。缺陷管理的一般流程是:

(1)测试人员发现软件缺陷,提交新 Bug 入库,缺陷状态为 New。

(2)软件测试经理或高级测试经理,若确认是缺陷,分配给相应的开发人员,设置为 Open 状态,若不是缺陷(或缺陷描述不清楚),则拒绝,设置为 Declined 状态。

(3)开发人员对标记为 Open 状态的缺陷进行确认,若不是缺陷,状态修改为 Declined,若是则进行修复,修复后将缺陷状态改为 Fixed。对于不能解决的缺陷,提交到项目组会议评审,以做出延期或进行修改等决策。

(4)测试人员查询状态为 Fixed 的 Bug,然后验证 Bug 是否已解决,如解决置 Bug 的状态为 Closed,如没有解决置状态为 Reopen。

异常过程:对于已被验证后已经关闭的缺陷,由于种种原因被重新打开,测试人员将此类缺陷标记为 Reopen,重新经历修正、关闭等阶段。

在缺陷管理过程中,应加强测试人员与开发工程人员之间的交流,对于那些不能重现的缺陷或很难重现的缺陷,可以请测试人员补充必要的测试用例,给出详细的测试步骤和方法。同时,还需要注意的一些细节有:

(1)软件缺陷跟踪过程中的不同阶段是测试人员、开发人员、配置管理人员和项目经理等协调工作的过程,要保持良好的沟通,尽量与相关的各方人员达成一致。

(2)测试人员在评估软件缺陷的严重性和优先级上,要根据事先制定的相关标准或规范来判断,应具独立性、权威性,若不能与开发人员达成一致,由产品经理来裁决。

(3)当发现一个缺陷时,测试人员应分给相应的开发人员。若无法判断合适的开发人员,应先分配给开发经理,由开发经理进行二次分配。

(4)一旦缺陷修正状态,需要测试人员的验证,而且应围绕该缺陷进行相关的回归测试。且包含该缺陷的测试版本是从配置管理系统中下载的,而不是由开发人员私下给的测试版本。

(5)只有测试人员有关闭缺陷的权限,开发人员没有这个权限。

2. 有效报告缺陷

缺陷报告是测试过程中提交的最重要的东西,它的重要性丝毫不亚于测试计划,并且比其他的在测试过程中的产出文档对产品质量的影响更大。有效的缺陷报告需要做到以下几点。

(1)单一准确:每个报告只针对一个软件缺陷。

(2)可再现:不要忽视或省略任何一项操作步骤,特别是关键性的操作一定要描述清楚,确保开发人员按照所述的步骤可以再现缺陷。

(3)完整统一:提供完整的缺陷描述信息。

(4)短小精练:使用专业语言,清晰而简短地描述缺陷,不要添加无关的信息。确保所包含信息是最重要的,而且是有用的。

(5)不做评价:用中性的语言客观描述事实,不带偏见,不用幽默或者情绪化的语言。

(6)特定条件:必须注明缺陷发生的特定条件。

2.6.4 软件测试文档

1. 测试计划书

根据项目的需求文档,按照测试计划文档模板编写测试计划。测试计划中应该至少包括以下关键内容。

(1) 测试需求:明确测试的范围,估算出测试所花费的人力资源和各个测试需求的测试优先级。

(2) 测试方案:整体测试的测试方法和每个测试需求的测试方法。

(3) 测试资源:测试所需要用到的人力、硬件、软件、技术的资源。

(4) 测试组角色:明确测试组内各个成员的角色和相关责任。

(5) 测试进度:规划测试活动和测试时间。

(6) 可交付工件:在测试组的工作中必须向项目组提交的产物,包括测试计划、测试报告等。

(7) 风险管理:分析测试工作所可能出现的风险。

测试计划编写完毕后,必须提交给项目组全体成员,并由项目组组中各个角色组联合评审。

2. 测试用例文档

每个测试用例都将包括下列信息。

(1) 名称和标识:每个测试用例应有唯一的名称和标识。

(2) 用例说明:简要描述测试的对象、目的和所采用的测试方法。

(3) 测试的初始化要求:应考虑下述初始化要求——硬件配置、软件配置、测试配置、参数设置,以及其他对于测试用例的特殊说明。

(4) 测试的输入:在测试用例执行中发送给被测对象的所有测试命令、数据和信号等。对于每个测试用例应提供如下内容。

① 每个测试输入的具体内容(如确定的数值、状态或信号等)及其性质(如有效值、无效值、边界值等);

② 测试输入的来源(例如,测试程序产生、磁盘文件、通过网络接收、人工键盘输入等),以及选择输入所使用的方法;

③ 测试输入是真实的还是模拟的;

④ 测试输入的时间顺序或事件顺序。

(5) 期望测试结果:说明测试用例执行中由被测软件所产生的期望测试结果,即经过验证,认为正确的结果。必要时,应提供中间的期望结果。期望测试结果应该有具体内容,如确定的数值、状态或信号等,不应是不确切的概念或笼统的描述。

(6) 操作过程:实施测试用例的执行步骤。把测试的操作过程定义为一系列按照执行顺序排列的相对独立的步骤,对于每个操作应提供:

① 每一步所需的测试操作动作、测试程序的输入、设备操作等;

② 每一步期望的测试结果;

③ 每一步的评估标准；

④ 程序终止伴随的动作或错误指示；

⑤ 获取和分析实际测试结果的过程。

（7）前提和约束：在测试用例说明中施加的所有前提条件和约束条件，如果有特别限制、参数偏差或异常处理，应该标识出来，并要说明它们对测试用例的影响。

（8）测试终止条件：说明测试正常终止和异常终止的条件。

3．测试报告

测试报告是组成测试后期工作文档的最重要的技术文档。测试报告必须包含以下重要内容。

（1）测试概述：简述测试的一些声明、测试范围、测试目的、测试方法、测试资源等。

（2）测试内容和执行情况：描述测试内容和测试执行情况。

（3）测试结果摘要：分别描述各个测试需求的测试结果，产品实现了哪些功能点，哪些还没有实现。

（4）缺陷统计与分析：按照缺陷的属性分类进行统计和分析。

（5）测试覆盖率：覆盖率是度量测试完整性的一个手段，是测试有效性的一个度量。测试报告中需要分析代码覆盖情况和功能覆盖情况。

（6）测试评估：从总体对项目质量进行评估。

（7）测试建议：从测试组的角度为项目组提出工作建议。

【专家点评】

软件测试工作的有效组织、管理和实施，是提高软件测试效率的基本保障。在软件测试过程中需要加强过程管理和缺陷管理，并提交高质量的测试文档。

2.7　读书笔记

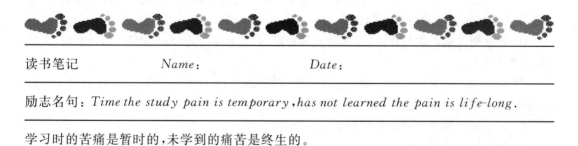

读书笔记　　　　　　*Name*：　　　　　　　　　*Date*：

励志名句：*Time the study pain is temporary，has not learned the pain is life-long.*

学习时的苦痛是暂时的，未学到的痛苦是终生的。

第3章 软件测试工程师的成长与发展

【本章重点】

软件测试工程师应该具备哪些能力和素养？如何成为一名合格的软件测试工程师？如何规划自己的职业生涯？这些问题可能困扰着无数即将走上软件测试工作岗位的学子们和对软件测试行业感到迷茫的朋友们。本章将围绕这些问题，让读者了解软件测试工程师所需具备的能力和素养，为读者进行职业规划指引方向。

3.1 软件测试工程师应具备的能力和素养

【学习目标】

理解软件测试工程师应具备的能力和素养。

【知识要点】

测试工程师应具备的计算机专业技能和个人能力。

3.1.1 计算机专业技能

计算机领域的专业技能是测试工程师应该必备的一项素质，是做好测试工作的前提条件。计算机专业技能主要包含以下三个方面。

1. 测试专业技能

测试专业技能涉及的范围很广，既包括黑盒测试、白盒测试、测试用例设计等基础测试技术和单元测试、功能测试、集成测试、系统测试、性能测试等测试方法，还包括基础的测试流程管理、缺陷管理、自动化测试技术等知识。

2. 软件编程技能

只有具有编程技能的测试工程师，才可以胜任诸如单元测试、集成测试、性能测试等难度较大的测试工作。作为测试工程师，必须能熟练使用一两种程序设计语言，如 C/C++、Java、BASIC、Delphi、.NET、JavaScript 等。

3. 计算机基础知识

掌握网络、操作系统、数据库、中间件等计算机基础知识，与开发人员相比测试人员掌握的知识具有"博而不精"的特点。如在网络方面，测试人员应该掌握基本的网络协议以及网络工作原理，尤其要掌握一些网络环境的配置，这些都是测试

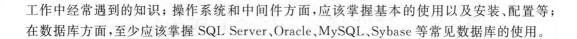

工作中经常遇到的知识；操作系统和中间件方面，应该掌握基本的使用以及安装、配置等；在数据库方面，至少应该掌握 SQL Server、Oracle、MySQL、Sybase 等常见数据库的使用。

3.1.2　个人能力和素养

测试工作很多时候都显得有些枯燥，只有热爱测试工作，才更容易做好测试工作。因此首先要对测试工作有兴趣，然后要对测试保持适度的好奇心(在按时完成开发测试执行所需的测试包和充满激情地编写灵活高效的测试用例之间取得平衡)，最后应是一个专业悲观主义者(测试人员应该把精力集中放在缺陷的查找上，是发现项目的阴暗面)。此外，还应该具有以下一些基本的个人素养。

(1) 专心：主要指测试人员在执行测试任务的时候要专心，不可一心二用。经验表明，高度集中精神不但能够提高效率，还能发现更多的软件缺陷。

(2) 细心：主要指执行测试工作时候要细心，认真执行测试，不可以忽略一些细节。某些缺陷如果不细心很难发现，例如一些界面的样式、文字等。

(3) 耐心：很多测试工作有时候显得非常枯燥，需要很大的耐心才可以做好。如果比较浮躁，就不会做到"专心"和"细心"，这将让很多软件缺陷从眼前逃过。

(4) 责任心：责任心是做好工作必备的素质之一，测试工程师更应该将其发扬光大。如果测试中没有尽到责任，甚至敷衍了事，这将会把测试工作交给用户来完成，很可能引起非常严重的后果。

(5) 自信心：自信心是现在多数测试工程师都缺少的一项素质，尤其在面对需要编写测试代码等工作的时候，往往认为自己做不到。要想获得更好的职业发展，测试工程师应该努力学习，建立能"解决一切测试问题"的信心。

(6) 团队协作能力：测试人员应具有良好的团队合作能力。测试人员不仅要与测试组的人员、开发人员、技术支持等产品研发人员有良好的沟通和协作能力，而且应该学会宽容待人，学会去理解"开发人员"，同时要尊重开发人员的劳动成果——开发出来的产品。

(7) 表达沟通能力：测试部门一般要与其他部门的人员进行较多的沟通，测试者必须能够同测试涉及的所有人进行有效沟通。所以要求测试工程师不但要有较强的技术能力，而且要有较强的沟通能力，既要可以和用户谈得来，又要同开发人员说得上话。

【专家点评】

软件测试是专业性、技术性、实践性要求非常高的工作，有效实施软件测试需要高素质的测试人才。软件测试工程师必须具有高度的工作责任心和自信心，并具有精湛的专业技术才能胜任这项工作。

3.2　软件测试职业发展

【学习目标】

理解软件测试职业发展的方向，为个人职业规划奠定基础。

【知识要点】

软件测试职业发展的路线：管理路线、技术路线、管理＋技术路线。

软件测试职业发展方向可以分为管理路线、技术路线、管理＋技术路线。博为峰公司的Sincky. Zhang 结合当前国内外软件测试行业现状提出的职业发展流程，提出了"双 V 模型"，如图 3-1 所示。该图如同两个重叠的"V"字样，因此将其命名为"双 V 模型"。

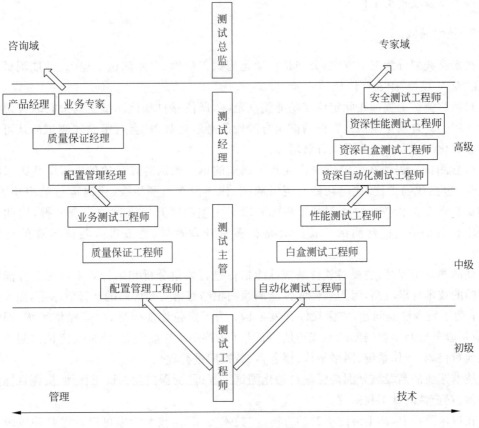

图 3-1　软件测试职业模型

在"双 V 模型"的底点是测试工程师，属于软件测试职业生涯的初级域，其主要工作内容是按照测试主管分配的任务计划，编写测试用例、执行测试用例、提交软件缺陷，包括提交阶段性测试报告、参与阶段性评审等。

1. 管理＋技术路线

双 V 模型的重叠线要求管理与技术并重，这是软件测试的行业特点决定的。

测试主管是企业项目级主管，属于中级发展域，其工作内容是根据项目经理或测试经理的计划安排，调配测试工程师执行模块级或项目级测试工作，并控制与监督软件缺陷的追踪，保证每个测试环节与阶段的顺利进行。

测试经理是更高级别的测试管理者，属于高级测试方向域。测试经理负责企业级或大型项目级总体测试工作的策划与实施。测试经理不仅要统筹整个企业级或项目级测试流程，还要对不同软件架构、不同开发技术下的测试方法进行研究与探索，为企业的测试团队成员提供指导与解决思路，同时也要合理调配不同专项测试的人力资源，对软件进行全面的测试。在一些企业里，测试经理还需要与客户交流与沟通，负责部分的销售性或技术支持性工作。

测试总监属于常规发展路线的最高域。该职位一般在大型或跨国型软件企业,或者专向于测试服务型企业有所设立。测试总监驾驭企业全部的测试与测试相关资源,管理企业的全部测试及质量类工作。

2. 技术路线

技术路线划分为三个方向,分别是自动化测试工程师、白盒测试工程师、性能测试工程师,在"双 V 模型"中右侧体现。

自动化测试工程师在此定位在功能测试范畴,即依靠自动化测试工具进行软件黑盒测试的工程师。自动化测试是软件测试执行阶段的必然趋势,社会对于软件测试的认可度以及对自动化测试人才的需求也日益增加。

白盒测试工程师在此定位在软件测试周期的单元测试阶段对软件进行的代码级测试的人员,包括代码走读、代码功能与逻辑测试、代码内存泄漏检查、代码运行效率检查、代码测试覆盖率分析等。白盒测试工程师要求对大型程序开发语言的完全掌握,因此其技术要求相对偏高。白盒测试工程师会是很多有开发背景、意欲进入测试行业的良好突破口。

性能测试工程师,主要对软件系统性能指标进行采集分析和运行效率检测。性能测试工程师的技术要求较高,因为软件的性能瓶颈归根结底落实到代码的运行效率上,因此要懂开发;为了发现性能问题,要懂软件开发架构;为了定位性能问题,要懂操作系统、网络协议、应用服务器乃至数据库的原理与使用;为了最终解决性能问题,要根据定位的问题有针对性地对代码、操作系统、网络架构、服务器、数据库进行优化。

技术路线的高级域分别是资深自动化测试工程师、资深白盒测试工程师、资深性能测试工程师、安全性测试工程师等。

在技术路线上,向上继续提升的方向为"技术专家"。技术专家可以看做是领域级专项人才。随着软件测试行业职位的不断细化,每个人在自己擅长的领域走向深入,都可以成为该领域的技术专家,具有个人独到的见解和深厚的技术实力,为软件测试整体行业的发展起带头作用。

3. 管理路线

在"双 V 模型"的左侧,是软件测试职业发展的管理路线。与技术路线相比,管理路线则更侧重于职业素质的积累。

配置管理工程师除了企业配置管理流程的搭建与实施外,一般会涉及配置管理工具的管理与维护。质量保证工程师更多的工作是软件开发流程的控制与维护。业务测试工程师是面向行业类软件业务逻辑与工作流测试的人员。业务测试工程师的工作内容主要是黑盒测试,属于功能范畴,主要关注软件的业务性和易用性,为软件在正式发布前提出建设性意见。

管理路线的高级域分别是配置管理经理、质量保证经理、产品经理、业务专家。配置管理经理、质量保证经理就更侧重于配置管理流程、质量保证流程的建立与改进。业务专家,属于行业内咨询、顾问的角色,主要为企业的产品需求分析、设计、开发、测试等各个环节提供指导工作,以提高软件的易用性和稳定性,减少后期不必要的需求变更。产品经理侧重于软件在产品化之前的质量监控工作,包括软件开发流程、软件测试等技术与管理的各个方面。

管理路线的最高域是咨询域,与技术路线的专家域类似,在配置管理、质量保证、软件产品化、行业领域达到高深造诣的人才,他们有丰富的从业经验、深厚的管理底蕴,具有对软件工程高瞻远瞩的慧眼和胆识,往往供职在专业的咨询与培训公司,提供 IT 业管理类咨询与培训的服务,推动着软件行业的前进。

在"双 V 模型"的管理路线里,中低级发展域的人才对技术与管理的区分较为明显,而到了高级与更高级发展域,更多的是复合型人才,软件业以技术为主导,没有一定技术积累,还是很难达到高级境界。

【专家点评】

本节通过双 V 模型详细介绍了软件测试职业发展的三条路线:管理路线、技术路线、管理＋技术路线。

3.3　软件测试工程师的成长历程

【学习目标】

了解软件测试工程师成长的历程。

【知识要点】

软件测试工程师成长的过程是测试技术和测试经验不断积累的一个过程。

1．如何成为一个合格的初级软件测试工程师

对于一个刚跨入或即将跨入测试行业的人,可以通过以下过程成为一名合格的测试工程师。

(1) 深入了解所在领域的业务知识,因为最终产品是给用户使用的,所以只有做出用户需要的东西才是最重要的,所以一定要认真阅读需求文档,以此作为测试的依据。

(2) 测试用例是测试执行的一个向导,要想快速高效率地执行用例,必须在熟悉业务的同时,熟悉用例,熟悉每条用例覆盖的需求,这样执行起来才能事半功倍。

(3) 明确自己的职责是测试而不是开发。珍惜时间,避免不必要的浪费。当然适当地协助开发重现缺陷,找到缺陷的原因是必要的,但要把握一个度。

(4) 手工测试的同时,学习一门技术。手工测试重复的工作比较多,需要从自动化测试上提高自己,熟练掌握一种或几种测试工具。

(5) 要向有经验的资深软件测试工程师学习、请教并沟通。可以阅读他们报的缺陷,学习他们的测试方法,因为每个人都有自己独特的想法以及看问题的角度也不一样,这样能帮助自己更快地成长。

2．从普通测试人员到测试主管

当具有一定的测试经验,熟悉整个测试过程后,应该把自己提高到一个测试主管的高度,全面地了解、评估项目,安排测试成员进行测试,并适时地提供指导,把握项目的进度。

协调好软件测试工程师之间的工作关系。测试主管的能力要相对全面些,同时要有较强的沟通协调能力。

(1)对项目的不同内容进行优先评级,合理分配人力资源。

测试工程师应按照项目的优先等级、测试能力、项目的不同内容、平台的熟悉程度进行分配。

对于此处提到的测试主管,一般是负责独立的一个项目,需要对项目的不同任务、不同模块优先评级,然后进行项目内部人员任务的安排,根据测试能力和不同模块、不同平台的熟悉程度来合理安排任务。

(2)对整个项目进行评估并制定测试计划、测试策略、日程安排,并编写测试报告,对整个项目质量负责。

(3)项目进度跟踪与日常管理。

① 与测试人员进行交流与沟通,对工作中遇到的问题与困难能帮助解决的尽量帮助解决,自己不能解决的请教他人帮助解决。

② 指导测试人员的日常工作,不要让测试人员偏离测试的重点和弱点。

③ 定期提交工作总结,让组员知道你的工作内容和工作计划,方便测试经理检查你的工作,知道你在做什么,保持信息的同步。

④ 跟踪测试进度,根据项目的时间安排,及时调整策略,比如增加测试人员,加班,实在不行申请项目延迟,等等。

⑤ 要与 EM/PM 多沟通。

3. 从测试主管到测试经理

从测试主管成长为一名测试经理不是一蹴而就的,而是在积累一定项目管理经验的基础上。如何成为一名优秀的测试经理呢?首先要知道自己的职责,发挥应有的作用,主要是做好以下几个方面。

(1)安排测试工作/协调测试资源/跟踪项目进度/协助考核项目经理。

(2)参与各需求评审/计划评审/用例评审/功能评审/项目总结。

(3)在产品发布前验收各测试负责人的工作,考核测试人员。

(4)发布产品发布通知/对客服部和培训部的人员进行培训/考核技术服务人员。

(5)管理机构资产库(主要是更新发布和备份)。

(6)监督各项目的进度,定期跟踪。

【专家点评】

本节详细介绍了软件测试工程师的发展历程和每个阶段的工作内容、工作重点。

3.4　读书笔记

| 读书笔记 | Name： | Date： |

励志名句：*Living without an aim is like sailing without a compass. —John Ruskin*

生活没有目标，犹如航海没有罗盘。——罗斯金

第二篇

基于 Java EE 产品线的项目实践

第4章 项目初期各阶段的主要工作

【本章重点】

在软件产品开发的初期,形成产品功能的需求是完成产品规格说明书和开发技术文档设计阶段。本章重点介绍软件测试人员在这些不同的阶段都需要做些什么。

4.1 项目立项与拟定产品的发展方向阶段

【学习目标】

了解什么是 PRD,它包含哪些内容。

【知识要点】

PRD 是根据市场需求形成的,主要介绍软件产品需要实现什么样的功能。

4.1.1 产品需求文档的形成及其实例

产品需求文档(Product Requirement Document,PRD)是将商业需求文档(BRD)和市场需求文档(MRD)用更加专业的语言进行描述。该文档是产品项目由"概念化"阶段进入"图纸化"阶段最主要的一个文档,其作用就是对 MRD 中的内容进行指标化和技术化,这个文档的质量好坏直接影响到研发部门是否能够明确产品的功能和性能。

PRD 是在产品的初期形成的,它是整个产品的指南针,工程人员和开发工程师就是根据它进行 SPEC 编写和产品功能设计的。下面以"大学学籍管理系统"为例,介绍 PRD 的内容与格式。

大学学籍管理系统

产品需求文档(PRD)V1.0

版本历史

版本/状态	修订人	起止日期	审核人/日期	简要说明
V1.0	徐雪梅	2009-6-4		建立
V1.1	盛安平	2009-8-10		修订

1. 简介

1.1 目的

　　这份文档的目的是对"大学学籍管理系统"的产品设计背景和功能需求进行描述。

1.2 背景

　　学校里学生的学籍管理是一项很烦琐的工作,为了提高老师在学籍管理中的工作效率,准备开发这套大学学籍管理系统。这个系统能满足用户权限设置,不同权限的用户使用自己的用户名登录。管理员可以添加、修改和删除,普通账户只能查看学籍管理系统里的内容。其主要功能有新学生的添加、修改、删除,学生成绩的录入、修改,学生成绩自动求和、排名,列出不及格学生的名单等。操作简单,界面友好;确保信息的准确性、动态性、安全性。适于分布式多客户作业,客户端的配置要求也很低。

2. 需求

2.1 产品的特点

　　与同类产品相比,该产品可以支持跨浏览器和跨平台。

2.2 开发该产品的已知难题

　　无

2.3 名词解释

　　无

2.4 产品功能

　　产品功能如表4-1所示。

表4-1　产品功能

功　　能	优先级	产品理念
用户 Login、Logout,以及管理员与普通用户的权限管理	H	
学生信息和成绩的添加、删除、修改	H	
学科信息的添加、删除、修改	H	
按学生成绩求和,排名	H	
按要求筛选不同类别的学生	H	
DB 连接可以根据配置文件来动态设置	H	

3. 功能需求分析

　　根据目前的市场需求,本系统可以划分为如表4-2所示的功能模块:

表4-2　功能需求分析

模块名称	子模块	功　能　描　述
用户登录	用户 Login/Logout	有此系统账号的用户输入正确的用户名、密码后可以 Login,没有账号或者信息不正确的人不允许登录。登录完成后,可以正常地 Logout,为了安全考虑,信息不应被记录
学生信息管理	添加新学生	添加新学生及其相应的基本信息
	学生信息维护	对数据库已经存在的学生进行维护
学生成绩管理	增加学生成绩	为每个学生添加成绩
	对已有成绩进行维护	对已有科目成绩进行维护

续表

模块名称	子模块	功 能 描 述
学生成绩查询	按学号/姓名查询	根据学生的学号或者姓名进行查询
	按成绩查询	根据成绩参照值进行查询
	按学生名次查询	根据学生成绩排名进行查询
DB连接可以根据配置文件来动态设置	配置文件变化,DB相应也会有改变	动态更新,保证数据的正确性

4. 操作和维护要求

- 站点备份支持
- 测试计划需求
- 安全问题
- 项目负责人

4.1.2　产品需求形成阶段测试工程师的工作

软件测试工程师(QA)在拿到 PRD 之后,需要仔细阅读 PRD 中的功能需求,掌握这个产品要做哪些功能,各个功能之间会不会有逻辑冲突。一个完整的 PRD 一般包括产品的功能要求、开发要求、兼容性要求、性能要求、扩展要求、产品文档要求、产品外观要求、产品发布要求、产品支持和培训要求、产品的其他要求。在众多的要求中,重点是产品功能要求这一部分,它是 PRD 的核心内容,规定了产品要做什么样的功能。

在阅读 PRD 阶段,QA 发现了什么问题,需及时给 PM(Product Manager)反馈信息,并协助 PM 去修改。另外,如果有不理解的内容,也要及时跟 PM 沟通,从 PM 那里得到解答。QA 提交问题后,还需要跟踪问题的状况,因为 PM 的工作比较繁忙,有可能你提交的问题被他忽视了,如果一段时间后,还没有从 PM 那里得到反馈,就要提醒 PM,让他及时回复你的提问。

QA 在阅读和评审 PRD 之后,没有什么问题了,按照流程,需要在规定的时间内对 PRD 进行 Sign off,作为这个阶段的结束。

【专家点评】

测试工程师在 PRD 阶段只是参与 PRD 阅读,对 PRD 中的问题和疑问要及时提出来。

4.2　产品规格说明书制定阶段

【学习目标】

掌握产品规格说明书的内容和格式。

【知识要点】

产品规格说明书主要叙述产品的功能、逻辑和用户操作界面定义。

4.2.1　产品规格说明书的形成及其实例

产品规格说明书(SPEC)是基于产品需求和产品目标形成的,它主要包括产品的运行环境、数据库、业务流程图、功能需求、用户界面和软件接口等,是开发人员设计软件的重要参考文档。里面的内容在确定下来后就不能随意修改,如果要更改,必须通过一定的严格流程去控制。产品规格说明书也是测试人员在进行测试时的标准,没有它,测试人员就不清楚该产品是做什么的,也就不知道如何去测试。下面以"大学学籍管理系统"为例,介绍 SPEC 的格式和内容。

大学学籍管理系统
产品规格说明书(SPEC)

贡献人	日　　期	修改历史
陈涛	2009-07-22	起草
王顺	2009-08-10	修订

1. 概述

学生学籍管理系统是为了实现对学生基本信息以及成绩进行添加、修改和删除等操作,并能根据学号、姓名等查询学生信息,根据学号、姓名等查询学生成绩。

2. 主要功能

2.1 功能列表

- 添加学生:用户可以添加学生的相关信息,如学生姓名、学生性别、学生籍贯和学生身份证等信息。
- 修改学生:用户可以修改学生的相关信息,如学生姓名、学生性别、学生籍贯和学生身份证等信息。
- 删除学生:用户可以选择单个或多个需要被删除的学生。
- 添加学生成绩:用户可以添加学生各门功课的成绩。
- 修改学生成绩:用户可以修改学生各门功课的成绩。
- 删除学生成绩:用户可以选择单个或多个需要删除成绩的学生。
- 学生基本信息查询:用户通过填写一定的查询条件,可查询用户所需要的学生基本情况等。
- 学生成绩查询:用户通过填写一定的查询条件,可查询用户所需要的学生学习成绩等。
- 学生基本信息一览表:列出所有学生的基本信息。
- 学生成绩一览表:列出所有学生的成绩。

2.2 功能详解

2.2.1 用户登录

当用户没有成功登录,而进行一些操作,比如单击"新建学生"菜单项,系统会自动跳转到用户登录页面,如图 4-1 所示。

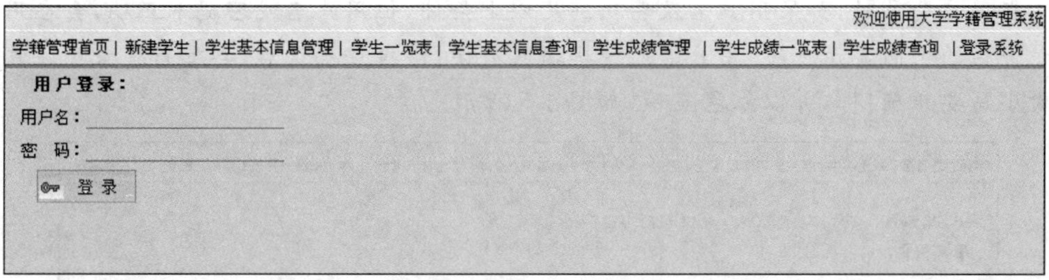

图 4-1　用户登录

　　当用户输入正确的用户名及密码,并单击"登录"按钮后,会跳到成功登录的欢迎页面,页面的右上角显示"欢迎×××使用大学学籍管理系统"字样,如图 4-2 所示。

图 4-2　登录成功

　　在用户登录时,如果用户名长度小于 5 位或大于 20 位时,会弹出如下警告框,警告信息为"用户名长度不合适,应在 5～20 位之间",如图 4-3 所示。

图 4-3　用户名长度警告

　　在用户登录时,如果用户名长度在 5～20 位之间,但密码为空或小于 6 位时,会弹出如下警告框,警告信息为"密码不能为空,并至少是六位!",如图 4-4 所示。

图 4-4　密码信息警告

在用户登录时,如果用户名及密码满足以上条件,但用户名或密码不正确,会在用户登录一栏的上面显示文字"用户名或密码输入有误,请检查确认后,再重新登录!注意字符大小写要正确!!",并以红色显示,如图4-5所示。

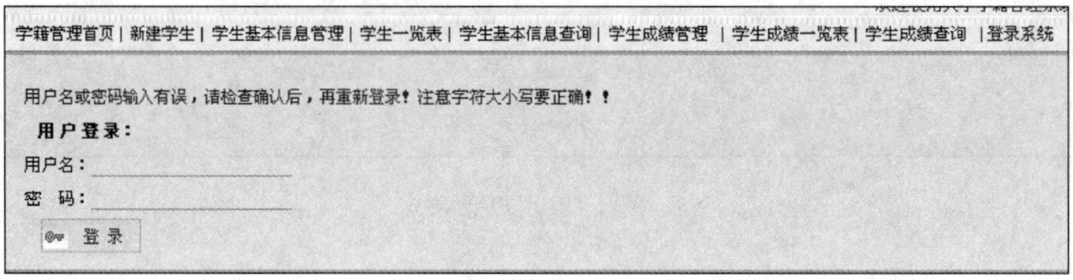

图 4-5　重新登录提示

2.2.2　添加学生信息

用户单击"新建学生"链接,进入添加学生信息页面。新增一些新入学的学生或数据库中不存在的学生信息。学号、学生姓名、性别及籍贯为必填项,学号在本系统中是唯一的,应保证其唯一性。添加学生时,系统自动产生一个唯一的学号,用户也可以自行修改学号,如图4-6所示。

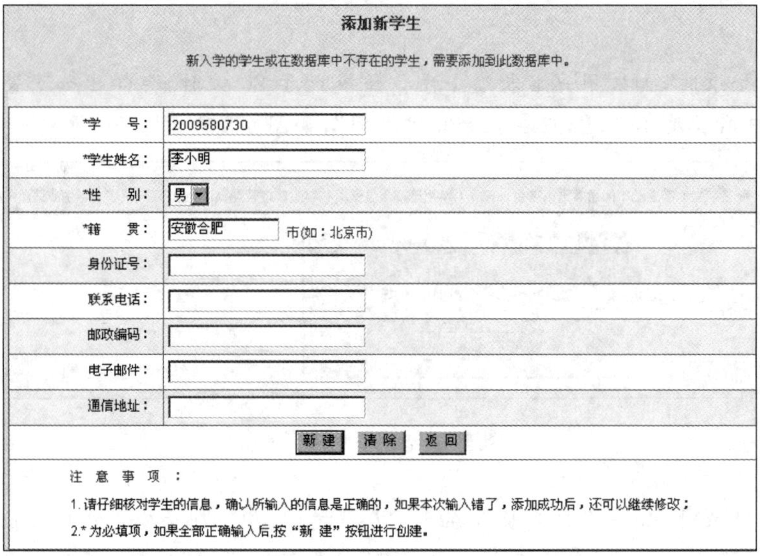

图 4-6　添加新学生

所有的按钮功能描述如表4-3所示。

表 4-3　按钮及其功能描述

按 钮 名 称	功 能 描 述
新建	保存当前的学生信息,成功后将进入"学生信息一览表"页面
清除	清除所有新录入的信息
返回	返回系统首页

当确认所输入的信息都是正确的，单击"新建"按钮保存当前的学生信息，成功后将进入"学生信息一览表"页面。单击"清除"按钮将清除所有新录入的信息。单击"返回"按钮进入系统首页。

当学号、学生姓名或籍贯为空时弹出警告框，如图4-7所示。

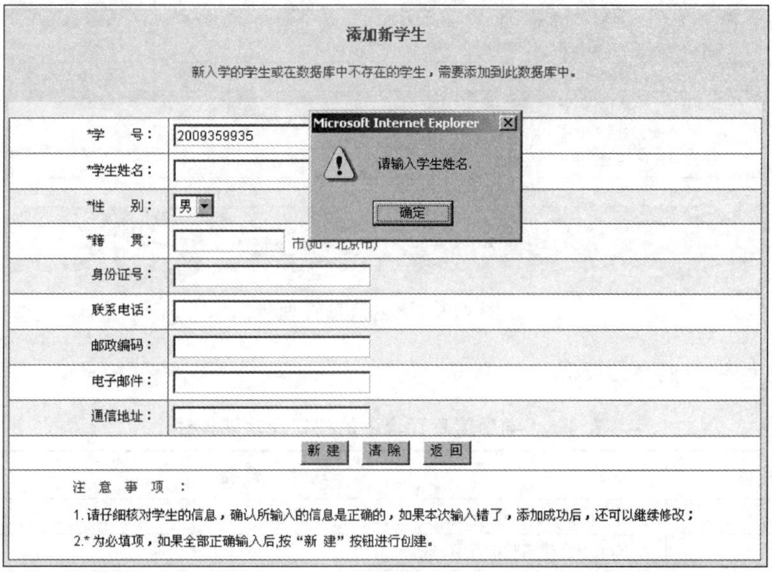

图4-7 必填字段不能为空

警告信息如表4-4所示。

表4-4 警告信息

条 件	警 告 信 息
学号为空	请输入学号
学生姓名为空	请输入学生姓名
籍贯为空	请输入学生籍贯

2.2.3 学生信息一览表

用户单击"学生信息一览表"链接，进入学生信息一览表页面，以表格来显示所有的学生信息，如图4-8所示。

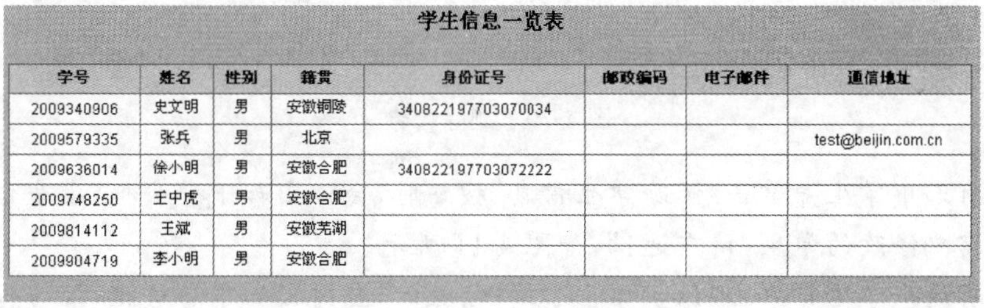

图4-8 学生信息一览表

2.2.4　学生信息管理

用户单击“学生信息管理”链接，进入学生基本信息管理页面。对系统中所有学生的档案信息进行删除、修改，并维护学生的成绩，如图 4-9 所示。

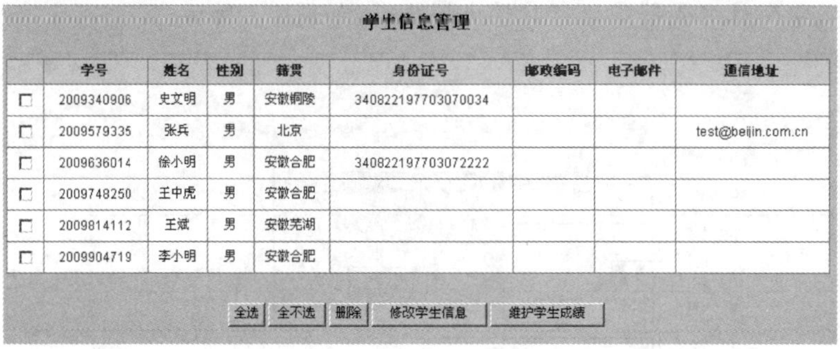
学生信息管理
学号
姓名
性别
籍贯
身份证号
邮政编码
电子邮件
通信地址
2009340906
史文明
男
安徽铜陵
340822197703070034
2009579335
张兵
男
北京
test@beijin.com.cn
2009636014
徐小明
男
安徽合肥
340822197703072222
2009748250
王中虎
男
安徽合肥
2009814112
王斌
男
安徽芜湖
2009904719
李小明
男
安徽合肥
全选
全不选
删除
修改学生信息
维护学生成绩

图 4-9　学生信息管理

所有的按钮功能描述如表 4-5 所示。

表 4-5　学生信息管理中的按钮及功能描述

按钮名称	功 能 描 述
全选	选中所有的学生记录
全不选	所有的学生记录都不选
删除	删除所有选中的学生记录
修改学生信息	修改选中的学生档案信息，一次只能修改一位学生的信息
维护学生成绩	维护选中的学生成绩，一次只能维护一位学生的成绩。如果系统中没有该学生以前的成绩，相当于新加学生成绩；如果系统中已经有该学生的成绩，相当于修改学生成绩

当没有选中学生并单击“删除”按钮时，会弹出如下警告框，警告信息为“你没有选中需要删除的学生，请重选！”，如图 4-10 所示。

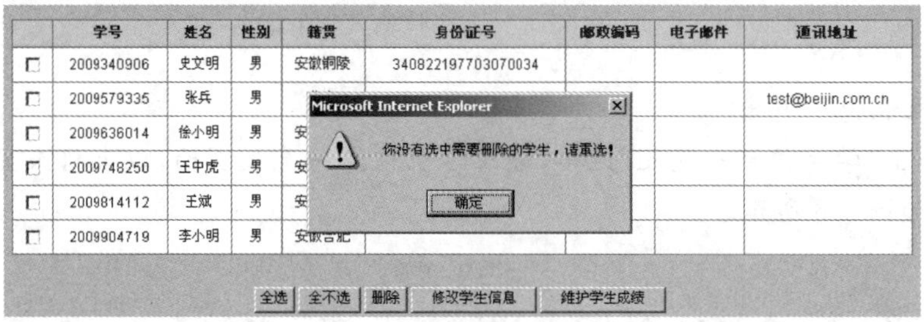
学号
姓名
性别
籍贯
身份证号
邮政编码
电子邮件
通讯地址
2009340906
史文明
男
安徽铜陵
340822197703070034
2009579335
张兵
男
test@beijin.com.cn
2009636014
徐小明
男
2009748250
王中虎
男
2009814112
王斌
男
2009904719
李小明
男
Microsoft Internet Explorer
你没有选中需要删除的学生，请重选！
确定
全选
全不选
删除
修改学生信息
维护学生成绩

图 4-10　删除警告

当没有选中学生并单击“修改学生信息”按钮时，会弹出如下警告框，警告信息为“你没有选中需要修改的学生，请重选！”，如图 4-11 所示。

当没有选中学生并单击“维护学生成绩”按钮时，会弹出如下警告框，警告信息为“你没有选中需要维护成绩的学生，请重选！”，如图 4-12 所示。

图 4-11　修改警告

图 4-12　维护警告

当系统中没有任何学生信息时,显示"没有任何学生信息,请先添加!",如图 4-13 所示。

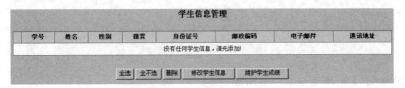

图 4-13　学生信息管理

2.2.5　学生成绩维护

对学生的成绩进行添加或维护,如图 4-14 所示。

维护学生成绩	
学　号:	2009937249
学生姓名:	李红
电子技术:	10
软件工程:	20
计算机网络与信息安全:	0
Java程序设计:	0
高级数据库:	0
图形图像处理技术:	0
分布计算与互联网技术:	0
软件测试与自演化技术:	0
保　存　清　除　返　回	

注　意　事　项：

1.请仔细核对学生的成绩,确认所输入的信息是正确的,如果本次输入错了,保存成功后,还可以继续修改;

2.*为必填项,如果全部正确输入后,按"保　存"按钮进行保存。

图 4-14　学生成绩维护

所有的按钮功能描述如表 4-6 所示。

表 4-6 "学生成绩维护"中的按钮功能

按 钮 名 称	功 能 描 述
保存	保存当前的学生信息,成功后将进入"学生成绩一览表"页面
清除	清除所有新录入/更新的信息
返回	返回上一页面

2.2.6 学生成绩管理

用户单击"学生成绩管理"链接,进入学生成绩管理页面。对系统中所有的学生成绩进行删除或者修改,如图 4-15 所示。

学生成绩管理

	学号	姓名	电子技术	软件工程	计算机网络与信息安全	Java程序设计	高级数据库	图形图像处理技术	分布计算与互联网技术	软件测试与自演化技术	总 分
☐	2009927864	李小明	60	56	80	90	97	78	67	97	625
☐	2009937249	李红	89	20	80	86	86	88	90	91	630

全选　全不选　删除　维护学生成绩

图 4-15 学生成绩管理

所有的按钮功能描述如表 4-7 所示。

表 4-7 "学生成绩管理"中的按钮功能

按 钮 名 称	功 能 描 述
全选	选中所有的学生成绩记录
全不选	所有的学生成绩记录都不选
删除	删除所有选中的学生成绩记录
维护学生成绩	维护选中的学生成绩,一次只能维护一位学生的成绩

如果没有选中任何学生成绩并单击"删除"按钮时,会弹出如下警告框,警告信息为"你没有选中需要删除的学生成绩,请重选!",如图 4-16 所示。

图 4-16 成绩删除警告

如果没有选中任何学生成绩并单击"维护学生成绩"按钮时,会弹出如下警告框,警告信息为"你没有选中需要维护成绩的学生,请重选!",如图 4-17 所示。

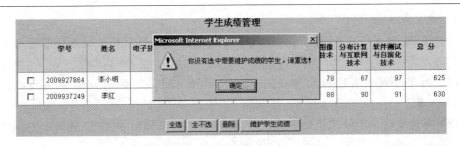

图 4-17　成绩维护警告

2.2.7　学生成绩一览表

用户单击“学生成绩一览表”链接，进入学生成绩一览表页面，显示系统中所有的学生成绩，如图 4-18 所示。

学生成绩一览表

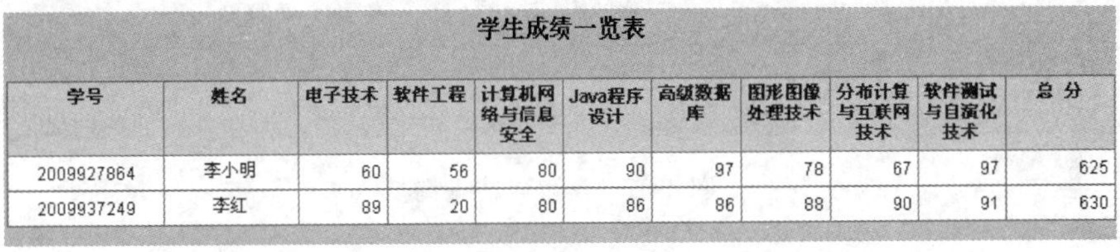

学号	姓名	电子技术	软件工程	计算机网络与信息安全	Java程序设计	高级数据库	图形图像处理技术	分布计算与互联网技术	软件测试与自演化技术	总 分
2009927864	李小明	60	56	80	90	97	78	67	97	625
2009937249	李红	89	20	80	86	86	88	90	91	630

图 4-18　成绩一览表

2.2.8　学生信息查询

用户单击“学生信息查询”链接，进入学生基本信息查询页面，根据学生的学号、姓名、籍贯或身份证号进行模糊查询，显示所有满足条件的学生档案信息，如图 4-19 所示。

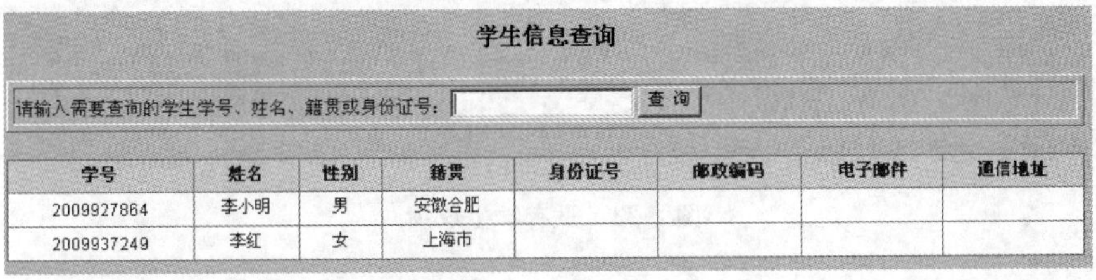

学生信息查询

请输入需要查询的学生学号、姓名、籍贯或身份证号：　查 询

学号	姓名	性别	籍贯	身份证号	邮政编码	电子邮件	通信地址
2009927864	李小明	男	安徽合肥				
2009937249	李红	女	上海市				

图 4-19　学生信息查询

如果没有满足条件的学生，显示“没有任何学生信息，请重新查询!”，如图 4-20 所示。

学生信息查询

请输入需要查询的学生学号、姓名、籍贯或身份证号：　查 询

学号	姓名	性别	籍贯	身份证号	邮政编码	电子邮件	通信地址
没有任何学生信息，请重新查询!							

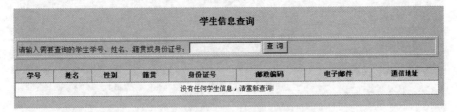

图 4-20　信息查询结果

2.2.9 学生成绩查询

用户单击"学生成绩查询"链接,进入学生成绩查询页面。对学生的成绩进行查询,支持三种方式:

(1) 对学号或姓名进行模糊查询,比如查询姓名中有"李"字的学生成绩,结果如图 4-21 所示。

(2) 查询成绩小于设定值的学生成绩,比如查询不及格的学生(成绩低于 60 分)。

(3) 查询排名在设定值的学生成绩,比如查询前三名的学生。

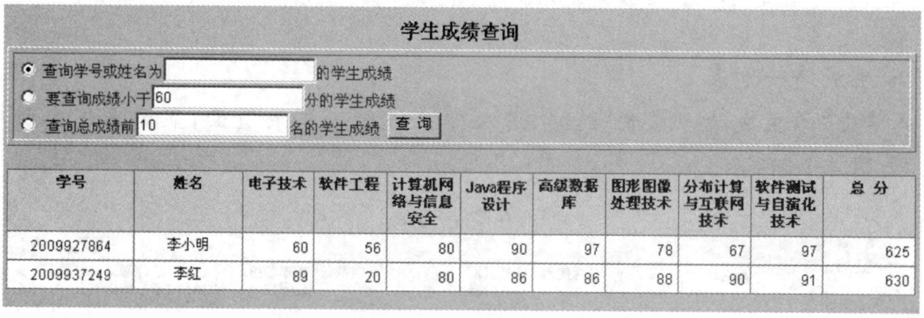

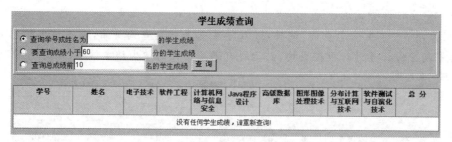

图 4-21 学生成绩查询

如果没有满足条件的学生成绩,显示"没有任何学生成绩,请重新查询!",如图 4-22 所示。

图 4-22 没有学生成绩

当选择按学号或姓名进行查询,学生或姓名为空时,会弹出如下警告框,警告信息为"请输入需要查询成绩的学生学号或姓名,再进行查询!",如图 4-23 所示。

图 4-23 查询提示

2.2.10　退出系统

用户单击"退出系统"链接可以退出系统,并弹出信息框"欢迎你下次继续登录本网站!",如图 4-24 所示。

图 4-24　退出提示

4.2.2　产品规格说明书阶段测试工程师的工作

产品规格说明书(SPEC)一般是由 EM(Engineer Manager)根据 PRD 完成的,在 SPEC
阶段,QA 需要完成以下任务:

(1) 仔细阅读 SPEC,查看 SPEC 中的功能是否符合 PRD 的需求,或者是否有功能遗漏。

(2) 和 EM 之间保持良好的沟通,经常一起阅读 SPEC,检查 SPEC 中定义的功能的完
整性、准确性和合理性等,如果发现问题,及时报告给 EM 去修正。经验证明,严格的 SPEC
审查可以排除大约 60% 的错误。

(3) QA 在阅读完 SPEC,并弄清了里面的每个功能之后,就需要根据 SPEC 来设计测试用
例(Test Case)。测试用例是测试人员在测试时的标准,它的内容必须清晰而且验证点要准确。

【专家点评】

产品规格说明书是写 Test Case 的重要依据,所以 QA 在写 Case 之前,一定要读懂、吃
透产品规格说明书中的每一个内容。另外,产品规格说明书是 EM 完成的,QA 要从测试角
度和用户使用的立场去审阅和提出问题。

4.3　产品技术文档设计阶段

【学习目标】

了解技术设计文档的内容和格式。

【知识要点】

技术设计文档主要介绍产品开发的功能分析、数据结构、功能接口以及设计思路。

4.3.1　编写技术设计文档

开发工程师在进行项目开发前,首先需要写技术设计文档。技术设计文档是开发程序
的重要参考资料。在文档中定义一些常用的术语和符号,程序开发的功能分析、数据结构、
体系结构以及设计思路等都将在这个文档中体现,标准的技术设计文档还会列出一些测试

建议。下面以"大学学籍管理系统"为例,介绍技术设计文档的内容和格式。

大学学籍管理系统

软件技术设计说明书

贡献人	日　期	修改历史
汪红兵	2009-08-02	初始版

1. 引言

1.1　编写目的

　　编写本套"大学学籍管理系统"的《软件技术设计说明书》的目的在于,根据软件规格说明书中的任务概述、需求规定等规划设计出一套可执行的软件结构模型。

1.2　参考资料

《大学学籍管理系统规格说明书》言若金叶软件研究中心编写

2. 总体设计

2.1　需求规定

　　本套"大学学籍管理系统"软件采用 Browser/Server 方式实现,用户可使用浏览器通过因特网进行学生信息的添加、修改等操作。

2.2　运行环境

　　客户端的运行环境:Windows 98 以上的操作系统、IE 5 以上的浏览器(或其他浏览器)。

　　服务器数据库端的运行环境:操作系统为 Windows Server 2000 或以上环境,数据库为 MySQL。

　　应用服务器:Tomcat 2.0 以上。

2.3　基本设计概念和处理流程

　　本套"大学学籍管理系统"软件的编写,是为了设计出一套学生信息和成绩管理的网络管理软件。软件主要是通过网页的形式展示给用户,用户可以在系统里添加学生、修改学生、删除学生、添加学生成绩、修改学生成绩、删除学生成绩、查询学生信息及查询学生成绩等,然后将用户的操作通过因特网保存到服务器端的 MySQL 数据库中。

2.4　结构

　　本套学籍管理系统软件采用 Browser/Server 方式实现。

2.5　人工处理过程

2.5.1　数据库人工处理

　　数据库不进行人工处理,一切行为通过客户端维护。

2.5.2　客户端的人工处理

- 添加学生:用户可以添加学生的相关信息,如学生姓名、学生性别、学生籍贯和学生身份证等信息。
- 修改学生:用户可以修改学生的相关信息,如学生姓名、学生性别、学生籍贯和学生身份证等信息。

- 删除学生：用户可以选择单个或多个需要被删除的学生。
- 添加学生成绩：用户可以添加学生各门功课的成绩。
- 修改学生成绩：用户可以修改学生各门功课的成绩。
- 删除学生成绩：用户可以选择单个或多个需要被删除的学生。
- 学生基本信息查询：用户通过填写一定的查询条件,可查询用户所需要的学生基本情况等。
- 学生成绩查询：用户通过填写一定的查询条件,可查询用户所需要的学生学习成绩等。
- 学生基本信息一览表：列出所有学生的基本信息。
- 学生成绩一览表：列出所有学生的成绩。

2.6　尚未解决的问题

2.6.1　服务器端尚未解决的问题

N/A

2.6.2　客户端尚未解决的问题

屏蔽创建新用户的功能及多个用户同时操作可能引起的学号重复问题。

2.6.3　难点问题

多人同时从多客户端新建学生时对学号的处理。

3. 接口设计

3.1　用户接口

本套学籍管理系统软件的可视化很强,做到用户打开程序就可直接上手操作。在设计界面时,同时也考虑到此方面,因此在每个可以单击的按钮上都设置了鼠标获得焦点后的提示信息,即 ToolTipText 属性。

3.2　外部接口

在本套学籍管理系统软件中没有考虑外部接口问题,如有需要可以添加对外部接口的考虑,例如红外扫描、卡式读取设备等。

3.3　内部接口

因为本套学籍管理系统软件是使用可视化软件来管理数据库中的数据,所以数据库为连接各个模块之间的接口,同时也称为软件内部的接口。

4. 系统数据结构设计

4.1　逻辑结构设计要点

按照需求分析设计数据库中的字段,建立一个逻辑上的数据库结构。

4.2　物理结构设计要点

在数据库软件(MySQL)中建立数据库,并要保证数据库最低符合第二范式。

4.3　数据结构与程序的关系

4.3.1　静态数值需求

(1) 支持并行操作的用户。

(2) 处理多条记录数据。

(3) 表或文件最小为 2048B,最大无限制。

4.3.2 精度需求

在进行提取数据库数据时,要求数据记录定位准确;在向数据库中添加数据时,要求输入数据准确。主要的精度适应系统要求,不接受违规操作。

4.3.3 时间特性需求

(1)响应时间应在人的感觉和视觉事件范围内。

(2)更新处理时间,随着应用软件的版本升级,以及网络的定期维护更新。

4.3.4 灵活性

当需求发生某些变化时,管理应用软件操作方式、数据结构、运行环境基本不会发生变化,变化只是将对应的数据库文件内的记录改变,或将过滤条件改变即可。

4.3.5 数据管理能力需求

本应用软件可管理多条记录,约用1.3MB空间,所有文件均放置在数据库中调用,查询数据、文件、记录时,通过库文件名直接进行操作或通过存储过程来完成操作。

4.4 数据库设计描述

4.4.1 数据库分析

需将数据库设计成关系模式最低符合第二范式的标准。按照需求分析确定系统的实体。根据实体分析的结果,在数据库中应建立如下数据表:学生信息表(student)和学生成绩表(stu_grade)。

4.4.2 数据库设计说明

(1)学生信息表(student),如表4-8所示。

表4-8 学生信息表

序号	字段名称	代 码	类 型	是否为空	说 明
	学生信息表(student)		说 明		
1	学号	STUID	VARCHAR(10)	Not null	
2	姓名	username	VARCHAR(64)	Not null	0 否/1 是
3	性别	gender	VARCHAR(64)	Not null	
4	身份证号	PID	VARCHAR(64)	Not null	
5	联系电话	phone	VARCHAR(64)	Not null	
6	邮政编码	postID	VARCHAR(64)	null	
7	电子邮件	email	VARCHAR(128)	null	
8	通信地址	address	VARCHAR(255)	null	
9	保留字段 1(int)	refnum1	int(10)	null	Int 型
10	保留字段 2(int)	refnum2	int(10)	null	Int 型
11	保留字段 1(str)	refstr1	VARCHAR(255)	null	VARCHAR
12	保留字段 2(str)	refstr2	VARCHAR(255)	null	VARCHAR
13	保留字段 1(date)	refdate1	DateTime	null	DateTime 型
14	保留字段 2(date)	refdate2	DateTime	null	DateTime 型
15	最后修改时间	lastmodifiedtime	DateTime	null	
	主键名称		STUID		
	索引				
	备注				

（2）学生成绩表（stu_grade），如表4-9所示。

表 4-9 学生成绩表

学生成绩表（stu_grade）			说明：维护学生各科课程的成绩		
序号	字段名称	代码	类型	是否为空	说明
1	学号	STUID	VARCHAR(10)	Not null	
2	电子技术	g_electron	int(3)	Not null	Default 0
3	软件工程	g_software	int(3)	Not null	Default 0
4	计算机网络与信息安全	g_security	int(3)	Not null	Default 0
5	Java 程序设计	g_java	int(3)	Not null	Default 0
6	高级数据库	g_db	int(3)	Not null	Default 0
7	图形图像处理技术	g_image	int(3)	Not null	Default 0
8	分布计算与互联网技术	g_distributed	int(3)	Not null	Default 0
9	软件测试与自演化技术	g_test	int(3)	Not null	Default 0
10	最后修改时间	lastmodifiedtime	DateTime	null	
主键名称			STUID		
索引					
备注			关联学生信息表 student 中的字段 STUID		

4.4.3 表间关系

学生信息表（student）和学生成绩表（stu_grade）由字段 STUID 作为关联。

5. 系统出错设计

5.1 出错信息

在设计本套学籍管理系统软件时，设计人员应尽可能地考虑到所有的出错情况，并做出相应的恢复信息。无法预料的错误信息应返回给用户一个特定的信息提示。

5.2 补错措施

对于出错概率较大的地方，设计人员应结合用户需求做一些必要的限制，减少出错的可能。

5.3 系统维护设计

本套学籍管理系统软件的维护设计要由专门人员来做，这些人员应对本套学籍管理系统软件的程序代码结构与流程有深入的了解。

6. 程序系统的组织结构

本系统由"学生信息管理"、"用户登录管理"及"学生成绩管理"组成，各子模块如图4-25所示。

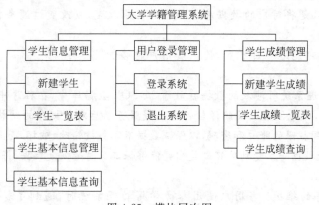

图 4-25 模块层次图

7. 程序(标识符)设计说明

7.1 程序描述

7.1.1 客户端程序

本套学籍管理系统软件的客户端应用程序以网页的形式编写,包括静态和动态的网页,存放在服务器中,客户使用浏览器通过互连网络对网页进行访问,并完成客户端可以完成的功能。

7.1.2 后台数据库

本套学籍管理系统软件的后台数据库使用 MySQL 搭建后台数据库服务器,用来存放所有的数据。

7.2 功能描述

- 添加学生:用户可以添加学生的相关信息,如学生姓名、学生性别、学生籍贯和学生身份证等信息。
- 修改学生:用户可以修改学生的相关信息,如学生姓名、学生性别、学生籍贯和学生身份证等信息。
- 删除学生:用户可以选择单个或多个需要被删除的学生。
- 添加学生成绩:用户可以添加学生各门功课的成绩。
- 修改学生成绩:用户可以修改学生各门功课的成绩。
- 删除学生成绩:用户可以选择单个或多个需要被删除的学生。
- 学生基本信息查询:用户通过填写一定的查询条件,可查询用户所需要的学生基本情况等。
- 学生成绩查询:用户通过填写一定的查询条件,可查询用户所需要的学生学习成绩等。
- 学生基本信息一览表:列出所有学生的基本信息。
- 学生成绩一览表:列出所有学生的成绩。

7.3 性能描述

7.3.1 时间特性需求

在网络连接正常的情况下,查询响应时间为秒级。

7.3.2 灵活性

当需求发生某些变化时,学生管理应用软件操作方式、数据结构、运行环境基本不会发生变化,变化只是将对应的数据库文件内的记录改变,或改变过滤条件。

7.3.3 可用性

软件应该尽可能地一目了然,使一般用户能够使用。

7.3.4 安全性

本套学籍管理系统所涉及的数据存放于 MySQL 数据库中,在程序中应尽可能地使用存储过程的方法,以免使某人反编译软件或入侵服务器后对数据库的结构进行修改。在程序中应该设置不同权限的账户和密码,以保证数据不容易被错改、破坏,而且要经常对数据库进行备份操作,使数据一旦受到破坏或是出错能够保证及时地恢复数据,将损失降到最低。

7.3.5 可维护性

- 应用程序的维护:当用户使用本套学籍管理系统时,遇到了软件本身的逻辑错误,应当有软件的维护人员对软件进行修改。

- 数据库的维护：应当有特定的数据库维护人员对数据库及时地进行备份、管理等操作，以保证数据库的安全性。

7.3.6　可转移、可转换性

Java 编程语言的兼容性很高，在 Windows 95/98、Windows NT，Windows 2000 和 Windows XP 等操作系统中都可以直接运行。

7.4　输入项

用户通过软件输入必要的信息，然后保存到数据库，所输入的信息是经过需求分析限定的内容，同时也是数据库中每个字段存储的内容。

7.5　输出项

本套学籍管理系统将所有需要浏览的数据显示在屏幕上，以便用户能够浏览到数据库中的数据或用户想要浏览范围内的数据。

7.6　算法

（1）将用户输入的数据按字段保存到数据库中。

（2）将数据库中的数据按字段提取到用户界面中。

（3）删除重复项的算法。

（4）按条件修改、删除数据中的数据。

（5）保持表间数据的一致性。

7.7　流程逻辑

7.7.1　用户登录流程图（如图 4-26 所示）

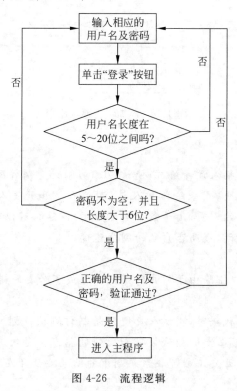

图 4-26　流程逻辑

7.7.2 添加学生模块流程图(如图 4-27 所示)

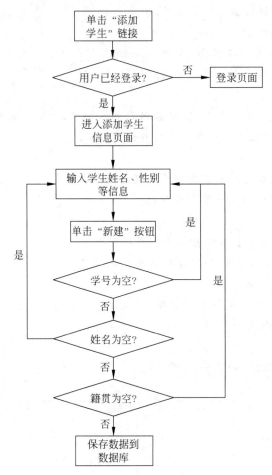

图 4-27　添加学生模块流程

7.8 注释设计

尽可能地在软件中插入注释语句,使语句容易阅读。制作网页时可以另备份一份,一份是标注释语句的网页,用来给维护人员、测试人员和开发人员了解开发过程所用;另一份是不带注释语句的网页,用于最后实际应用中,这样可以充分地利用有限的带宽,缩短客户打开网页的时间,提高客户端的浏览速度。

7.9 限制条件

限制必要的条件,以排除由于用户的误操作造成不必要的错误。

7.10 测试计划

在开发工程师编写代码时,测试人员便开始制订测试计划,其中要包括白盒和黑盒的具体测试项目,以及其必要的测试数据和出错的信息。每次测试的结果要写报告,并就发现和怀疑的问题与开发工程师联系。测试的结果要让开发工程师明白。

4.3.2 技术设计文档阶段测试工程师的工作

当开发工程师在设计技术文档时,测试工程师需要了解产品的运行环境,为以后配置系统的测试环境做准备;需要跟产品设计人员一起讨论产品的逻辑流程、数据库结构以及各个模块的具体功能;需要了解产品在设计过程中可能会遇到的难点问题,在以后的测试中就要注意设计的难点部分;需要了解不同的模块之间可能存在的接口部分;需要了解产品在设计中的性能要求,为以后的性能测试提供依据。

产品的技术设计文档准备完成之后,通常需要经过项目经理和测试工程师的阅读和评审,评审时没有问题才可以通过。测试工程师在阅读技术设计文档的同时,可能还需要根据技术文档设计有关白盒测试用例。

【专家点评】

测试工程师在设计测试用例时,如果单纯地从功能上考虑,可能会漏掉一些测试用例和情形,如果阅读技术设计文档,就可以从开发人员的角度设计一些底层的细致的测试用例。另外,产品如果需要使用白盒测试,阅读技术设计文档可以了解开发的设计思路,从而设计出更准确的白盒测试用例。

4.4 读书笔记

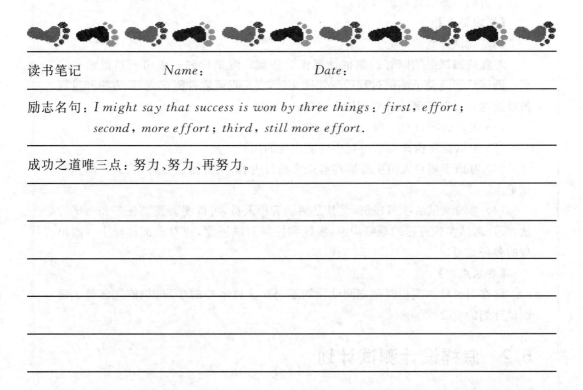

读书笔记	*Name*:	*Date*:

励志名句: *I might say that success is won by three things:first,effort;*
second,more effort;third,still more effort.

成功之道唯三点:努力、努力、再努力。

第5章 软件测试计划的制定

本章主要讲述测试计划的目的、内容以及如何制定测试计划。

俗话说："凡事预则立,不预则废。"软件测试同样如此,在软件项目测试之初,就要制定详细的测试计划。测试计划是在项目开始初期完成,内容包括测试目的、范围、方法和软件测试的重点。公司领导可以根据你的测试计划去做宏观调控,进行相应的资源配置;测试人员也能够根据测试计划了解整个项目的测试情况,以及项目在不同阶段的测试重点。

5.1 为何要制定测试计划

【学习目标】

了解制定测试计划的目的。

【知识要点】

制定测试计划的好处。

专业的测试必须以好的测试计划作为基础。测试计划一般由项目组长来完成。测试计划是整个测试过程的纲领性文件,也是规范软件测试内容、方法和过程的重要途径。制定测试计划有以下好处:

(1)可以让项目有条理、有计划地进行。

(2)可以提前预知项目过程中可能出现的问题。

(3)有助于项目人员更好地理解这个项目内容,明确测试目标、测试范围和测试重点。

(4)参与测试的项目成员,尤其是测试管理人员,可以明确测试任务和测试方法,保证测试实施过程的顺畅沟通,跟踪和控制测试进度,应对测试过程中可能出现的各种变更。

【专家点评】

你在测试软件项目时制定测试计划了吗?通过本节的学习,相信你已经了解测试计划的重要性了。

5.2 怎样设计测试计划

【学习目标】

了解如何制定测试计划。

【知识要点】

测试计划的内容和模板。

专业软件测试必须以一个好的测试计划作为基础。虽然测试的每一个步骤都是独立的，但是必须要有一个起到框架作用的测试计划。测试计划应该作为测试的起始步骤和重要环节。一个规范的测试计划应该包括产品基本情况调研、测试需求说明、测试策略和记录、测试资源配置、测试重点、计划表、问题跟踪报告、测试计划的评审、测试结果等。

5.2.1　产品基本情况调研

这部分应包括产品简单的介绍、测试项目的名称、项目开发的背景和开发的情况，以及要完成的功能。例如，产品的运行平台和应用的领域、产品的特点和主要的功能模块等。对于有的测试项目，还要包括测试的目的和测试重点。

5.2.2　测试需求说明

这一部分需要列出测试的范围以及测试的主要功能列表。具体要点如下：

1．功能的测试

理论上是测试范围要覆盖所有的功能项。例如，在数据库中添加、编辑和删除记录等。这将是一个浩大的工程，但是有利于测试的完整性。

2．设计的测试

针对用户界面、菜单的结构，还有窗体的设计是否合理等的测试。

3．整体考虑

这部分测试需要着重考虑数据流从软件中的一个模块到另一个模块的过程的正确性。

5.2.3　计划表

测试的计划表可以做成多个项目通用的格式，根据大致的时间评估来制作。操作流程要以软件测试的常规周期作为参考，也可以根据模块设定测试时间。

5.2.4　测试资源配置

测试资源包括测试环境、人力资源和测试工具。

（1）搭建测试环境所需要的软件和硬件说明，包括操作系统、补丁版本、数据库版本、被测软件版本，还有打印机、扫描仪等外设信息。

（2）人力资源安排包括任务、时间、人员以及任务输出的产品。任务包括对软件测试产品的理解、设计测试文档和执行测试等。

（3）测试工具如 Selenium、AutoIt 等。

5.2.5   系统风险评估

风险评估可以分为以下几个方面：

（1）对与此模块有影响的其他模块可能出现的问题风险进行评估。

（2）在测试过程中，可能会遇到开发人员由于出差、请假，人力或者软硬件资源限制；项目优先级发生变化等情况，项目该如何处理。

（3）如果项目由于某种原因被暂停，重新启动该项目的条件是什么，这个也需要说清楚。

5.2.6   测试的策略和记录

这是整个测试计划的重点所在，可以通过流程图的方式来描述整个项目的内容。另外，本节还需要描述如何更好地开展测试。要考虑到模块、功能、整体、系统、版本、压力、性能、配置和安装等各个因素的影响。要尽可能地考虑全面，越详细越好，并制作测试记录文档的模板，为即将开始的测试做准备。

5.2.7   问题跟踪报告

在测试的计划阶段，应该明确如何去报告发现的问题以及如何去界定一个问题的性质，问题报告要包括问题的发现者和修改者、问题发生的频率、测试案例，以及问题产生时的测试环境。

5.2.8   测试计划的发布

测试计划完成后，应该发给相关的人员审阅，由他们提出审阅意见，对提出意见的地方进行修订后，再次发出，由他们确认审阅通过。

【专家点评】

一个成熟完善的测试管理应该有固定的测试计划模板，在制定测试计划时，只需要根据当时的项目情况填写相应的内容即可。固定的测试模板一方面提醒计划制定者测试计划中需要写哪些内容；另一方面方便别人阅读。

5.3   测试计划设计实例

【学习目标】

了解如何制定完整的测试计划。

【知识要点】

测试计划实例包含的具体内容。

下面以"大学学籍管理系统"为例，介绍测试设计的内容和书写格式。

大学学籍管理系统

测试计划

版本历史

版本/状态	修订人	起止日期	审核人\日期	简要说明
V1.0	徐雪梅	2009-6-4		建立
V1.1	盛安平	2009-7-13		修订

1. 简介

该测试计划介绍了如何测试"大学学籍管理系统"。它提供了测试范围、测试策略和人员安排等详细信息。

1.1 目的

这份文档的目标是详细描述对"大学学籍管理系统"进行功能测试的过程。本文档所关注的特征来自于软件设计规格说明书(关于"大学学籍管理系统"的功能描述,请参阅软件设计规格说明书)。

1.2 背景

为了提高从事学生工作的老师的工作效率,开发了"大学学籍管理系统"。这个系统能满足用户管理员账户与普通账户 Login/Logout。管理员账户具有添加、修改、删除功能,普通账户只能查看。

主要功能:能完成大学新生的添加、修改、删除,能按学生成绩求和、排名,列出不及格学生的名单等。操作简单,界面友好;确保信息的准确性、动态性、安全性。"大学学籍管理系统"是基于 Java EE 的技术,采用 B/S 结构,适于分布式多客户作业,客户端的要求也很低。

1.3 范围

测试阶段包括单元测试、集成测试、系统测试、性能测试、验收测试及对测试进行评估。本计划所提到的测试类型是需求阶段的测试,即对"大学学籍管理系统"进行功能验证的测试过程。

1.3.1 准备测试的特征

以下特征将被测试,以确保"大学学籍管理系统"能满足规定的需求。

1) 用户 Login、Logout,以及管理员与普通用户的权限区别

(1) 用户 Login、Logout。

- Login
- Logout

(2) 管理员与普通用户的权限。

- 管理员的权限:添加、删除和修改。
- 普通用户只能查看信息。

2) 学生信息和成绩的添加、删除、修改

(1) 学生信息的添加、删除、修改。

- 添加新生信息。
- 删除已经添加的学生信息(可同时删除多个学生)。
- 修改已经添加的学生信息。

（2）学生成绩的添加、删除、修改。

- 添加新生成绩。
- 删除已经添加的学生成绩(可同时删除多个成绩)。
- 修改已经添加的学生成绩。

3）学科信息的添加、删除、修改

- 添加新的学科。
- 删除已经添加的学科(可同时删除多个学科)。
- 修改已经添加的学科。

4）按学生成绩求和、排名

学生成绩的求和。

- 某一个学生的所有成绩之和。
- 某一个学科的所有学生成绩之和。
- 学生成绩的排名。
- 某一个学生的所有成绩排名。
- 某一个学科的所有学生成绩排名。
- 可以以升序或者降序排名。

5）按要求筛选不同类别的学生

（1）筛选成绩前 10 名的学生。

- 只筛选总分成绩前 10 名的学生。

（2）筛选成绩不及格的学生。

- 只要有一门学科成绩不及格,就会被筛选出来。
- 不及格的学科可以用不同的颜色进行标识。

6）DB 连接可以根据配置文件进行动态设置

配置文件修改后,DB 连接也会相应改变。

- 在后台修改配置文件。
- 在前台可以看到 DB 也会发生改变。

测试列表及测试范围如表 5-1 所示。

表 5-1　测试列表及测试范围

新　功　能	相关模块	回归测试范围	测试人员
学籍管理首页	N/A(new)	N/A	
新建学生	N/A(new)	N/A	
学生基本信息管理	N/A(new)	N/A	
学生一览表	N/A(new)	N/A	
学生基本信息查询	N/A(new)	N/A	
学生成绩管理	N/A(new)	N/A	
学生成绩一览表	N/A(new)	N/A	
学生成绩查询	N/A(new)	N/A	
登录系统	N/A(new)	N/A	

1.3.2　不准备测试的特征

功能和系统配置时不需要测试的内容如下：

（1）本次测试将不考虑关系数据库（MySQL）的安装和功能。假定数据库已安装并处于可操作的状态。假定数据库表结构是准确的，包含需求规格说明书中定义的规定类型和字段的宽度。这些需求在准备和安装文档中有详细说明。

（2）本次测试将不会直接测试 Web 服务器（Tomcat）。

2. 测试参考文档和测试提交文档

2.1 测试参考文档

- 大学学籍管理系统产品需求文档
- 大学学籍管理系统软件设计规格说明书

2.2 测试提交文档

本次测试完成后的提交文档包括：

- 测试计划
- 测试规格说明文档
- 测试用例设计文档
- 测试 Bug 列表
- 测试小结
- 测试分析报告

3. 测试进度

测试进度如表 5-2 所示。

表 5-2 测试进度

测 试 活 动	计划开始日期	实际开始日期	结束日期
制订测试计划			
单元测试 30 天			
集成测试 15 天			
系统测试 8 天			
性能测试 2 天			
用户验收测试 5 天			
对测试进行评估 1 天			
产品发布			

4. 测试资源

4.1 人力资源

表 5-3 列出了在此项目的人员配备方面所作的各种假定。

注：可适当地删除或添加角色项。

表 5-3 人力资源安排

角 色	所推荐的最少资源（所分配的专职角色数量）	具体职责或注释
测试设计人员	2～3	制订和维护测试计划，设计测试用例及测试过程，生成测试分析报告
测试人员	3～4	执行集成测试和系统测试，记录测试结果
设计人员	1	设计测试需要的驱动程序和稳定桩
编码人员	2～3	编写测试驱动程序和稳定桩，执行单元测试

4.2 测试环境

表 5-4 列出了测试的系统环境。

表 5-4　测试环境综合

软件环境(相关软件、操作系统等)
操作系统：Windows 2000/XP 以上版本
应用服务器和 Web 服务器：Tomcat 5 以上
数据库系统：MySQL
客户端软件：Internet Explorer 或 Firefox 等浏览器和 Office 软件
硬件环境(网络、设备等)
对兼做应用服务器、Web 服务器和数据库服务器的机器配置要求较高：256MB 以上内存，PⅢ 500MHz 以上 CPU，10GB 以上可用硬盘空间
客户端只要能使用浏览器和 Office 软件即可
网络条件和设备：网路连接卡或调制解调器

4.3 测试工具

此项目将列出测试使用的工具，如表 5-5 所示。

表 5-5　测试工具列表

用　　途	工　　具	生产厂商/自产	版　　本
压力测试工具	JMeter	开源组织	2.3.4
功能测试工具	Selinum	开源组织	1.0

5. 系统风险

可能出现的风险如下：

(1) Bug 的修复情况。

(2) 模块功能的实现情况。

(3) 系统整体功能的实现情况。

(4) 代码的编写质量。

(5) 人员经验以及对软件的熟悉度。

(6) 开发人员、测试人员关于项目约定的执行情况。

(7) 人员调整导致研发周期延迟。

(8) 开发时间的缩短导致某些测试计划无法执行。

6. 测试策略

测试策略提供了对测试对象进行测试的推荐方法。下面列出了本系统测试的各个阶段可能用到的测试方法。

测试案例流程图如图 5-1 所示。

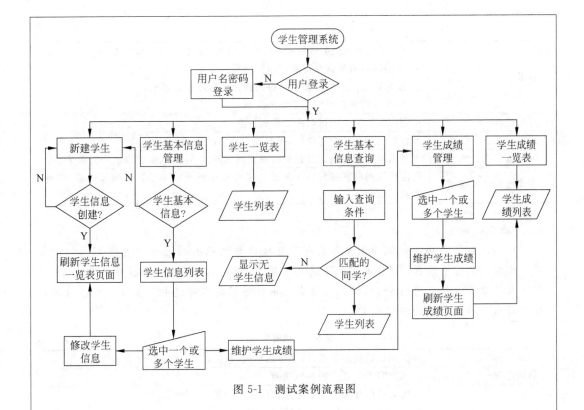

图 5-1　测试案例流程图

6.1　接口测试

接口测试如表 5-6 所示。

表 5-6　接口测试

测试目标	确保接口调用的正确性
测试范围	所有软件、硬件接口,记录输入输出数据
技术	
开始标准	
完成标准	
测试重点和优先级	
需考虑的特殊事项	接口的限制条件

6.2　集成测试

集成测试的主要目的是检测系统是否达到设计需求,对业务流程及数据流的处理是否符合标准,检测系统对业务流程处理是否存在逻辑不严谨及错误,检测需求是否存在不合理的标准及要求。此阶段测试是基于功能完成的测试。集成测试如表 5-7 所示。

表 5-7　集成测试

测试目标	检测需求中的业务流程、数据流的正确性
测试范围	需求中明确的业务流程,或组合不同功能模块而形成一个大的功能

续表

技术	利用有效的和无效的数据来执行各个用例、用例流或功能,以核实以下内容: • 在使用有效数据时得到预期的结果; • 在使用无效数据时显示相应的错误消息或警告消息; • 各业务规则都得到了正确的应用
开始标准	在完成某个集成测试时必须达到标准
完成标准	所计划的测试已全部执行,所发现的缺陷已全部解决
测试重点和优先级	测试重点是指在测试过程中着重测试的地方,优先级可以根据需求来定
需考虑的特殊事项	确定或说明那些将对功能测试的实施和执行造成影响的事项或因素(内部的或外部的)

6.3　功能测试

对测试对象的功能测试应侧重于所有可直接追踪到业务功能和业务规则的测试需求。此类测试基于黑盒技术,该技术通过图形用户界面(GUI)与应用程序进行交互,并对交互的输出或结果进行分析,以此来核实应用程序及其内部进程。表 5-8 为各种应用程序列出了推荐使用的测试概要。

表 5-8　功能测试

测试目标	确保测试的功能正常,其中包括导航、数据输入、处理和检索等功能
测试范围	需求说明书中要求的各项功能
技术	利用有效的和无效的数据来执行各个用例,以核实以下内容: • 在使用有效数据时得到预期的结果; • 在使用无效数据时显示相应的错误消息或警告消息; • 各业务规则都得到了正确的应用
开始标准	
完成标准	
测试重点和优先级	
需考虑的特殊事项	确定或说明那些将对功能测试的实施和执行造成影响的事项或因素(内部的或外部的)

6.4　用户界面测试

用 Internet Explorer 和 Firefox 对图形用户界面进行测试。要求在两种浏览器上对所有的功能进行测试。界面测试如表 5-9 所示。

表 5-9　界面测试

测试目标	通过测试进行的浏览可正确反映业务的功能和需求,这种浏览包括窗口与窗口之间、字段与字段之间的浏览,以及各种访问方法(Tab 键、鼠标移动和快捷键)的使用。 窗口的对象和特征(如菜单、大小、位置、状态和中心等)都符合标准
测试范围	
技术	为每个窗口创建或修改测试,以核实各个应用程序窗口和对象都可正确地进行浏览,并处于正常的对象状态

开始标准	
完成标准	成功地核实出各个窗口都与基准版本保持一致,或符合可接受标准
测试重点和优先级	
需考虑的特殊事项	

6.5 性能评测

性能评测是一种性能测试,它对响应时间、事务处理速率和其他与时间相关的需求进行评测和评估。性能评测的目标是核实性能需求是否都已满足。性能测试如表 5-10 所示。

表 5-10 性能测试

测试目标	核实所指定的事务或业务功能在以下情况下的性能行为: • 正常的预期工作量; • 预期的最繁重工作量
测试范围	
技术	使用为功能或业务周期测试制定的测试过程; 通过修改数据文件来增加事务数量,或通过修改脚本来增加每项事务的迭代数量; 脚本应该在一台计算机上运行(最好是以单个用户、单个事务为基准),并在多个客户端(虚拟的或实际的客户端,请参见下面的"需考虑的特殊事项")上重复
开始标准	
完成标准	单个事务或单个用户:在每个事务所预期的时间范围内成功地完成测试脚本,没有发生任何故障; 多个事务或多个用户:在可接受的时间范围内成功地完成测试脚本,没有发生任何故障
测试重点和优先级	
需考虑的特殊事项	综合的性能测试还包括在服务器上添加后台工作量。可采用多种方法来执行此操作,其中包括:性能测试应该在专用的计算机上进行,以便实现完全的控制和精确的评测;性能测试所用的数据库应该是实际大小或相同缩放比例的数据库

6.6 容量测试

容量测试是测试对象处理大量的数据,以确定是否达到了将使软件发生故障的极限。容量测试还将确定测试对象在给定时间内能够持续处理的最大负载或工作量。本系统需要为生成一份报表而处理一组数据库记录,那么容量测试就需要使用一个大型的测试数据库,检验该软件是否正常运行并生成了正确的报表。容量测试如表 5-11 所示。

表 5-11 容量测试

测试目标	核实测试对象在以下高容量条件下能否正常运行: • 连接或模拟了最大(实际或实际允许)数量的客户端,所有客户端在长时间内执行相同的,且情况(性能)最坏的业务功能; • 已达到最大的数据库大小(实际的或按比例缩放的),而且同时执行多个查询或报表事务

续表

测试范围	
技术	使用为性能评测或负载测试制定的测试。 应该使用多台客户端来运行相同的测试或互补的测试,以便在长时间内产生最繁重的事务量或最差的事务组合创建最大的数据库大小(实际的、按比例缩放的或填充了代表性数据的数据库),并使用多台客户端在长时间内同时运行查询和报表事务
开始标准	
完成标准	所计划的测试已全部执行,而且达到或超出指定的系统限制时没有出现任何软件故障
测试重点和优先级	
需考虑的特殊事项	对于上述的高容量条件,哪个时间段是可以接受的时间

6.7 安全性测试

侧重于安全性的两个关键方面:

(1) 应用程序级别的安全性,包括对数据或业务功能的访问。

(2) 系统级别的安全性,包括对系统的登录。

应用程序级别的安全性可确保在预期的安全性情况下,用户只能访问特定的功能模块。系统级别的安全性可确保只有具备系统访问权限的用户才能访问应用程序。安全性测试如表 5-12 所示。

表 5-12 安全性测试

测试目标	应用程序级别的安全性:核实用户只能访问其所属用户类型已被授权访问的那些功能或数据。 系统级别的安全性:核实只有具备系统和应用程序访问权限的用户才能访问系统和应用程序
测试范围	
技术	应用程序级别的安全性:确定并列出各用户类型及其被授权访问的功能或数据。 为各用户类型创建测试,并通过创建各用户类型所特有的事务来核实其权限。修改用户类型并为相同的用户重新运行测试。对于每种用户类型,确保正确地提供或拒绝了这些附加的功能或数据。 系统级别的访问:请参见下面的"需考虑的特殊事项"
开始标准	
完成标准	各种已知的用户类型都可访问相应的功能或数据,而且所有事务都按照预期的方式运行,并在先前的应用程序功能测试中运行了所有的事务
测试重点和优先级	
需考虑的特殊事项	需与相应的网络或系统管理员一起对系统访问权进行检查和讨论

7. 问题跟踪

和规格说明书上定义不一致的,或者不符合常规的地方都属于 Bug,应该提交给相关人员进行修订。

8. 计划文档审阅

这个计划文档需要被下列人员审阅并给出确认意见。

[PM/EM]：×××

[DEV owner]：×××

[QA owner]：×××

【专家点评】

本节详细讲述了一个测试计划的实例，项目的相关人员在测试中应该严格按照计划进行，在不同的阶段应用不同的测试策略。

5.4 测试计划修改与维护

【学习目标】

了解为何需要对测试计划进行修改和维护。

【知识要点】

如何修改和维护测试计划。

在项目进行的过程中，可能由于资源、时间的限制以及市场需求的改变，需要对开发的项目做必要的调整，此时，测试计划也要有相应的改动。

一般来说，文档应该由一个人进行维护或者把文档统一存放于类似 CVS 的工具里，这样可以避免因多人修改而造成的版本错误。修改时，应该在每一处有改动的地方做出明显的标记，并且在版本信息里添加索引。这样，当其他人看到有版本改动时，立刻就能定位改动的地方，从而节省工作时间，提高工作效率。

【专家点评】

每个项目都可能在执行过程中根据需要或某些原因做一些修改，因此为了让测试计划更具有纲领性作用，也需要及时地做些修改和维护。

5.5 读书笔记

读书笔记　　　　　*Name*：　　　　　　　*Date*：

励志名句：*It is not helps , but obstaceles , not facilities but difficulties , that make men.*

造就人的，不是帮助，而是磨难；不是方便，而是困难。

第6章 软件测试用例的编写

【本章重点】
本章主要介绍软件测试工程师根据产品的 SPEC 设计测试用例。测试用例主要包括白盒测试用例、黑盒测试用例、压力/性能测试用例、安全性测试用例、跨平台/跨浏览器测试用例、本地化/国际化测试用例以及 Accessibility 测试用例。

测试用例(Test Case)是为了实现测试有效性的一种常用工具,好的测试用例可以在测试过程中重复使用。测试用例目前没有经典的定义,比较通用的说法是指对一项特定的软件产品进行测试任务的描述,体现测试方案、方法、技术和策略。测试用例的内容包括测试目标、测试环境、输入数据、测试步骤、预期结果和测试脚本等,并形成文档。根据测试用例的定义,可以非常清晰地看出设计测试用例不是一件简单的工作,也并非是每一个人都可以编写的,一般是由对产品的设计、功能规格说明书、用户场景以及程序、模块的结构透彻了解的有经验的测试工程师来设计和编写的,这也是每一个测试工程师成长必须经历的一个过程。本章将利用实例来介绍如何设计测试用例并按测试用例进行测试。

6.1 白盒测试用例设计方法与案例

【学习目标】
掌握白盒测试中测试用例的编写。

【知识要点】
白盒测试(White Box Testing)也称结构测试或逻辑驱动测试,它是按照程序内部的结构测试程序,通过测试来检测产品内部动作是否按照设计规格说明书的规定正常进行,检验程序中的每条通路是否都能按预定要求正确工作。

白盒测试用例的设计主要使用两种常用的方法:逻辑覆盖法和基本路径测试法。

6.1.1 逻辑覆盖法设计案例

逻辑覆盖法主要是以程序内部的逻辑结构为基础来设计测试用例。逻辑覆盖有语句覆盖、判定覆盖、条件覆盖、判定/条件覆盖、条件组合覆盖和路径覆盖 6 种覆盖标准。

1. 语句覆盖

为了提高测试覆盖率,在测试时应该执行到程序中的每一个语句。语句覆盖是指设计足够的测试用例,使被测试程序中每条语句至少执行一次。

先看一下本书附带的"大学学籍管理系统"中的登录函数并设计测试用例：

```java
public class LoginAction extends Action {
    public ActionForward perform(ActionMapping mapping, ActionForm form,
            HttpServletRequest request, HttpServletResponse response) {
        LoginForm loginForm = (LoginForm) form;
        String userName = "";
        String passWord = "";
        String isCorrectUserTicket = (String) request.getSession().getAttribute
("isCorrectUserTicket");
        if ("1".equals(isCorrectUserTicket))
            return mapping.findForward("success");
        if (loginForm != null) {// form 为 Null 或其内容无值，都代表用户没有输入，此时
userTicket 为空
            userName = CommonUtil.fixNull(loginForm.getUserName());
            passWord = CommonUtil.fixNull(loginForm.getPassWord());
            if ("".equals(userName) || "".equals(passWord)) {
                return mapping.findForward("login");
            } else {
                if (userName.equals(SecurityUtil.SCH_USERNAME) &&passWord.equals
(SecurityUtil.SCH_PSW))
                {
                    request.getSession().setAttribute("isCorrectUserTicket","1");
                    return mapping.findForward("success");
                }
                else
                {
                    request.setAttribute("loginError","1");
                    return mapping.findForward("login");
                }
            }
        }

        return mapping.findForward("login");
    }
}
```

该函数的流程图如图 6-1 所示。

条件 M = { "1".equals(isCorrectUserTicket)}
条件 N = {loginForm != null }
条件 P = {"".equals(userName) or "".equals(passWord)}
条件 K = {userName.equals(SecurityUtil.SCH_USERNAME) and passWord.equals(SecurityUtil.SCH_
PSW)).5555}

从程序流程图可以看出，该程序有 5 条不同的路径。
R1：（M-A1）= M
R2：（M-N-A2 ）= /M And /N （/M 表示 M 取反，下同）
R3：（M-N-P-A3）=/M And N And P
R4：（M-N-P-K-T1-A4）=/M And N And / P And /K

R5：(M-N-P-K-T2-A5) =/ M And N And /P And K

从图 6-2 中可以看出要想覆盖所有语句，5 条路径都必须执行。因此要设计一组测试用例覆盖这 5 条测试路径才能达到要求，如表 6-1 所示。

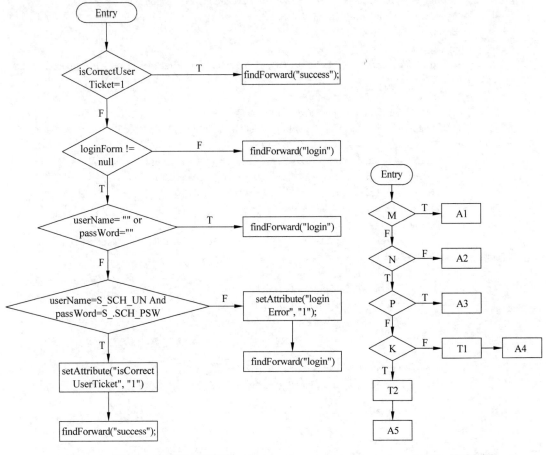

图 6-1 登录函数流程图   图 6-2 登录路径

表 6-1 路径覆盖测试用例

编　号	输 入 数 据	通 过 路 径
用例 1	Ticket＝1	M-A1
用例 2	Ticket＝0； loginForm＝null	M-N-A2
用例 3	Ticket＝0； loginForm！＝null； userName＝"	M-N-P-A3
用例 4	Ticket＝0； loginForm！＝null； passWord＝"123"； userName＝"abc"；	M-N-P-K-T1-A4

编　　号	输 入 数 据	通 过 路 径
用例 5	Ticket=0; loginForm!=null; passWord="123456"; userName="admin";	M-N-P-K-T2-A5

2. 判定覆盖

判定覆盖是指设计足够的测试用例,使被测程序中每个判定表达式至少获得一次"真"值和"假"值,从而使程序的每一个分支至少都通过一次,因此判定覆盖也称分支覆盖。

本实例程序的测试用例要达到判定覆盖也需要执行上面的 5 种路径,所以它的用例和路径覆盖一样,如表 6-2 所示。

表 6-2　判定覆盖测试用例

输 入 数 据	判 定 条 件	通 过 路 径
Ticket=1	M	M-A1
Ticket=0; loginForm= null	/M And /N	M-N-A2
Ticket=0; loginForm!=null; userName=null	/M And N And P	M-N-P-A3
Ticket=0; loginForm!=null; passWord="123"; userName="abc";	/M And N And /P And /K	M-N-P-K-T1-A4
Ticket=0; loginForm!=null; passWord="123456"; userName="admin";	/M And N And /P And K	M-N-P-K-T2-A5

3. 条件覆盖

条件覆盖是指设计足够的测试用例,使判定表达式中每个条件的各种可能的值至少出现一次,如表 6-3 所示。本例中共有 4 个判定 M、N、P 和 K,这 4 个判定可以进一步分解。

对于判定 M 可分解为:

条件 Ticket=0 取真为 T1,反之为 F1。

对于判定 N 可分解为:

条件 loginForm!=null 取真为 T2,反之为 F2。

对于判定 P 可分解为:

条件 userName="" 取真为 T3,反之为 F3。

条件 passWord="" 取真为 T4,反之为 F4。

对于判定 K 可分解为:

条件 userName=S_SCH_UN; 取真为 T5,反之为 F5。

条件 passWord =S_.SCH_PSW；取真为 T6,反之为 F6。

表 6-3　条件覆盖测试用例

输 入 数 据	取 值 条 件	具体取值条件	通 过 路 径
Ticket=1	F1	Ticket! —0	M-A1
Ticket=0； loginForm=null	T1,F2	Ticket=0	M-N-A2
Ticket=0； loginForm=null； userName=null； passWord=null	T1,T2,T3,T4	Ticket=0； loginForm! =null； userName=null； passWord=null	M-N-P-A3
Ticket=0； loginForm! =null； userName="abc"； passWord="123"	T1, T2, F3, F4, F5,F6	Ticket=0； loginForm! =null； userName! =null； passWord! =null； userName! S_SCH_UN； passWord! =S_.SCH_PSW	M-N-P-K-T1-A4
Ticket=0； loginForm! =null； userName="admin"； passWord="123456"	T1, T2, F3, F4, T5,T6	Ticket=0； loginForm! =null； userName! =null； passWord! =null； userName=S_SCH_UN； passWord=S_.SCH_PSW	M-N-P-K-T2-A5

4. 判定/条件测试

该覆盖标准是指设计足够的测试用例,使判定表达式的每个条件的所有可能取值至少出现一次,并使每个判定表达式所有可能的结果也至少出现一次,如表 6-4 所示。

表 6-4　判定/条件测试用例

输 入 数 据	取值条件	具体取值条件	判定条件	通过路径
Ticket=1	F1	Ticket! =0	M	M-A1
Ticket=0； loginForm=null	T1,F2	Ticket=0	/M,/N	M-N-A2
Ticket=0； loginForm=null； userName=null； passWord=null	T1,T2,T3,T4	Ticket=0； loginForm! =null； userName=null； passWord=null	/M,N,P	M-N-P-A3
Ticket=0； loginForm! =null； userName="abc"； passWord="123"	T1,T2,F3,F4, F5,F6	Ticket=0； loginForm! =null； userName! =null； passWord! =null； userName! S_SCH_UN； passWord! =S_.SCH_PSW	/M,N,/P,/K	M-N-P-K- T1-A4

输 入 数 据	取值条件	具体取值条件	判定条件	通过路径
Ticket＝0； loginForm！＝null； userName＝"admin"； passWord＝"123456"	T1，T2，F3，F4，T5，T6	Ticket＝0； loginForm！＝null； userName！＝null； passWord！＝null； userName＝S_SCH_UN； passWord＝S_.SCH_PSW	/M,N,/P,K	M-N-P-K-T2-A5

5. 条件组合覆盖

条件组合覆盖是比较强的覆盖标准，它是指设计足够的测试用例，使每个判定表达式中条件的各种可能值的组合都至少出现一次，并且每个判定的结果也至少出现一次。与条件覆盖的差别是它不是简单地要求每个条件都出现"真"与"假"两种结果，而是要求这些结果的所有可能组合都至少出现一次。

本程序中判定 M 和 N 就只有一个条件，所以没有和其他的条件组合。判定 P 可以的条件组合是(T3，T4)，判定 S 可以的条件组合是(T5，T6)。

按照条件组合覆盖的基本思想，对于前面的例子，设计组合条件如表 6-5 所示。

表 6-5　条件组合覆盖

组合编号	覆盖条件取值	判定条件取值	判定条件组合
1	T1	M	Ticket＝1，M 取真
2	F1	/M	Ticket＝0，M 取假
3	T2	N	loginForm！＝ Null，N 取真
4	F2	/N	loginForm ＝ Null，N 取假
5	T3，T4	P	userName＝Null； passWord＝Null，P 取真
6	T3，F4	P	userName＝Null； passWord！＝Null，P 取真
7	F3，T4	P	userName＝"abc"； passWord＝Null，P 取真
8	F3，F4	/P	userName＝"abc"； passWord！＝Null，P 取假
9	T5，T6	K	userName＝S_SCH_UN； passWord＝S_.SCH_PSW，K 取真
10	T5，F6	/k	userName＝S_SCH_UN； passWord！＝S_.SCH_PSW，K 取假
11	F5，T6	/k	userName！＝S_SCH_UN； passWord＝S_.SCH_PSW，K 取假
12	F5，F6	/k	userName！＝S_SCH_UN； passWord！＝S_.SCH_PSW，K 取假

针对这些组合条件来设计所有覆盖这些组合的设计用例,如表 6-6 所示。

表 6-6　条件组合覆盖测试用例

输 入 数 据	覆 盖 条 件	覆 盖 组 合	通 过 路 径
Ticket=1	T1	1	M-A1
Ticket=0; loginForm=Null	F1,F2	2	M-N-A2

Ticket=0;
loginForm!=Null;
userName=Null;
passWord=Null
	T1,T2,T3,T4	2,3,5	M-N-P-A3

Ticket=0;
loginForm!=Null;
userName=Null;
passWord="123"
	T1,T2,T3,F4	2,3,6	M-N-P-A3

Ticket=0; loginForm=Null; userName="abc"; passWord="Null"	T1,T2,F3,T4	2,3,7	M-N-P-A3
Ticket=0; loginForm!=Null; userName="admin"; passWord="123456"	T1,T2,F3,F4,T5,T6	2,3,8,9	M-N-P-K-T2-A5
Ticket=0; loginForm!=Null; userName="admin"; passWord="123"	T1,T2,F3,F4,T5,F6	2,3,8,10	M-N-P-K-T1-A4
Ticket=0; loginForm!=Null; userName="abc"; passWord="123456"	T1,T2,F3,F4,F5,T6	2,3,8,11	M-N-P-K-T1-A4
Ticket=0; loginForm!=Null; userName="abc"; passWord="123456"	T1,T2,F3,F4,F5,F6	2,3,8,12	M-N-P-K-T1-A4

6. 路径覆盖

路径覆盖是指设计足够的测试用例,覆盖被测程序中所有可能的路径。

从流程图可以看出共有 5 条路径,下面的测试用例就可以达到路径覆盖的要求,如表 6-7 所示。

表 6-7 路径覆盖测试用例

编 号	输 入 数 据	通 过 路 径
用例 1	Ticket＝1	M-A1
用例 2	Ticket＝0； loginForm＝ null	M-N-A2
用例 3	Ticket＝0； loginForm！＝null； passWord＝""； userName＝""；	M-N-P-A3
用例 4	Ticket＝0； loginForm！＝null； passWord＝"123"； userName＝"abc"；	M-N-P-K-T1-A4
用例 5	Ticket＝0； loginForm！＝null； passWord＝"123456"； userName＝"admin"；	M-N-P-K-T2-A5

6.1.2 基本路径测试法案例

基本路径测试是在程序控制流图的基础上，通过分析控制构造的环形复杂性，导出基本可执行路径集合，从而设计测试用例的方法。设计出的测试用例要保证在测试中程序的每一个可执行语句至少执行一次。基本路径测试法包括以下 5 个方面：

（1）绘制程序控制流图。描述程序流程的一种图示方法。

（2）确定测试用例数目的上界。通过分析环形复杂性，计算复杂度，导出程序基本路径集合中的独立路径条数，这是确定程序中每个可执行语句至少执行一次所必需的测试用例数目的上界。

（3）导出测试用例。根据程序流程图的基本路径导出基本的程序路径的集合。

（4）准备测试用例。确保基本路径中的每一条路径都被执行。

（5）图形矩阵。这是在基本路径测试中起辅助作用的工具，利用它可以实现自动地确定一个基本路径集。

用基本路径测试法设计测试用例来完全覆盖本程序的路径 R1、R2、R3、R4、R5，如表 6-8 所示。

表 6-8 基本路径测试法设计测试用例

编 号	输 入 数 据	通 过 路 径
用例 1	Ticket＝1	M-A1
用例 2	Ticket＝0； loginForm＝ null	M-N-A2
用例 3	Ticket＝0； loginForm！＝null； userName＝""； passWord＝""；	M-N-P-A3

续表

编　　号	输 入 数 据	通 过 路 径
用例 4	Ticket＝0; loginForm!＝null; passWord＝"123"; userName＝"abc";	M-N-P-K T1 Λ4
用例 5	Ticket＝0; loginForm!＝null; passWord＝"123456"; userName＝"admin";	M-N-P-K-T2-A5

【专家点评】

任何一种设计方法都不能保证完全覆盖所有的测试用例,因此在实际的测试用例设计当中,一般是采用条件组合和路径覆盖这两种方法的结合来设计测试用例。

6.2 黑盒测试用例设计案例

【学习目标】

掌握几种常见的测试用例设计方法；在实际的应用中,要会使用这些方法。

【知识要点】

黑盒测试也称功能测试,它是通过测试用例来检测每个功能是否都能正常使用。在测试中,把程序看做一个不能打开的黑盒子,在完全不考虑程序内部结构和内部特性的情况下,在程序接口进行测试,它只检查程序功能是否按照需求规格说明书的规定正常使用,程序是否能适当地接收输入数据而产生正确的输出信息。黑盒测试着眼于程序外部结构,不考虑内部逻辑结构,主要针对软件界面和软件功能进行测试。

黑盒测试是从用户的使用角度出发,对输入输出数据的对应关系进行测试。测试时,不要把自己看做测试工程师,而要把自己定位在用户使用的角度去检验程序的界面设计是否符合规定的要求,里面的功能是否满足需要,在使用时有没有操作不方便,逻辑不正确,等等。

在进行黑盒测试时,测试用例是必不可少的。它是测试人员在测试过程中的重要依据,测试人员就是根据它来判断是否是程序的缺陷。如果测试模块比较多,测试人员变动也比较大,良好的测试案例就可以帮助新加入的测试人员快速地进入测试角色。

具体的黑盒测试用例设计方法包括等价类划分法、边界值分析法、因果图法、错误推测法、功能图法、综合法和异常测试法等。

本书配套软件"大学学籍管理系统",在介绍各种案例设计方法时,就以这个程序为例,引领大家设计测试用例,以及借助测试用例发现程序中的问题。

6.2.1 等价类划分法设计案例

1. 方法介绍

1) 等价类划分法的定义

等价类划分法是把程序的输入值划分成若干等价类,然后从每个类中选取少数代表性数据作为测试用例,使每一类中的任何一个测试用例都能代表这个等价类中的其他数据。也就是说,如果从某等价类中选出任意一个测试用例能发现错误,就可以认为该类中其他测试用例也能发现错误,这样就不需要漫无边际地寻找测试用例,而是有针对性地使用测试用例。该方法是一种重要的、常用的黑盒测试用例设计方法。

2)等价类的划分

等价类一般可划分为两种:有效等价类和无效等价类。

(1)有效等价类:是指对于程序的规格说明来讲是合理的、有意义的输入数据。利用有效等价类可以检查程序是否实现了规定的功能。

(2)无效等价类:是与有效等价类相反的输入数据。

在进行软件测试时,这两种等价类都要考虑,因为软件程序不仅要接收合理的数据,也要经受得住意外输入的数据。这样的软件才能有更好的可靠性。

3)等价类划分的方法

(1)在输入条件规定了取值范围或值的个数的情况下,可以确立一个有效等价类和两个无效等价类。

(2)在输入条件规定了输入值的集合或者规定了"必须如何"的条件的情况下,可确立一个有效等价类和一个无效等价类。

(3)在输入条件是一个布尔值的情况下,可确定一个有效等价类和一个无效等价类。

(4)在规定了输入数据的一组值(假定 n 个),并且程序要对每一个输入值分别处理的情况下,可确立 n 个有效等价类和一个无效等价类。

(5)在规定了输入数据必须遵守的规则的情况下,可确立一个有效等价类(符合规则)和若干个无效等价类(从不同角度违反规则)。

(6)在已划分的等价类中,若各元素在程序处理中的方式不同,应再将该等价类进一步地划分为更小的等价类。

4)等价类测试用例设计原则

在确立了等价类后,可建立等价类表,列出所有划分出的等价类,然后从划分出的等价类中按以下三个原则设计测试用例:

(1)为每一个等价类规定一个唯一的编号。

(2)设计一个新的测试用例,使其尽可能多地覆盖尚未被覆盖的有效等价类。重复这一步,直到所有的有效等价类都被覆盖为止。

(3)设计一个新的测试用例,使其仅覆盖一个尚未被覆盖的无效等价类。重复这一步,直到所有的无效等价类都被覆盖为止。

2.实战演习

(1)当掌握了等价类划分方法的概念与技巧后,就可以在实战中应用了。以"大学学籍管理系统"为例,首先就要分析这个系统中哪些模块可以用到等价类划分方法来设计测试用例。比如,"学生成绩"模块就可以使用这个方法,如图 6-3 所示。

根据课程分数的要求,成绩输入的取值范围是 0～100 分。按等价类划分方法,可以把它划分成一个有效等价类、两个无效等价类,如图 6-4 所示。

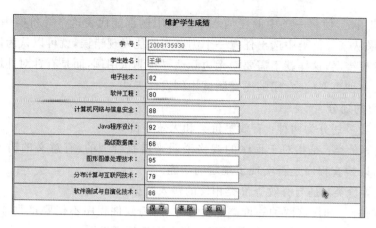

图 6-3　学生成绩管理

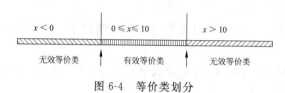

图 6-4　等价类划分

（2）根据上面的图解分析,可以设计出表 6-9 所示的测试用例列表。

表 6-9　等价类列表

输 入 条 件	有效等价类	无效等价类
0 ～ 100 分	①0	
	②60	
	③100	
>100 分		④400
<0 分		⑤－50

通过表 6-9 可以清楚地看出,这个测试模块使用等价类划分法,可以设计出 5 条测试用例。每个标号代表一条测试用例。这 5 条测试用例基本可以满足这个模块的测试需求。在测试时,逐一输入测试用例,如果每个测试用例都能通过,就证明这个模块的功能没有问题;如果其中某个测试用例不能通过,就是缺陷,应按要求把缺陷报告给相应的开发工程师。

3. 经典缺陷解析

设计出测试用例后,就可以根据它进行测试了,测试过程中如果出现输入输出与测试用例不符合,就有可能是产品的缺陷。可以通过以下步骤进行:

（1）输入有效等价类中的值“0”、“60”、“100”,这三个值都能输入,而且可以成功地保存到数据库,说明在有效等价范围内是正常的,没有缺陷存在。

（2）输入第一个无效等价类中的值“400”,结果它也可以输入,而且能保存到数据库,这是不符合设计规定的,所以它是个缺陷。

（3）输入第二个无效等价类中的值“－50”,结果它也可以输入,而且能保存到数据库中,它也是不符合设计规定的,也是缺陷,如图 6-5 所示。

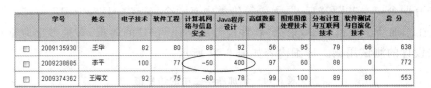

	学号	姓名	电子技术	软件工程	计算机网络与信息安全	Java程序设计	高级数据库	图形图像处理技术	分布计算与互联网技术	软件测试与自演化技术	总　分
☐	2009135930	王华	82	80	88	92	56	95	79	66	638
☐	2009238685	李平	100	77	−50	400	97	60	88	0	772
☐	2009374362	王海文	92	75	−60	78	99	100	89	80	553

图 6-5　成绩取值范围有误

可以根据以上测试用例的测试结果为这个模块报告缺陷。详细缺陷信息请参见8.4.3节。

6.2.2　边界值分析法设计案例

1. 方法介绍

1) 边界值分析法的定义

边界值分析法就是对输入或输出的边界值进行测试的一种黑盒测试方法。通常边界值分析法是作为对等价类划分法的补充,这种情况下,其测试用例来自等价类的边界。

2) 边界值法与等价类划分法的区别

(1) 边界值分析不是从某等价类中随便挑一个作为代表,而是使这个等价类的每个边界都要作为测试条件。

(2) 边界值分析不仅考虑输入条件,还要考虑输出空间产生的测试情况。

3) 边界值法的意义

在长期的软件测试中,经常会发现很多的产品缺陷是发生在取值的边界上,不是发生在取值范围的内部,而且发生在边界值上的问题很容易被忽视。所以采用这样的方法设计测试案例,可以查出更多、更全面的产品缺陷。

4) 边界值法的注意事项

使用边界值法设计测试案例,首先要清楚有哪些边界值。通常输入和输出等价类的边界点就是应重点测试的地方。应当选取正好等于、刚好大于、刚好小于边界的值作为测试数据。

5) 常见的边界值

(1) 对 16 位的整数而言,32767 和−32768 是边界。

(2) 屏幕上光标在最左上、最右下位置。

(3) 报表的第一行和最后一行。

(4) 数组元素的第一个和最后一个。

(5) 循环的第 0 次、第 1 次和倒数第 2 次、最后一次。

2. 实战演习

(1) 仍以学生成绩管理为例,按照产品的规格说明,学生成绩应该是 0~100 分,其中 0 分和 100 分是包括在内的,而且 0 分和 100 分是有效等价类中的边界值,−1分和 101 分是无效等价类中的边界值,如表 6-10 所示。

根据上面的列表分析,学生成绩有 4 个边界值,有效

表 6-10　边界值案例

输入条件	测试案例
最小的分值	① 0
最大的分值	② 100
不允许的输入	③ −1
	④ 101

等价类中有两个——"0"和"100",无效等价类中有两个——"-1"和"101"。

(2)在添加新学生模块中,根据"软件设计规格说明书"的要求,有很多字段都可以使用边界值法设计的测试用例。详细内容如表 6-11 所示。

表 6-11　添加新学生中的边界值

输 入 内 容	规 格 说 明	测 试 案 例
学号	最大 10 个字符,不能为空	① 为空 ② 1 个字符 ③ 10 个字符 ④ 11 个字符
姓名	最大 20 个字符,不能为空	① 为空 ② 1 个字符 ③ 20 个字符 ④ 21 个字符
身份证号	15 位或 18 位数字,可以为空	① 为空 ② 1 个字符 ③ 14 个字符 ④ 15 个字符 ⑤ 16 个字符 ⑥ 17 个字符 ⑦ 18 个字符 ⑧ 19 个字符
联系电话	只能输入数字,区号中间可用"-"分隔,不能少于 7 位;也可以用手机号码,最多 18 个字符,可以为空	① 为空 ② 1 个字符 ③ 6 个字符 ④ 7 个字符 ⑤ 8 个字符 ⑥ 17 个字符 ⑦ 18 个字符 ⑧ 19 个字符
邮政编码	只能是 6 位数字,可以为空	① 为空 ② 1 个字符 ③ 5 个字符 ④ 6 个字符 ⑤ 7 个字符
电子邮件	最多 50 个字符,必须含有@。@后面格式为×.×,可以为空	① 为空 ② 1 个字符 ③ 49 个字符 ④ 50 个字符 ⑤ 51 个字符 ⑥ 不含@ ⑦ 邮件格式为 aa@bb ⑧ 邮件格式为 aa@.bb ⑨ 邮件格式为 aa.@bb.cc

输 入 内 容	规 格 说 明	测 试 案 例
通信地址	最大为 200 个字符,可以为空	① 为空 ② 1 个字符 ③ 199 个字符 ④ 200 个字符 ⑤ 201 个字符

3.经典缺陷解析

(1)在上面实战演习的第一个例子中,试着输入成绩的边界值"−1"和"101",能输入,而且能够被保存就是明显的缺陷,如图 6-6 所示。详细缺陷信息,请参见 8.4.4 节。

学号	姓名	电子技术	软件工程	计算机网络与信息安全	Java程序设计	高级数据库	图形图像处理技术	分布计算与互联网技术	软件测试与自动化技术	总 分
2009135930	王华	82	80	88	92	56	95	79	66	638
2009238685	李平	100	77	−50	400	97	60	88	0	772
2009374362	王海文	92	75	−60	78	99	100	89	80	553
2009909931	王红	100	90	−1	101	70	0	80	77	517

图 6-6　学生成绩的无效边界值

(2)在第二个例子中,根据测试用例要求,学号必须是 10 位,测试时输入边界值为 11 位,比如它本来是"2009135930",输成 11 位"20091359301"也能输入。虽然它最终不能保存到数据库中,但这也是产品的一个缺陷,应及时报出来,如图 6-7 所示。详细缺陷信息请参见 8.4.4 节。

学号	姓名	性别	籍贯	身份证号	邮政编码
2009135930	王华	男	北京		wanghua@gmail.com
2009238685	李平	男	bb		

图 6-7　学生学号的边界值

6.2.3　因果图法设计案例

1.方法介绍

1)因果图法的定义

因果图法是一种利用图解法分析输入的各种组合情况,从而设计测试用例的方法,它适合检查程序输入条件的各种组合情况。

2)为何要使用因果图法

等价类划分法和边界值分析方法都是主要针对输入条件,但没有考虑输入条件的各种组合、输入条件之间的相互制约关系。这样虽然各种输入条件可能出错的情况已经测试到了,但多个输入条件组合起来可能出错的情况却被忽视了。

3)使用因果图法设计测试用例的步骤

(1)详细分析软件规格说明中的内容,哪些是原因(即输入条件或输入条件的等价类),哪些是结果(即输出条件),并给每个原因和结果设定一个标识符。

（2）分析软件规格说明中的语义，找出原因与结果之间、原因与原因之间对应的关系，根据这些关系设计出因果图。

（3）由于语法或环境限制，有些原因与原因之间、原因与结果之间的组合情况不可能出现，为表明这些特殊情况，在因果图上用一些记号标明约束或限制条件。

（4）把因果图转换为判定表。

（5）把判定表的每一列拿出来作为依据设计测试用例。

2．实战演习

以"大学学籍管理系统"中的"学生成绩查询"模块为例。根据产品规格说明书的要求，在成绩查询部分要能支持"学号/姓名"、"成绩"和"名次"三种查询方法。其对应的因果图如图 6-8 所示。

图 6-8　成绩查询输入输出

根据因果图解可以设计出表 6-12 所示的测试用例。

表 6-12　成绩查询因果图解列表

序　号	输入条件	测试用例	期望测试结果
1	学号/姓名	① 学号/姓名为空	弹出提示信息：请输入需要查询成绩的学生学号或姓名，再进行查询
		② 学号	列出按学号查询的学生成绩
		③ 姓名	列出按姓名查询的学生成绩
		④ 输入的内容不符合要求	没有任何学生成绩，请重新查询!!
2	成绩	① 成绩为空	弹出提示信息：请输入需要查询成绩的学生分数，再进行查询
		② 0 分	列出成绩中包含 0 分的学生列表
		③ 负数（-10）	成绩不应该为负数
		④ 小数(80.5)	列出成绩中包含80.5分的学生列表
		⑤ 默认成绩值(60)	列出成绩中包含 60 分的学生列表
		⑥ 100 分	列出成绩中包含 100 分的学生列表
		⑦ 大于 100 分	没有任何学生成绩，请重新查询!!
3	名次	① 名次为空	弹出提示信息：请输入需要查询的名次，再进行查询
		② 名次为 0	没有任何学生成绩，请重新查询!!
		③ 名次为 1	列出成绩排名第一的学生列表
		④ 默认名次值(10)	列出成绩前 10 名的学生列表
		⑤ 名次为小数(0.5)	名次不应该为小数
		⑥ 名次为负数(-1)	名次不应该为负数

3. 经典缺陷解析

在进行成绩查询之前会有三个输入条件,对照上面的测试用例列表逐一输入,每个测试用例会有一个相应的期望测试结果,如果结果不符合就是产品的缺陷。下面的缺陷可供参考。

(1) 选择"要查询成绩小于××分的学生成绩"单选按钮,按上面成绩栏的测试用例输入负数(−10),然后单击"查询"按钮。因为成绩不应该是负数,所以应该弹出提示成绩不能为负数的信息,而本例中没有任何提示信息,而且能查询是不对的,应该报个缺陷。按学生成绩查询如图6-9所示。详细缺陷信息请参见8.4.5节。

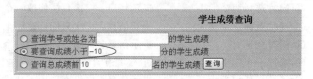

图 6-9　按学生成绩查询

(2) 在按学生名次查询时,输入前面1~4个测试用例都是正常的,符合测试要求。输入第5个测试用例(0.5)和第6个测试用例(−1)时,也能够查询,这就不对了,因为名次不可能为负数和小数,所以也要报个缺陷。按学生总成绩的名次查询如图6-10所示。详细缺陷信息请参见8.4.5节。

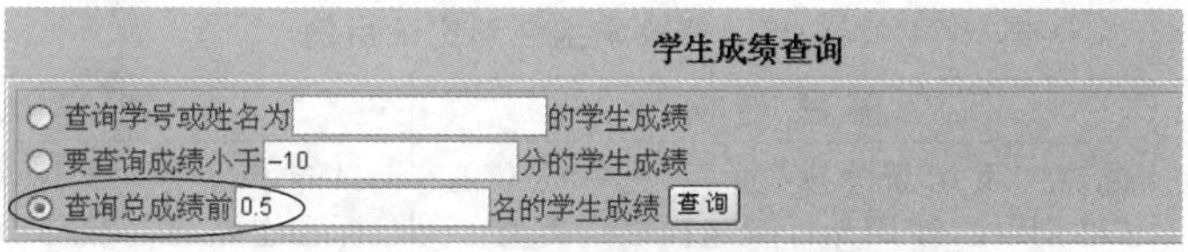

图 6-10　按学生总成绩的名次查询

6.2.4　错误推测法设计案例

1. 方法介绍

1) 方法定义

在某些复杂的情况下,上述方法都不能奏效,就可以基于经验和直觉推测程序中有可能存在的各种错误,从而有针对性地设计测试用例的方法。

2) 错误推测法的基本思想

根据程序的运行结果推测有可能出错的地方,列举出这些错误。根据列举的结果设计测试用例。

2. 实战演习

(1) 在"学生信息管理"中有"修改学生信息"和"维护学生成绩"功能,如果要修改某个学生信息,首先必须选中这个学生才可以对它进行修改。如果不选择任何学生,直接单击"修改学生信息"按钮,结果会怎么样呢?是没有任何反应还是有提示信息,或者出现意想不到的错误?这些都可以设计出测试用例。

（2）由于学生列表前的选择项是多选项,但修改学生信息一次只能修改一个,因此如果选择多个学生,然后再单击"修改学生信息"按钮,会有什么样的结果呢？是自动选取一个学生进行修改还是出现错误提示？这也可以设计出测试用例。

基于以上的分析,可以对"修改学生信息"和"维护学生成绩"设计出表 6-13 所示的测试用例。

表 6-13 学生信息管理

输 入 条 件	测 试 用 例	测试期望结果
修改学生信息	① 选择一个学生	进入"修改学生信息"页面,修改学生信息
	② 不选择任何学生	提示信息：你没有选中需要修改的学生,请重选
	③ 同时选择两个学生	提示信息：一次只能修改一个学生的信息,请重选
	④ 同时选择三个学生	提示信息：一次只能修改一个学生的信息,请重选
	⑤ 同时全选	提示信息：一次只能修改一个学生的信息,请重选
维护学生成绩	① 选择一个学生	进入"维护学生成绩"页面,进行学生成绩维护
	② 不选择任何学生	提示信息：你没有选中需要维护成绩的学生,请重选
	③ 同时选择两个学生	提示信息：一次只能维护一个学生的成绩,请重选
	④ 同时选择三个学生	提示信息：一次只能维护一个学生的成绩,请重选
	⑤ 同时全选	提示信息：一次只能维护一个学生的成绩,请重选

（3）在"添加新学生"页面,可以通过上下光标选择性别,那么通过左右光标或其他的键是否也可以选择呢？根据这个推测结果,设计出表 6-14 所示的测试用例。

表 6-14 修改学生性别测试用例

输 入 条 件	测 试 用 例	期望测试结果
修改学生性别	① 在"添加新学生"页面,光标定位在"性别"栏,使用光标键选择性别类型 ② 使用退格键选择性别	只能通过上下光标选择性别,左右光标和退格键不能选择,也不能有异常行为

3. 经典缺陷解析

新建学生信息时,在"添加新学生"页面,光标定位在"性别"栏,然后使用上下光标键选择性别类型,它可以正常选择,如果使用"退格键",它应该没有任何反应,但结果是整个页面返回到上一页面,如图 6-11 所示,这是不对的。详细缺陷信息,请参见 8.4.6 节。

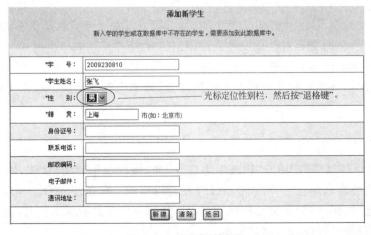

图 6-11 修改性别类型

6.2.5　功能图法设计案例

1．方法介绍

1）方法定义

一个程序的功能说明通常由动态说明和静态说明组成。动态说明描述了输入数据的次序或转移的次序。静态说明描述了输入条件与输出条件之间的对应关系。对于比较复杂的程序,由于存在大量的组合情况,因此仅用静态说明组成的规格说明对于测试来说往往是不够的,必须用动态说明来补充功能说明。功能图方法是用功能图形式化地表示程序的功能说明,并机械地生成功能图的测试用例。

2）测试用例生成方法

从功能图生成测试用例,得到的测试用例数是可接受的。问题的关键是如何从状态迁移图中选取测试用例。若用节点代替状态,用弧线代替迁移,则状态迁移图就可转化成一个程序的控制流程图形式,就转化为程序的路径测试(如白盒测试)问题了。

3）从功能图生成测试用例的过程

(1)生成局部测试用例。在每个状态中,从因果图生成局部测试用例。局部测试用例由原因值(输入数据)组合与对应的结果值(输出数据或状态)构成。

(2)测试路径生成。利用上面的规则(三种)生成从初始状态到最后状态的测试路径。

(3)测试用例合成。合成测试路径与功能图中每个状态中的局部测试用例。结果是初始状态到最后状态的一个状态序列,以及每个状态中输入数据与对应输出数据的组合。

2．实战演习

以"大学学籍管理系统"中的"用户登录"页面为例,介绍状态迁移的过程。打开登录页面后,首先是等待输入状态,用户可以在提示框中输入用户名和密码,系统对输入值进行校验,如果输入正确,成功登录,进入系统内部;如果输入错误,不能登录,出现重新输入页面,如图 6-12 所示。

图 6-12　登录状态图

根据上面的功能图分析,可以设计表 6-15 所示的测试用例。

表 6-15　登录测试用例列表

序　号	输入条件	测试用例	期望测试结果
1	用户名	① 用户名正确	重新输入
	密码	② 密码错误	
2	用户名	① 用户名错误	重新输入
	密码	② 密码正确	

续表

序　号	输入条件	测试用例	期望测试结果
3	用户名	① 用户名错误	重新输入
	密码	② 密码错误	
4	用户名	① 用户名正确	成功登录
	密码	② 密码正确	

3．经典缺陷解析

根据功能图的状态显示，如果用户名、密码正确，成功登录；如果用户名、密码错误，不能登录，重新回到登录状态。根据表6-15中的测试用例，输入正确的用户名和错误的密码，系统应该回到重新输入的状态，但测试结果是整个登录页面关闭了。由于这个问题比较严重，因此在现在的版本中已经解决了这个问题。详细缺陷信息请参见8.4.7节。

6.2.6　综合法设计案例

1．方法介绍

在实际的项目测试中，很少使用单一的测试方法，一般都是几个方法综合使用。

（1）对照程序的逻辑设计出程序的功能图，通过功能图了解这个程序主要是做什么的，有哪些功能。对程序的主要功能以及各个功能之间的关系有个整体了解。

（2）在具体各个模块测试中，根据等价类法划分测试范围。

（3）在有效和无效等价类测试范围内，根据边界值分析方法列出模块中输入值的边界数据。在长期的测试中经常会发现，边界值是最容易出错，也是最容易被忽略的。而且边界值上出问题一般都是比较严重的，轻者会使程序功能失效，严重的会导致系统死机甚至崩溃。所以这个方法一定不能少。

（4）错误推测法也是不可缺少的。有些错误在常规测试方法中很难发现，需要借助错误推测法，推测哪些地方没有测试到或者还有错误存在。

（5）在已设计出的测试用例中，对照程序的逻辑看看是否符合规定的逻辑。

（6）异常测试方法也很重要，它会提高程序的容错性能。有些问题在正常的测试环境和案例下不会出现，但到了客户的机器上就会出现错误。笔者的单位经常有客户给我们的产品报 RT(Reminder Ticket)缺陷，按照客户的步骤在本地测试机上是不能出现的，经过分析之后才知道，客户在使用中有些异常的操作我们平时没有注意到，如果按照这个异常步骤，很容易出现问题，所以平时测试中要多考虑有哪些异常现象会出现，比如网络掉线、在单击的地方进行鼠标双击动作等。

2．实战演习

下面以"大学学籍管理系统"的"添加新学生"模块为例，介绍如何使用综合法。

（1）对照软件设计规格说明书，了解这个模块的主要功能是什么，设计出功能流程图。

（2）在设计"学号"、"性别"、"身份证号"、"联系电话"、"邮政编码"和"电子邮件"模块的测试案例,需要用到等价类法。比如身份证号的有效类是 15 位或 18 位,其余的为无效类。

(3) 在"身份证号"的测试案例中,会同时使用到边界值法,边界值有 14 位、16 位和 17 位、19 位。因为身份证号码现在一般是 18 位,如果能输入边界值 19 位,而且没有任何提示,说明程序保护性能不好,应当报个缺陷。

(4) 在测试"学号"时,可以用到错误推测法。添加新学生时,学号可以自动生成,也可以手工录入,如果不能自动生成或者手工不能输入,以及输入不能保存的都是错误。另外,学号是数值型的,如果能输入其他字符,比如中文字符,也是错误的。

(5) 本例也可以运用逻辑图法,例如"邮政编码"和"电子邮件"模块就存在一个明显的逻辑错误。如图 6-13 所示,邮政编码的内容显示在电子邮件栏里,而电子邮件的内容显示在邮政编码栏里。

学号	姓名	性别	籍贯	身份证号	邮政编码	电子邮件	通信地址
2009135930	王华	男	北京		wanghua@gmail.com	123456	

图 6-13 学生信息列表

6.2.7 异常测试法设计案例

1. 方法介绍

所谓异常测试,就是在常规的功能测试之外的测试方法。这方面的测试案例一般都是由于不可控的意外情况引起的。

比如客户端/服务器(C/S)应用系统,当客户端的用户正在服务器上存取数据时,突然网络断开了,然后又重新恢复。这时,客户端是否还能正常运行,存取的数据是否丢失,都是测试用例需要考虑的。

2. 实战演习

以"大学学籍管理系统"为例,设计表 6-16 所示的一些异常类的测试用例。

表 6-16 异常测试用例

序 号	输入条件	测试用例	期望测试结果
1	学号	学号中包含中文字符	不能输入,也不能保存
2	性别	新建学生信息时选择"女",然后在"修改学生信息"页面修改成"男"	能成功地修改
3	异常关闭	在"添加新学生"页填写学生信息,没有保存前关闭浏览器	输入的数据不能保存
4	系统故障重启	在"维护学生成绩"页正在修改某个学生成绩,系统故障重启	修改数据无效,重启后,学籍管理系统能正常运行

3. 经典缺陷解析

在"添加新学生"页填写学生学号时,一般情况下是输入数字,根据上面介绍的异常类测试用例,输入中文字符,比如"大学生",会有什么样的结果呢?通过测试发现,如果输入中文字符,在保存时会出现图 6-14 所示的 Exception,这是一个严重的错误,按缺陷的级别应该算是 Fatal(最严重)的。

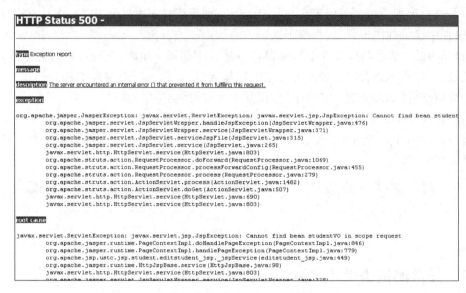

图 6-14　系统异常错误

【专家点评】

(1) 在设计测试用例时,一般都不是单一地使用某一个方法,而是多种方法综合在一起使用,这样才能设计出比较全面的测试用例。

(2) 测试用例的设计一定要站在用户的立场上去思考。假设你是使用这个软件的客户,你如何去使用它,在使用时会进行哪些操作?

(3) 设计测试用例时,一定要考虑全面,正常的条件,不正常的条件,输入栏中输入较少内容和输入最大限度的内容等都要考虑。

6.3　压力/性能测试设计案例

【学习目标】

掌握什么是压力测试和性能测试,以及如何设计测试用例。

【知识要点】

常见的压力/性能测试包括压力测试、负载测试、并发测试、配置测试和容量测试。

1. 概念说明

(1) 压力测试是指对系统不断施加压力的测试,是通过确定一个系统的瓶颈或者不能接收的性能点来获得系统能提供的最大服务级别的测试。

(2) 性能测试是通过自动化的测试工具模拟多种正常、峰值以及异常负载条件来对系统的各项性能指标进行测试。负载测试和压力测试都属于性能测试,两者通常是结合进行。通过负载测试,确定在各种工作负载下系统的性能,目标是测试当负载逐渐增加时,系统各项性能指标的变化情况。

2．前期信息收集

在整个测试流程中，需求文档、功能说明书、设计文档或者是单独的文档，应该对需要做压力/性能测试的模块和对象提出具体的需求。假如文档没有提及或者信息不完善、不具体，应向 PM/EM/DEV 提出补充文档的要求。这些具体要求在案例的设计中将被作为测试所希望得到的结果，测试工程师在测试中将其与实际测试结果进行比较，以此来判断被测试模块或对象能承受的压力和性能。

假设需要对"大学学籍管理系统"的"用户登录"模块进行压力/性能测试，测试之前需要确定以下信息，如表 6-17 所示。

表 6-17　压力/性能测试前期准备

测 试 模 块	需 求 信 息
用户登录	系统能处理××用户/分钟；至少支持××用户并发；登录响应时间不超过×秒；用户终端最低要求（机器硬件、网络配置等）

3．案例设计

在收集了设计测试案例所需的信息后，可以开始根据压力/性能测试的不同类型和不同测试目的设计相应的测试用例。

以"大学学籍管理系统"为例，介绍几种常用压力/性能测试案例的设计。

1）压力测试

压力测试（Stress Testing）主要是为了得到可接受的最小性能指数下的最大压力数，在"大学学籍管理系统"的"用户登录"模块中设计出表 6-18 所示的测试用例。

表 6-18　短时间内施加大量压力

用 例 名 称	用 例 描 述	
一分钟内××用户登录系统	前提条件	终端满足系统最低要求
	输入数据	无
	步骤	多个终端发起登录请求，逐步加压，直至达到××用户/分钟
	希望结果	每个用户能正常登录，且登录的时间不超过×秒；Tomcat server 与客户端 CPU 负载、内存使用没有超过限制

以"大学学籍管理系统"中的"学生信息查询"为例，设计表 6-19 所示的测试用例。

表 6-19　长时间在一定压力下执行相同操作

用 例 名 称	用 例 描 述	
系统拥有××学生信息，连续24 小时执行学生信息查询	前提条件	系统拥有××学生信息
	输入数据	无
	步骤	××终端连续 12 小时、24 小时、36 小时、……执行学生信息查询；查看页面响应时间；分别查看 Tomcat server 和客户端 CPU 负载、内存使用
	希望结果	页面响应时间不超过×秒；Tomcat server 与客户端 CPU 负载、内存使用没有超过限制

2)负载测试

负载测试(Load Testing)是通过测试系统在资源超负荷情况下的表现,以发现设计上的错误或验证系统的负载能力。在这种测试中,将使测试对象承担不同的工作量,以评测和评估测试对象在不同工作量条件下的性能行为,以及持续正常运行的能力。负载测试的目标是确定并确保系统在超出最大预期工作量的情况下仍能正常运行。此外,负载测试还要评估性能特征,例如,响应时间、事务处理速率和其他与时间相关的方面。

以"大学学籍管理系统"中的"学生基本信息管理"页面为例,设计表 6-20 所示的测试用例。

表 6-20　负载测试用例

用 例 名 称	用 例 描 述	
学生信息数量达到××上限后,进入"学生基本信息管理"页面	前提条件	终端满足系统最低要求
	输入数据	无
	步骤	用户登录系统; 当系统存在最多允许学生基本信息数量 100、200、500、1000、…时,用户试图进入"学生基本信息管理"页面; 查看页面响应速度; 分别查看 Tomcat server 和客户端 CPU 负载、内存使用
	希望结果	页面能正确显示,且页面响应速度不超过规定的×秒; Tomcat server 与客户端 CPU 负载、内存使用没有超过限制

3)并发测试

并发测试(Concurrency Testing)的过程是一个负载测试和压力测试的过程,即逐渐增加负载,直到系统的瓶颈或者不能接收的性能点,通过综合分析交易执行指标和资源监控指标来确定系统并发性能的过程。

以"大学学籍管理系统"中的"用户登录"模块为例,设计表 6-21 所示的测试用例。

表 6-21　并发测试用例

用 例 名 称	用 例 描 述	
一秒内并发××用户登录系统	前提条件	终端满足系统最低要求
	输入数据	无
	步骤	一秒内并发 10、50、100、200、…用户登录系统,并持续加压到最大允许并发用户数; 查看页面响应速度; 查看 Tomcat server 和客户端 CPU 负载、内存使用
	希望结果	用户能正常登录系统,且响应速度不超过规定的×秒; Tomcat server 与客户端 CPU 负载、内存使用没有超过限制

4)配置测试

配置测试(Configuration Testing)是系统使用不同的配置(硬件资源、网络、应用服务器和数据库等)执行相同的操作来获得性能数据。其目的主要是性能调优。

以"大学学籍管理系统"中的"用户登录"模块为例,设计表 6-22 所示的测试用例。

表 6-22　配置测试用例

用 例 名 称	用 例 描 述	
用户在不同网速下登录系统	前提条件	无
	输入数据	无
	步骤	限制用户网络速度为 8KB/s～16MB/s； 用户登录系统； 查看页面响应速度； 查看 Tomcat server 和客户端 CPU 负载、内存使用
	希望结果	所有网络速度满足最低配置要求的用户都可以正常登录，且响应时间满足要求； Tomcat server 与客户端 CPU 负载、内存使用没有超过限制

5）容量测试

容量测试（Volume Testing）是通过测试预先分析出反映软件系统应用特征的某项指标的极限值（如最大并发用户数、数据库记录数等），系统在其极限值状态下没有出现任何软件故障或还能保持主要功能正常运行。容量测试还将确定测试对象在给定时间内能够持续处理的最大负载或工作量。

以"大学学籍管理系统"中的"学生信息查询"模块为例，设计表 6-23 所示的测试用例。

表 6-23　容量测试用例

用 例 名 称	用 例 描 述	
"学生信息查询"最大允许并发用户	前提条件	学生信息达到上限××条
	输入数据	无
	步骤	不断提高并发用户数执行"学生信息查询" 当页面响应速度持续超过限制时，查看并发用户数
	希望结果	当页面响应速度低于限制时，最大并发用户数应大于等于文档规定

【专家点评】

压力/性能测试一般是在测试项目的后期进行，在单机测试时，由于用户少，测试用例也不多，不能达到压力/性能测试的效果。压力/性能测试通常需要借助测试工具来达到测试目的。

6.4　安全性测试

【学习目标】

掌握安全性测试的重要性，以及如何进行安全性测试。

【知识要点】

SQL 注入漏洞、跨站点脚本攻击都是目前最为流行的安全性漏洞。了解其攻击原理、攻击方法。

安全性测试是有关验证应用程序的安全服务和识别潜在安全性缺陷的过程。安全性测试是软件测试中的重要部分,尤其是 Web 应用程序。假设某一个网站被攻击者发现漏洞,而且将这些漏洞公之于众,可能会给这个网站的用户带来重大的损失,而且网站的信誉也会受到很大影响。

6.4.1 安全性测试的引入

黑客、病毒、蠕虫和木马这些安全性漏洞几乎每天出现,每个计算机用户都曾遇到过这样尴尬的事情,在受到攻击后,丢失了重要的数据,敏感的信息被盗等。而作为软件测试工程师,了解攻击的动机是很重要的。有的黑客是为了成名,而有的是为了窃取别人的信息以牟取私利。

6.4.2 常见的 Web 安全性测试

首先必须明白软件的漏洞也是软件的一个重要缺陷,所以应该进行大量的测试来保证缺陷的修复。

1. SQL Injection

SQL Injection 注入就是向服务器提交事先准备好的数据,按照 SQL 语句的方式,在提交的数据中输入用 SQL 关键字或者运算符拼凑出的可以改变数据库执行计划的语句。它是利用程序没有很好地过滤表单变量等而产生的。其攻击原理就是利用用户提交或可修改的数据,把想要的 SQL 语句插入到系统实际 SQL 语句中。

可以访问 http://demo.testfire.net 站点去做一个安全实验。这个站点是 Wathfire 公司提供的一个演示站点,提供了一个登录的页面,如图 6-15 所示。

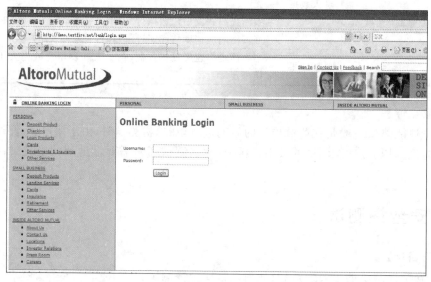

图 6-15　安全测试演示

假设登录页面存在 SQL 攻击,那么可能的用户名和密码登录的 SQL 语句如下:

```
select * from table where username = "and password = ";
```

如果在 Username 和 Password 文本框中输入符合编写规则的 SQL 语句,使此表达式恒等,这样就可以跳过身份验证检查。输入"Try' or 1＝1 or 'Lauren'＝'Lauren"可以看到输入的这个用户名,将会产生下面的 SQL 语句:

```
select * from table where username = 'Try' or 1 = 1 or 'Lauren' = 'Lauren'and password = '';
```

所以此时无论输入什么 Password,这个语句的结果都为真,就可以成功登录了。

SQL Injection 攻击原理就是利用用户提交或可修改的数据,把想要的 SQL 语句插入到系统实际 SQL 语句中。

2. 跨站点脚本攻击

XSS(Cross Site Script,跨站点脚本攻击)是目前最为普遍和影响严重的 Web 应用安全漏洞。OWASP 这个 Web 安全组织已经将 XSS 列为 2007 年 Web 安全威胁第一位,其攻击原理是应用程序没有对用户提交的内容(例如恶意的 JavaScript、VBScript、ActiveX、HTML 或 Flash 等脚本)进行验证和重新编码,直接呈现给网站的访问者时,就会出现窃取浏览此页面的用户信息、改变用户的设置及破坏用户数据的现象等。

XSS 的攻击对象是用户而不是服务器。可以让攻击者在页面访问者的浏览器中执行脚本,从而获得用户会话的安全信息、插入恶意的信息、操纵浏览器和植入病毒等恶意行为,所有受攻击的对象是用户。

按不同的攻击方式通常有不同类型的攻击形式,如 Stored(存储)、Reflected(反射)和 DOM-based(基于 DOM 文档对象模型),下面分别举例说明。

1) Stored XSS(类型 C:存储式漏洞)

Stored XSS 的攻击原理是将攻击代码提交到了服务器端的数据库或文件系统中。不需要构造一个 URL,而是保存在一篇文章或一个论坛帖子中,从而使访问该页面的用户都有可能受到攻击。Stored XSS 是应用最为广泛而且有可能影响到 Web 服务器自身安全的漏洞,黑客将攻击脚本上传到 Web 服务器上,使所有访问该页面的用户都面临信息泄露的可能,其中也包括 Web 服务器的管理员。

Bob 拥有一个 Web 站点,该站点允许用户发布信息/浏览已发布的信息。Charly 注意到 Bob 的站点具有类型 C 的 XXS 漏洞。Charly 发布一个热点信息,吸引其他用户纷纷阅读。Bob 或是其他人如 Alice 浏览该信息,其会话 cookies 或其他信息将被 Charly 盗走。

2) Reflected XSS(类型 B:反射式漏洞)

这种漏洞和 Stored XSS 很相似,不同的是 Web 客户端使用 Server 端脚本生成页面为用户提供数据时,如果未经验证的用户数据被包含在页面中而未经 HTML 实体编码,提交到服务器后未经过安全检查或重新的编码,客户端代码便能够注入到动态页面中,立即显示在返回的页面上。其中的脚本会立即被执行,称为基于反射的 XSS。

这种漏洞和类型 A 有些类似,不同的是其攻击过程如下:

Alice 经常浏览某个网站,此网站为 Bob 所拥有。Bob 的站点运行 Alice 使用的用户名、密码进行登录,并存储敏感信息(比如银行账户信息)。Charly 发现 Bob 的站点包含反射性的 XSS 漏洞。Charly 编写一个利用漏洞的 URL,并将其冒充为来自 Bob 的邮件发送给 Alice。Alice 在登录到 Bob 的站点后,浏览 Charly 提供的 URL。嵌入到 URL 中的恶意脚本在 Alice 的浏览器中执行,就像它直接来自 Bob 的服务器一样。此脚本盗窃敏感信息

(授权、信用卡和账号信息等),然后在 Alice 完全不知情的情况下将这些信息发送到 Charly 的 Web 站点。

下面还是以 http://demo.testfire.net 站点为例。在图 6-16 中的 Search 的表单里面输入"<script>alert('Test')</script>",然后单击 OK 按钮,将会看到图 6-17 所示的弹出窗口。这样,脚本就被执行了,这也就是 Reflected XSS 攻击形成了。

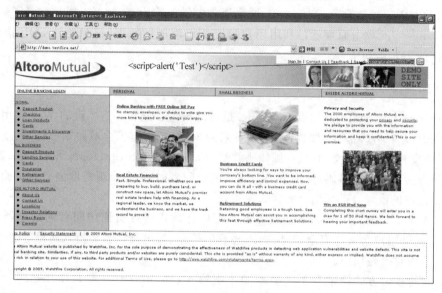

图 6-16　安全测试输入演示

3) DOM-Based XSS(类型 A:利用本地漏洞)

这种漏洞存在于页面中客户端脚本自身。基于 DOM 的 XSS 攻击,恶意代码是借助于 DOM 本身的问题而被植入的,表现在客户端的浏览器中。其攻击过程如下:

Alice 给 Bob 发送一个恶意构造 Web 的 URL,Bob 单击并查看了这个 URL。恶意页面中的 JavaScript 打开一个具有漏洞的 HTML 页面并将其安装在 Bob 的计算机上。具有漏洞的 HTML 页面包含了在 Bob 的计算机的本地域执行的 JavaScript。Alice 的恶意脚本可以在 Bob 的计算机上执行 Bob 所持有的权限下的命令。

图 6-17　安全测试演示结果

可以尝试自己做一个小实验,在本机的服务器上放置下面内容的一个页面,可以通过站点 http://localhost/test.html 访问。

代码如下:

```
<HTML>
<TITLE>Welcome!</TITLE>
Hi
<script>
    var pos = document.URL.indexOf("name = ") + 5;
    document.write(document.URL.substring(pos,document.URL.length));
</script>
</HTML>
```

一般情况下，用户通过链接 http://localhost/test.html? name＝Lauren 进入到 welcome 页面，其上会显示"Hi Lauren"这样的文字。

试想如果输入"http://localhost/test.html? name＝＜script＞alert(document.cookie) ＜/script＞"这样的地址会发生什么情况呢？有 Web 技术经验的人都知道页面中会被植入 ＜script＞alert(document.cookie)＜/script＞这样的 JavaScript 代码，并且会被执行，读取用户计算机上的 cookie 信息，如图 6-18 所示。

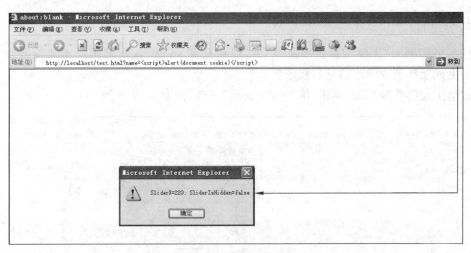

图 6-18 安全测试演示

类型 A 直接威胁用户个体，而类型 B 和类型 C 所威胁的对象都是企业级 Web 应用，目前很多入侵防御产品所能防范的 XSS 攻击包括类型 B 和类型 C。

3. 缓冲区溢出攻击

字符串的不正确处理引起的缓冲区溢出会导致安全漏洞。缓冲区溢出漏洞可以使任何一个有黑客技术的人取得计算机的控制权，利用缓冲区溢出漏洞攻击 root 程序，获得 root 的 shell，它是一种非常普遍、非常危险的漏洞，在各种操作系统、应用软件中广泛存在，也可以导致程序运行失败、系统瘫痪和重新启动等严重后果。

缓冲区溢出是借着在程序缓冲区编写超出其长度的代码造成溢出，从而破坏其堆栈。通过向程序的缓冲区写超出其长度的内容造成缓冲区的溢出，从而破坏程序的堆栈，使程序转而执行其他指令，以达到攻击的目的。造成缓冲区溢出的原因是程序中没有仔细检查用户输入的参数。例如下面程序：

```
void myTest(char * str) {
char buffer[100];
strcpy(buffer,str);
}
Void myTest2()
{
/* this function is for validate user account */
}
```

看出问题了吧？字符串 str 的长度是不知道的,而字符串 buffer 的长度是 100B,代码是将 str 中的内容复制到 buffer 中。如果 str 的长度大于 100B 会怎么样？会填满 buffer 字符串,并且继续覆盖本地变量的值。如果 str 长度足够长,就可能会覆盖函数 myTest 的返回地址并进而覆盖函数 myTest2()执行代码的内容,造成 buffer 的溢出使程序运行出错。

在这个例子中,黑客如果输入一个超长的口令,覆盖原本执行 user account 验证的运行函数 myTest2,就可能获得访问系统的权限。

4. Authentication 和 Authorization

在本书实例的"大学学籍管理系统"中,现在只有 admin 权限的用户才具备添加学生、添加学生成绩和更改学生信息的权限。

在学生成绩管理页面,单击"维护学生成绩"按钮,如图 6-19 所示。

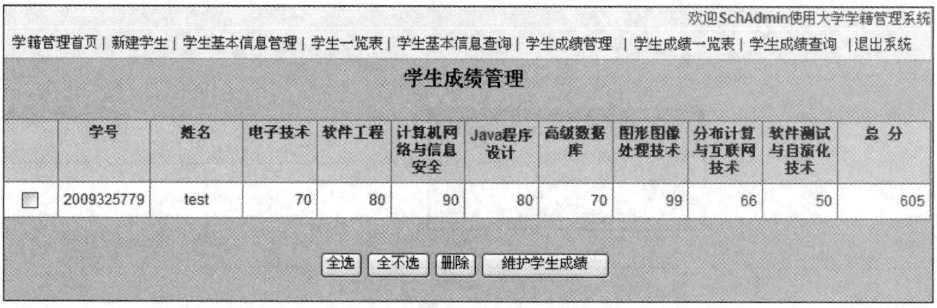

图 6-19　学生成绩管理

出现维护学生成绩页面,如图 6-20 所示,单击"保存"按钮。

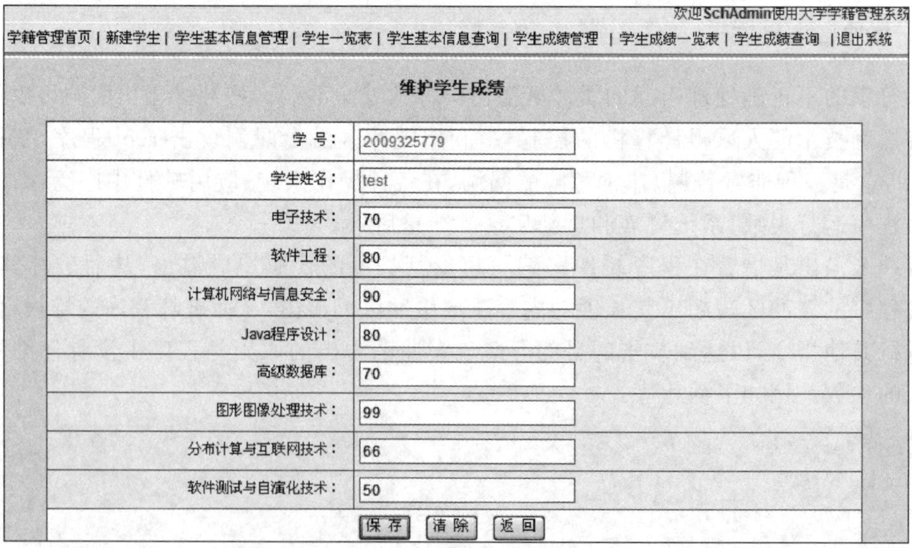

图 6-20　维护学生成绩

然后使用 HTTPWatch 去查看添加学生的 link,如图 6-21 所示。找到维护学生成绩的这个 URL:http://localhost:8080/myapp/addGrade.do。

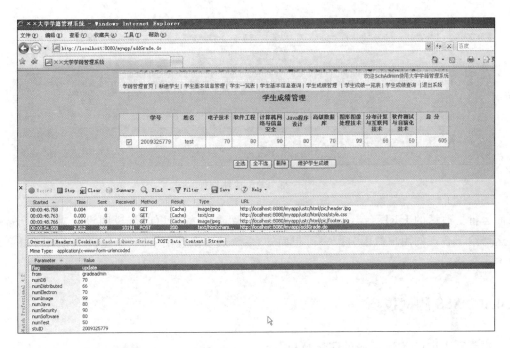

图 6-21 使用 HTTPWatch 监控

Post 的数据如下：

```
flag update
fromgradeadmin
numDB  70
numDistributed  66
numElectron  70
numImage  99
numJava  80
numSecurity  90
numSoftware  80
numTest  50
stuID  2009325779
```

可以组装成一个完整的 URL：http://localhost：8080/myapp/addGrade.do? &flag＝update&from ＝ gradeadmin&numDB ＝ 70&numDistributed ＝ 66&numElectron ＝ 70&numImage＝99&numJava＝80&numSecurity＝90&numSoftware＝80&numTest＝50&stuID＝2009325779。

更改这条 URL 中的各门课成绩都为 100 分,使用更改后的 URL：http://localhost：8080/myapp/addGrade.do? &flag＝update&from＝gradeadmin&numDB＝100&numDistributed＝100&numElectron＝100&numImage＝100&numJava＝100&numSecurity＝100&numSoftware＝100&numTest＝100&stuID＝2009325779 在任何一个已经用 admin 账号登录的页面运行。

看到运行以后的结果如图 6-22 所示。

这里是没有什么问题的,因为 Admin 账号是具备这个修改学生成绩权限的。试想,如果还有一个 adminview,只能 view 学生成绩的账号存在,当在这个 adminview 用户登录的

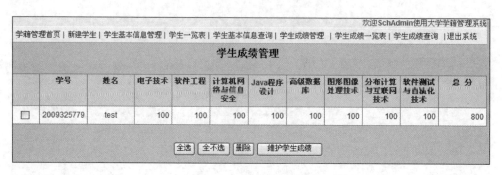

图 6-22　学生成绩管理

页面运行更改后的 URL 会出现什么样的情况呢？如果能被更改就说明没有对 URL 的参数运行给予合理的用户权限分配。可想而知，系统的安全性出了问题，这样黑客就可以更改原本不合格的学生成绩。

6.4.3　XSS 测试技巧

本节重点讲述 XSS 漏洞的测试技巧。

在 Web 测试过程中，数据的转换和过滤可以在三个地方进行转换：在接收数据时可以转换，在进入数据库时可以转换，在输出数据时也可以转换。但是困惑在哪里呢？不得不面对的一个问题就是许多时候程序员舍不得为安全做出那么大的应用上的牺牲，安全是要有代价的，现在邮箱就不愿意舍弃 html 标签，所以它们侧重于 XSS 的 IDS 检测的性质，只要发现不安全的东西就会转化。但是攻击是无法预知的，漂亮的东西总是脆弱的。

1. 验证用户输入

测试工程师在做测试时，重点要把精力放在对所有用户提交内容进行可靠的输入验证。对包括 URL、查询关键字、http 头、post 数据只接收在所规定长度范围内、采用适当格式、所希望的字符。阻塞、过滤或者忽略其他的任何东西。

2. 通过页面输出的 source code 去判断

例如，页面的返回中包括类似于以下的一些脚本：

```
<scritpt>alert('TEST')</script>
```

就可以断定此处存在 XSS 攻击。

通常有 URL 编码、HTML 编码和 JS(JavaScript)编码三种编码方式来解决 XSS 漏洞。针对上面的脚本，三种编码结果如下。

（1）URL 编码结果：

```
%3cscritpt%3ealert(%e2%80%98TEST%e2%80%99)%3c%2fscript%3e+
```

（2）HTML 编码结果：

```
&lt; scritpt&gt; alert('TEST')&lt; /script&gt;
```

（3）JS 编码结果：

```
\x3cscript\x3ealert\x28\x27TEST\x27\x29\x3c\x2fscript\x3e
```

当看到上面三种编码结果出现在输出页面的 source code 中，security 的问题就已经解决了。

除了上述这样的编码外，有时还会出现一些复合的编码，例如先 URL 编码再 HTML 编码，先 JS 编码再 HTML 编码等组合情况，就要根据不同 Web 应有的逻辑来判定了。

3．勿将编码后的结果存入 DB

用编码的方式解决 XSS 问题，通常都是在页面输出时使用。但要切记，用编码的方式去解决 XSS 问题不适于向 DB 写入时使用。确保 DB 数据的原始性，以避免因为解决 XSS 漏洞而导致程序的功能问题。

【专家点评】

安全性测试主要是针对 Web 应用程序。黑客经常通过各种途径悄无声息地潜伏在你的计算机上，攻取有价值的数据信息。为了应用程序的安全，就需要设计不同的测试用例去测试，把潜在的安全性漏洞挖掘出来。

6.5　跨浏览器/跨平台测试设计案例

【学习目标】

掌握除了 Windows 平台之外，在 Linux、Mac 等平台上如何测试，以及如何为这些平台设计测试用例。

【知识要点】

跨平台/跨浏览器测试着重于用户界面和软件功能的测试。

6.5.1　跨浏览器测试设计案例

1．方法介绍

跨浏览器测试也叫浏览器兼容性测试，是指同一个 Web 应用程序需要支持不同的浏览器。现在操作系统支持的浏览器越来越多，不同的用户喜欢不同的浏览器，为了让每个用户都能正常使用开发出来的 Web 应用程序，在设计时就要考虑支持不同的浏览器。比如 Java EE 项目的"大学学籍管理系统"，既能在 IE 6 里运行，也能在 IE 7、Firefox 或者 Safari 里正常运行。

2．测试要点

跨浏览器测试时，往往需要使用同一个测试用例在不同的浏览器上测试。在测试时需要注意以下测试要点：

（1）界面。设计出来的 Web 程序在不同的浏览器上界面是否相符。

（2）控件。对于 Web 应用程序上的某个控件，在不同的浏览器上是否都能正常运行。

（3）图片。图片大小在不同的浏览器上是否有变化，图片质量是否有差异。

（4）动画。Web 应用程序里设计出来的图片动画或者是 Java Applet 动画，在不同的浏览器里是否都可以正常播放。

（5）响应时间。单击 Web 程序里的某一个功能项，在不同的浏览器里响应时间是否有差异，如果响应时间太长，应该就是缺陷，需要处理。

（6）链接。在 Web 程序里嵌入的链接地址是否可以打开。

（7）其他。在不同的浏览器上测试，还要注意浏览器的吞吐量，里面嵌入的脚本是否可以正常运行等。

3. 测试工具

在进行跨浏览器测试时，通过手工测试比较烦琐。现在有很多跨浏览器测试的工具软件可以使用，而且有很多还是免费使用的，如 IETester、Multiple IE 和 IECollection 等。微软公司也推出一个跨浏览器测试工具 Expression Web SuperPreview，它是 Expression Web 包中的子产品（Expression 包是相当出色的，Expression Web 是完全可以取代 DW 的 XHTML＋CSS 开发工具）。SuperPreview 和其他工具不同，它自带了很多元素查看工具，如箭头、移动、辅助线、对比（对比方式有很多种，称得上是它的最强项）、类似 Firebug 一样的 DOM 查看工具。当查看网页在 IE 6/IE 7/IE 8 不同表现的同时，可以对比效果。可以通过网址 http://expression.microsoft.com/zh-cn/dd565874(en-us).aspx 下载使用。

4. 实战演习

以"大学学籍管理系统"为例。在不同的浏览器里打开"大学学籍管理系统"的主页面，比如在 IE 6 和 Firefox 3.5 里打开。验证"用户登录"功能项，发现"用户登录"页面在 IE 6 里可以正常显示，符合设计规范，但在 Firefox 3.5 里就错位了，"用户名"和"密码"重叠到一起。这个错误就是上面介绍的"测试要点"中的界面错误，如图 6-23 和图 6-24 所示。

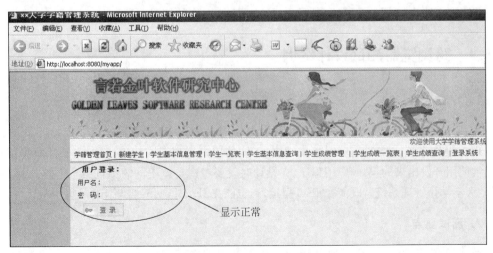

图 6-23　在 IE 6 里打开"大学学籍管理系统"

图 6-24 在 Firefox 3.5 里打开"大学学籍管理系统"

6.5.2 跨平台测试设计案例

跨平台测试一般是指在 Windows 操作系统之外的系统上测试。Windows 系统由于其容易使用的特点,占有用户的数量最多;但其他的操作系统,比如 Linux 系统,因为网络功能非常强大,对内存等硬件的消耗也小,而且是开源的,使用的用户也越来越多;Mac 系统是苹果计算机的专用操作系统,因为它图形处理功能十分出色,多媒体功能也很强,而且界面非常漂亮,一直受到用户的喜爱,据统计,近几年苹果计算机销量的增长势头一直明显快于个人计算机的整体销售势头,很多新用户都是使用 Windows 操作系统计算机多年后改用 Mac 的。

由于各种操作系统的用户数量不断增长,在相应系统上应用软件也越来越丰富。为了扩大市场占有率,很多应用程序除了支持 Windows 系统之外,还同时支持其他的系统。所以作为软件测试工程师,不仅需要掌握在 Windows 系统上怎样测试软件,还要掌握在其他系统上怎样测试软件,也就是跨平台测试。

跨平台测试和在 Windows 系统上测试的基本方法是一样的,在 Windows 系统上设计的测试用例很多都可以在跨平台上使用。主要的不同点有:应用程序安装方法不一样;在不同的平台,用户界面也不一样;应用程序的功能也有些差别;在不同的平台上,用户的操作习惯也不一样。下面就围绕这些不同点,介绍如何在 Linux 和 Mac 上设计测试案例。

1. 应用程序安装包及安装方式不同

1)方法介绍

在进行跨平台测试时,首先需要将被测试的应用程序安装到相应的平台上。在 Windows 系统上,安装包的后缀名一般是 exe 或 msi,但拿这样的安装包到其他平台上安装肯定是不行的。因为每个平台的系统内核不一样,安装包的格式也是不一样的,而且拿到相应平台的安装包后,安装方法也不同,所以安装方法也要设计测试案例。

2）实战演习

以现在很流行的 Firefox 3.5 为例，介绍在 Linux 和 Mac 平台上安装 Firefox 的测试用例，如表 6-24 所示。

表 6-24　安装程序的不同

测试平台	测试对象	测试用例
Linux	安装包	下载 Firefox 3.5 在 Linux 平台的安装包； 安装包文件名是 firefox-3.5.tar.bz2
	安装过程	Firefox 的安装包是一个压缩文件，在 Linux 上通过命令解开； Firefox 的压缩文件解压缩后，生成 Firefox 目录，进入目录可以直接运行 Firefox
Mac	安装包	下载 Firefox 3.5 在 Mac 平台的安装包； 安装包文件名是 Firefox 3.5.dmg
	安装过程	在 Mac 平台双击打开 Firefox 3.5.dmg 安装文件； 在弹出的窗口中会出现 Firefox 的火狐图标和一个符号为 A 的文件夹，火狐图标表示 Firefox 应用程序，A 文件夹表示可以安装的路径； 双击 A 文件夹可以修改安装路径； 把火狐图标拖入 A 文件夹即可以安装成功

2. 应用程序界面(UI)不同

如果某一个应用程序需要支持不同的操作平台，在程序的设计阶段就要为不同的平台设计 UI(User Interface)。由于系统风格的不同，同一个应用程序在不同的平台上 UI 是不一样的。比如"计算器"，它在每个平台上都有，但每个平台的 UI 都是不一样的，例如界面的颜色、菜单项、标题栏和功能按钮的位置等，如表 6-25 所示。

在进行 UI 测试时，就需要对照 UI 设计文档进行比较。如果和当初设计得不一样，就是程序的缺陷。

表 6-25　UI 的不同

操作平台	计算器用户界面	界面设计不同点
Windows		标题栏是蓝色； 菜单栏中有三个子菜单； 数字显示窗口的高度不一样； 界面上功能键的布局不一样，如"＋"号的显示位置

操作平台	计算器用户界面	界面设计不同点
Linux	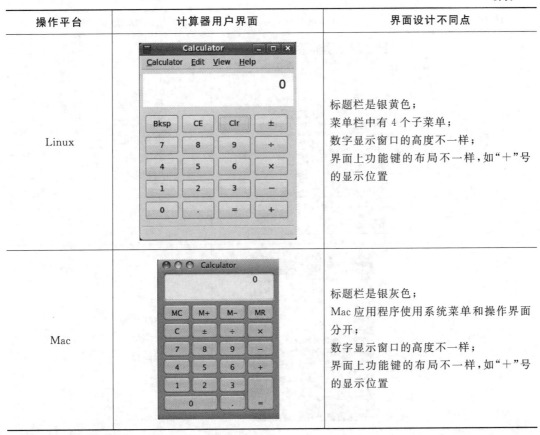	标题栏是银黄色； 菜单栏中有 4 个子菜单； 数字显示窗口的高度不一样； 界面上功能键的布局不一样，如"＋"号的显示位置
Mac		标题栏是银灰色； Mac 应用程序使用系统菜单和操作界面分开； 数字显示窗口的高度不一样； 界面上功能键的布局不一样，如"＋"号的显示位置

3．应用程序功能不同

在进行跨平台测试时，除了注意 UI 的不同外，还要注意它的功能是否相同，因为跨平台的系统由于技术的原因和使用习惯不同，有些功能和 Windows 不是完全一样，或者同样的功能在不同的平台上表现形式不一样。以"计算器"中的功能为例，介绍不同平台下的情况，如表 6-26 所示。

表 6-26　功能不同

操 作 平 台	计算器功能	功 能 列 表
Windows		标准功能； 科学型

操 作 平 台	计算器功能	功 能 列 表
Linux	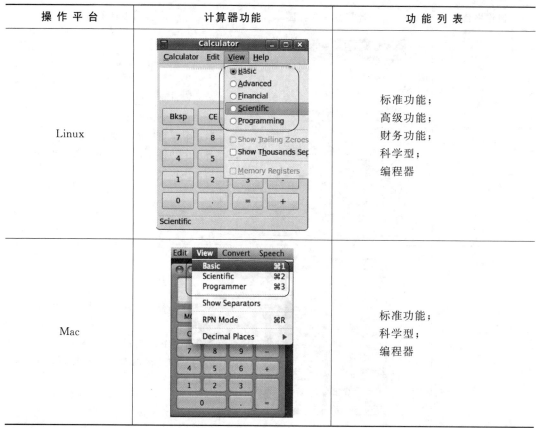	标准功能； 高级功能； 财务功能； 科学型； 编程器
Mac		标准功能； 科学型； 编程器

通过以上的功能展示，知道计算器在每个平台上都支持"标准功能"和"科学型"，在 Mac 和 Linux 平台上除了这两个功能之外，还支持其他的功能。在设计测试用例时，把每个平台都支持的功能作为公共测试用例，其他平台特有的功能单独设计测试用例。

4. 应用程序操作习惯不同

由于每个操作系统本身风格不一样，为其设计的应用程序也要符合相应操作系统的风格，所以操作时的习惯也是不一样的。比如 Windows 上的鼠标是双键或三键的，有左右键的功能，但 Mac 机器配备的一般都是单键鼠标，所以没有右键功能。下面以"计算器"中的"快捷键"为例，介绍应用程序在不同平台上的操作习惯，如表 6-27 所示。

表 6-27　操作习惯的不同

操 作 平 台	快 捷 键
Windows	支持键盘快捷键复制/粘贴功能； 不支持鼠标右键
Linux	支持键盘快捷键复制/粘贴功能； 支持鼠标右键
Mac	支持键盘快捷键复制/粘贴功能； 不支持鼠标右键

【专家点评】

现在常见的测试平台是 Windows,由于在跨平台上的应用软件越来越多,所以如果能够掌握跨平台上的测试技巧,在激烈的职业竞争中会比别人更胜一筹。现在主流的跨平台系统主要是 Linux 和 Mac。

6.6 本地化测试与国际化测试

【学习目标】

了解本地化、国际化测试的不同以及它们之间的关系。

【知识要点】

本地化测试包括哪些测试方法和内容,国际化测试包括哪些方法和内容。

当前全球一体化的趋势和进程日益突出,为了适应经济全球化的需求,越来越多的大型网站开发商为了拓展市场份额,实现全球化业务,其产品必须要顺应国际化、本地化的发展潮流。众所周知的 Microsoft、Sun 等网站都是支持多语言的。

可以打开 Sun 公司的主页(http://www.sun.com),如图 6-25 所示,右上角有 Change 的链接,单击以后会弹出一个选择国家/地区的窗口,可以选择不同的国家和地区。也就是说,可以将这个站点改成不同国家的语言来满足不同国家用户的需求。

图 6-25 多语言示例

在国际化测试里,经常会提到一个行业术语——I18N,首字母 I,尾字母 N,中间 18 个字母的英文单词 Internationalization,翻译成中文就是"国际化"。使产品或软件具有不同国际市场的普遍适应性,从而无须重新设计就可适应多种语言和文化习俗的过程。真正的国际化要在软件设计和文档开发过程中,使产品或软件的功能和代码设计能处理多种语言和文化习俗,具有良好的本地化能力。

本地化测试同样也有一个行业术语——L10N,首字母 L,尾字母 N,中间 10 个字母的英文单词 Localization,翻译成中文就是"本地化"。它是将产品或软件针对特定国际语言和文化进行加工,使之符合特定区域市场的过程。真正的本地化要考虑目标区域市场的语言、文化、习俗、特征和标准。通常包括改变软件的书写系统(输入法)、键盘使用、字体、日期、时间和货币格式等。软件本地化不等同于软件翻译,实际上,软件翻译只是软件本地化的语言文字处理过程。

6.6.1 国际化测试的实例

国际化是本地化的基础,只有软件产品按照国际化的标准去开发才能节省本地化的开发成本。如果国际化没有做好,几乎所有的代码都要重新编写以适应本地化的需求。

当开发全球可用的国际化软件时,软件的结构设计者必须考虑诸多因素,如语言、数据格式、字符处理和用户界面等方面的问题,软件的特征功能测试要与国际化能力测试结合在一起,确保所有的功能测试都符合全球可用性。下面介绍几种常见的国际化测试技巧。

1. 使用 Unicode 对软件文字编码

Unicode 是一种在计算机上使用的字符编码。它为每种语言中的每个字符设定了统一并且唯一的二进制编码,以满足跨语言、跨平台进行文本转换、处理的要求。1990 年开始研发,1994 年正式公布。随着计算机工作能力的增强,Unicode 也在面世以来的十多年里得到普及。

下面是 Lauren 和 Onlycmm 用 Yahoo 和 MSN(MSN 8.0 以上支持与 Yahoo 对话)进行的对话。图 6-26 所示是 Lauren 通过 Yahoo 向 Onlycmm 发送消息;图 6-27 所示是 Onlycmm 通过 MSN 接收信息。

图 6-26　国际化演示 1

从以上对话中显示的内容可以看出,Yahoo 和 MSN 在对中文、德语、日语和繁体中文显示时都没有出现乱码,也就是说它们都支持 Unicode 字符集。

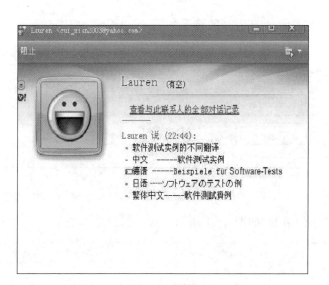

图 6-27　国际化演示 2

2．文本的扩展

在"大学学籍管理系统"中添加新学生信息时有 5 个按钮，如图 6-28 所示。5 个按钮分别是"全选"、"全不选"、"删除"、"修改学生信息"和"维护学生成绩"。

	学号	姓名	性别	籍贯	身份证号	邮政编码	电子邮件	通信地址
☑	2009362448	Rose	女	ab				
☑	2009557005	testa	女	a	340123909898987672	a@a.com	123344	
☑	23432432ew	sadfsa	男	dfasdf	sadfas			

全选　全不选　删除　修改学生信息　维护学生成绩

图 6-28　学生信息管理

如果要对此软件进行国际化测试，就要考虑到当翻译成其他语言以后长度扩展的情形。

将"全选"、"全不选"和"删除"按钮翻译成英语后的情形如图 6-29 所示。按钮的长度有所改变，如果不事先考虑好，那么在本地化后就可能出现按钮显示不全的问题。

	学号	姓名	性别	籍贯	身份证号	邮政编码	电子邮件	通信地址
☐	2009362448	Rose	女	ab				
☐	2009557005	testa	女	a	340123909898987672	a@a.com	123344	
☐	23432432ew	sadfsa	男	dfasdf	sadfas			

Select All　Clear All　Delete　修改学生信息　维护学生成绩

图 6-29　实例演示 1

同样的情况,把它翻译成日语时的情形如图 6-30 所示。

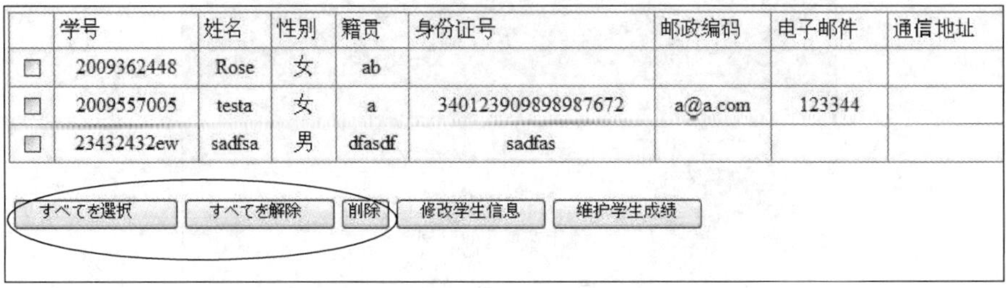

图 6-30　实例演示 2

再看翻译成德语的情形,如图 6-31 所示。按钮的长度更长了。

	学号	姓名	性别	籍贯	身份证号	邮政编码	电子邮件	通信地址
☐	2009362448	Rose	女	ab				
☐	2009557005	testa	女	a	340123909898987672	a@a.com	123344	
☐	23432432ew	sadfsa	男	dfasdf	sadfas			

Sélectionner tout　　Désélectionner tout　　Supprimer　　修改学生信息　　维护学生成绩

图 6-31　实例演示 3

因为这些扩展现象,所以测试时要找出没有正确换行、截断和连字符位置不对的文本,这种现象不仅仅出现在按钮上,可能还会出现在窗口、框体和页面上等任何地方。

经验告诉我们,当测试这类文本扩展问题时,可以根据语言的特性,如果没有时间将所有语言测试全面,可以选择性地测一个德语,因为其长度最长,再加上一个日语,因为日语是双字节编码,甚至有些是三个字节组成的词,比较特殊。

3. 排序

以图 6-28 为例,如果支持排序,用户可以选择学号排序,当然也可以选择按照姓名、性别和籍贯等来排序。如果按字母排序,不同的语言是不是排序的标准就不同了呢?

答案是肯定的,所以测试时要弄清楚测试的语言采用什么样的排序规则,并设计测试用例专门检查排列次序的正确性。

4. 保证文本与代码分离

通常都要求有资源文件,该文件包含软件可以显示的全部信息,这样所有的文本字符串、错误提示信息和其他可以翻译的内容都可以与源代码独立。这样避免了本地化人员进行语言翻译时修改源代码,降低了风险。

如可以用文本拼出这样的一个提示信息:

```
You clicked submit button just now!
```

代码可能是用了两个字符串：

（1）"You clicked"

（2）$ { }

注意：此处是包含按钮名称的字符串变量。

（3）"button just now!"

但是，如果语言的文字顺序不同，例如阿拉伯语是从右向左书写的文字，虽然在英文里面可以拼成一个完美的字符串，但是肯定会非常混乱。所以将字符串直接放进代码里面是很危险的。

6.6.2　本地化测试的实例

软件本地化测试是以国际化测试为基础的，本地化的关键是修改软件使其适应目标语言地区文化。所以要注意一些本地化测试的主要内容。

1．翻译

前面说了翻译只是本地化的一个部分，翻译的内容应该包括按钮、插图以及提示信息。要注意在不同国家的标点符号、货币符号是否正确，还要注意目标语言的文化心理。所以测试的要求是：

（1）发现应该翻译而没有翻译的，不应该翻译而被翻译的。

（2）找出空间以及图标上的提示信息，都应该被翻译。

（3）如果是下拉菜单，不能只看默认值，而要打开列表查看，保证都被翻译了。

（4）发现翻译后引起的布局不合理情况，例如对话框中布局是否均匀，显示的内容有没有被截断，控件是否重叠等。

（5）乱码问题。检查翻译后的字符，看有没有出现乱码现象。

2．数据格式问题

不同的国家和地区在数字、货币、时间和度量衡上通常会使用不同的数据单位格式。

（1）数字。美国通常使用逗号表示千位，而中国并不分隔。

	美　　国	中　　国
1000	1,000	1000

（2）货币。不同国家的货币符号表示是不同的。美国通常使用 $ 符表示，中国通常使用¥符表示。

	美　　国	中　　国
1000	1000 $ 或者 1000USD	¥1000

（3）日期格式也是各有不同，年、月、日的顺序，分隔符，长格式和短格式。

美　　国	中　　国
12/25/2008	2008-12-25

（4）度量衡的单位。

例如：1 英里（mile）＝1.609 千米（km）

1 盎司（oz）＝28.350 克（g）

（5）其他的一些数据格式。

电话号码如：(88)888-8888；88-888-8888；88.888.8888

时间如：1：30 pm；13：30

3. 快捷键

使用计算机的人群中,有一部分人比较喜欢使用键盘的快捷方式,即快捷键,又称热键。

例如在本书实例的"大学学籍管理系统"里,学生成绩查询中有一个"查询"按钮,如图 6-32 所示。如果支持快捷键功能,热键是 Alt＋S,因为查询的英语单词是 Search,但 Search 翻译成法语是 Rechercher,那么在法文中热键就需要改变了。

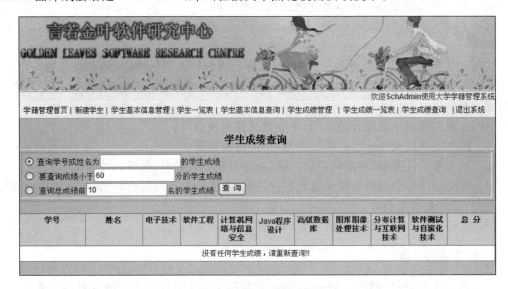

图 6-32　学生成绩查询

另外,中国、日本等双字节的版本几乎都沿用了英文原有的热键,所以本地化之后热键应该是和英文保持一致的。

【专家点评】

I18N 的测试要尽快尽早地开展,这样 L10N 测试中包含的软件缺陷就会减少,同时增大测试量的风险也会变小。

6.7　Accessibility 测试案例

【学习目标】

了解 Accessibility 测试的特点与主要目标。

【知识要点】

Accessibility 测试的验证点。

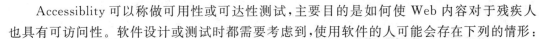

Accessiblity 可以称做可用性或可达性测试,主要目的是如何使 Web 内容对于残疾人也具有可访问性。软件设计或测试时都需要考虑到,使用软件的人可能会存在下列的情形:

(1) 他们可能无法容易地,或根本不能看见、听到、拖动或处理某些类型的信息。

(2) 他们可能在阅读或理解原文上有困难。

(3) 他们可能没有或者无法使用键盘或鼠标。

(4) 他们可能只有纯文本的屏幕、小屏幕,或低速网络连接。

(5) 他们可能并不会说或不能通畅理解文档所用的自然语言。

(6) 他们的眼睛、耳朵或手可能正忙碌或受某些事物的干扰。

(7) 他们可能使用早期的浏览器、完全不同的浏览器、语音浏览器或不同的操作系统。

为了达到这个目标,Web 内容可访问性设计与测试有下列指南可供验证。

1. 为视觉和听觉的内容提供等义的替代

一切呈现给用户的内容,包括视觉上和听觉上的,都需要提供功能上或目的上等义的替代。

虽然部分人无法使用诸如图像、电影、声音和 Applets 程序等技术,但是他们还是可以访问那些提供了等义替代内容的页面来获取信息。比如,一个链接到目录索引的向上箭头图片可以添加“返回目录”这样的替代文字。比如在 HTML 中,为 IMG、INPUT 和 APPLET 元素提供 alt 属性替代文字。

2. 不要仅依靠色彩来提供信息

确保没有颜色的情况下,文字和图像都易于理解。

如果仅通过颜色来传达信息,那么无法辨别颜色的人和使用单色或非可视化的显示装置的用户将无法获取信息。当前景色和背景色色调比较接近,使用单色显示器的用户可能无法提供足够的对比度来显示它们,有颜色视觉缺陷的人也将无法获取信息。

3. 适当使用标记语言和样式表

使用结构化元素来标记整个文档。使用样式表来控制表现,而非表现层元素和属性。

使用标记不合理就会阻碍可访问性。滥用表现层的标记(如使用表格布局或者用标题 h1～h6 增大字号等)会给用特定软件访问的用户造成理解和导航上的困难。此外,使用表现层的标记的文档结构也会使其他设备理解困难。

4. 简明自然语言的使用

简明自然语言的使用,除了有利于辅助技术外,也使搜索引擎可以更好地获取指定语言的关键字。自然语言标记同样为所有人促进了可读性,包括有学习障碍和认知障碍的人群和聋人。

5. 创建编排良好的表格

表格应该用来组织表格状信息(“数据表格”)。网站开发者应当避免使用表格来布局与排版。对于数据表格,指明行和列标题。比如在 HTML 中,使用 TD 表示数据单元格,用

TH 表明标题。

6. 确保页面能够在新技术下良好呈现

虽然鼓励内容开发者使用新技术来解决问题,但应当保证运用新技术的页面在旧浏览器和被关闭效果的浏览器中同样有效。文档应该在没有样式表的情况下也能加以阅读。举例来说,当一个 HTML 文件没有按照关联的样式表来呈现时,一定要还能阅读其内容。

7. 确保使用者能处理时间敏感内容的改变

认知障碍和视觉障碍患者可能不能阅读移动的文字,移动同样会造成对其他内容阅读和理解的分心。屏幕阅读器并不能阅读移动的文字,肢体残疾的用户也无法快速跟踪移动的对象,从而产生理解上的困难。

8. 设备无关的设计

确保通过多种不同的输入设备都可以激活或触发页面上的元素。

设备无关性意味着用户可以使用一些喜好的输入(或输出)设备,如鼠标、键盘、语音和肢体等和用户代理或文档交互。如果表单控制只能通过鼠标或者其他指示设备来触发,那么一些具有视力障碍或者使用语音输入和键盘的人就无法使用。

9. 使用 W3C 推荐的技术和规范

使用 W3C 技术(根据规范)并且遵循可访问性指南。如果使用 W3C 技术有困难,或者可能会造成内容呈现上的问题,那么可以提供一个现有内容的可访问性替代版本。

10. 提供内容引导信息

提供上下文和位置信息以帮助用户理解复杂的页面或元素。

提供相关页面间和相关元素间的联系信息,可以帮助所有的用户理解。一些页面间复杂的联系可能会造成认知障碍人士和视觉障碍人士访问上的不便。

为每一个框架添加标题,以促进框架的辨认与导航。比如在 HTML 中的 FRAME 元素上使用 title 属性。

11. 提供清晰的内容导航机制

提供清晰并且一致的导航机制,如位置信息、导航条和网站地图等。如此可使使用者在网站上快速而精确地找到特定信息。

清晰并且一致的导航机制对于具有认知障碍、视力障碍的人非常重要,并且对于所有人都有益。

12. 确保文档内容的清晰与简单

确保文档内容的清晰与简单,以便于人们理解。一致的页面布局、可辨认的图片以及易于理解的文字可以让所有人受益,特别是可以帮助具有认知障碍和阅读障碍的人访问。

验证 Accessibility 的方法:可以通过自动工具或者人工验证可访问性。自动的验证工具可以非常便捷地得出结果,但是并不能覆盖所有的可访问性问题。人工验证可以保证语言文字和导航信息的清晰与易用,一般都是自动化验证工具与人工验证结合使用。

【专家点评】

Accessibility目前在国内软件的支持度还不是很高,许多软件公司目前也不作为必须支持的验证点,所以在进行这方面测试时,要尽可能地想到软件的易用性,从客户的角度出发,同时也要考虑到公司的实际。

6.8 如何组织和跟踪测试用例

【学习目标】

掌握如何跟踪和维护测试用例。

【知识要点】

测试用例的跟踪和维护。

6.8.1 组织测试用例

测试用例是测试的基础,组织测试用例决定了测试的覆盖率。测试用例一般可以按照测试对象的逻辑来组织,从逻辑上可以分为若干模块。

例如,学籍系统按逻辑可以分为登录、学生信息管理和学生成绩管理等模块,每一个模块内部还要根据功能点划分成几个部分。在一个功能点内,测试用例从用户的角度还可以将测试用例的重要性分为三个等级:最重要的、主要的和一般性的。

一般的产品发布前要进行三轮测试,每一轮测试都要根据本轮测试的要求选取相应的测试用例组成测试组件。下面以"大学学籍管理系统"为例,来详细说明如何组织测试用例。

(1)第一轮测试可以从不同的测试模块选择一部分测试用例,可以选择最重要的和部分主要的测试用例,然后和所需要的测试环境组合,组织一套测试用例信息。在这轮测试的目标是把所有严重的问题找出来。比如应该包括用户登录,新建、修改、删除学生信息,维护学生成绩,学生信息查询,学生成绩查询等模块的测试用例。

(2)第二轮也就是所谓的覆盖率测试,测试用例要全,这轮测试时间一般比较长。通常是选择全部的测试用例来组织,也包括安全测试、性能测试和兼容性测试等方面的测试用例。这轮测试的目标是各个模块中的所有功能都要覆盖到。

(3)第三轮测试属于验收型测试,时间较短。这轮测试一般会选择重要的测试用例和一些大家认为比较不稳定的模块。另外,还要留出部分时间来给测试人员做随意测试,以发现可能被忽略的问题。

6.8.2 测试用例的跟踪

在开始每一轮测试之前,测试组长都需要考虑以下问题:

(1)这轮测试的重点是什么?目标是什么?

(2)哪些测试用例应该选入测试组件?需要哪些测试组件?

（3）如何跟踪测试用例执行情况？每天执行了多少测试用例？测试小组的组员执行的进度以及整个项目的测试执行进度如何？

（4）如何记录测试执行状态和测试用例的失败率是多少？

（5）测试用例发现缺陷率是多少？

（6）项目进行中缺陷状态和缺陷分布情况怎么样？

要处理好这些问题，就要对测试用例进行跟踪。跟踪测试用例实质上就是跟踪测试用例在项目中的执行，并能通过测试用例的跟踪了解项目各模块的质量情况，以及以后测试的侧重点是什么。

1．跟踪测试用例的作用

（1）通过对测试用例的跟踪，实时地了解项目的进度，测试用例执行情况，有多少测试用例已经被执行，有多少用例没有被执行，有多少用例无法执行，无法执行的原因是什么，是测试用例设计错误，还是测试用例由于产品的升级已经过时，或是产品的功能没有实现导致的。

（2）了解测试用例的覆盖率。哪些缺陷是根据现有的测试用例发现的，还有多少缺陷不是根据测试用例发现的。测试用例设计人员需要分析为什么那些测试用例没有被设计。通过测试用例的覆盖率可以对测试用例的有效性进行评价。

（3）了解产品的质量状态。结合执行的进度和缺陷的分布曲线可以估计当前产品的质量状况有没有风险。假如在测试用例只执行10%的情况下已经有大量的缺陷被发现，同时每天的缺陷数量还在增加，说明产品风险很大，这种情况下，项目经理就要及时调整策略，提高产品质量，降低项目的风险。

（4）为下一轮测试选取测试用例提供参考。下一轮测试用例选取时要参考上一轮的测试用例的执行情况。上一轮执行失败的测试用例和因产品功能没有实现而不能执行的测试用例一定要在本轮选取。

（5）通过测试用例的跟踪，可以对测试人员进行考核。执行的结果可以存储，当需要对测试人员进行考核时可以参考这些数据：执行用例的数量，执行的准确度，通过执行发现的缺陷数量。

2．跟踪测试用例的方法

（1）凭记忆。靠大脑记忆哪些用例执行了，哪些用例没有执行，以及执行的结果。这种方法显然不靠谱，很少有公司会用这样的方法。

（2）文档跟踪。一些小项目可以采用的方法。书面文档结合测试图表可以清晰地跟踪测试用例的执行情况，但是利用它进行数据组织和统计分析不方便。

（3）电子表格。电子表格是一种比较经济实惠的方法。利用电子表格自带的功能可以很方便地统计分析数据，为项目测试的管理提供依据。

（4）购买商业或者使用开源测试用例管理软件。目前市场上有不少这样的软件，如TD、Testlink等。不少公司会购买商业或者使用开源的软件。这类软件一般都要考虑到项目的实际需要，具有测试用例的导入、导出和编写功能，可以组织测试用例，分配测试任务，跟踪执行，根据需要统计数据，分析数据。其特点是功能强大，但是不一定100%地满足每个公司特定的需要。

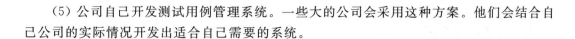

（5）公司自己开发测试用例管理系统。一些大的公司会采用这种方案。他们会结合自己公司的实际情况开发出适合自己需要的系统。

6.8.3 测试用例的维护

在测试用例执行的过程中，可能会遇到以下问题：

（1）需要执行的测试用例已经和当前产品的功能不一致。

（2）发现一些产品的功能没有被测试用例覆盖，测试用例设计不全面。

（3）一些测试用例已经多余，不再需要了。

（4）一些性能测试用例的性能指标需要根据新版本产品性能要求调整。

（5）一些测试用例有些语法错误或者描述不清晰。

另外，在产品交给客户使用后，客户也会发现一些当前测试用例没有覆盖到的缺陷，这些问题都说明，为保持测试用例的准确性和完整性，测试用例的维护是要一直进行的，需要长期地、及时地更新维护。

测试用例维护一般可以在三个阶段进行：

（1）测试用例评审阶段。测试用例设计好后要交给相应的人员评审，例如 PM、EM、开发工程师、测试组长和测试经理等。测试用例需要根据评审的结果及时更新。

（2）测试用例执行阶段。这个阶段最容易发现测试用例的问题，这个阶段发现的问题要及时修订，缺少的测试用例要及时补上。

（3）测试结束之后。这个阶段时间相对宽裕，这时对测试用例维护似有亡羊补牢之感，但是也是很有必要的。至少修订后的测试用例可以更好地适应下一个版本的测试需要。这个阶段的测试用例可能会重新设计整个测试用例的结构，使结构更加合理，更好维护。

【专家点评】

测试用例的组建一般是由项目组长来完成，但一般的测试人员也需要了解，并可以给测试组长一些建议。测试用例的跟踪和维护是所有的测试人员需要做的，并且是日常性的工作。

6.9 读书笔记

读书笔记　　　　　　*Name*：　　　　　　　　　*Date*：

励志名句：*Life is measured by thought and action，not by time.*

生命的价值是用思想和行为来衡量的,而不是寿命的长短。

第7章 软件项目各部门相互协作

【本章重点】

沟通与协作是一切活动的基础,因此如何有效地协作是很重要的。团队成员彼此都影响着整个团队的成功,他们必须要向着一个共同的目标合作。前面几章介绍项目前期的工作,产品需求文档的出现,产品规格说明书的编写,开发技术文档的编写,测试计划的制定,测试案例的编写等工作,都是需要各部分相互协作完成的。

本章是一个过渡章节,选择的两个案例也来自于网络,主要阐明相互协作、交流与沟通的重要性。

7.1 共同审阅文档

【学习目标】

了解共同审阅文档的目的和好处。

【知识要点】

共同审阅文档。

一个项目从立项到成功发布,需要很多部门的参与,能否有效地协作工作直接决定了该项目的成功与否。在此过程中需要共同审阅各种文档,这些文档可能包含 PRD、UI Mock-UP、SPEC、Test Plan 和 Test Case 等。

1. PRD

PM(Production Manager,产品经理)通过市场调研去研究市场以了解客户需求、竞争状况及市场力量来发现创新或改进产品的潜在机会。通常采用 PRD(产品需求文档)描述产品需要做哪些事情。PRD 可能包含如下信息:

- 产品的背景;
- 目标市场;
- 产品功能的详细描述;
- 产品功能的优先级;
- 产品用例(Use Case);
- 系统需求;
- 性能需求。

在 PRD 出来后,EM、DEV 和 QA 需要研究实现这些需求的技术要求,以及所需时间能否满足 Plan 的需求,及时给予 PM 反馈。软件测试工程师只有深刻理解了 PRD 的内容才能更好地把握相关的设计文档是否满足需求。

2. UI Mock-UP

UI Mock-UP 是指用户界面模型,它包括用户界面设计(User Interface,UI)和用户交互设计(User Interaction),包含所有的用户体验部分。在大型公司里,PM 通常和 UI 设计师或互动设计师一起完成产品设计。

软件测试工程师要从用户的角度来审阅文档,从用户习惯、易用性,甚至地区、风俗等角度提出各方面意见来改进和提高用户体验。

3. SPEC

SPEC 是指由 EM 或开发工程师编写的产品规格设计说明书,需要检查 Design 是否完全符合 PRD 里所提出的需求,以及所列内容是否详细而清楚,特别要注意新的设计和以前的产品结构有没有矛盾冲突的地方,比如兼容性、可靠性等。

4. Test Plan 和 Test Case

Test Plan(测试计划)一般是由项目负责人或测试组长制定,Test Case 测试用例所有参与测试的工程师都会根据自己负责的模块编写相应的测试案例。各部门要共同审阅测试计划是否符合整个项目的进度安排,测试用例是否完善,是否满足测试需求,有没有列出在各个测试阶段里的测试重点,有没有包含自动化测试在内的各种测试方法。

下面是一个公司各部门之间相互协作的实例,通过这个实例,大家可以了解共同审阅文档的重要性。

A 公司是一家美资软件公司在华办事机构,其主要的目标是开拓中国市场、服务中国客户,做一些本地化和客户化的工作。它的主要软件产品是由总部在硅谷的软件开发基地完成,然后由世界各地的分公司或办事机构进行客户化定制、二次开发和系统维护。这些工作除了日常销售和系统核心维护之外,都是外包给本地的软件公司来做。东方公司是 A 公司在中国的合作伙伴,主要负责软件的本地化和测试工作。

Bob 先生是 A 公司中国地区的负责人,Henry 则是刚刚加入 A 公司的负责此外包项目的项目经理。东方公司是由 William 负责开发和管理工作的,William 本身是技术人员,并没有项目管理的经验。

当 Henry 接手这项工作后,发现东方公司的项目开发成本非常高,每人每天 130 美元,但客户的满意度较差,并且每次开发进度都要拖后,交付使用的版本也不尽如人意。而且,东方公司和 A 公司硅谷开发总部缺乏必要的沟通,只能把问题反馈给 Henry,由 Henry 再反馈给总部。但由于 Henry 本身并不熟悉这个软件的开发工作,也造成了很多不必要的麻烦。

为此,Bob 希望 Henry 和 William 用项目管理的方法对该项目进行管理和改进。随后,Henry 和 William 召开了一系列的会议,提出了新的做法。

首先,他们制定了详细的项目计划和进度计划;其次,成立了单独的测试小组,Tom 负责软件测试工作,将软件的开发和测试分开;并且在硅谷和东方公司之间建立了一个新的沟通渠道,一些软件问题可以与总部直接沟通;同时还采用了里程碑管理。

6 个月后,软件交付使用。但是客户对这个版本还是不满意,认为还有很多问题。为什么运用了项目管理的方法,这个项目还是没有得到改善呢?

Henry 和 William 又进行了反复探讨,发现主要有三个方面的问题:

(1) 软件本地化产生的问题并不多,但 A 公司提供的底层软件本身存在一些问题。

(2) 软件的界面也存在一些问题,这是由于没能充分理解客户的需求,可用性差。

(3) 开发的周期还是太短,没有时间完成一些项目的调试,所以新版本还是有许多的问题。

于是,Henry 向东方公司提出一些新的管理建议。首先,他们采用大量的历史数据进行分析,制定出更详细的进度计划;其次,要求东方公司提供详细的开发文档和测试文档,由于他们做的工作没有任何文档,给其他工作带来了很多困难,然后和项目组所有人员包括开发人员、测试人员共同审阅;最后,重新审核开发周期,对里程碑进行细化。

又过了 6 个月,新的版本完成了。这一次,客户对它的评价比前面的版本高得多,基本上达到项目运行的要求。

在本案例中,采用里程碑管理后仍没有达到客户的要求,重要的一点是忽略了各部门之间的相互协作,开发人员和测试人员没能对客户的需求、UI 等进行共同审阅,没能及时发现问题,只是按照自己的理解去做,最终造成了客户的不满意。

【专家点评】

有些软件项目可能还需要直接和客户进行协作,客户在整个项目开发过程中起着主导作用,客户的需求可能会随着产品的开发而有变动,因此及时了解客户的需求并作出调整是至关重要的。

7.2　交流与沟通

【学习目标】

了解沟通的目的及如何进行交流与沟通。

【知识要点】

如何进行交流与沟通。

交流与沟通在一些大型项目里可以说是重中之重,如果某环节没有相互认知达成一致,可能会造成产品延迟发布,功能丢失,或最终导致客户不满意,以及后续的相互指责。

对软件测试工程师来说,要和各部门保持良好的关系,进行有效的沟通与交流,及时认真地反馈意见,积极主动地去跟踪推动问题的及早解决。这么做不仅能给自己创建一个舒畅的工作环境,也能把问题及时较早地解决,避免以后的返工。在各部门同事中树立一个值得信任的形象。

项目沟通管理是现代项目管理知识体系中九大知识领域之一。项目沟通管理在成功所必需的因素——人、想法和信息之间提供了一个关键性连接。在项目管理中,沟通是一个软指标,其所起的作用不好量化,沟通对项目的影响往往也是隐形的。但是沟通对项目的成功,尤其是 IT 项目的成功非常重要。本节就围绕沟通的重要意义、项目干系人、沟通对效率的影响、沟通的关键要素这几方面展开一些探讨,最后结合高职外语教学、综合测评平台项目,对沟通在小组软件开发过程中的应用进行案例分析。

7.2.1　沟通的意义及项目干系人分析

项目管理要素有范围、时间、成本、质量、人力、风险、采购和沟通,一个成功的项目与这些因素是紧密相关、不可分离的。但是在项目的实际参与和项目的操作过程中,可以发现无论是项目管理中的哪个因素,与其关联最多、涉及活动最多的是项目干系人,项目干系人一般包括最终用户、项目团队和项目公司的管理层等一些主要的利害关系者。项目管理中的时间、成本、质量、人力、风险和采购等很大一部分是与人的沟通和人的管理有关,如何做好人的管理,如何组建一个成功的项目团队,如何在项目中发挥团队的所有潜力,如何与客户的关系日趋完善,如何做到让客户满意,这些都是在"沟通"管理中所必须掌握的要素。

要做好各要素沟通,要实现对人的管理,就应站在这些"项目干系人"的角度上,从他们的需要及利益出发,最大限度地通过项目实现他们的价值,如果脱离这些,那么项目是很难获得成功的。项目经理在与客户进行需求调研及交流前,一般先要充分考虑项目的需求性及可行性,然后列一个需求管理(包括详细的沟通计划及沟通要求)计划,并且要考虑需求沟通中所需的人员、资源、时间的要求,这样才可以保证需求调研的准确性。很多软件项目在其开发过程中,客户突然提出需求变更,给项目的进展带来不利的影响,虽然很大程度上这是客户主观因素造成的,但也说明项目组在和客户进行前期沟通时,没有充分考虑一些假设或约束因素,也没有充分明确列举沟通要求。

同样,在项目开发过程中,除了和客户进行沟通之外,项目经理与项目成员之间的沟通方式及项目经理对团队的建设技巧也是直接影响到项目成败的关键。项目开发过程中沟通的目的是为了"保持项目进展、识别潜在问题、征求建议以改进项目绩效",如果在项目的开发、设计过程中未把好沟通这道关,可能会产生意料之外的项目失败。同样,一个好的团队能使项目达到事半功倍的效果。

7.2.2　沟通与效率的关系

1. 项目复杂程度与实施效率

沟通路径所消耗掉的工作量多少取决于软件项目本身的复杂度和耦合度。

原 IBM 在马里兰州盖兹堡的系统技术主管 JoelAron,在他所工作过的 9 个大型项目的基础上,对程序员的实施效率进行了研究。他根据程序员和系统部分之间的交互划分这些系统,得到实施效率表。

一般来说,底层软件(操作系统、编译器、嵌入式系统和通信软件)的接口复杂度要比应用软件(MIS、操作维护软件和管理软件)高得多。

在估算软件开发项目工作量时要充分考虑任务的类别和复杂程度,因为抽象的、接口复杂的系统开发过程,其沟通消耗必然大。另外,有深厚行业背景的软件,要考虑开发人员为熟悉行业知识所需付出的沟通消耗。

2．团队规模与实施效率

需要协作沟通的人员数量会影响开发成本，因为成本的主要组成部分是相互的沟通和交流，以及更正沟通不当所引起的不良结果（系统调试）。

人与人之间必须通过沟通来解决各自承担任务之间的接口问题，如果项目有 13 个工作人员，则有 $n\times(n-1)/2$ 个相互沟通的路径。假设一个人单独开发软件，年实施效率为 10 000 行代码，而每一条沟通路径每年消耗掉的工作量可折合 500 行代码。

3．团队的默契度与实施效率

团队的默契程度对软件实施效率影响很大。一个经过长期磨合、相互信任、形成一套默契做事方法和风格的团队，可能省掉很多不必要的沟通，其合力甚至可以超越这个团队本身，而做出一些平时他们连想都不敢想的成就来。相反，初次合作的团队因项目成员各自的背景和风格不同、成员间相互信任度不高等原因，就要充分考虑沟通消耗。

营造一个配合默契的团队并没有一个简单易行的规定和过程，但是有个必不可少的因素，那就是团队中的所有成员对这个小组承担的全部义务，成员乐于为整个团队而放弃自己的利益和志向，这样整个团队就一定有很强的内聚力，而且一个人置身于氛围良好、合作默契的团队中心情一般都较好，这种良好的氛围所能带来的能量是不可估量的。

所以持续良好的沟通和交流是一个团队的无形资产，而由之形成的一个自然、稳定、默契的开发团队就是软件企业的核心竞争力所在。

7.2.3　沟通的一些要素

一个优秀的团队组织和协调管理者所发挥的作用往往对项目的成败起决定作用，他必然也是一个善于沟通的人。沟通研究专家勒德洛（Ludlow.）提到，高级管理人员往往花费 80％的时间以不同的形式进行沟通，普通管理者约花 50％的时间用于传播信息。缺乏沟通是不能通过技术来进行改进的，现在技术发展很快，但人们对沟通的需求不但没有减少，反而显得越来越重要了。

沟通的效率直接影响管理者的工作效率，在项目成员之间改善沟通，将提高士气、生产率、质量，并可以减少成本，使项目更好地开展。但如果出现沟通问题，可以通过有效地控制问题；找出问题的起因；实行纠错行为；加强工作环境中的沟通活动。

7.2.4　项目中沟通运用的案例分析

笔者在负责开发外语学院的英语网络教学、考试综合平台时，就充分考虑软件项目管理中沟通的一些要素。整个项目按小组软件开发过程（TSP）进行开发，其中每个步骤都涉及沟通。

1．技术调研

该项目是为教师和学生进行英语教学、考试以及评估的综合性网络平台。

学生可以通过网络进行全程的英语学习、测试，老师也可以利用这个平台动态地掌握学生的情况。在技术采用方案中,打算用 ASP. NET＋SQL Server 进行开发,分三层体系结构。在听取了他们构思的同时,针对项目调研情况,我们也从技术层面上阐述了自己的看法,最后达成了一个初步共识。

2. 需求分析

项目的最终用户是外语老师和学生,我们开始与外语学院老师进一步接触,了解高职外语教学领域内的情况。为了防止或减少用户需求变更,在沟通目标中考虑了很多制约因素和假设因素。

大概经过了一个星期的沟通,一份完整的 SRS 文档生成,并且将 SRS 的段和节编号,用来确定每一个说明的来源。

3. 概要设计

软件的大概要求和功能在得到确定后,项目流程到了概要设计阶段,这时项目开发小组完全启动,项目小组开始制定详细的工作目标、角色目标等。

4. 详细设计

在概要设计阶段定义好了各功能模块、明确了开发者责任之后,开始模块内的细节设计,在这个阶段定义了整个平台数据库。在定义数据表和字段时,有两位成员的想法互不相同,两人各持己见,争得面红耳赤,僵持不下,最终双方把各自的想法和理由列了清单,征求了小组其他成员和外语学院老师的意见,经过大家共同的分析,最终确定了某一个成员的数据库方案,另外那个成员也心服口服。

5. 编码设计

在编码阶段的每次会议中,都要掌握各个成员的进度,询问下一阶段的安排,并要求每个成员在会议中都要开诚布公地对待问题,不能隐瞒,使小组保持一种透明的风格。这样就可以知道将要发生什么事情,并预见问题,以便迅速地进行调整。

6. 集成与测试

在开发后期,各个模块功能基本完成,在确认每个模块基本上无独立缺陷并且有比较好的质量后,进入了整体的测试。

这个项目在制作半年后完工并测试合格,现在运行非常正常。总结这个项目的一些经验如下。要确保软件开发质量和效率,与用户的有效沟通以及开发成员间的良好协作是关键,要达到这一点,一个团队至少应具备以下三个要素:透明性、聆听和协商。透明性能使整个小组知道将要发生什么事情并能预见问题,知道什么时候谁最需要帮助,并能保持整个小组工作的一致性。最好的交流者应该是非常善于聆听的人,这种聆听应该是全身心的,只有这样,别人才会和你进行比较深的交流,你也会准确地领会对方的意图。协商最重要的作用是解决问题和分歧,能使矛盾双方都得到一个满意的结果。

7.2.5 结束语

项目沟通管理是一门艺术,这不仅仅表现在"项目干系人"相互之间的沟通技巧上,而且体现在项目负责人对项目的全局管理上。项目管理的八大要素记起来简单,但如何灵活地驾驭它,使这些要素在操作上更方便,更适合应用到实际项目中,这就需要艺术化的管理、技巧性的操作,管理上的条条框框虽然是定死的,但人可以动态地应用它。无论在哪个领域的项目管理中,这些沟通技巧都可以通用,并且可以结合各自领域的一些独特要素去实施。

【专家点评】
交流与沟通贯穿于整个软件开发过程,是解决问题的最有效手段之一。

7.3 读书笔记

读书笔记　　　*Name*：　　　　　*Date*：

励志名句：*Many great men have arisen from humble beginnings.*

许多伟人出身卑微。

第8章 执行测试案例并报告缺陷

【本章重点】

本章介绍软件测试工程师如何通过测试案例来报告缺陷,以及通过缺陷分析项目在各阶段的状况。

8.1 项目过程中各阶段测试重点和策略

【学习目标】

掌握项目过程中各阶段的测试重点是什么,以及应采用哪些测试策略。

【知识要点】

在软件项目的设计阶段,测试工程师只是参与相关文档的检验,同时根据项目规格说明书设计测试用例。测试工程师的工作重点是在软件测试阶段。

随着计算机应用的飞速发展,软件的复杂度越来越高,源代码的规模越来越大,软件开发过程越来越不容易控制。于是软件领域的专家和学者们不断总结和实践,提出了瀑布模型、原型模型、快速应用开发模型、螺旋模型、增量和迭代模型、构件组装模型、并发模型以及现在比较流行的敏捷软件开发,但是无论哪种模型都会经历需求分析、规格说明书设计、概要设计、程序设计、编码和测试等阶段,如图 8-1 所示。软件测试工程师在这些阶段的工作重点是什么? 都有哪些工作策略呢? 带着这些问题进行下面的学习。

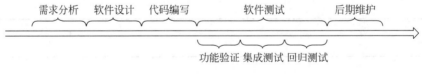

图 8-1 软件项目需要经过的各个阶段

1. 缺陷的产生与构成

在回答以上问题之前先看看软件缺陷是怎么产生的,又是怎么构成的。

正如前面所说,现在的软件系统越来越复杂,不管是需求分析、程序设计等都面临着越来越大的挑战,于是不可避免地产生了各种各样的软件缺陷。产生软件缺陷的主要因素可归纳如下。

(1)团队合作问题。主要包括系统分析时对客户的需求不是十分清楚,或者是与用户的沟通存在一些问题;不同阶段的开发人员相互理解不一致;不同开发人员对同一需求的理解不一致；软件设计对需求分析结果的理解偏差；编程人员对系统设计规格说明书中的某些内容不够重视或存在误解；设计或编程上的一些假定或依赖性，没有得到充分的沟通；测试工程师与开发人员对需求的理解不一致。

（2）技术问题。主要包括算法错误；语法错误；计算和精度问题；系统结构不合理，算法不科学，造成系统性能的低下；接口参数传递不匹配，导致模块集成出现问题。

（3）软件本身的问题。包括文档错误，内容不正确或拼写错误；没有考虑大量数据使用场合从而引起的性能问题；对程序逻辑路径或数据范围的边界考虑不够周全，漏掉某个或某些边界条件或边界值而导致的错误；没有考虑系统崩溃后的自我恢复或数据的异地备份、灾难性恢复等问题；硬件或系统软件上存在的缺陷；软件开发标准或过程上的错误。

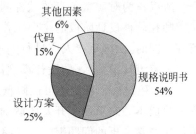

图 8-2　缺陷原因分类

如果将以上缺陷按规格说明书、设计方案、代码以及其他因素来划分可以发现：导致软件缺陷最大的原因是产品规格说明书；第二大来源是设计方案；第三才是代码问题；其他方面的问题很少。归纳起来可以用图 8-2 表示。

2. 测试人员在软件需求分析阶段的工作职责和策略

综上所述，超过一半的缺陷是产品规格说明书出现了问题。这就提醒我们，要将软件质量真正提高上去，软件测试工程师就必须在需求分析阶段介入到项目中，这样才可以最小的代价来发现和修复软件缺陷。

软件测试工程师在需求分析阶段的主要工作有需求分析、评估大约工作量、评估软件测试风险及可行性、接受或拒绝需求分析中的功能。

需求分析是理解用户需求，就软件功能与客户达成一致，估计软件风险和评估项目代价，最终形成开发计划的一个复杂过程。作为一名软件测试工程师，只有真正理解用户的需求才能最大可能地按照客户的要求来测试产品。一般来说，很多需求来自于对软件程序不是很了解的客户，他们不是很清楚计算机到底能够做些什么、更擅长做什么，所以提出来的需求对软件开发、测试工程师来说显得不是很清晰。作为软件测试工程师，有必要与开发者一起将客户的功能需求语言转换成计算机语言，然后评估在当前技术条件下能否实现该需求。

在了解软件需求以后的另一个重要工作，就是评估该需求所需要的大概工作量。一般来讲，产品经理将软件需求提出来以后，是希望尽早地实现该需求，以达到占领市场的目的，所以软件测试工程师必须对需求分析做工作量评估，评估该软件功能测试所需的时间，再将这个时间和软件开发工程师所需的时间进行统计和合并，以此来估算整个软件所需的时间。把整个软件所需的时间和产品经理要求的时间进行对比，如果所需的时间比市场经理要求的时间长很多，则有必要和产品经理就时间问题进行商量，最终达成一致结果。

在完成产品的需求分析后，如果有部分功能在当前技术条件下无法实现或很难实现，则需要和产品经理沟通，讨论是否将该功能从当前的版本中删除；如果评估的工作量比实际所需时间长，而且大于市场能够接受的范围，则有必要和产品经理就暂时不急需的功能从当前版本中删除。这称为接受或拒绝需求分析中的功能。

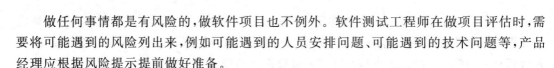

做任何事情都是有风险的,做软件项目也不例外。软件测试工程师在做项目评估时,需要将可能遇到的风险列出来,例如可能遇到的人员安排问题、可能遇到的技术问题等,产品经理应根据风险提示提前做好准备。

3. 测试人员在软件设计阶段的工作职责和策略

软件设计是软件开发过程中一个非常重要的环节,如果该环节出现了问题,轻者对于一些边界问题无法修复,重者导致软件开发过程失败或开发出来的软件无法扩展。

所以作为对质量负责的软件测试工程师,很有必要在该阶段介入到项目中。软件测试工程师在软件设计阶段的主要工作有了解设计模型、评估设计模型的风险及对设计提出建议等。同时,测试负责人应进行测试计划的编写。

了解设计模型、评估设计模型风险阶段主要应注意以下几点:

(1)稳定性。稳定性可以降低在版本更新时扩展系统功能的重复使用,并减少实施过程的总成本。它巩固了开发团队的基础,使其专注于开发更大价值的特性,而并非浪费精力关注在经常变更的问题上。对于良好的系统架构,会使测试设计更稳定,减少因变更带来的测试工作量。

(2)变更的度和性质。架构决定系统中发生变更的性质。有些变更很容易被察觉,而有一些变更则很难被察觉。为吸引更多客户而需要提高客户满意度或增加功能时,如果能够简单实现预期的变更,那么这种架构通常被认为是好的。系统的功能需求变更使系统受影响的部分最小,避免大量的回归测试。

(3)社会架构。优秀的架构为创建它的团队而工作。它可以平衡团队内部的个体在实力和能力上存在的差异,而且可以弥补各自的弱点。例如,团队对 C++ 的内存管理经常使用不当,而如果使用 Java、Perl 或 C♯ 等系统自动进行内存管理的开发语言,则可以减少这方面的问题;那么测试人员在测试中,对于内存方面的测试则可以考虑得较少一些;这对招募测试团队人员的技能,以及测试团队内部人员的自我提高也产生了一定的影响。

(4)边界的决定。在架构的设计过程中,团队就哪些应该被加入到系统中,哪些不应该被加入到系统中做出决定。例如,是团队自己写数据库访问层,还是购买许可?是团队使用开源的 Web 服务器还是购买许可?哪些团队应该负责用户界面的设计?成功的解决方案确实能够创建技术边界来支持业务的特殊需求,这些边界选择可直接影响测试,如服务器监控、服务器性能参数调优等。

(5)可持续的、不可替代的优势。这一点可以概括前面的几点,但是一个好的架构能够使系统在市场竞争中由于难被复制而占据优势地位。例如,在性能和易用性方面获得优势。这对于测试来说,可以减少缺陷,性能易于达到目标而减少系统调整后反复测试的过程。

在设计阶段可采用以下的方法:

(1)逻辑视图。它提供了系统开发中对象间或实体间相互关系的静态快照。这种视图实际上可能有两个或更多的表现层:一个是概念模型;另一个是数据库模式中模型的实现。现在数据库架构师经常使用 PowerDesigner 描述实体的逻辑关系,所以需要测试工程师学会查看数据库实体描述,从而了解系统中的数据库设计,例如关键字、索引、表实体之间的关系等。

(2)过程视图。过程视图描述设计的并发性和同步性因素。通过了解过程视图,从而会了解系统中各个模块之间的时间、空间关系。原来的结构化编程中经常用流程图来表示,而现在面向对象的编程经常用一些建模工具描述对象实体。例如，架构工程师经常使用Rose等建模工具，建立实体的序列图、状态图等来描述过程。而测试工程师应该学会看懂序列图或状态图等。

（3）物理视图。物理视图描述软件到硬件的映射，其中包括实现高可用性、可靠性、容错性和性能等目标的处理部件的分布情况。常用Rose部署图来描述物理视图，也可以使用Visio等绘图工具绘制系统架构图来描述。

（4）开发视图。开发视图描述软件在开发环境中的静态组织结构。研发团队通常用Rose等建模工具绘制实体关系图，描述各个实体之间的静态关系。

了解了系统的架构之后，对于测试团队来说，就应该开始相应的准备工作，包括招聘具有相应技能的测试人员，针对特定的结构采取相应的测试设计。例如，对于Java EE架构，则要考虑如何集成测试，采用何种集成策略。对于性能测试，需要考虑设计一些性能相关的测试用例。例如，研发者采用WebLogic作为应用服务器，则要考虑该服务器哪些配置参数会影响系统的性能。物理架构中具有中间件服务器时，则应考虑对中间件服务器如何测试。

总之，了解一些软件系统架构对于测试人员尤其是测试管理人员是非常必要的。

4．测试人员在软件代码编写阶段的工作职责和策略

软件测试工程师在软件设计阶段的主要工作有单元测试、测试用例编写、接受或拒绝代码完成报告、接受或拒绝代码冻结报告、自动化测试脚本设计。

在该阶段主要是注重测试用例的编写。一般情况下单元测试由开发者自己完成，而测试人员只需要提供相应的测试用例、自动化测试脚本给开发人员就可以了。关于测试用例的具体设计，将在测试用例设计章节给予详细说明。

5．测试人员在软件测试阶段的工作职责和策略

软件测试工程师在软件测试阶段的主要工作有进行软件测试、更新测试用例、跟踪处理缺陷、测试负责人发布质量报告、进一步设计和修改自动化测试脚本。

软件测试阶段是测试人员主要的工作阶段，这一阶段进行的测试主要包括集成测试、确认测试以及系统测试。关于各个测试方法和细节将在不同章节中给出详细的方法介绍和实例，这里不再详述。

在测试过程中一般是按照测试用例进行的，但是测试基本上只能保证一些常用的功能正常工作，而无法保证一些异常和特殊，以及一些看起来风马牛不相及的测试用例的正常工作，所以还需要做一些"自由测试"来发现更多的缺陷。在这一过程中难免会发现测试用例中的一些问题。一般情况下，当发现一个新的缺陷，而没有相应的测试用例来覆盖时，就需要加上相应的测试用例，所以更新测试用例是不可避免的。如果测试阶段测试用例没有被更新，一般来说可能是测试用例写得很完美，也可能是测试不够充分。

对于跟踪处理缺陷，主要是根据项目的不同，处理方式也不同，如果是一个全新的项目，那么可以按照图8-3的方式来处理。

6．测试人员在软件维护阶段的工作职责和策略

软件测试工程师在软件维护阶段的主要工作有帮助客户做验收测试，处理客户发现的问题，进行测试用例的重新整合。

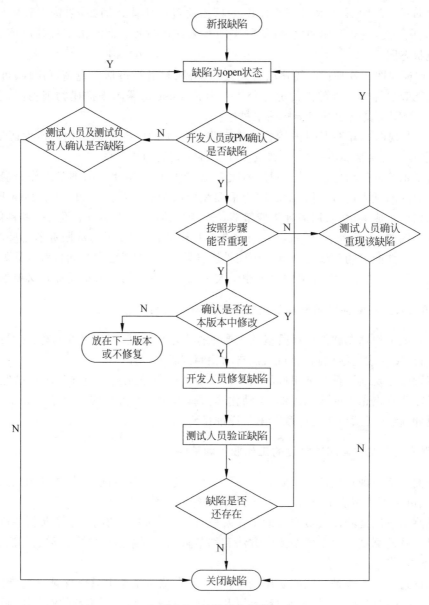

图 8-3　缺陷生命周期

在这一阶段的重要工作是帮助客户做好验收测试,关于验收测试的具体内容在验收测试部分有详细说明。另一个工作是处理客户发现的问题。常言道,顾客是上帝,所以对待客户发现的问题一定要高度重视。首先,分析是否是测试习惯的问题,比如没有从客户的角度来考虑问题;其次,分析哪些问题是客户真正关注的部分,有时会发现,投入了很多精力去做的地方却不是客户需要的东西;最后,要找出为什么自己在前期测试时没有发现这样的问题,可以用 3W(问题是什么,根本原因是什么,如何解决)的方式来解决问题。在这一阶段还有一件比较重要的事情就是更新测试用例。一般来说,经过整个软件周期以后,发现很多测试用例在设计时没有考虑到。此外,在测试过程中也添加了不少新的测试用例,在软件维护阶段,就可以去考虑对测试用例进行更新、重组,另外还要继续考虑是否还有遗漏需要补充。

【专家点评】

软件周期分成不同的阶段,不同阶段的工作重点和策略是不同的,软件测试工程师要认清自己的职责和工作重点是什么,那就是软件测试。发现更多的软件缺陷是测试工程师的天职。

8.2 如何报告所发现的缺陷

【学习目标】

掌握如何准确、清晰地报告缺陷,以及报告缺陷的格式。

【知识重点】

报告缺陷之前需要做哪些准备工作,了解缺陷的基本属性和如何正确地描述缺陷。

当测试工程师在测试过程中发现了软件的缺陷(Bug)之后,如何来报告它呢?下面以"大学学籍管理系统"中的一个缺陷为实例,介绍如何报告缺陷。

在"大学学籍管理系统"中的学生学号应该是数值型的,不能输入非数字型字符。在测试时,试着输入一些字符,它能够输入,虽然最终不能保存,但它也是代码中的错误。根据这些分析,报告出表 8-1 所示的缺陷。

表 8-1 缺陷示例

Bug 序号	♯4
Bug 标题	学生学号不能是非数字的字符
Bug 状态	激活(Active)
指派给	汪红兵
严重程度	2
优先级	1
Bug 类型	代码错误
如何发现	功能测试
操作系统	Windows XP
浏览器	IE 8
创建者	盛安平
创建日期	2009-7-19
创建 Build	V1.0
重现步骤	用户登录"大学学籍管理系统"; 单击"新建学生"链接,等待新建学生信息页面出现; 在学生学号里输入一些字符; 填上学生姓名、选择学生性别并填入学生籍贯,单击"新建"按钮

上面的缺陷信息可以直接填写在缺陷管理系统(BugFree)中,如图 8-4 所示。关于BugFree,请参见 8.8 节。

在报告缺陷时,需要注意下面的问题。

1. 确定软件缺陷的基本属性

在报告软件缺陷之前有必要了解软件缺陷的一些基本属性,然后确定一个缺陷的基本属性。

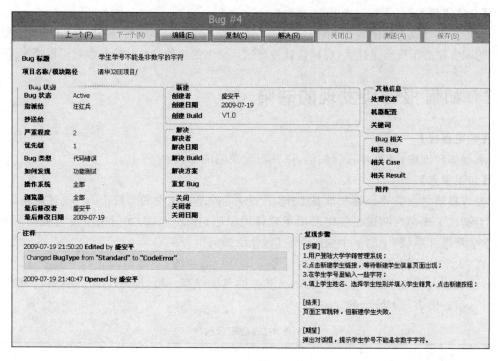

图 8-4　报告缺陷实例

软件缺陷的基本属性有缺陷标识(缺陷号)、缺陷类型、缺陷复现概率、缺陷优先级、缺陷状态和重现步骤等。

(1) 缺陷标识。缺陷标识用于辨识一个软件缺陷的唯一标识符,可以应用数字序号的方式来表示。一般地,如果应用软件缺陷管理系列来管理缺陷,当报告一个新的缺陷时会自动生成唯一的标识符,而对于不用缺陷管理系统的测试人员,就要特别注意这一点,一般在同一个软件开发周期内是不能重复应用缺陷标识的。

(2) 缺陷类型。缺陷类型可以帮助开发人员更好地了解软件缺陷和找到缺陷问题根源的一个属性,也是将缺陷分给不同开发人员的一个快捷判断方式。缺陷类型一般可以分为功能性、代码错误、用户界面、文档、软件包、性能、安全性及系统接口几个种类。本例为功能性下的代码错误导致的缺陷。

(3) 缺陷严重程度。缺陷严重程度是开发人员判断是否修复该缺陷的一个重要依据。对于一些重要功能不能正常工作的问题,必须在一定的时间内修复,以保证大家的测试时间和效率,这样的问题报出来的缺陷级别要高些。本例为二级缺陷。

2．确定缺陷基本描述

在报缺陷之前先将缺陷的摘要(Summary)提炼出来,形成缺陷的重现步骤,缺陷的摘要要简单明了、便于理解,让其他人员看到缺陷的摘要就知道是怎么一回事,好的摘要甚至于不需要看缺陷的详细步骤就能知道讲的是什么内容。本例中用了学生学号加上非数字时,添加失败并无任何提示作为缺陷标题,让开发工程师看了就知道是怎么样的一个缺陷。

缺陷描述还包括前置条件,这些一般要求软件在特定的条件下,如系统环境、浏览器环境、是否登录以及可能是一些特定的计算机等,这些前置条件有助于开发人员更准确地复现该缺陷,以便能尽快修复它。

缺陷描述的步骤是非常重要的,它告诉相关人员如何按照步骤来复现该缺陷,在步骤中不要将无关的步骤放进去,这样可以更准确地帮助开发人员定位缺陷以修复缺陷。

对于一些建议和在需求文档中没有提及的用例,最好将建议也附上并加上建议的原因和理由,对于预期结果和实际结果也列出,以帮助不熟悉的人更好地了解软件功能。

3. 确定缺陷相关信息

很多缺陷是不容易说明的,特别是软件程序界面上的缺陷,附上相关屏幕截图就能让开发工程师更直观地看明白这个问题。对于一些不容易复现或出现概率很低的缺陷,用有关的工具抓取相关日志是非常必要的。

4. 报告发现的缺陷

当上面所有信息都准备好以后,就可以报告发现的缺陷了。

【专家点评】

软件缺陷是报告出来给别人看的,你的描述别人能看懂吗?开发工程师需要的一些常用的可以帮助分析缺陷原因的日志文件或图片,你附上了吗?要想完全肯定地回答这些问题,是需要一定的锻炼和经验积累的。

8.3 如何尽早尽多地报告缺陷

对于软件项目来说,能尽早地发现问题是最理想的。因为问题早点被发现,开发工程师就有足够的时间去解决这个问题,如果涉及架构上的问题,也能及早调整。为了尽早更多地发现问题,需要注意以下几点:

(1) 仔细阅读产品规格说明书,了解详细的功能需求,确保没有功能遗漏。

(2) 充分地考虑测试平台和测试环境的需求。同样的功能在不同的平台或浏览器上,使用结果可能是不一样的。

(3) 参加开发人员软件设计会议,从开发的角度了解有哪些需求和可能存在的问题。

(4) 利用边界值测试,边界值在测试中很容易被忽视。

8.4 发现缺陷的基本方法

【学习目标】

掌握在实际工作中,通过哪些方式方法可以发现更多的缺陷。

【知识重点】

通过设计软件流程图、阅读别人报告的缺陷、查看脚本代码等方式去发现更多的缺陷。

1. 设计软件流程图

在软件开始测试之前,设计软件流程图可以很好地帮助理解测试范围和测试角度,同时在设计流程图的过程中,可以对软件产品有更深层次的了解。以"大学学籍管理系统"中的

"用户登录"为例,设计出软件流程图,如图 8-5 所示。

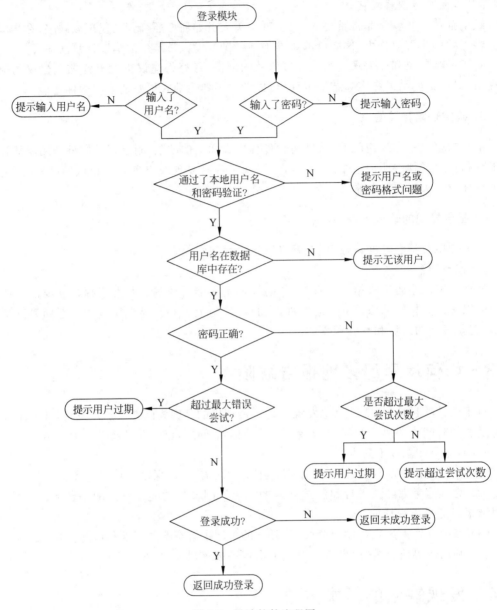

图 8-5　设计软件流程图

　　上面只是给出了一个简单的用户登录流程图,在实际设计中该过程还可以细化,例如检查是否输入了用户名的一步还可以细化成对用户名的长度检查、对用户名的字符串是否含有不支持格式的检查、是否含有不安全字符的检查等。通过设计这样的流程图,基本上可以达到对软件真正的理解,也就容易发现更多的软件缺陷。

2. 阅读别人报的缺陷

　　阅读别人报的缺陷是发现和开阔自己视野的一个很好的方法。在测试中,由于自己思维的定向作用,测试一段时间后,就觉得找不到缺陷了,但是看了别人报的缺陷之后,从中受到启发,又可以发现新的缺陷了。例如阅读图 8-6 所示的缺陷:"当输入学生的成绩不正确时,提示错误",就可以根据它发现其他的缺陷。

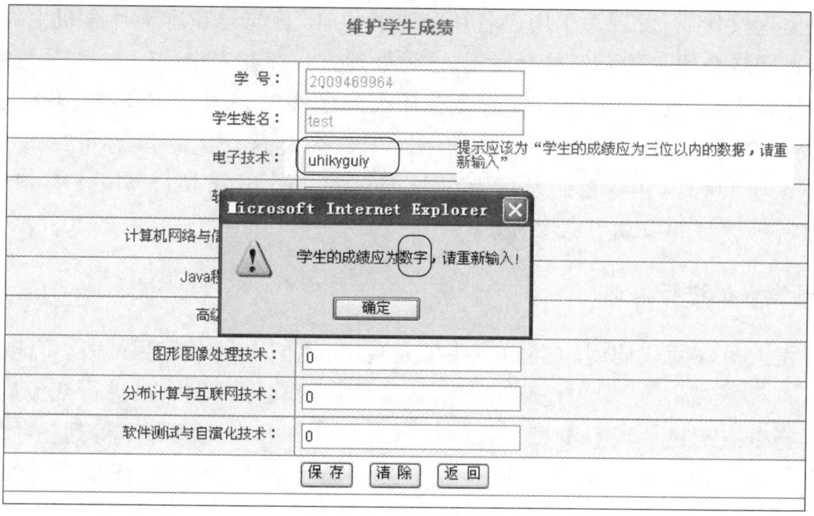

图 8-6　缺陷示例

当阅读了上面的缺陷后,就可以思考一下,学生的成绩应为数字,那么如果这个数字太大,结果会怎么样呢? 尝试输入一个长些的数据如 99999999999999999999,发现存在另一个缺陷,不过和刚刚的缺陷有一些不同,这个缺陷是:"当输入学生成绩太大时没有提示,而且添加学生成绩也不成功"。再次拓展思维,这里的学生成绩真的要是整数吗? 小数可以吗? 在正常的考试中,分数是可以为小数的,于是输入小数看看,发现根本不识别小数,将小数当做字符来处理了,因此又发现另一个缺陷:"当输入学生成绩为小数时,未出现学生成绩输入有误的提示,而且成绩成功保存"。

类似的情况还比较多,这里就不再列举了,可以在测试中慢慢地去思考。

3. 阅读开发人员写的代码

阅读开发人员写的代码,能够很好地帮助理解设计思路,通过设计思路去找问题。
先看用户登录中一个关于用户名和密码的函数:

```
function checkname(){
    if (document.form1.userName.value.length == 0) {
        alert("请输入您的用户名.");
        document.form1.userName.focus();
    }else if((document.form1.userName.value.length) < 5 || (document.form1.userName.
value.length) >20){
        window.alert("用户名长度不合适,应在 5～20 位之间");
        document.form1.userName.focus();
    }else if((document.form1.passWord.value.length) == 0 || (document.form1.passWord.
value.length) <6){
        window.alert("密码不能为空,并至少是 6 位!");
    }else{
```

155

```
              form1.submit();
          }
      }
```

通过查看这段代码,发现关于用户名和密码的检查,首先是在本地计算机上做一次判断,这样数据通过网络会快一些。但是会发现,这种处理方式存在安全的问题,如果用数据流工具直接向数据库发送超过这个条件的数据会有什么问题呢? 正常情况下,如果数据库没有做过保护,将导致整个系统瘫痪。例如,发送一个用户名是这样的一段语句"select username from user where 1=1",并将密码发送为"select password from user where 1=1",很可能就将用户名和密码破解并成功登录系统。

4. 与开发人员进行沟通

软件开发人员在写代码时也会做一些单元测试,他们在做单元测试时,可能会觉得有些模块质量不是很好,需要更深入地测试。测试工程师跟软件开发人员进行交流后,就可以对这些模块进行重点测试。而且测试工程师还可以从软件开发人员那里得到一些关于测试的建议。经常跟软件开发人员保持沟通,他们更改了哪些地方的代码,测试人员知道后,就可以有针对地做一些 Regression 测试。

5. 从产品运行环境方面去找缺陷

测试工程师在进行软件测试时,所使用的运行环境,包括操作系统、服务器环境等都是经过合理配置的,在这样的环境里测试可能已经找不到问题了,但客户那里的运行环境是千差万别的。比如使用的操作系统,有的是 Windows XP,有的是 Windows NT,有的是 Windows 2000 等,浏览器有 IE、Firefox、Safari 或者 Chrome 等,而且同一个类型的,版本也不一样,那么测试的软件产品能否在这些环境里都正常支持呢? 理论分析是没有用的,只有在这些环境里测试过了才知道真实的结果。所以测试过程中,还要考虑运行环境的测试用例,把运行环境方面存在的问题都找出来。

6. 从客户角度考虑问题

我们做的软件产品最终是要给客户使用的,如果测试没有问题,也觉得好用了,但到了客户那里,他们觉得不好用,这个产品还是不能通过。仍以"大学学籍管理系统"中的"用户登录"页面为例,当用户输入正确的用户名和密码后,是比较习惯按 Enter 键来登录系统的,但是我们的系统支持吗? 尝试后发现它不支持直接按 Enter 键,于是可以报这样的缺陷:"正确输入用户名和密码以后按 Enter 键应该能够登录系统"。

7. 从产品安全角度去找缺陷

开发出来的软件产品,特别是 Web 应用程序,安全问题特别重要。假设客户使用软件一段时间后,存入了大量的数据信息,由于软件产品安全性能不好,被别人攻击了,大量数据被毁,试想出现这样的问题,客户损失该多大;客户对使用的软件,以及开发这个软件的公司会有什么样的看法。所以在软件测试中,一定要多考虑安全性能,多从安全角度去设计一些测试用例,把有安全隐患的缺陷都报出来。

8. 从产品国际化角度去找缺陷

随着全球经济一体化,客户在使用软件产品时,不一定只在一个国家内使用,可能不同国家的分支机构都要使用,这时就要考虑被测试的软件产品是否适应不同国家和地区的使用,由于不同国家的时区以及操作系统的不同,使用软件时遇到的情况也可能不一样,所以在软件测试时要尽量模拟相应的测试环境。另外,在不同国家使用时还要考虑软件能否支持本地化功能,让不同语言的用户都可以顺利、方便地使用。

8.4.1 通过逻辑覆盖法发现的缺陷

在对"大学学籍管理系统"的原代码使用逻辑覆盖法测试 public class LoginAction extends Action( )时,发现了表 8-2 所示的一个缺陷。原来源代码中的 userName. equals(SecurityUtil. SCH_USERNAME) && passWord. equals(SecurityUtil. SCH_PSW)在早期的版本中被写成了 userName. equals(SecurityUtil. SCH_USERNAME) || passWord. equals(SecurityUtil. SCH_PSW)。

表 8-2 逻辑覆盖法发现的缺陷

Bug 标号	1001	
Bug 标题	当 passWord =! SecurityUtil. SCH _ PSW 时,应当 request. setAttribute("loginError","1") 和 return mapping. findForward("login");	
Bug 状态	Closed	
指派给	×××	
抄送给	×××	
严重程度	2	
优先级	1	
Bug 类型	标准规范	
如何发现	白盒单元测试	
操作系统	全部	
浏览器	全部	
创建 Build	V1.0	
重现步骤	步骤	输入 userName=Admin,passWord=123; 执行 class LoginAction
	结果	request. getSession(). setAttribute("isCorrectUserTicket","1"); return mapping. findForward("success")
	期望	request. setAttribute("loginError","1"); return mapping. findForward("login")

8.4.2 通过路径覆盖法发现的缺陷

在对"大学学籍管理系统"的源代码使用路径覆盖法测试 public class LoginAction extends Action( ) 时,发现了表 8-3 所示的一个缺陷。在最初版本的源代码中缺少下面的语句:

```
else
    {
        request.setAttribute("loginError","1");
        return mapping.findForward("login");
    }
```

表 8-3 路径覆盖法发现的缺陷

Bug 标号	1002	
Bug 标题	当 userName＝SecurityUtil. SCH_USERNAME 或者 passWord！＝SecurityUtil. SCH_PSW 时,应该 request. setAttribute("loginError","1") 和 return mapping. findForward("login");	
Bug 状态	Closed	
指派给	×××	
抄送给	×××	
严重程度	2	
优先级	1	
Bug 类型	标准规范	
如何发现	白盒单元测试	
操作系统	全部	
浏览器	全部	
创建 Build	V1.0	
重现步骤	步骤	输入 Username ＝abc,passWord＝123456；执行 class LoginAction
	结果	没有返回值
	期望	request. setAttribute("loginError","1")；return mapping. findForward("login")

8.4.3 通过等价类划分法发现的缺陷

在 6.2.1 节"等价类划分法设计案例"中对"大学学籍管理系统"中的"学生成绩管理"模块进行测试时,使用了等价类划分法的测试用例,并且发现表 8-4 所示的一个缺陷。

表 8-4 等价类划分法发现的缺陷

Bug 标号	1003
Bug 标题	学生成绩应该大于等于 0 分,小于等于 100 分
Bug 状态	Active
指派给	×××
抄送给	×××
严重程度	2
优先级	1
Bug 类型	标准规范
如何发现	功能测试
操作系统	全部
浏览器	全部
创建 Build	V1.0

续表

重现步骤	步骤	在"学生基本信息管理"里,选择某个学生; 单击"维护学生成绩"按钮; 在"维护学生成绩"窗口输入学生成绩; 输入超过 100 分的成绩,如用例中列的 400 分; 输入小于 0 分的成绩,如−50
	结果	大于 100 分和小于 0 分的成绩能输入,而且可以保存,如图 8-7 所示
	期望	大于 100 分或者小于 0 分的成绩不能输入
注释		按课程分数规定,每门课成绩应该是大于等于 0 分,小于等于 100 分

	学号	姓名	电子技术	软件工程	计算机网络与信息安全	Java程序设计	高级数据库	图形图像处理技术	分布计算与互联网技术	软件测试与自演化技术	总 分
☐	2009135930	王华	82	80	88	92	56	95	79	66	638
☐	2009238685	李平	100	77	−50	400	97	60	88	0	772
☐	2009374362	王海文	92	75	−60	78	99	100	89	80	553

图 8-7 等价类划分法发现的缺陷

8.4.4 通过边界值法发现的缺陷

在 6.2.2 节"边界值分析法设计案例"中介绍了如何通过边界值法设计测试用例,并且使用边界值法设计的测试用例发现了"大学学籍管理系统"中的缺陷。详细的缺陷信息如表 8-5 和表 8-6 所示。

表 8-5 边界值法发现的缺陷 1

Bug 标号	1004
Bug 标题	学生成绩不能为负数,而且不能超过 100 分
Bug 状态	Active
指派给	×××
抄送给	×××
严重程度	2
优先级	1
Bug 类型	标准规范
如何发现	集成测试
操作系统	全部
浏览器	全部
创建 Build	V1.0
重现步骤	步骤	打开"维护学生成绩"窗口,输入学生成绩; 输入边界值"−1"分; 输入边界值"101"分
	结果	101 分和−1 分的成绩能输入,而且可以保存,如图 8-8 所示
	期望	大于 100 分或小于 0 分的成绩不能输入

学号	姓名	电子技术	软件工程	计算机网络与信息安全	Java程序设计	高级数据库	图形图像处理技术	分布计算与互联网技术	软件测试与自演化技术	总 分
2009135930	王华	82	80	88	92	56	95	79	66	638
2009238685	李平	100	77	−50	400	97	60	88	0	772
2009374362	里薄义	92	75	−60	78	99	100	89	80	553
2009909931	王红	100	90	−1	101	70	0	80	77	517

图 8-8　学生成绩不能为负数

表 8-6　边界值法发现的缺陷 2

Bug 标号	1005	
Bug 标题	学生学号必须是 10 位	
Bug 状态	Active	
指派给	×××	
抄送给	×××	
严重程度	2	
优先级	1	
Bug 类型	标准规范	
如何发现	需求测试	
操作系统	全部	
浏览器	全部	
创建 Build	V1.0	
重现步骤	步骤	打开"添加新学生"窗口； 在"学号"栏中输入 11 位数字
	结果	能输入 11 位数，如图 8-9 所示
	期望	学生学号不能超过 10 位数

学号	姓名	性别	籍贯	身份证号	邮政编码
2009135930	王华	男	北京		wanghua@gmail.com
2009238685	李平	男	bb		

图 8-9　学生学号不能超过 10 位

8.4.5　通过因果图法发现的缺陷

在 6.2.3 节"因果图法设计案例"中介绍了如何通过因果图法设计测试用例，并且使用因果图法设计的测试用例发现了"大学学籍管理系统"中的缺陷。详细的缺陷信息如表 8-7和表 8-8 所示。

表 8-7 因果图法发现的缺陷 1

Bug 标号	1006		
Bug 标题	如果学生成绩按负数查询,应该有提示信息		
Bug 状态	Active		
指派给	×××		
抄送给	×××		
严重程度	3		
优先级	2		
Bug 类型	代码错误		
如何发现	集成测试		
操作系统	Windows XP		
浏览器	IE 7.0		
创建 Build	V1.0		
重现步骤	步骤	打开"学生成绩查询"页面; 选取"按成绩查询"选项; 在输入栏中输入-10; 单击"查询"按钮	
	结果	没有任何提示信息,而且能查询	
	期望	应该有提示信息:"成绩不能按负数查询"	

表 8-8 因果图法发现的缺陷 2

Bug 标号	1007		
Bug 标题	学生名次不能按负数或小数查询		
Bug 状态	Active		
指派给	×××		
抄送给	×××		
严重程度	2		
优先级	2		
Bug 类型	代码错误		
如何发现	功能测试		
操作系统	Windows XP		
浏览器	IE 7.0		
创建 Build	V1.0		
重现步骤	步骤	打开"学生成绩查询"页面; 选取"按名次查询"选项; 在输入栏中输入 0.5 或-1; 单击"查询"按钮	
	结果	没有任何提示信息,而且能查询	
	期望	应该有提示信息:"名次不能按负数/小数查询"	

8.4.6　通过错误推测法发现的缺陷

在 6.2.4 节"错误推测法设计案例"中介绍了如何通过错误推测法设计测试用例,并且使用错误推测法设计的测试用例发现了"大学学籍管理系统"中的缺陷。详细的缺陷信息如表 8-9 所示。

表 8-9　错误推测法发现的缺陷

Bug 标号	10010	
Bug 标题	在"性别"栏里使用"退格键"不应退到上个页面	
Bug 状态	Active	
指派给	×××	
抄送给	×××	
严重程度	2	
优先级	1	
Bug 类型	代码错误	
如何发现	功能测试	
操作系统	Windows XP	
浏览器	IE 7.0	
创建 Build	V1.0	
重现步骤	步骤	打开"添加新学生"页面; 输入"学号"、"姓名"、"邮政编码"和"电子邮件"等信息; 光标定位到"性别"栏,按"退格键"
	结果	系统自动返回到上个页面,如图 8-10 所示
	期望	没有任何反应,只有上下键可以选择性别

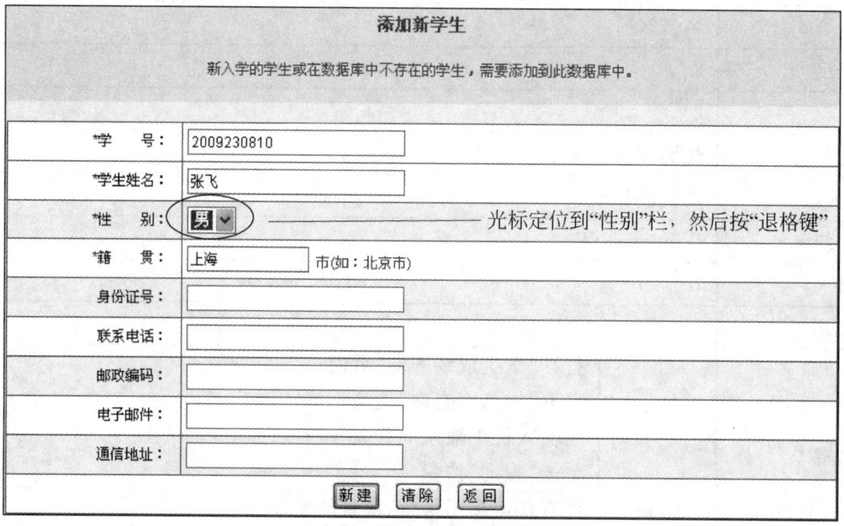

图 8-10　错误推测法发现的缺陷

8.4.7 通过功能图法发现的缺陷

在 6.2.5 节"功能图法设计案例"中介绍了如何通过功能图法设计测试用例,并且使用功能图法设计的测试用例发现了"大学学籍管理系统"中的缺陷。详细的缺陷信息如表 8-10 所示。

表 8-10 功能图法发现的缺陷

Bug 标号	10011	
Bug 标题	当密码不正确时,登录页面不应该自动关闭	
Bug 状态	Resolved	
指派给	×××	
抄送给	×××	
严重程度	2	
优先级	1	
Bug 类型	代码错误	
如何发现	随机测试	
操作系统	Windows XP	
浏览器	IE 7.0	
创建 Build	V1.0	
重现步骤	步骤	打开"大学学籍管理系统"主页面,并转换到"用户登录"窗口; 输入正确的用户名,然后输入一个错误的密码; 单击"登录"按钮
	结果	用户登录页面自动关闭
	期望	应该提示重新输入密码
注释	这个缺陷已经在新的包里解决了	

8.4.8 通过综合法发现的缺陷

在 6.2.6 节"综合法设计案例"中介绍了如何通过综合法设计测试用例,并且使用综合法设计的测试用例发现了"大学学籍管理系统"中的缺陷。详细的缺陷信息如表 8-11 所示。

表 8-11 综合法发现的缺陷

Bug 标号	1008
Bug 标题	邮政编码和电子邮件显示不正确
Bug 状态	Active
指派给	×××
抄送给	×××
严重程度	2
优先级	1
Bug 类型	代码错误
如何发现	功能测试
操作系统	Windows XP
浏览器	IE 7.0
创建 Build	V1.0

续表

重现步骤	步骤	打开"添加新学生"页面； 输入"学号"、"姓名"、"性别"、"邮政编码"和"电子邮件"等信息； 单击"新建"按钮，保存输入信息； 打开"学生信息 览表"，查看显示的信息和输入的是否相符
	结果	邮政编码信息显示在"电子邮件"列，而电子邮件的内容显示在"邮政编码"列，如图 8-11 所示
	期望	所有显示的信息应和输入的信息相符

学籍管理首页 | 新建学生 | 学生基本信息管理 | 学生一览表 | 学生基本信息查询 | 学生成绩管理 | 学生成绩一览表 | 学生成绩查询 | 退出系统

学生信息一览表

学号	姓名	性别	籍贯	身份证号	邮政编码	电子邮件	通信地址
2009	邓忠	男	河北		dengzhong@gmail.com	230088	
2009318614	郭奕	男	湖南		guoyi@gmail.com	150068	
20093685ab	刘晔	男	天津		liuye@hotmail.com	420487	

图 8-11　综合法发现的缺陷

8.4.9　通过异常法测试发现的缺陷

在 6.2.7 节"异常测试法设计案例"中介绍了如何通过异常法设计测试用例，并且使用异常法设计的测试用例发现了"大学学籍管理系统"中的缺陷。详细的缺陷信息如表 8-12 所示。

表 8-12　异常测试法发现的缺陷

Bug 标号	1009	
Bug 标题	学生学号不能是中文字符	
Bug 状态	Active	
指派给	×××	
抄送给	×××	
严重程度	1	
优先级	1	
Bug 类型	标准规范	
如何发现	随机测试	
操作系统	Windows XP	
浏览器	IE 7.0	
创建 Build	V1.0	
重现步骤	步骤	打开"添加新学生"页面； 输入"学号"、"姓名"、"性别"、"邮政编码"和"电子邮件"等信息，其中，学号输入中文字符，如"大学生"； 单击"新建"按钮，保存输入信息
	结果	系统进入一个例外页面，提示 HTTP Status 500 错误，如图 8-12 所示
	期望	不能保存，而且提示"学号不能为非数字字符"
注释	这是非常严重的错误，直接导致系统不能运行	

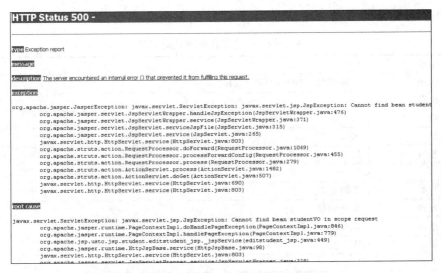

图 8-12 异常法测试发现的缺陷

8.4.10 通过压力/性能测试发现的缺陷

在 6.3 节"压力/性能测试设计案例"中介绍了如何为压力/性能测试设计测试用例,并且使用相应的测试用例发现"大学学籍管理系统"中的缺陷。详细的缺陷信息如表 8-13 所示。

表 8-13 压力/性能测试发现的缺陷

Bug 标号	1014	
Bug 标题	系统运行速度很慢	
Bug 状态	Active	
指派给	×××	
抄送给	×××	
严重程度	1	
优先级	1	
Bug 类型	标准规范	
如何发现	集成测试	
操作系统	Windows XP	
浏览器	IE 7.0	
创建 Build	V1.0	
重现步骤	步骤	用户登录; 单击"新建学生",或者单击其他的选项,如"学生成绩管理"
	结果	系统运行速度较慢,大约 12s
	期望	系统运行速度应该很快,反应速度小于 5s

8.4.11 通过安全性测试发现的缺陷

在 6.4 节"安全性测试"中介绍了如何为系统的安全性能设计测试用例,并且使用相应的测试用例发现"大学学籍管理系统"中的缺陷。详细的缺陷信息如表 8-14 所示。

表 8-14　安全性测试发现的缺陷

Bug 标号	1015	
Bug 标题	普通账号不能更改学生成绩	
Bug 状态	Closed	
指派给	×××	
抄送给	×××	
严重程度	1	
优先级	1	
Bug 类型	逻辑错误	
如何发现	安全测试	
操作系统	Windows XP	
浏览器	IE 7.0	
创建 Build	V1.0	
重现步骤	步骤	大学学籍管理系统中有个普通账号,这个账号只能查看学生信息和学生成绩,比如账号名为 test; 使用管理员账号 admin 登录,选择某个学生,打开"维护学生成绩"页面,如图 8-13 所示; 使用 HTTPWatch 查看添加学生的 link,如图 8-14 所示。找到维护学生成绩的这个 URL; 修改 URL 中的成绩,把所有的成绩都改成 100 分,如 http://localhost:8080/myapp/addGrade.do?&flag=update&from=gradeadmin&numDB=100&numDistributed=100&numElectron=100&numImage=100&numJava=100&numSecurity=100&numSoftware=100&numTest=100&stuID=2009325779 使用普通账号 test 登录,并且运行上面的 URL
	结果	学生成绩被成功修改,如图 8-15 所示
	期望	这个学生的成绩不能被修改,因为这个普通账号没有修改学生成绩的权限
注释	这是系统安全方面的缺陷,现在已经被修复	

图 8-13　维护学生成绩

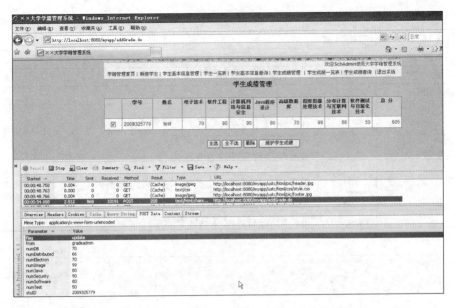

图 8-14 通过 HTTPWatch 查看学生成绩的链接

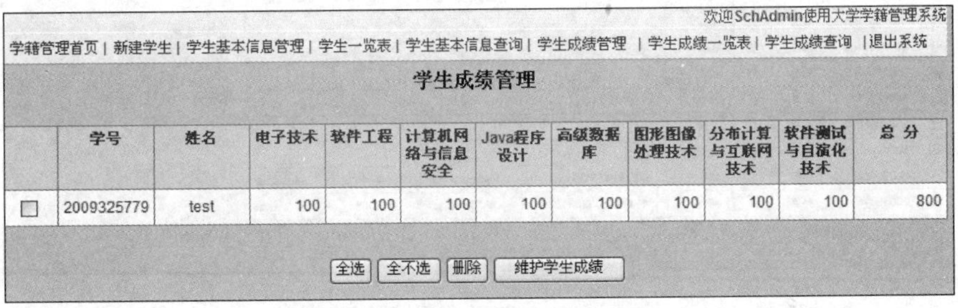

图 8-15 学生成绩管理

8.4.12 通过跨平台测试发现的缺陷

在 6.5.2 节"跨平台测试设计案例"中介绍了如何在跨平台测试中设计测试案例,并根据测试案例进行测试。在 Mac 平台上,对"大学学籍管理系统"的测试中发现了 UI 显示上的缺陷。详细的缺陷信息如表 8-15 所示。

表 8-15 跨平台测试发现的缺陷

Bug 标号	10012
Bug 标题	学生信息的内容在 Mac 平台上显示位置不正确
Bug 状态	Active
指派给	×××
抄送给	×××
严重程度	2
优先级	1
Bug 类型	界面优化

续表

如何发现	功能测试	
操作系统	Mac OSX	
浏览器	Safari 4.0.3	
创建 Build	V1.0	
重现步骤	步骤	在 Mac 平台上登录"大学学籍管理系统"; 切换到"学生信息管理"页面; 查看学生信息的内容显示
	结果	学生信息的内容显示位置不正确,内容偏向左边了,如图 8-16 所示
	期望	学生信息的内容可以正常显示
注释	这是非常严重的错误,直接导致系统不能运行	

图 8-16 跨平台测试结果

8.4.13 通过跨浏览器测试发现的缺陷

在 6.5.1 节"跨浏览器测试设计案例"中介绍了如何在跨浏览器测试中设计测试案例,并根据测试案例进行测试。当使用"大学学籍管理系统"在 Firefox 中测试时,发现了跟 IE 显示内容不一样的缺陷。详细的缺陷信息如表 8-16 所示。

表 8-16 跨浏览器测试发现的缺陷

Bug 标号	1009
Bug 标题	用户登录窗口显示不正确
Bug 状态	Active
指派给	×××
抄送给	×××
严重程度	2
优先级	1
Bug 类型	界面优化
如何发现	功能测试

续表

操作系统	Windows XP	
浏览器	Firefox 3.5	
创建 Build	V1.0	
重现步骤	步骤	在 Firefox 中打开"大学学籍管理系统"主页面； 检查"用户登录"窗口显示
	结果	"用户名"、"密码"和"登录"按钮的内容重叠在一起,如图 8-17 所示
	期望	用户登录窗口的内容可以正常显示
注释	这是非常严重的错误,直接导致系统不能运行	

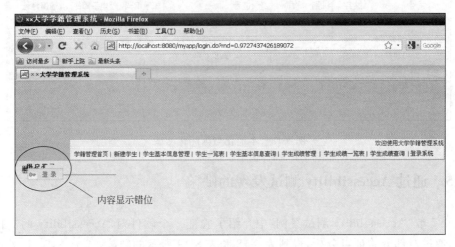

图 8-17 跨浏览器测试结果

8.4.14 通过本地化与国际化测试发现的缺陷

在 6.6 节"本地化测试与国际化测试"中介绍了如何在本地化与国际化测试中设计测试案例,并根据测试案例进行测试。当"大学学籍管理系统"翻译成日文时,发出了显示不全面的缺陷。详细的缺陷信息如表 8-17 所示。

表 8-17 本地化与国际化测试发现的缺陷

Bug 标号	1009
Bug 标题	当翻译成日文时,按钮上的字不能完全显示
Bug 状态	Closed
指派给	×××
抄送给	×××
严重程度	2
优先级	1
Bug 类型	代码错误
如何发现	本地化测试
操作系统	Windows XP

续表

浏览器	Firefox 3.5	
创建 Build	V1.0	
重现步骤	步骤	在日文操作系统中打开"大学学籍管理系统"页面； 切换到任意一个页面,如"学生信息管理"
	结果	"全选"和"全不选"按钮上的文字不能完全显示,如图 8-18 所示
	期望	这个页面上翻译成日文的地方应该显示正常
注释	这个问题已经被修复	

图 8-18　本地化与国际化测试

8.4.15　通过 Accessibility 测试发现的缺陷

在 6.7 节"Accessibility 测试案例"中介绍了验证一个软件对 Accessibility 的支持度及验证点,通过对部分验证点分析,得到表 8-18 和表 8-19 所示的缺陷。

表 8-18　通过 Accessibility 测试发现的缺陷 1

Bug 标号	1246	
Bug 标题	页面不能有效地支持用户输入	
Bug 状态	Active	
指派给	×××	
抄送给	×××	
严重程度	1	
优先级	1	
Bug 类型	易用性错误	
如何发现	Accessibility 测试	
操作系统	Windows XP	
浏览器	IE 7.0	
创建 Build	V1.0	
重现步骤	步骤	使用管理员账号 admin 登录,选择某个学生,打开"维护学生成绩"页面； 在"维护学生成绩"页面单击"电子技术"或"软件工程"等课程文字
	结果	单击前面的文字,光标不能自动进入对应的文本框,如图 8-19 所示
	期望	光标应自动进入其后面的文本框中,能方便地输入该学生的成绩

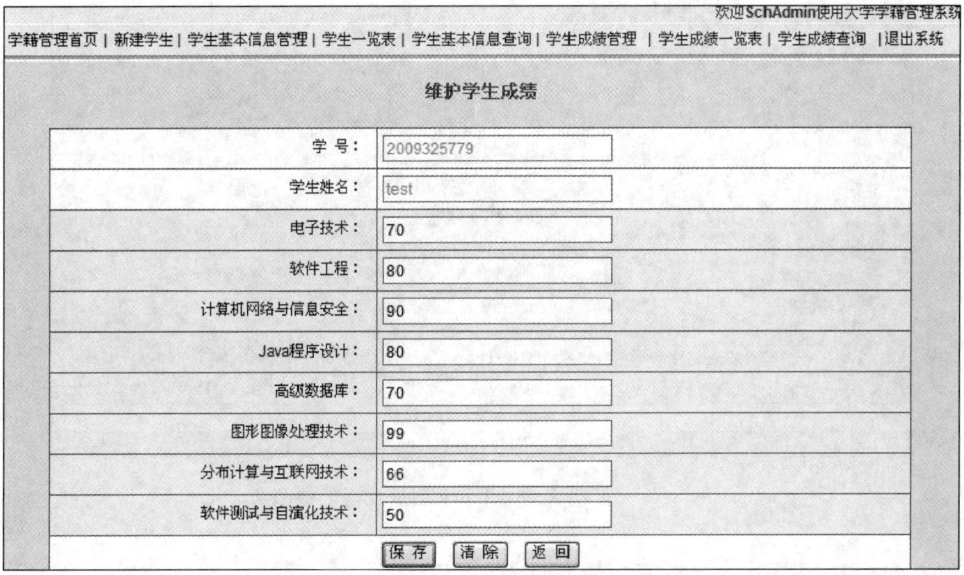

图 8-19　通过 Accessibility 测试发现的缺陷 1

表 8-19　通过 Accessibility 测试发现的缺陷 2

Bug 标号	1247	
Bug 标题	页面上图片没有相应的文字代替	
Bug 状态	Active	
指派给	×××	
抄送给	×××	
严重程度	1	
优先级	1	
Bug 类型	易用性错误	
如何发现	Accessibility 测试	
操作系统	Windows XP	
浏览器	IE 7.0	
创建 Build	V1.0	
重现步骤	步骤	在所有的页面中有页眉与页脚的图片； 用鼠标指向页眉或页脚的图片
	结果	当鼠标指向时没有图片对应的提示性文字,如图 8-20 所示
	期望	对于所有有意义的图片都要有可替代的文字,当鼠标指向时需要有提示性文字

【专家点评】

同一个项目,可能有不同的测试工程师同时在测试,为什么有的工程师可以发现很多问题,而有的工程师却找不到问题呢？问题的关键是寻找缺陷的技巧,如果按照上面介绍的方法,多角度、多方面地寻找缺陷,一定可以找到比别人更多的软件缺陷,如图 8-20 所示。

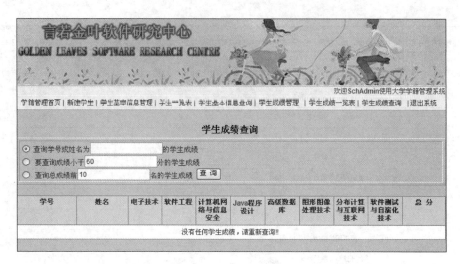

图 8-20 通过 Accessibility 测试发现的缺陷 2

8.5 如何让别人接受你报的缺陷

【学习目标】

掌握如何正确地报告你所发现的缺陷。

【知识要点】

所报告的缺陷不能被别人接受的原因是什么？缺陷不能被接受后会被设置成什么状态？如何处理不被别人接受的缺陷？

由于产品经理、开发人员和软件测试工程师的分工不同，他们对产品的不同认识，看待产品的不同角度以及不断变化的测试环境，经常会导致软件测试工程师所报的缺陷不被别人接受。为了能够尽量避免这种情况，首先来看看为什么会出现这种情况。

8.5.1 缺陷为什么不被接受

1. 所报缺陷自身的问题

（1）缺陷信息有误或信息不完整。比如有缺陷描述不清楚，前后逻辑不一致，使别人无法理解这个缺陷到底要表达什么意思；有的缺陷只出现在某一个特定的浏览器，比如Firefox，缺陷描述里没有提到，别人会以为在所有的浏览器都存在，从而导致别人按照步骤无法重现缺陷。又如，有的缺陷与服务器相关，但是没有提供必需的服务器日志文件，导致别人即使重现了缺陷也无法找到缺陷的根本原因。下面看一下"大学学籍管理系统"中的一个缺陷，如表 8-20 所示。

表 8-20 大学学籍管理系统中的缺陷

Bug 标号	＃851
Bug 标题	提示信息不正确
Bug 状态	激活（Active）

续表

	前提条件		
指派给	×××		
严重程度	2		
优先级	1		
Bug 类型	代码错误		
如何发现	功能测试		
操作系统	Windows XP SP2		
浏览器	IE 6		
创建者	×××		
创建日期	2009-7-19		
创建 Build	V1.0		
重现步骤	前提条件	创建一些学生信息	
	步骤	选择"学生基本信息管理"菜单； 选择一个学生，单击"维护学生成绩"按钮； 在"维护学生成绩"页面输入成绩； 单击"保存"按钮	
	结果	弹出不正确的提示信息	
	期望	弹出正确的提示信息	

表 8-20 所描述的缺陷缺少了输入数据的描写，究竟输入什么样的数据才会弹出缺陷提及的提示信息呢？另外，期望结果也不明确，没有说明具体的提示信息。

（2）缺陷是没有文档说明的需求。因为测试工程师是站在客户的角度测试产品，所以他们有时会报出一些客户可能会觉得是问题的缺陷。这些缺陷没有具体的需求文档，因而导致开发工程师不愿意接受这样的缺陷。例如，表 8-21 中的一个缺陷。

表 8-21 大学学籍管理系统中的缺陷

Bug 标号	♯852	
Bug 标题	在"学生信息管理"与"学生信息一览表"页面应能显示学生联系电话	
Bug 状态	激活（Active）	
指派给	×××	
严重程度	2	
优先级	1	
Bug 类型	代码错误	
如何发现	功能测试	
操作系统	Windows XP	
浏览器	IE 6	
创建者	×××	
创建日期	2009-7-19	
创建 Build	V1.0	
重现步骤	步骤	创建一些学生信息； 在"学生信息管理"与"学生信息一览表"页面查看学生信息
	结果	不能显示学生联系电话，如图 8-21 和图 8-22 所示
	期望	能够显示学生联系电话

图 8-21　学生信息管理

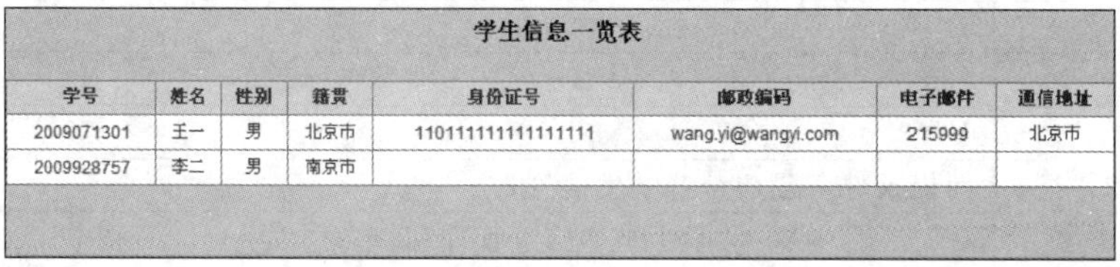

图 8-22　学生信息一览表

在"软件规格说明书"中没有定义"学生信息管理"页面和"学生信息一览表"页面需要显示"联系电话",也没有其他的文档说明。但是从客户的角度来看,能够显示"联系电话"的信息会更好。

(3) 缺陷是由于测试工程师的错误操作引起的。

2. 与缺陷的修改者理解不一致

由于缺陷修改者与测试工程师是站在不同角度看待产品,难免会对产品有不同的理解。例如表 8-22 所示的缺陷。

表 8-22　大学学籍管理系统中的缺陷

Bug 序号	♯853	
Bug 标题	"身份证号"、"联系电话"应为必填项	
Bug 状态	激活(Active)	
指派给	×××	
严重程度	2	
优先级	1	
Bug 类型	代码错误	
如何发现	功能测试	
操作系统	Windows XP	
浏览器	IE 6	
创建者	×××	
创建日期	2009-7-19	
创建 Build	V1.0	
重现步骤	步骤	登录"大学学籍管理系统"; 单击"新建学生"项,进入"添加新学生"页面; 查看该页面
	结果	"身份证号"、"联系电话"不是必填项,如图 8-23 所示
	期望	按照"数据库设计"文档,"身份证号"、"联系电话"应为必填项,如图 8-24 所示

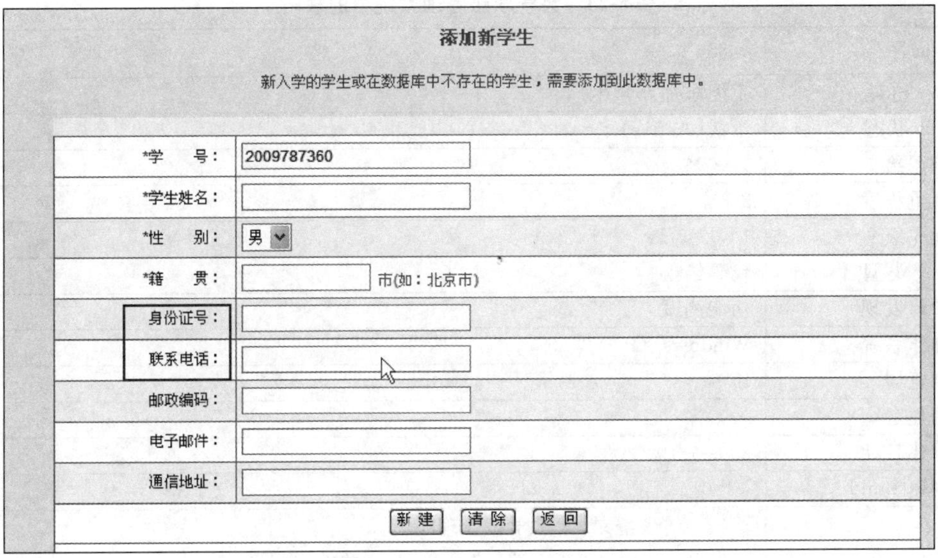

图 8-23　身份证号和联系电话可以为空

学生信息管理系统数据库设计

学生信息表(student)			说明：		
序号	字段名称	代码	类型	是否为空	说明
1	学号	STUID	VARCHAR(10)	Not null	
2	姓名	username	VARCHAR(64)	Not null	0 否/1 是
3	性别	gender	VARCHAR(64)	Not null	
4	身份证号	PID	VARCHAR(64)	Not null	
5	联系电话	phone	VARCHAR(64)	Not null	
6	邮政编码	postID	VARCHAR(64)	null	
7	电子邮件	email	VARCHAR(128)	null	
8	通信地址	address	VARCHAR(255)	null	
9	保留字段 1(int)	refnum1	int(10)	null	Int 型
10	保留字段 2(int)	refnum2	int(10)	null	Int 型
11	保留字段 1(str)	refstr1	VARCHAR(255)	null	VARCHAR
12	保留字段 2(str)	refstr2	VARCHAR(255)	null	VARCHAR
13	保留字段 1(date)	refdate1	DateTime	null	DateTime 型
14	保留字段 2(date)	refdate2	DateTime	null	DateTime 型
15	最后修改时间	lastmodifiedtime	DateTime	null	

图 8-24　身份证号和联系电话不能为空

3. 环境引起的缺陷不算缺陷

测试环境是执行软件测试的基础，软件测试必须在正确的环境下进行。然而，测试环境由于各种原因，经常会出现一些问题。对测试工程师来说，一旦配置环境的工程师说测试环境准备好了，他们就会认为环境是正确的，任何在该环境下测试出来的问题都是缺陷。但是事实上，有些缺陷却是因为环境的错误配置引起的，开发工程师当然不愿意接受这些缺陷。例如表 8-23 所示的缺陷。

表 8-23　大学学籍管理系统中的缺陷

Bug 序号	♯854	
Bug 标题	不能添加新学生	
Bug 状态	激活(Active)	
指派给	×××	
严重程度	2	
优先级	1	
Bug 类型	代码错误	
如何发现	功能测试	
操作系统	Windows XP	
浏览器	IE 6	
创建者	×××	
创建日期	2009-7-19	
创建 Build	V1.0	
重现步骤	步骤	登录"大学学籍管理系统"; 单击"新建学生"项,进入"添加新学生"页面; 输入必需的信息,单击"新建"按钮,如图 8-25 所示
	结果	不能添加学生信息,如图 8-26 所示
	期望	能够添加该学生,学生信息正确显示在"学生信息一览表"页面

图 8-25　添加新学生

输入学生信息后,单击"新建"按钮,然后到"学生信息一览表"查询,结果没有查到任何学生信息,如图 8-26 所示。

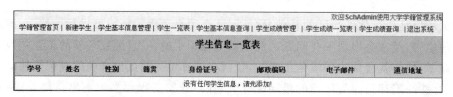

图 8-26　学生信息一览表

经过分析才知道,该缺陷是由于 MySQL 没有添加所需的 database:schadmin,table:student,stu_grade 导致的,如图 8-27 所示。

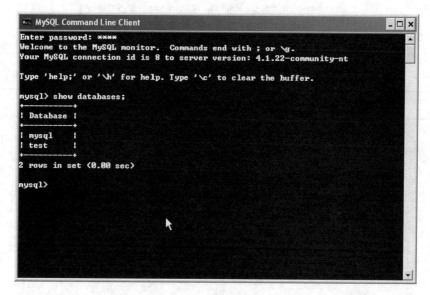

图 8-27　查看数据库表

4. 开发工程师认为是重复的缺陷

在测试中,经常会遇到有些显示形式不同,但实际上引起的原因相同的缺陷。测试工程师往往会根据缺陷的不同表现方式报出多个缺陷,但是开发工程师认为这些缺陷的原因都是一样的,所以只愿意接受其中的一个。

例如,表 8-24 与表 8-25 中的缺陷,开发工程师认为它们是重复的缺陷,因为它们都是由于输入特殊字符导致的。

表 8-24　大学学籍管理系统中的缺陷 1

Bug 序号	♯855
Bug 标题	当通信地址带有特殊字符时,不能添加新学生
Bug 状态	激活(Active)
指派给	×××
严重程度	2
优先级	1
Bug 类型	代码错误
如何发现	功能测试
操作系统	Windows XP
浏览器	IE 6
创建者	×××
创建日期	2009-7-19
创建 Build	V1.0

重现步骤	步骤	登录"大学学籍管理系统"; 单击"新建学生"项,进入"添加新学生"页面; 输入必需的信息,其中输入"～！@＃＄％^&＊()_＋{}|:"<>? /.,'\[\]\一 "作为通信地址,单击"新建"按钮,如图 8-28 所示
	结果	不能添加学生信息,如图 8-29 所示
	期望	能够添加该学生,学生信息正确显示在"学生信息一览表"页面

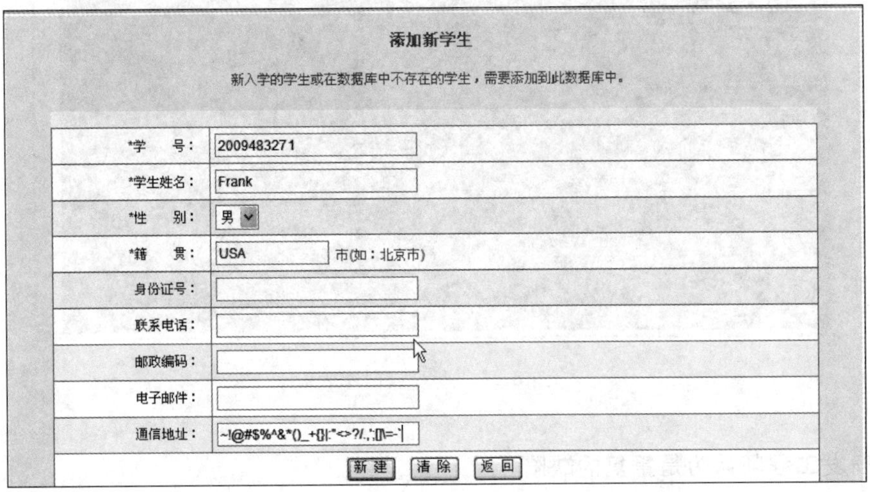

图 8-28　添加新学生

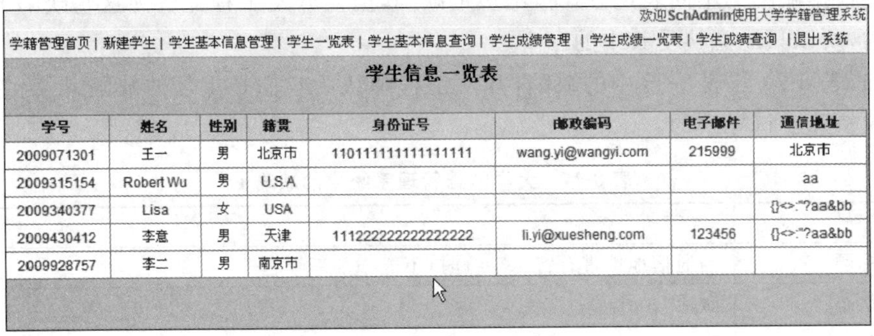

图 8-29　学生信息一览表

表 8-25　大学学籍管理系统中的缺陷 2

Bug 序号	＃856
Bug 标题	当通信地址带有特殊字符时,通信地址不能正确显示在"修改学生信息"页面
Bug 状态	激活(Active)
指派给	×××
严重程度	2
优先级	1
Bug 类型	代码错误

续表

如何发现	功能测试
操作系统	Windows XP
浏览器	IE 6
创建者	×××
创建日期	2009-7-19
创建 Build	V1.0
重现步骤	步骤	登录"大学学籍管理系统"； 单击"新建学生"项，进入"添加新学生"页面； 输入必需的信息，其中输入"："<>?'"作为通信地址，单击"新建"按钮； 单击"学生基本信息管理"菜单，选择新创建的学生，单击"修改学生信息"按钮； 在"修改学生信息"页面查看"通信地址"
	结果	丢失了部分字符，如图 8-30 所示 但是通信地址能正确显示在"学生信息一览表"页面，如图 8-31 所示
	期望	应该正确显示输入的"通信地址"值

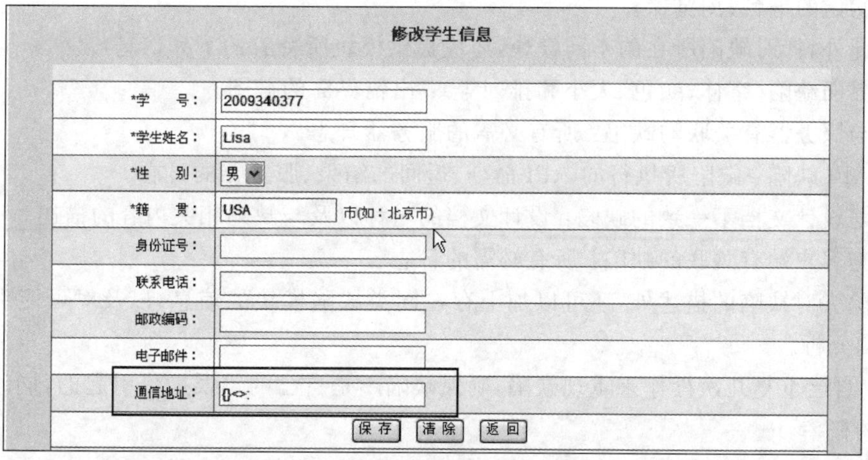

图 8-30　修改学生信息

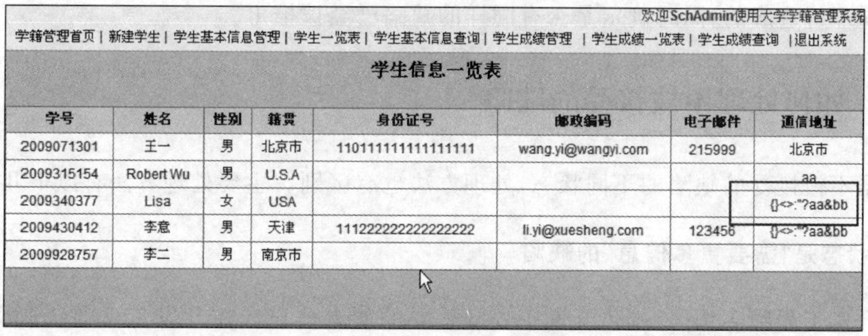

图 8-31　学生信息一览表

179

8.5.2　不被接受的缺陷的状态

不被接受的缺陷通常有三种状态：不是缺陷、需要更多的信息、重复的缺陷。

8.5.3　如何避免不被接受的缺陷

（1）提高缺陷信息的完整性。包括：

① 清晰明了的缺陷描述。

② 必要的前提条件。

③ 100％能重现缺陷的步骤。

④ 输入的数据。

⑤ 缺陷出现的软件包号。

⑥ 缺陷在项目中的跟踪状态，即是新发现的，还是回归缺陷（以前没有，现在出现了）。

⑦ 缺陷出现的概率（100％、50％、…）。

⑧ 测试的平台、浏览器。

⑨ 此外，针对缺陷所在的不同模块，还应提供模块所特有的下列信息：

- 界面缺陷（字体、颜色、大小和排列等）：出错界面的截图。
- 与服务器有关联的缺陷：所有必需的服务器日志。
- API缺陷：缺陷所执行的API命令、返回的结果、服务器的日志。
- 与设计文档不一致的缺陷：设计文档的名称以及与缺陷相关内容的描述。
- 与客户端有关联的缺陷：所有必需的日志。

⑩ 除去对缺陷的描述外，还可以加上存在同类缺陷模块的信息，以及对可能引起缺陷的原因的分析。

（2）自己重复几次操作来重现缺陷，确保缺陷不是自己的错误操作引起的，同时确认缺陷出现的概率。

（3）查看测试环境是否正确，必要时，与环境维护工程师一起确认环境。

（4）在确定不是环境问题以及不是误操作的前提下，与开发工程师沟通，确认缺陷是否是由不同理解造成的，同时确定是否有同样的缺陷已经被报出。

8.5.4　如何处理不被接受的缺陷

根据不被接受的缺陷的不同状态，处理方法也有区别。主要处理方法有以下几种。

1. 状态是"需要更多信息"的缺陷

与开发工程师多沟通，提供开发工程师需要的所有信息。在开发工程师获取所有信息后，重新激活该缺陷。

例如，表8-20中的缺陷，在与开发工程师沟通后，更改缺陷内容如表8-26所示。

表 8-26　大学学籍管理系统中的缺陷

Bug 序号	#851	
Bug 标题	添加小数成绩时,提示信息不正确	
Bug 状态	激活(Active)	
指派给	×××	
严重程度	2	
优先级	1	
Bug 类型	代码错误	
如何发现	功能测试	
操作系统	Windows XP SP2	
浏览器	IE 6	
创建者	×××	
创建日期	2009-7-19	
创建 Build	V1.0	
重现步骤	前提条件	创建一些学生信息
	步骤	单击"学生基本信息管理"菜单; 选择一个学生,单击"维护学生成绩"按钮;在"维护学生成绩"页面输入小数作为成绩,如输入"80.5"; 单击"保存"按钮
	结果	弹出不正确的提示信息
	期望	弹出提示信息"学生的成绩应为数字,请重新输入!"。小数 80.5 也是数字,所以该提示信息不正确,如图 8-32 所示

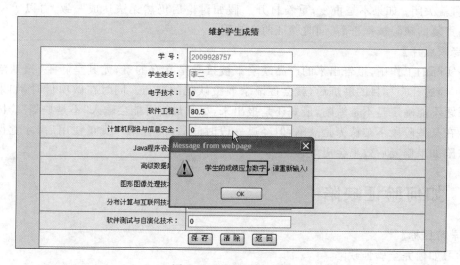

图 8-32　维护学生成绩

2. 状态是"不是缺陷"的缺陷

在缺陷被输入"不是缺陷"的状态后,首先必须与开发工程师沟通,确定该缺陷可能是下列哪种情况引起的,然后按照具体情况采取相应的处理方法。

(1) 由误操作引起的缺陷。找到正确的操作,按照它去重现缺陷。如果正确操作下无法重现该缺陷,可以关闭该缺陷,并加上适当的标注;如果重现了,再与开发工程师沟通,一起确认缺陷,确认是缺陷后重新激活该缺陷。

(2)由环境引起的缺陷。与环境维护工程师确定环境的正确性,然后在正确的环境下重现缺陷。如果不能重现,可以关闭该缺陷,并加上适应注释;如果重现了,再与开发工程师沟通,一起确认缺陷,确认后重新激活缺陷。

如表 8-21 所示的缺陷,在检查环境后发现,在 MySQL 中没有添加大学学籍管理系统所必需的 database:schadmin,table:student,stu_grade。在添加 database 与 table 后能够正常添加学生信息。测试工程师可以再加上相应的注释后关闭该缺陷。

(3)由理解不一致引起的缺陷。与开发工程师沟通,如果能在已有确定的文档信息下达成一致,根据达成的一致理解来处理缺陷;如果在已有文档下无法达成一致的理解,可提交到产品经理处寻求最终的确认,并根据最终确认结果,按下面方式来处理缺陷。

① 是缺陷:重新激活。

② 不是缺陷:关闭缺陷并加上文档名称和互相的理解。

③ 是缺陷,但是处理方法与缺陷描述不同:重新激活缺陷,按照一致理解更改缺陷信息。

④ 是文档缺陷:把缺陷状态改为"文档需要修改",在文档修改后可以关闭缺陷,并加上注释(如××文档的××章节已经修改)。

3. 状态是"重复缺陷"的缺陷

针对被标注成"重复缺陷"的缺陷,首先仔细查看与当前缺陷重复的缺陷内容,确定是否真的是重复缺陷。如果确定是重复的,可以直接关闭,加上适当的注释。假如不能确定是否重复,需要与开发工程师沟通,讨论两个重复缺陷究竟是否重复。如果讨论结果达成一致,是重复,就关闭;如果不是重复,重新打开。假如讨论后仍然无法达成一致,可以等待与当前缺陷重复的缺陷被修正后,同时验证两个缺陷。

【专家点评】

在实际的工作中,报告出来的产品缺陷不被接受是常有的事,尤其是新手,报缺陷的经验不足,经过几个项目的磨炼后,就会逐渐掌握报缺陷的技巧。同时在做项目时,如果有发现的问题不能确定是不是缺陷,最好还是报出来,尽管最终可能会输入"不是缺陷"。因为有些问题在某些阶段不被认为是缺陷,但经过一段时间后,或者用户真正使用后,才觉得当初这个缺陷如果修复后效果会更好。

8.6 如何验证缺陷

【学习目标】

学习如何完全验证缺陷。

【知识要点】

本节介绍哪些缺陷应该被验证,验证缺陷的准备工作,如何完全验证缺陷以及验证缺陷后必须做的工作。

8.6.1 哪些状态的缺陷可以验证

按照严格的测试流程,只有两种状态的缺陷可以被验证:"已修改"(Fixed)和"文档已修改"(DocModified)。

但有时开发工程师在修改好缺陷后,为了确定缺陷是否已经被完全修改,是否修改会引起回归缺陷,会把状态先改为"修改中"(Fix-Pending),要求测试工程师先检验缺陷,待确定缺陷完全被修改好后,再把状态改为"已修改"。

8.6.2　验证缺陷前需要做什么

在验证缺陷前,必须与缺陷修改者沟通,了解修改缺陷的软件包号,缺陷的修改方法,修改缺陷涉及的范围,需要测试的主要用例。

假如验证缺陷的人并不是报缺陷的人,而且对需要验证的缺陷理解有困难时,必须与报缺陷的人沟通,了解缺陷的背景,为什么报这个缺陷,希望修改成什么样的结果,等等。

8.6.3　缺陷被完全修改的标准

缺陷被完全修改的标准主要有两个:一个是按照缺陷描述的步骤得到的实际结果就是所希望的结果;另一个是修改缺陷没有引起其他的缺陷。

8.6.4　如何验证缺陷

1. 验证"已修改"缺陷

在确定测试环境已经换上所需要的软件包后,进行以下操作:

(1) 完全按照缺陷的步骤,希望得到的结果,出现的平台、浏览器,前提条件,输入数据等所有缺陷提供的信息验证缺陷。在确定缺陷被完全修改后关闭缺陷。如果没有完全被修改,重新激活缺陷。

(2) 按照缺陷的修改方法、涉及的范围做回归测试。确保缺陷的修改没有引起新的问题,如功能缺陷、安全缺陷和性能缺陷等。例如表 8-27 所示的实例。

表 8-27　大学学籍管理系统中的缺陷

Bug 序号	♯861
Bug 标题	"修改学生信息"页面,性别总是显示为"男"
Bug 状态	激活(Active)
指派给	×××
严重程度	3
优先级	1
Bug 类型	代码错误
如何发现	功能测试
操作系统	Windows XP
浏览器	IE 6
创建者	×××
创建日期	2009-7-19
创建 Build	V1.0

续表

重现步骤	前提条件	创建一些学生信息,选择性别为"女",如图 8-33 所示
	步骤	单击"学生基本信息管理"; 选择一个性别为"女"的学生,单击"修改学生信息"按钮; 在"修改学生信息"页面检查"性别"
	结果	性别显示为"男",如图 8-34 所示
	期望	性别显示为"女"

学生信息管理

	学号	姓名	性别	籍贯	身份证号	邮政编码	电子邮件	通信地址
☐	2009071301	王一	男	北京市	110111111111111111	wang.yi@wangyi.com	215999	北京市
☐	2009315154	Robert Wu	男	U.S.A				aa
☑	2009340377	Lisa	女	USA				{}<>:"?aa&bb
☐	2009430412	李意	男	天津	111222222222222222	li.yi@xuesheng.com	123456	{}<>:"?aa&bb
☐	2009928757	李二	男	南京市				

全选　全不选　删除　修改学生信息　维护学生成绩

图 8-33　学生信息管理

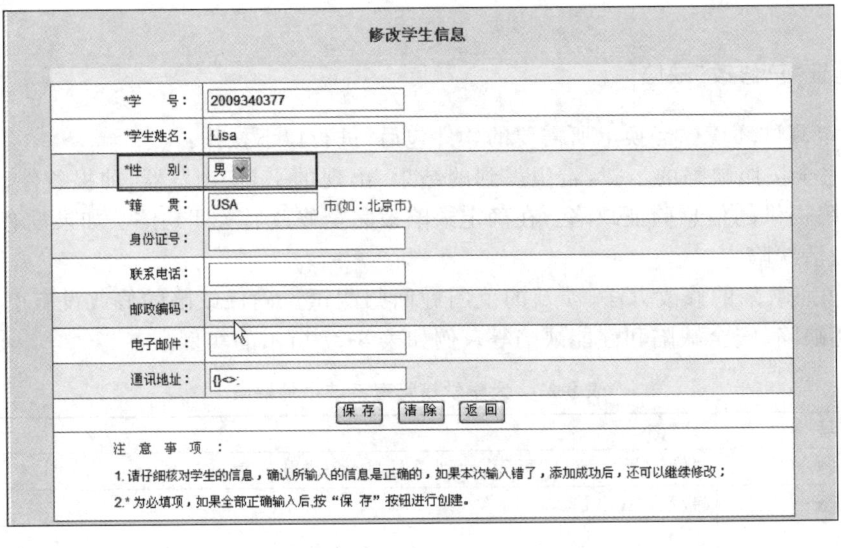

修改学生信息

```
*学    号:  2009340377
*学生姓名:  Lisa
*性    别:  男 ▾
*籍    贯:  USA        市(如:北京市)
 身份证号:
 联系电话:
 邮政编码:
 电子邮件:
 通讯地址:  {}<>:
```

保 存　清 除　返 回

注 意 事 项:

1. 请仔细核对学生的信息,确认所输入的信息是正确的,如果本次输入错了,添加成功后,还可以继续修改;

2. * 为必填项,如果全部正确输入后,按"保 存"按钮进行创建。

图 8-34　修改学生信息

当表 8-27 中的缺陷被修改,而且已经在服务器上安装了所需的软件包后,测试工程师首先要按照操作步骤查看"修改学生信息"页面是否能显示性别为"女",当该学生性别是"女"时,如果能正确显示,可以关闭该缺陷。然后继续执行必需的回归测试:

(1) 当学生性别是"男"时,查看"修改学生信息"页面能否正确显示。

(2) 在"修改学生信息"页面修改学生性别("女"→"男","男"→"女"),或不修改性别直接保存页面,在"学生基本信息管理"页面的"学生信息一览表"页面包含的"修改学生信息"页面(重新进入)查看性别是否正确显示。

（3）比较创建、修改学生信息的速度。如果这些测试用例没有发现缺陷，可以认为表 8-27 中的缺陷已经被完全修改好了。

2. "文档已修改"的缺陷

检验需要修改的文档，查看文档内容是否完全按照缺陷的需求已经修改过了。确认完全修改好后关闭缺陷。如果没有完全修改好，重新激活缺陷。

8.6.5 验证缺陷后还需要做什么

验证完缺陷后，除了关闭缺陷外，还需要按照缺陷被修改后的结果去添加或更改测试用例，如果涉及自动化测试，还需要增加、修改自动化测试脚本。在接下来的测试中，把新增加、修改的测试用例、脚本添加到测试任务中，以保证测试都是基于最新的测试用例、测试脚本。

【专家点评】

从某些方面来说，验收、关闭缺陷比新报一个缺陷更加重要。关闭一个缺陷时须慎之又慎，必须确保所验证的缺陷真正地不存在了。

8.7 如何分析缺陷

【学习目标】

学习如何对单个缺陷、模块缺陷和项目缺陷进行分析。

【知识要点】

本节主要介绍缺陷分析的重要性，如单个缺陷的分析、模块缺陷的分析、整个项目缺陷的分析和客户缺陷的分析等。

8.7.1 什么是缺陷分析

缺陷分析是对缺陷所包含的信息进行收集、汇总、分类之后，使用统计方法（或分析模型）得出分析结果。缺陷分析贯穿了测试的整个过程，对整个项目测试过程都具有重要的指导作用。

8.7.2 缺陷分析的重要性

缺陷分析的重要性在于它反映了：
- 缺陷集中的模块；
- 缺陷发展的趋势；
- 项目各阶段产品，以及整个项目的质量；
- 缺陷修改的情况（修改速度，引起回归缺陷的情况，开发修改缺陷的效率）；
- 测试工程师验收缺陷的情况（效率、速度）；
- 旧版本产品的质量（通过晚发现缺陷的数量）；

- 测试工程师测试的质量(通过客户所报缺陷的数量);
- 测试工程师发现的能力(发现缺陷、跟踪缺陷和解决缺陷等);
- 测试用例覆盖率。

8.7.3 收集缺陷分析的信息

缺陷分析所需要搜集的信息都是来自所报的缺陷,主要包括缺陷编号、模块名称、项目名称、缺陷级别、测试用例号、项目跟踪状态、发现阶段、缺陷发现者、缺陷修改人、重新激活次数、缺陷关闭的时间、产生缺陷的原因和解决办法、缺陷当前状态、缺陷修改的项目名称等。

8.7.4 如何进行缺陷分析

缺陷的分析可以分为单个缺陷的分析、整个模块缺陷的分析、整个项目缺陷的分析和来自客户的缺陷分析。

1. 单个缺陷的分析

单个缺陷的分析主要分析缺陷形成的根本原因,解决办法除了这些共同的分析点外,针对缺陷的不同项目跟踪状态、报缺陷的时间、缺陷的报告人,有不同的分析内容。

(1) 晚发现的缺陷:分析该缺陷发现晚的原因是什么,以及为了能在今后的测试中更早地发现缺陷应采取的措施。

(2) 回归缺陷:分析回归缺陷形成的原因、解决办法,是否有可能避免出现回归缺陷。

(3) 客户发现的缺陷:分析没有发现缺陷的原因,以及如何在今后的测试中避免这种缺陷的出现。

对单个缺陷的分析主要采用 Excel 文档的方式,列出所有必须分析的项。分析人对每个需要分析的缺陷进行分析,即在必填项中填上相应的内容。

2. 整个模块缺陷的分析

整个模块缺陷的分析主要分析整个模块在一个项目中各级别缺陷的发展趋势,各级别缺陷的比例,各种类型缺陷的分布,各测试平台、浏览器的缺陷分布等。从而反映该模块在项目中的质量情况,对模块的测试安排起指导作用。

整个模块缺陷的分析主要采用图表方式,以下是基于"大学学籍管理系统"7月1日到7月10日"创建学生信息"模块的几种主要分析图表。

(1) 由表 8-28 可以得出 7 月 1 日到 7 月 10 日各级别缺陷——P4(Fatal)、P3(Critical)、P2(Major)和 P1(Minor)的趋势图,如图 8-35 所示。从图中可以很清晰地看出各级别缺陷数量从 7 月 6 日开始到 7 月 10 日趋于收敛,从而可以得知 7 月 6 日～7 月 10 日之间模块质量开始趋于稳定。

(2) 根据表 8-29,可以得出 7 月 1 日到 7 月 10 日各级别缺陷的比例图,如图 8-36 所示。从图中可以清晰地看到在所有的缺陷中,模块中存在许多的 P2 缺陷,需要 PM、EM 逐一查看这些缺陷,看其中是否有需要修改的。同时,图中也反映了该模块存在不少 P4 和 P3 的缺陷,需要测试工程师重点测试。

表 8-28 7 月 1 日～7 月 10 日各级别缺陷数量表

	7-1	7-2	7-3	7-4	7-5	7-6	7-7	7-8	7-9	7-10
P4	5	6	7	8	5	4	3	2	1	0
P3	10	14	15	16	15	14	10	7	5	4
P2	20	30	33	35	40	41	30	22	14	10
P1	10	12	11	9	5	6	4	3	2	1

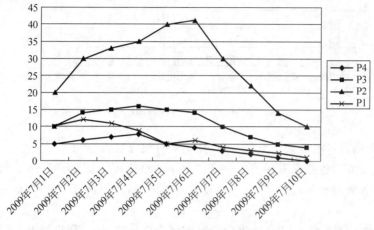

图 8-35 缺陷分析线形图

表 8-29 各级别缺陷数量表

	P4	P3	P2	P1
Total	41	110	275	63

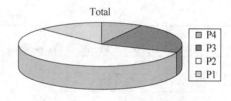

图 8-36 缺陷分析饼形图

（3）由表 8-30 可以得出缺陷类型分布图，如图 8-37 所示。从图中可以得知，测试工程师需要花更多的精力做功能测试和本地化测试。

表 8-30 缺陷类型分布表

	功能缺陷	安全性缺陷	性能/压力缺陷	本地化缺陷	文档/设计缺陷	其他
P4	20	6	7	5	3	0
P3	50	11	11	15	12	11
P2	190	40	50	60	13	22
P1	5	10	10	13	10	12

最后，模块分析图可以通过每天得到的缺陷信息进行更新，也可以在项目某个测试阶段完成后执行，具体按照项目实际要求进行。

3. 整个项目缺陷的分析

整个项目缺陷的分析主要包括项目缺陷列表、整个项目各级别缺陷趋势、整个项目各类

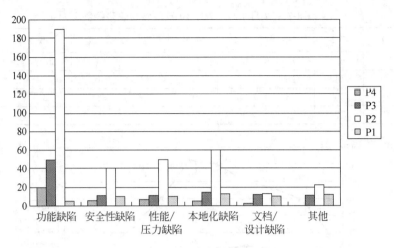

图 8-37　缺陷分析柱形图

缺陷分布、整个项目各模块缺陷数量分布、缺陷项目跟踪状态分布等。

分析的主要方式也是采取图表方式,以"大学学籍管理系统"为例,如下列各图表所示。其中整个项目各级别缺陷趋势图、整个项目各类缺陷分布图与模块分析内的图相同,这里不再列出。

(1)项目缺陷列表(表8-31)。该列表根据每天缺陷的产生、处理情况实时汇总,从各级别缺陷数量的角度反映项目整体的质量。

表 8-31　项目缺陷列表(2009-07-05)

	Total	Open	Fixed	Fix-pending	KnowIssue	NotABug	CannotReproduced	DocNeedModify	Closed
P4	27	3	4	5	2	1	1	1	10
P3	65	10	2	10	1	2	0	0	40
P2	30	5	3	2	1	4	0	0	15
P1	25	1	2	3	4	5	6	0	4

(2)项目模块缺陷分布图表(表8-32,图8-38)。该图表的信息可以根据当天缺陷的数量来汇总、分类。该图表反映了项目中各个模块缺陷的分布,让项目管理者了解各个模块当前的质量,并以此作为下阶段测试任务安排的参考。

表 8-32　项目模块缺陷分布表

	P4	P3	P2	P1
登录	1	2	5	0
学生信息创建	3	11	20	5
学生信息修改	4	15	23	6
学生信息管理	3	20	25	1
学生成绩创建	5	16	17	6
学生成绩管理	6	18	13	8
查询	2	17	11	9

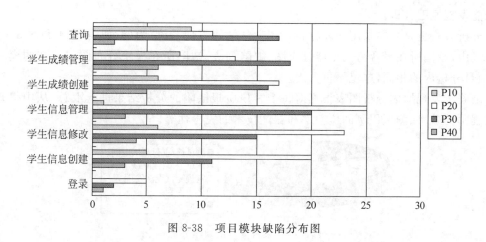

图 8-38 项目模块缺陷分布图

（3）缺陷项目跟踪状态分布图表（表 8-33，图 8-39）。该图表通常是在项目结束后根据缺陷的项目跟踪状态进行汇总、统计。该图表主要反映了软件开发性能、修改缺陷的效率和测试工程师的测试效率等。

表 8-33 缺陷项目跟踪状态分布表

	P4	P3	P2	P1
新功能引起的缺陷	12	40	45	10
回归缺陷	2	25	22	1
晚发现的缺陷	10	15	16	2
无法判断	4	5	2	3

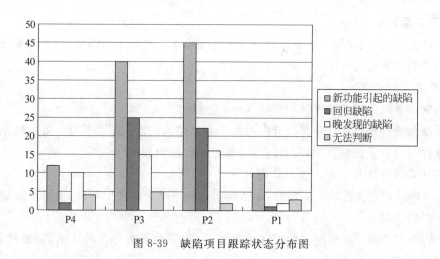

图 8-39 缺陷项目跟踪状态分布图

4. 来自客户的缺陷分析

项目结束交付客户试用后，客户会把使用过程中遇到的他们认为是缺陷的问题提交。对这种缺陷的分析主要包括缺陷列表、缺陷所在模块分布、缺陷所在平台与浏览器分布、缺陷未能发现原因分析。

分析方式也是主要采用图表方式,以"大学学籍管理系统"为例,如表8-34和图8-40所示。其中,缺陷所在平台与浏览器分布图、缺陷列表、缺陷所在模块分布图与前文的模块分析、项目分析内的相同,这里不再列出。

缺陷未发现原因分析图表根据对每个客户所报缺陷的分析结果进行汇总,从中得知测试工程师的效率、测试用例的覆盖率和测试技术的完善性等。

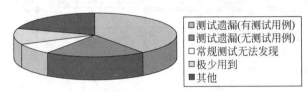

图8-40　来自客户的缺陷分析

表8-34　缺陷未能发现原因分析

测试遗漏(有测试用例)	测试遗漏(无测试用例)	常规测试无法发现	极少用到	其他
10	5	2	3	5

【专家点评】

缺陷分析必须实事求是,不能为了某些原因粉饰数据。通过分析的结果,在将来的项目中须保持做得好的方面,改善做得不好的方面,从而提高项目的质量。

8.8　一个缺陷管理系统应用实例

【学习目标】

在软件开发/测试过程中一般都会有缺陷管理系统。通过本节的学习,需要掌握缺陷管理系统的功能以及使用方法。

【知识要点】

缺陷管理系统中的缺陷管理和 Test Case 管理。

软件缺陷管理是指软件项目在开发过程中对缺陷的记录和跟踪管理。好的缺陷管理系统会让软件项目开发过程得到好的控制,并规范化开发流程。

软件缺陷系统涉及下面几种人员角色:

(1)项目经理。负责缺陷的跟踪,包括指派缺陷给哪个软件工程师,负责跟踪缺陷从产生到关闭的整个过程。

(2)软件工程师。根据缺陷的描述重现缺陷,如果是真实存在的缺陷,需要修复,然后修改缺陷的状态。

(3)测试工程师。测试并提交缺陷到缺陷管理系统,并在回归测试后验证关闭缺陷。

(4)公司其他管理人员。查看或者统计相关项目的缺陷情况,以便进行相关的决策。

目前市面上使用的缺陷管理系统有很多,如 HP QualityCenter、IBM ClearQuest、Bugzilla 和 TestTrack 等。其中有商业的,有免费的,也有公司自己开发的。本节以实例介绍一款功能全面、安装简单、使用容易的缺陷管理系统 BugFree，它是一款自由软件，目前最新的版本是 2.0.3。

8.8.1 BugFree 的安装

1．XAMPP 的安装

在安装 BugFree 之前，首先需要安装 Apache、PHP 和 MySQL 支持软件包，例如 XAMPP 或 EASYPHP 等。下面以 XAMPP 为例进行说明。首先访问网址 http://www.apachefriends.org/zh_cn/xampp.html，下载最新的 XAMPP 版本，然后安装。本例中的版本是 1.7.2。

（1）运行 XAMPP 安装包，根据提示进行安装。如果计算机上没有安装 MySQL 和 Apache，在 XAMPP Options 页面需要选择 Install Apache as service 和 Install MySQL as service 复选框，如图 8-41 所示。

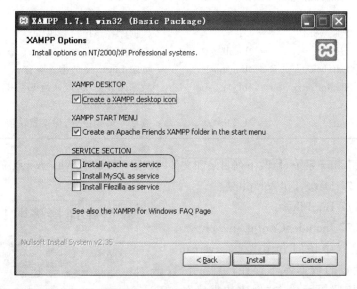

图 8-41　XAMPP 的安装选项

（2）安装完成后运行 XAMPP。在 XAMPP 控制面板里同时启动 Apache 和 MySQL，如图 8-42 所示。如果在前面的安装中没有安装 Apache 和 MySQL，在这里单击 Start 按钮时也会提示你安装。

2．BugFree 的安装

（1）下载 BugFree2.0.3 安装包，解压后复制到 XAMPP 系统的 htdocs 子目录下。如果是 Linux 系统，安装路径一般为/opt/lampp/htdocs/bugfree；如果是 Windows 系统，安装路径一般为 C:\xampp\htdocs\bugfree。

（2）进入 BugFree 的安装目录，复制文件 Include/Config.inc.Sample.php 为新文件 Include/Config.inc.php，编辑新创建的文件，修改数据库链接设置，如下表所示。

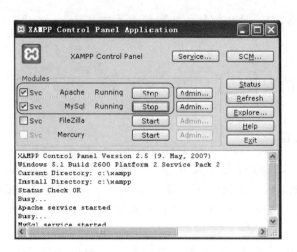

图 8-42　启动 XAMPP

```
/* 3. Define the username and password of the BugFree database.  */
$ _CFG['DB']['User']           = 'root';           // 数据库登录用户名
$ _CFG['DB']['Password']       = '';               // 数据库登录用户密码
$ _CFG['DB']['Host']           = 'localhost';      // 数据库服务器地址
$ _CFG['DB']['Database']       = 'bugfree2';       // 指定 BugFree 数据库名称
$ _CFG['DB']['TablePrefix']    = 'bf_';            // 数据库表前缀,默认为 bf_。除非有冲突,否
                                                   // 则不建议修改或为空
$ _CFG['DBCharset']            = 'UTF8';           // 数据库编码设置,保留默认值
```

（3）如果是 Linux 系统,修改下列目录和文件的权限;如果是 Windows 系统,跳过这一步。

① chmod 777 Data/TplCompile/

② chmod 777 BugFile/

③ chmod 777 Include/Config. inc. php

（4）在浏览器中访问 http://< servername >/ bugfree。如果设置的数据库不存在,会提示"数据库连接失败!",按照提示单击"创建数据库"链接,如图 8-43 所示,然后单击"继续"按钮安装。

（5）单击"安装全新的 BugFree 2",如图 8-44 所示。

数据库连接失败！

- 请确认是否存在数据库 *bugfree2* **创建数据库>>**
- 请确认数据库的用户名和密码是否正确。
- 请确认数据库的服务器地址是否正确。
- 请确认数据库是否在运行。

图 8-43　数据库连接失败

图 8-44　全新安装

（6）安装成功后,显示首次登录的默认管理员账号和密码,如图 8-45 所示。按照提示首先使用默认管理员用户名和密码登录 BugFree。

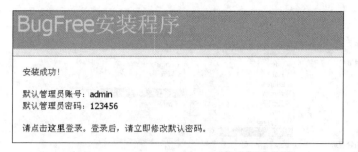

图 8-45 安装成功

8.8.2 缺陷管理

1. BugFree 后台管理

成功登录 BugFree 之后,首先需要进入"后台管理"对相关内容进行设置。"后台管理"主要包括"项目管理"和"用户管理"。

(1)用户管理。系统安装成功后,默认的是管理员账号和密码,为了系统的安全,登录之后需要立即修改默认的密码。软件缺陷管理系统一般都是测试和开发人员共同使用的,为了使他们都能用自己的名字登录,在"用户管理"中就要添加他们的名字。在"用户管理"页面单击"添加用户",弹出添加用户的页面,输入用户名、密码等信息后,单击"保存"按钮即可,如图 8-46 所示。

图 8-46 添加用户

(2)用户组管理。如果项目中的人员比较多,最好进行分组管理,例如,可以按照项目分组,也可以按照测试工程师和开发工程师分组。在"用户组管理"中单击"添加用户组",弹出添加用户组的页面,填写"用户组名",然后把相应的用户指定到这个组下,如图 8-47 所示。

(3)项目管理。如果需要使用缺陷管理系统管理多个项目,在使用前要添加项目名称。在"项目管理"页面单击"添加项目",弹出添加项目的页面,填写"项目名称",然后指定这个项目的用户组,如图 8-48 所示。

2. 新建缺陷

设置好项目名称和用户名之后,就可以开始报缺陷了。在 BugFree 主页面的左边是项目名称,右边是"新建 Bug"和进行缺陷查询。单击"新建 Bug",就会出现新建缺陷的页面,

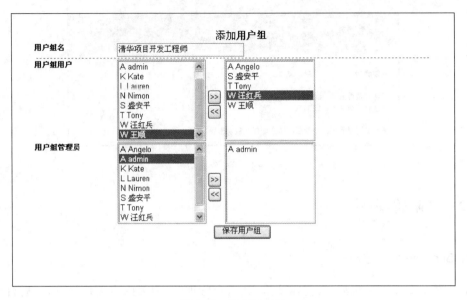

图 8-47　添加用户组

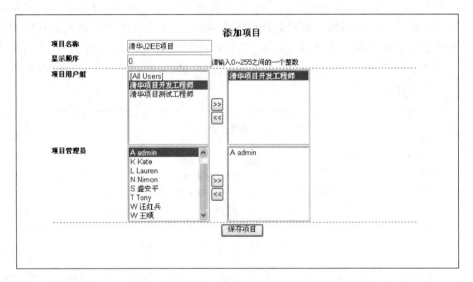

图 8-48　添加项目

根据提示填写"Bug 标题"、"Bug 状态"、"创建 Build"和"复现步骤"等信息,还可以通过"上传附件"附上图片,然后单击"保存"按钮即可。

实例:以"大学学籍管理系统"中的一个缺陷为例,如表 8-35 所示。

表 8-35　缺陷示例

Bug 标号	1015
Bug 标题	学生成绩不能为字符
Bug 状态	激活(Active)

指派给	W 汪红兵	
抄送给	Roy	
严重程度	2	
优先级	1	
Bug 类型	代码错误	
如何发现	功能测试	
操作系统	Windows XP	
浏览器	IE 7.0	
创建 Build	V1.1	
重现步骤	步骤	打开学生成绩维护窗口； 输入学生成绩； 成绩中输入字符
	结果	字符能输入
	期望	字符不能输入

　　填写完以上内容后，一个缺陷就算完整了。另外，如果有图片，单击"上传附件"按钮还可附上图片，如图 8-49 所示。

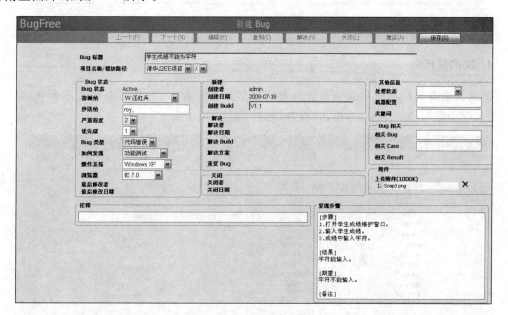

图 8-49　新建缺陷

　　缺陷报告成功后，如果需要修改，可以单击"编辑"按钮进行修改。如果另一个缺陷和这个内容相似，为了节省报缺陷时间，可以单击"复制"按钮，然后在复制缺陷的基础上进行修改，作为另一个缺陷保存。

3．缺陷解决

开发人员收到提交上来的缺陷之后，就需要重现和分析这个缺陷，如果它确实是软件缺陷，需要及时地修复。修复完后，需要更改缺陷状态。打开缺陷信息后，单击"解决"按钮，出现"解决 Bug"页面。填写"解决 Build"和"解决方案"，然后单击"保存"按钮，如图 8-50 所示。

图 8-50　解决缺陷

4．缺陷关闭

测试人员在回归测试中验证已经修复的缺陷是否还存在，如果在新包里不存在，在"注释"文本框中填写验证结果，并单击"保存"按钮，如图 8-51 所示。

图 8-51　验证缺陷

5．缺陷查询

在 BugFree 的主页面，可以根据条件查询缺陷信息。如果要查询某个项目下的所有缺陷信息，在项目名称里选择项目名，如"清华 Java EE 项目"，系统将自动把"清华 Java EE 项目"下的所有缺陷列出，如图 8-52 所示。如果要根据条件查询，输入条件内容，然后单击"提交查询内容"按钮即可。

图 8-52　查询缺陷

8.8.3　Test Case 管理

1．新建 Test Case

在 BugFree 主页面选择 Test Case 项，然后单击"新建 Case"，弹出新建 Case 页面，如图 8-49 所示。输入"Case 标题"、"Case 状态"和"步骤"等信息，然后单击"保存"按钮即可创建一条 Case。

实例：以"大学学籍管理系统"中的一条 Test Case 为例，如表 8-36 所示。

表 8-36　缺陷示例

Case 标题		用户登录
项目名称		清华 Java EE 项目
指派给		S 盛安平
优先级		1
Case 类型		功能
测试方法		手动测试
测试计划		集成测试
重现步骤	步骤	在浏览器中输入"大学学籍管理系统"主页面； 输入用户名； 输入登录密码； 单击"登录"按钮
	验证	用户名和密码正确，登录成功； 用户名或密码错误，登录失败

填写完以上内容后，一条 Case 就算完整创建了。另外，如果有图片，单击"上传附件"按钮，还可附上图片，如图 8-53 所示。

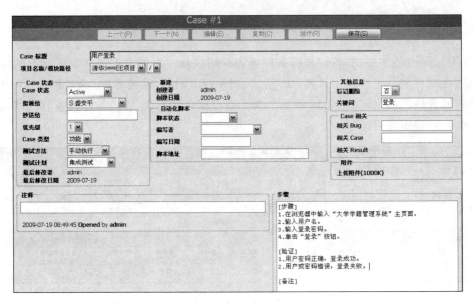

图 8-53　新建 Case

2. Test Case 查询

在 BugFree 的 Test Case 主页面,可以根据条件查询已有的 Case。如果要查询项目下的所有 Case,可以选择项目名称,然后单击"提交查询内容"按钮即可,如图 8-54 所示。

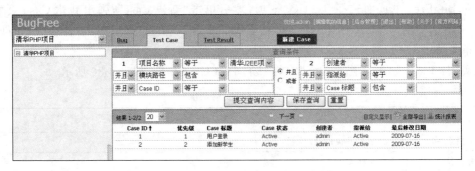

图 8-54　Test Case 查询

8.8.4　统计报表

BugFree 管理系统还提供统计报表功能,可以统计缺陷或者是 Test Case 的各种报表,而且配有状态图。假如要统计缺陷的报表,在 BugFree 主页面单击"统计报表",将会出现统计页面。在左边可以选择需要统计的缺陷类型,如"Bug 严重程度分布"、"Bug 如何发现分布"等,一次可以多选,如图 8-55 所示。

【专家点评】

质量是软件的生命。软件在研发、使用过程中会出现各种各样的问题点,即缺陷。好的缺陷管理可全面监控缺陷的登记、解决、验证过程,可作灵活的统计和分析,帮助提升软件的质量。

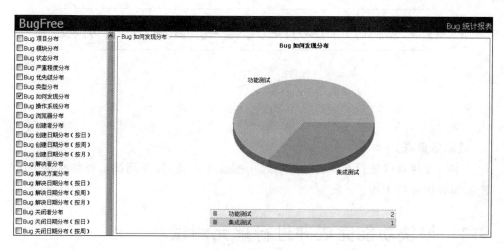

图 8-55　统计报表

8.9　读书笔记

读书笔记　　　　*Name*：　　　　　　*Date*：

励志名句：*Our greatest glory consists not in never falling，but in rising every time we fall.*

我们最大的光荣并不在于永不跌倒,而在于每次跌倒后能起来。

第9章 产品功能完善与修复缺陷阶段

【本章重点】

本章介绍软件项目在开发过程中经历的几个阶段,以及测试工程师在每个阶段都需要做哪些工作。

9.1 模块功能完成并进行单元测试

【学习目标】

掌握在产品模块功能完成阶段,测试工程师需要做哪些工作。

【知识要点】

模块功能完成阶段,就是通常所说的 FCC 阶段,测试工程师主要是准备测试用例,帮助开发工程师做些简单测试,以及为开发工程师准备 ATC 测试用例。

开发工程师在完成技术文档设计之后,就开始进行代码设计,当开发工程师完成模块的功能,也就是常说的 FCC(Feature Code Complete)之后,为了确保写的代码的可靠性,开发工程师需要做单元测试(Unit Test)。在开发工程师设计技术文档和写代码时,测试工程师根据产品规格设计说明书开始写测试用例。测试用例完成后,需要经过有关的项目管理人员和开发工程师审阅,审阅后如果有问题,需要及时修正,当所有提出的问题修正完成后,就可以把测试用例导入测试用例库。测试工程师在设计测试用例时,还需要考虑自动化测试(TA),考虑哪些模块可以使用 TA 进行测试,如果使用 TA 测试,在设计 TA 测试脚本时,需要开发工程师提供哪些帮助,比如让开发工程师在代码里嵌入 TA 需要的 ID 或者某些参数等,这些问题需要尽早和开发工程师进行沟通,让他们在设计代码时就考虑进去。

在 FCC 阶段后,项目组会发布非正式的包给测试人员检测。这个阶段的测试只是简单的测试。参照产品需求文档或者测试用例,检测产品的主要功能是否实现,是否达到产品规格说明书的要求。这个阶段的测试不需要所有的测试人员参加,只需要测试组长或资深测试人员参加即可。测试组长要评估当前产品的质量,要将发现的重大问题及时和项目经理沟通。开发工程师要尽快修复发现的问题,因为这些问题都是很严重的,可能会导致正式测试无法顺利进行。

在 FCC 阶段,测试工程师还需要为开发工程师提供 ATC 测试用例,ATC 测试用例是为产品的主要功能设计的,如果 ATC 用例中的每一条都可以通过,说明产品的主要功能已经实现。开发工程师根据这些 ATC 测试用例进行单元测试。下面是"大学学籍管理系统"的 ATC 测试用例实例(如表 9-1 所示)。

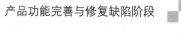

表 9-1 ATC 测试用例

ATC 测试用例列表		Dev Unit Test	QA Validation
标题	描述（验证点）	结果	结果
用户的登录/退出	有效用户的登录； 非有效用户的登录； 用户退出		
新建学生基本信息，更改、删除学生基本信息	新建学生基本信息； 更改学生基本信息； 删除学生基本信息； 输入非法的学生基本信息，有错误提示		
学生成绩管理	增加学生成绩； 更改学生成绩； 删除学生成绩； 输入非法的学生成绩，有错误提示		
学生基本信息查询	学生学号查询； 学生姓名查询； 学生籍贯查询； 身份证号码查询		
学生信息一览表	学生信息列表		
学生成绩查询	学生学号或姓名查询成绩； 学生成绩小于某个分数的学生； 学生成绩前 N 名的学生		
学生成绩一览表	学生成绩列表		

【专家点评】

　　ATC 测试用例是提供给开发工程师做单元测试用的，它包含产品所有的功能点，验证所规定的功能点是否实现，开发工程师在提交 CC 报告时，必须同时提供 ATC 测试结果。另外，很多公司还把 ATC 测试用例作为最后的验收测试。

9.2　系统功能集成并进行整体测试

【学习目标】

　　掌握在系统功能集成阶段，测试工程师需要做哪些工作。

【知识要点】

　　开发工程师对系统功能集成之后，意味着这个产品可以提交给测试工程师测试了，测试工程师开始全面地进行功能测试。

　　经过开发工程师不断地完善代码和修复严重的缺陷，产品功能基本稳定，开发工程师开始集成各个功能模块。开发工程师从测试工程师那里拿到 ATC 测试用例后，认真执行 ATC 测试用例，当所有 ATC 测试用例都通过后，开发工程师就可以发布代码完成报告（CC Report）。

　　开发工程师宣布代码完成（CC）是项目中一个重要的里程碑。CC 阶段之后，测试组长就要组织测试工程师进行正式的测试。在测试过程中，测试组长要实时地跟踪测试用例的执行进度。由于所有的测试用例都会在这一阶段执行，因此大量缺陷将会被发现。测试组长要跟踪分析这些缺陷,要弄清哪些缺陷是最需要立刻修复的。对于需要立刻修复的缺陷,要求开发工程师尽快修复,不然会阻滞测试的进程,最终将会影响产品的发布。对于缺陷的多发区域,测试组长要多加关注,在必要时需同项目经理一同审查该区域的代码,是什么原因导致这么多的缺陷,是设计的问题还是其他原因,以及如何解决这些问题。这一阶段除了跟踪测试用例的执行和产品的质量外,还要关注测试用例的完整性,随着测试的深入,对产品的理解也越来越深,将会发现一些测试用例不全面或者测试用例不准确,这时要及时地补充或者修正测试用例。

下面是"大学学籍管理系统"的 CC Report 实例。CC Report 一般是由开发工程师提供的,是根据 QA 提供的 ATC 测试用例而验证的一个结果,如表 9-2 所示。

表 9-2　ATC 测试结果

ATC 测试用例列表		Dev Unit Test	QA Validation
标题	描述(验证点)	结果	结果
用户的登录/退出	有效用户的登录; 非有效用户的登录; 用户退出	pass	pass
新建学生基本信息,更改、删除学生基本信息	新建学生基本信息; 更改学生基本信息; 删除学生基本信息; 输入非法的学生基本信息,有错误提示	pass	pass
学生成绩管理	增加学生成绩; 更改学生成绩; 删除学生成绩; 输入非法的学生成绩,有错误提示	pass	pass
学生基本信息查询	学生学号查询; 学生姓名查询; 学生籍贯查询; 身份证号码查询	pass	pass
学生信息一览表	学生信息列表	pass	pass
学生成绩查询	学生学号或姓名查询成绩; 学生成绩小于某个分数的学生; 学生成绩前 N 名的学生	pass	pass
学生成绩一览表	验证点:学生成绩列表	pass	pass

【专家点评】

代码完成报告是由开发工程师提供的,开发工程师必须同时提供 ATC 测试结果,通过这个测试结果就很清楚地知道产品的所有功能是否已经实现。测试工程师在进行产品功能测试时,一般是先进行一轮 FVR(Feature Verify Result),主要是对产品新功能进行验证测试;然后进行一轮全面的测试,也就是所有模块的所有功能都要测试。

9.3　产品代码冻结

【学习目标】

掌握在产品的代码冻结阶段,测试工程师需要做哪些工作。

【知识要点】

产品代码冻结主要是限制开发工程师随意地修改代码。在这个阶段,开发工程师主要是修复存在的缺陷,以及修复新报告的严重缺陷,测试工程师根据修复的缺陷进行验证,并做好回归测试。

经过一到两轮的测试,产品功能基本稳定,严重的缺陷都应该已经被发现和修复。项目到了另一个重要的里程碑——代码冻结(CF)。在代码冻结阶段,为了确保整个项目的可控性,开发工程师不可以轻易地修改代码,普通开发工程师代码提交到代码库的权限被限制,所有需要提交的代码都要经过项目经理的仔细审核才可以通过,由项目经理或者某一个负责人提交。

代码冻结阶段对于测试来说,测试组长需要仔细分析当前测试状态,根据当前阶段的测试执行结果做好最后阶段回归测试的安排。回归测试用例的选取有两种方案:

(1) 选取所有的测试用例,在产品发布前做一个完整的测试。这种方案的好处是保证所有测试用例被执行,最大化地覆盖产品的所有功能。缺点是占用大量的人力资源,没有重点,测试工程师大多时间都是在做无用功,影响测试工程师的工作积极性。

(2) 有针对性地选取测试用例。主要是选取产品主要功能的测试用例,选取执行失败的测试用例和缺陷较多区域的测试用例。这种方案的好处是重点明确,效率高,同时风险也很大。使用这种方案最好和开发人员一起审核测试用例的选取,听取他们的意见。

在代码冻结阶段还可能会发现新的缺陷,此时产品经理会评估这些缺陷是否需要在这个项目中修复,修复这个缺陷对于产品质量的影响有多大。如果不是很严重的缺陷,可以不修复。但是如果这个缺陷严重地影响了产品的功能,例如一个常见的用户行为不能正常使用,或者一个比较正常的操作会导致产品系统崩溃,这类缺陷就必须修复。

有时测试组长或者测试工程师对某一个缺陷是否要修复和产品经理意见不一致,每个人都有自己的看法,并坚持自己的意见。测试组长或测试人员经过分析后认为这个问题确实需要修复,如果不修复将影响客户的使用,这时他们就需要坚持自己的意见,并把问题向产品经理描述清楚,同时注意沟通方式。因为产品质量问题是由测试工程师负责的,产品质量的好坏和测试工程师的利益是相关的,所以在必要时,测试工程师必须坚持自己的意见。

【专家点评】

代码冻结是产品项目的一个重要里程碑,它的标准必须是没有严重的缺陷存在,因为代码冻结后,开发工程师就不可以随意地修改代码。在项目中,如果按照计划表,产品已经到了规定的代码冻结时间,而产品还有很多严重的缺陷没有被修复或者没有被发现,应该延迟代码冻结时间。质量永远是第一位的,不能因为时间关系而放弃产品质量。

9.4 产品发布前的最后检查

【学习目标】

掌握产品在发布前的最后阶段,测试工程师需要做哪些工作。

【知识要点】

在产品正式发布前,测试工程师需要做一些随机测试,以及根据产品主要功能列表进行最后的检查。

经过最后一轮的回归测试,产品质量应该很稳定了,而且达到发布的要求。在产品正式发布前,需要做最后的检查,确保万无一失。最后的检查可以分为两种形式:

(1)执行检查表(checklist)。测试组长需要准备一份检查表,这份检查表要覆盖产品所有的主要功能。这是产品发布前最后一次比较全面的检查,保证产品的主要功能没有问题,防止客户拿到产品后,主要功能不能使用。

(2)随机性测试(Ad Hoc)。这个阶段还可以安排随机性测试,不需要参考测试用例,由测试人员自由发挥。

这个阶段也可能会发现新的缺陷,对于新发现的缺陷是否需要修复,必须经过产品经理和项目经理一起审核才可以确定。如果某个缺陷需要修复,测试人员需要在修复区域做严格的回归测试,防止出现回归性缺陷。

除了最后的产品质量检查外,产品使用文档和安装说明书也需要检查。产品使用文档的内容描述要清楚,步骤要完整。例如本例中"大学学籍管理系统"的安装文档,要写清楚发布产品的版本号,Tomcat 和 MySQL 的版本。测试工程师可以按照安装文档的步骤亲自安装一遍,确保说明书中的描述是正确的。安装成功后,测试人员还需要在完全新的环境条件下做简单的功能验证。如果没有严重的问题,产品即可发布。

伴随产品的发布,测试组长需要提供产品发布报告。发布报告一般含有以下几个内容:

(1)对产品做了哪些测试以及测试结果。

(2)当前产品还存在的问题。

(3)当前产品存在的风险。

(4)是否可以发布。

下面以"大学学籍管理系统"的 Release Report 为例,介绍如何发布 Release Report,以及 Release Report 都包含哪些内容。

QA Release Report

日期:08/07/2009

项目名称:大学学籍管理系统		Build No:0.9g2
发布类型:×××	项目组长:×××	地点:××
联系人:	审核者:	批准发布者:

1. 背景

为了提高从事学生工作的老师的工作效率,开发了这个大学学籍管理系统。

1.1 发布相关信息列表

这个系统能满足用户 Login/Logout,分为管理员账户与普通账户,管理员可以添加、修改和删除,普通账户只能查看。主要功能:完成新学生的添加、修改、删除,按学生成绩求和、排名,列出不及格学生的名单等;操作简单,界面友好;确保信息的准确性、动态性和安全性;大学学籍管理系统是基于 Java EE 的技术,采用 B/S 结构,适合分布式多客户作业,客户端的要求也很低。

1.2 需求文档,需求说明书列表(关于大学学籍管理系统项目的功能描述,请参阅大学学籍管理系统需求规格说明书)

1.3 测试目的和测试方法

测试目的是为了确保所有功能点的正确实现。

1.4 测试环境配置

本例中所描述的测试环境需要的安装包,可以按照以下方法获取:

Jdk 6.0(1_6_0_14)下载地址:java.sun.com/javase/downloads/index.jsp。

Tomcat 6.0.20 下载地址:tomcat.apache.org/download-60.cgi。

MySQL 5.0.83 下载地址:dev.mysql.com/downloads/mysql/5.0.html#win32。

2. 测试过程

2.1 测试的执行情况

测试阶段以及时间安排:

功能点校验阶段:07/26/2009～08/26/2009

缺陷的验证和回归测试阶段:09/01/2009～10/01/2009

验收测试阶段:10/08/2009～10/14/2009

ER阶段:10/16/2009

2.2 测试跟踪的信息列表

2.3 完成的测试点

(1)管理员的权限:添加、删除和修改。

普通用户只能查看信息。

(2)学生信息和成绩的添加、删除和修改。

① 学生信息的添加、删除和修改。

② 添加没有的学生信息。

③ 删除已经添加的学生信息(可同时删除多个学生)。

④ 修改已经添加的学生信息。

⑤ 学生成绩的添加、删除和修改。

⑥ 添加没有的学生成绩。

⑦ 删除已经添加的学生成绩(可同时删除多个成绩)。

⑧ 修改已经添加的学生成绩。

(3)学科信息的添加、删除和修改。

① 学科信息的添加、删除和修改。

② 添加没有的学科。

③ 删除已经添加的学科(可同时删除多个学科)。

④ 修改已经添加的学科。

(4)按学生成绩求和,排名。

① 学生成绩的求和。

② 某一个学生的所有成绩之和。

③ 某一个学科的所有学生成绩之和。

④ 学生成绩的排名。

⑤ 某一个学生的所有成绩排名。

⑥ 某一个学科的所有学生成绩排名。

⑦ 可以正序排列或倒序排列。

(5) 按要求筛选不同类别的学生。

① 筛选成绩前 10 名的学生。

② 只筛选总分成绩前 10 名的学生。

③ 筛选成绩不及格的学生。

④ 只要有一门学科成绩不及格,就要被筛选出来。

⑤ 不及格的学科可以使用相应的颜色进行标识。

(6) DB 连接可以根据配置文件来动态设置。

① 修改配置文件后,DB 也相应地动态变化。

② 在后台修改配置文件。

2.4　未完成的测试点

(1) 本次测试将不考虑关系数据库(MySQL)的安装和功能。假定数据库已安装并处于可操作的状态。也假定数据库表结构是准确的,包含需求规格说明书中定义的规定类型和宽度的字段。这些需求在准备和安装文档指南中有详细说明。

(2) 本次测试将不会直接测试 Web 服务器(Tomcat)。

2.5　测试覆盖率以及风险分析

2.6　项目所有的缺陷报告

3. 功能的验证

3.1　未实现的功能点

3.2　有主要问题的模块

4. 系统的验证

4.1　安装测试

4.2　升级降级,以及迁移测试

4.3　性能测试

4.4　兼容性、安全性测试

5. 主要问题列表

5.1　列出仍旧无法解决的各类问题数量

5.2　详细列出未解决的严重问题

6. 项目的整体质量评估

6.1　质量标准

经检查,该项目已经达到软件行业发布的质量标准。

6.2　整体质量评价

此项目整体运行情况较好

6.3　ATC 测试用例实例

6.4 更新说明

此版为初版。

7. 附上所有仍旧无法解决的主要问题列表(缺陷列表)如表9-3所示。

表 9-3 存在的缺陷列表

缺陷号	缺 陷 标 题	缺陷状态	优先级
1001	输入的成绩是小数时,弹出的警告信息不正确	Open	P20
1002	"学生信息一览表"页面上,邮政编码与电子邮件的值互换了	Open	P20
1003	修改学生信息页面自动把性别变成"男"	Open	P20
1004	系统运行速度较慢	Open	P20
1005	大学学籍管理系统不能在 Firefox 里正常显示	Open	P20

【专家点评】

ER Report 是对整个项目的总结,有测试环境的需求、测试内容和目前存在的问题,它一般由项目负责人来完成。

9.5 读书笔记

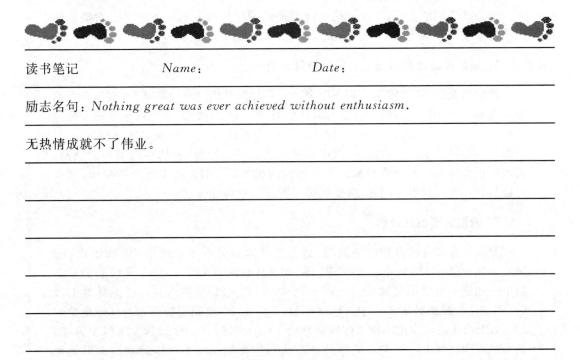

读书笔记　　　　　*Name*：　　　　　　　　*Date*：

励志名句：*Nothing great was ever achieved without enthusiasm.*

无热情成就不了伟业。

第10章　测试工程师在产品发布前后的工作

【本章重点】

作为软件测试工程师,软件在发布前后仍然有很多工作要做,本章着重介绍在软件发布前如何对软件的质量进行评估,如何编写质量评估报告,如何开展验收测试,以及在软件发布后,如何处理来自客户的缺陷。

10.1　如何评估软件质量

【学习目标】

掌握如何通过各种缺陷统计分析方法评估软件的质量。

【知识要点】

各种缺陷统计分析方法从哪些方面反映了软件质量,以及根据统计分析的结果采取什么措施来提高软件质量。

作为软件测试工程师,主要是通过对缺陷的评估衡量软件的质量。对缺陷的评估主要是一个量化的过程。一般来说,需要做好以下统计分析:

1. 缺陷实际数量与预期数量的统计分析

通常情况下,可以根据缺陷密度来计算项目中可能隐藏的缺陷数,根据典型的统计表明,在开发阶段,平均每千行源代码有 50～60 个缺陷,交付后平均每千行源代码有 15～18 个缺陷,也就是平均千行代码在测试过程中一般应该发现 32～45 个缺陷。如果低于这个数量级,则很可能是测试不够充分,软件存在潜在的缺陷,应该尽可能地安排有经验的测试人员再做随机测试;如果高于这个数量级,则很可能是软件的设计出了问题,必要时可以重新讨论设计模型。

2. 缺陷级别统计分析

测试工程师在报告软件缺陷时,通常把缺陷划分成 4 个级别:立即解决(P1级)、高优化级(P2 级)、正常排队(P3 级)和低优化级(P4 级)。这 4 种级别的缺陷数量一般遵守这样的规律:P1＜P2＜P3＜P4,P1 级缺陷数应该小于总体缺陷数的 5%,P2 级缺陷数应该小于总体缺陷数的 15%,P3 级缺陷数约占总体缺陷数的70%,P4 级缺陷数应该小于总体缺陷数的 10%。如果 P1、P2 级远大于以上标准,则可能因为修复 P1、P2 级缺陷导致测试人员实际测试时间少于计划测试时间而带来测试风险;而如果 P4 级大于以上标准,则可能导致软件的易用性较差。在软件发布前,需要修复并关闭所有 P4 以上级别的缺陷。

如图 10-1 所示,"修改学生信息"模块的 P2 级缺陷数显然大于总体缺陷数的15%,因此"修改学生信息"模块的质量是需要注意的;"学生成绩查询"模块的 P1

级缺陷比 P2 级缺陷多,也说明代码质量不好,不符合正常缺陷分布,需要进一步分析,找出其根本原因。

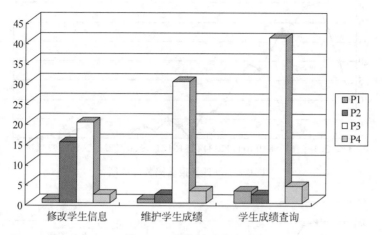

图 10-1　模块缺陷分布图

表 10-1 是"大学学籍管理系统"中"修改学生信息"、"维护学生成绩"和"学生成绩查询"模块的缺陷数量统计。

表 10-1　模块缺陷分布表

	P1	P2	P3	P4
修改学生信息	1	15	20	2
维护学生成绩	1	2	30	3
学生成绩查询	3	2	41	4

3. 缺陷的收敛趋势

在一个成熟的软件开发过程中,缺陷趋势会遵循一种和预期比较接近的模式向前发展。在开发初期,缺陷增长很快,在达到一个峰值以后,会随着时间以较慢的速率下降。正常情况下可以将每日新发现的缺陷与缺陷级别绘制成曲线。假如曲线的形状发散,则表明目前产品极其不稳定;如果曲线的形状开始收敛,则表示目前产品趋于稳定;完全收敛之后,则可以认为是发布的时机。各种趋势图如图 10-2(每日新报缺陷趋势图)、图 10-3(每日新报缺陷数、每日修复缺陷数、每日关闭缺陷数趋势图)和图 10-4(每日新报缺陷数、每日修复缺陷数、每日关闭缺陷数累计趋势图)所示。

4. 模块缺陷分布

一般情况下,缺陷分布遵循 20%～80% 规则,即 80% 的缺陷分布在 20% 的模块,而剩下的 80% 模块只集中 20% 的缺陷,这也决定了测试的重点和质量所在。假如 A、B、C 三个模块中,A 模块占了缺陷的 60%,就可以得出这样的结论:A 模块是这个软件项目的不稳定瓶颈,是项目中的一个薄弱点。同时 A 模块也没有遵循 20%～80%,说明这个模块中可能还隐含一些缺陷没有被发现,需要开发和测试工程师集中力量改进和提高代码质量。

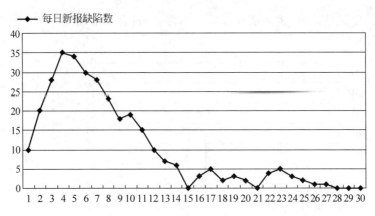

图 10-2　每日新报缺陷数趋势图

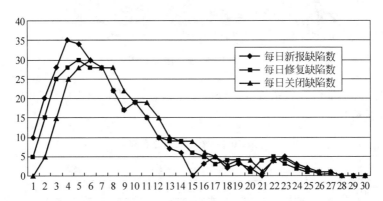

图 10-3　每日新报缺陷数、每日修复缺陷数、每日关闭缺陷数趋势图

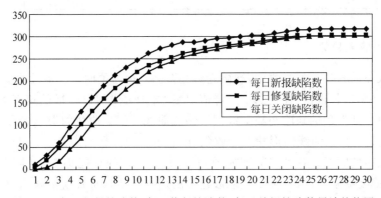

图 10-4　每日新报缺陷数、每日修复缺陷数、每日关闭缺陷数累计趋势图

5. 缺陷修复周期

一个缺陷的生命历程是一个完整的轮回,从它出生(Open)开始,到接受(Accept)、修复(Fix),再到确认(Verify)是最简单的路线。这个周期越短,说明项目进展越顺利,反之则意味着项目进度有很大的阻碍。一般地,对于 P1 级缺陷从报告到关闭所需要的平均时间为 8 小时。P2 级缺陷从报告到关闭所需要的平均时间为 24 小时;P3 级缺陷从报告到关闭所需要的平均时间为 48 小时。可以通过缺陷修复图来统计。

6. 修复缺陷导致的新缺陷数

开发工程师在修复缺陷时,有可能会产生新的缺陷,通常称为衰退(Regression)缺陷。衰退缺陷数的多少对于软件质量评估也是一个重要参考标准。修复缺陷导致的衰退缺陷数越多,说明缺陷修复的质量不高或设计有问题。一般该类型的缺陷数应该少于总体缺陷数的 3%。

7. 测试工程师误报的缺陷

在软件测试中,测试工程师也会因犯错或理解偏差而误报缺陷。误报缺陷的多少对于软件质量评估也是一个重要的参考标准。如果误报缺陷所占比例过高,则说明测试工程师可能没有完全理解软件需求,存在测试误区,质量也就没有保证。一般该类缺陷应该少于总体缺陷数的 3%。

8. 各类缺陷统计

根据分析需求以及缺陷的状态,对各类缺陷进行分类统计,从而得到所需信息。

【专家点评】

根据软件自身的特点、需求以及各软件开发公司的测试流程,可以自由地选择分析方法和时间进行分析,以期尽早、尽可能多地发现问题、解决问题。

10.2 如何发布质量分析报告

【学习目标】

掌握如何编写软件质量分析报告。

【知识要点】

软件质量分析报告应包括的主要内容。

软件质量分析报告是测试结束后对整个产品质量的综合分析。其主要内容包括产品标识、用于测试的计算机系统、使用的文档及其标识、产品描述、需求列表、用户文档、程序和数据的测试结果、与要求不符的清单、产品未做符合性测试的说明、各测试阶段列表、产品潜在风险分析、测试结束日期以及各类缺陷列表等。

软件质量分析报告发布前,各个测试模块的负责人应向软件测试经理/负责人提供各自模块的质量分析报告,然后由软件测试经理/负责人汇总成整个项目的质量分析报告并发布。

下面以"大学学籍管理系统"质量分析报告为例,介绍如何发布质量分析报告。

软件名称	报告发布者	发布日期	发布软件包号	发布者联系电话	发布者邮件地址
大学学籍管理系统	×××	××××-××-××	×××	××××-××××××××	××××@××××.×××

1. 引言(概述)

该文档由软件测试经理/负责人在测试工程师完成对软件的测试后编写,发布给产品经理、产品需求经理、软件开发/测试监督人员、测试部门经理、开发部门经理以及软件测试结束后进行后续工作的部门负责人。文档内容完全、真实地反映了软件当前的质量情况。该文档属于公司机密,不可外泄。

1.1 编写目的

为了便于涉及软件开发的其他部门的工程师,以及测试结束后进行后续工作的工程师了解本软件在经过测试工程师的测试后达到了什么样的质量情况,软件测试经理/负责人编写了该文档。

1.2 背景

为了能从日常烦琐、低效、手工的学生信息管理系统中摆脱出来,学校管理部门想要建立一个内部管理部门使用的、高效的、计算机网络化的"大学学籍管理系统"。该系统必须能实现当前管理部门所需的学生信息管理功能,使用快捷、方便,界面友好。

1.3 定义

产品名称:"大学学籍管理系统"

级别"1": 非常重要

级别"2": 重要

1.4 参考资料

大学学籍管理系统功能说明书.doc

数据库设计.doc

1.5 测试平台和浏览器

测试平台和浏览器如表10-2所示。

表 10-2　平台和浏览器组合

	IE 6	IE 7	IE 8	Firefox	Mozilla	Safari
Vista	Y	Y	Y			
Windows XP	Y	Y	Y			
Windows 2000	Y	Y	Y			
Windows 2003	Y	Y	Y			
Linux				Y	Y	
Mac				Y		Y
Solaris				Y	Y	

2. 测试对象和概要

测试对象和概要如表10-3所示。

表 10-3　测试对象列表

测试对象名称	概　　要	级　别
用户登录	用户能成功登录系统	1
新建学生	允许管理员添加学生基本信息	1
学生基本信息管理	列出所有学生基本信息,并允许管理员修改学生基本信息,添加学生成绩,批量删除学生基本信息	1
学生一览表	学生基本信息列表	2
修改学生信息	允许管理员修改除了学号外的所有基本信息	1
维护学生成绩	允许管理员添加、修改学生的成绩	1

续表

测试对象名称	概　　要	级　　别
学生基本信息查询	允许根据学生学号、姓名、学籍和身份证号查询学生基本信息,支持模糊查询	1
学生成绩管理	允许管理员维护学生成绩、批量删除学生成绩	1
学生成绩一览表	学生成绩列表	2
学生成绩查询	可根据学生姓名、成绩查询学生成绩	1

3. 测试安排、主要测试用例模块列表

　　文档:大学学籍管理系统测试计划.doc如图 10-4 所示

　　　　大学学籍管理系统测试用例.rar如图 10-5 所示

表 10-4　测试安排

测 试 阶 段	开 始 日 期	完 成 日 期
单元测试	××××-××-××	××××-××-××
功能测试	××××-××-××	××××-××-××
系统测试	××××-××-××	××××-××-××
验收测试	××××-××-××	××××-××-××

表 10-5　测试用例模块

测试用例模块编号	测试用例模块名称	测试用例模块编号	测试用例模块名称
1	用户登录	7	学生基本信息查询
2	新建学生	8	学生成绩管理
3	学生基本信息管理	9	学生成绩一览表
4	学生一览表	10	学生成绩查询
5	修改学生信息	11	压力、性能测试
6	维护学生成绩	12	安全性测试

4. 测试结果及发现

　　文档:压力、性能测试结果.doc

　　　　安全性测试结果.doc

　　　　功能测试结果.doc

　　　　系统测试结果.doc

　　当前总体缺陷如表 10-6 所示。

表 10-6　当前总体缺陷列表

	Total	Open	Fixed	Fix-pending	KnowIssue	NotABug	CannotReproduced	DocNeedModify	Closed
P4	27	0	0	0	2	0	0	0	25
P3	65	0	0	0	1	0	0	0	64
P2	30	5	0	0	1	0	0	0	24
P1	25	1	0	0	4	0	0	0	20

5. 对软件功能的结论

5.1 用户登录

5.1.1 能力

(1) 在支持的系统平台上,用户使用支持的浏览器可以成功登录系统。

(2) 并发 X 个用户可以在规定时间内成功登录系统。

(3) 1分钟内 X 个用户可以成功登录系统。

5.1.2 限制

网速是 X1、X2 时,用户无法成功登录系统。

5.2 新建学生

5.2.1 能力

(1) 管理员可以成功新建学生。

(2) 支持 X 个并发新建学生。

5.2.2 限制

输入某些特殊字符时,无法新建学生,或者不能正确显示输入的学生信息。

5.3 学生基本信息管理

5.3.1 能力

(1) 可以正确显示学生信息。

(2) 可以选择单个学生,修改其信息。

(3) 可以选择单个学生,维护其成绩。

(4) 可以单个或者批量删除学生。

5.3.2 限制

(1) 当学生数量达到 X 个时,页面显示慢。

(2) 当一次删除学生成绩达到 X 个时,页面显示慢。

(3) 当学生的信息含有特殊字符时,无法删除学生。

5.4 学生一览表

5.4.1 能力

可以正确列出学生的基本信息。

5.4.2 限制

在学生数量达到 X 个时,页面显示慢。

5.5 修改学生信息

5.5.1 能力

可以修改除了学号外的所有学生基本信息。

5.5.2 限制

当修改的信息带有某些特殊字符时,无法修改学生信息,或修改的信息无法正确显示。

5.6 维护学生成绩

5.6.1 能力

可以添加、修改学生的成绩。

5.6.2 限制

不允许有带小数的成绩。

5.7　学生基本信息查询

5.7.1　能力

可以根据学生的姓名、学号、籍贯和身份证号码进行模糊或精确查询。

5.7.2　限制

当进行模糊查询时，假如满足的学生达到 X 个以上，页面响应慢。

5.8　学生成绩管理

5.8.1　能力

（1）正确列出了学生的成绩。

（2）可以选择单个学生增加、修改其成绩。

（3）可以单个或者批量地删除学生成绩。

5.8.2　限制

当批量删除学生成绩数量达到 X 个时，响应慢。

5.9　学生成绩一览表

5.9.1　能力

正确列出了学生的成绩。

5.9.2　限制

当有成绩的学生数量达到 X 个时，页面响应慢。

5.10　学生成绩查询

5.10.1　能力

可以根据学生姓名和成绩来查询学生成绩。

5.10.2　限制

当满足查询条件的学生数量达到 X 个时，页面响应慢。

6.　分析摘要

6.1　测试结果分析

软件基本功能都已经完全实现，但是很多模块存在性能、安全性、输入数据检查方面的缺陷，详细内容可见上文第 5 节，以及安全、性能测试结果.doc，安全性测试结果.doc，功能测试结果.doc，系统测试结果.doc。

6.2　现存缺陷列表

现有缺陷和已知问题如表 10-7 和表 10-8 所示。

表 10-7　现存缺陷列表（P4：0，P3：0，P2：5，P1：1）

缺陷号	级别	缺陷标题	项目跟踪状态

表 10-8　已知问题列表（P4：2，P3：1，P2：1，P1：4）

缺陷号	级别	缺陷标题	项目跟踪状态

6.3 建议

(1) 在以后的版本中,提高本软件的压力、性能。

(2) 在用户使用指导手册内标出禁止的特殊字符。

6.4 评价

鉴于该大学学籍管理系统只是管理部门内部使用,即同时登录系统的用户不超过 X 个,并且学生总人数不超过 X 个,本软件当前的性能、安全性可以满足客户的需求。此外,对于输入数据,可以在用户指导手册中标出禁止的特殊字符。因此,可以认为本软件满足了发布的需求。

7. 测试资源消耗(表 10-9)

表 10-9 测试资源消耗表

测试阶段	测试工程师数	Vista	Windows XP	Windows 2000	Windows 2003
单元测试	2	0	2	0	0
功能测试	10	5	5	0	0
系统测试	10	5	5	5	5
验收测试	40	10	10	10	10

【专家点评】

以上只是软件质量分析报告的主要内容,各项目应根据自己的具体情况编写符合项目自身的分析报告,报告要求清晰明了、无歧义,反映软件当前的所有质量问题。

10.3 如何配合客户做验收测试

【学习目标】

学习常用的验收测试方式,以及如何安排客户进行验收测试。

【知识要点】

介绍验收测试的定义、各种验收测试方式,以及安排客户进行验收测试的具体流程。

所谓验收测试(Acceptance Test),是指软件产品完成了功能测试和系统测试之后,在产品发布之前所进行的软件测试活动。它是软件测试的最后一个阶段,通过了验收测试,产品就会进入发布阶段。验收测试一般根据产品规格说明书严格检查产品,逐行逐字地对照说明书上对软件产品所做出的各方面要求,确保所开发的软件产品符合用户的各项要求。

功能和系统测试之后,软件已完全组装起来,接口方面的错误也已排除,软件测试的最后一步——验收测试即可开始。验收测试应检查软件能否按合同要求进行工作,即是否满足软件需求说明书中的确认标准。

1. 验收测试标准

实现软件的确认要通过一系列的黑盒测试。验收测试同样需要制定测试计划和过程,测试计划应规定测试的种类和测试进度,测试过程则定义一些特殊的测试用例,旨在说明软件与需求是否一致。无论是计划还是过程,都应该着重考虑软件是否满足合同规定的所有功能和性能,文档资料是否完整,人机界面是否准确,以及其他方面(可移植性、兼容性、错误恢复能力和可维护性等)是否令用户满意。验收测试的结果有两种可能:一种是功能和性能指标满足软件需求说明的要求,用户可以接受;另一种是软件不满足软件需求说明的要求,用户无法接受。假如项目进行到这个阶段才发现严重错误和偏差,一般是很难在预定的工期内改正的,因此必须与用户协商,寻求一个妥善解决问题的方法。

2. 配置复审

验收测试的另一个重要环节是配置复审,尤其是对于复杂的软件系统。复审的目的在于保证软件配置齐全、分类有序、文档齐全。复审也包括软件维护所必需的细节。用户根据开发单位提供的配置和文档能保证产品正常地工作。

3. 验收测试的策略

由于软件开发人员和测试人员并不是真正的客户,因而他们无法完全真实地模拟用户实际的使用情况。例如,用户的使用习惯、用户输入的数据、用户的理解等。所以,应由用户进行一系列的"验收测试",以期产品能真正满足最终用户的需求。

实施验收测试的常用策略有三种:正式验收测试、非正式验收或 α 测试(Alpha 测试)、β 测试(Beta 测试)。假如一个软件产品拥有的用户不是很多,可以让客户进行正式验收测试;假如一个软件产品拥有众多用户,就不可能由每个用户进行验收测试,此时多采用非正式验收或 α 测试、β 测试。

1) 正式验收测试

正式验收测试与系统测试一样也需要严格的管理,需要制定正式的测试计划,选择测试用例,组织和指导最终用户对产品进行测试。这种验收测试需要很多资源,而且有时会持续很长时间,测试过程中如果暴露的问题比较多,可能会导致产品交付的延期。

2) 非正式验收测试或 α 测试

假如一个软件产品可能拥有众多用户,就不可能由每个用户进行验收测试,此时多采用称为 α 测试、β 测试的过程,以期发现那些似乎只有最终用户才能发现的问题。该测试是指软件开发公司组织内部人员模拟各类用户对即将面市软件产品(称为 α 版本)进行测试,试图发现错误并修正。α 测试的关键在于尽可能逼真地模拟实际运行环境和用户对软件产品的操作,并尽最大努力涵盖所有可能的用户操作方式。经过 α 测试调整的软件产品称为 β 版本。

3) β 测试

紧随 α 测试的 β 测试是指软件开发公司组织各方面的典型用户在日常工作中实际使用 β 版本,并要求用户报告异常情况、提出批评意见。然后软件开发公司再对 β 版本进行改错和完善。β 测试一般包括功能使用、安全可靠性、易用性、可扩充性、兼容性、效率、资源占用率和用户文档 8 个方面。

4. 如何帮助客户进行验收测试

在做验收测试之前,需要制定详细的测试计划。下面以"大学学籍管理系统"为例,介绍如何进行验收测试。

1）介绍软件开发的背景

为了能从日常烦琐、低效、手工的学生信息管理系统中摆脱出来，学校管理部门想要建立一个内部管理部门使用的、高效的、计算机网络化的"大学学籍管理系统"。该系统必须能实现当前管理部门所需的学生信息管理功能，使用快捷、方便，界面友好。

2）介绍与软件相关的所有文档

与软件相关的所有文档有软件总体设计方案、合同原件和附件、大学学籍管理系统功能说明书.doc、数据库设计.doc、系统安装指导手册.doc。

3）软件的基本情况

软件功能列表如表 10-10 所示。

表 10-10 软件功能列表

功　　能	概　　要
用户登录	满足条件的用户可以成功登录
新建学生	允许管理员添加学生基本信息
学生基本信息管理	列出所有学生基本信息，并允许管理员修改学生基本信息，添加学生成绩，批量删除学生基本信息
学生一览表	学生基本信息列表
修改学生信息	允许管理员修改除学号外的所有基本信息
维护学生成绩	允许管理员添加、修改学生的成绩
学生基本信息查询	允许根据学生学号、姓名、学籍和身份证号查询学生基本信息，支持模糊查询
学生成绩管理	允许管理员维护学生成绩，批量删除学生成绩
学生成绩一览表	学生成绩列表
学生成绩查询	可根据学生姓名、成绩查询学生成绩
性能、压力	允许同时 X 个用户登录；允许 1 分钟内 X 个用户登录；允许拥有 X 条学生信息；允许在网速只有 X 时，还能正常登录系统、执行各种功能操作

4）编写软件验收测试计划

主要内容有：

软件验收测试的人员：××软件公司（×人）、××大学测试人员（×人）

软件验收测试的负责人：×××

各类人员的工作范围和职责：×××负责人负责编制验收测试计划、安排验收测试、跟踪进度、调整测试资源、加强各方的沟通、收集验收测试结果、沟通处理验收测试缺陷、编写及发布软件质量分析报告。

××软件公司环境配置工程师负责指导××大学测试人员搭建测试环境。

××软件公司测试工程师负责指导××大学测试人员进行测试。

××大学测试人员负责按照系统安装指导手册搭建验收测试环境。

××大学测试人员负责按照软件总体设计方案、合同原件和附件、大学学籍管理系统功能说明书、数据库设计说明书在验收测试环境上进行测试。

资源要求：Vista：5 台，Windows XP：5 台，Windows 2000：2 台，Windows 2003：2 台，Linux：1 台，Solaris：1 台，Mac：1 台。

5）主要的验收步骤

（1）文档审查。检查开发方是否按照合同要求或相关规范的要求编制各类软件文档，软件文档的内容是否充实，描述是否清晰有效，是否一致，各种文档是否按照要求进行评审，评审中发现的问题是否全部得到解决。

（2）软件配置检查。检查软件开发是否受控，软件文档及代码是否进入配置管理，是否进行版本管理，管理工作是否规范（是否按照预定的流程进行管理），检查软件变更的记录以确定软件变更是否受控。

（3）检查开发单位是否按照合同要求和相关规范进行软件测试，软件测试的文档（软件测试计划、软件测试说明、软件测试报告）是否按照规范编制。对照软件需求规格说明检查软件测试文档，确认所有的软件需求都对应于软件设计和测试。软件测试各个阶段的测试用例设计是否合理，是否有遗漏，是否达到预先规定的测试指标（覆盖率是否达到预定的指标），软件测试工具选用是否恰当，是否正确使用了软件测试工具，软件测试各阶段发现了哪些缺陷和故障，缺陷和故障是否已分类、分析和影响评估，是否填写了软件问题报告单，是否进行了软件更改，更改后的软件是否已经过回归测试，回归测试的结论是什么。

（4）实测。如果上述步骤中未发现问题，还要对已经测试过的测试用例进行抽取和实测。抽取办法可以是随机抽取，也可以采用其他方法，例如在正常执行和发现缺陷的测试用例中各抽取若干用例，也可以按照等价类划分的方法在不同的等价类中抽取一定数量的测试用例进行测试。

（5）正式的系统测试。在软件的真实运行环境中对软件进行正式的系统测试，包括软件的安装、设置、初始数据加载和环境参数加载等。软件的正常功能测试，负载测试、压力测试、安全性测试、边界测试以及合同或规范要求的其他测试。测试过程中认真做好测试记录。

（6）验收测试的评估。在验收测试中发现了哪些问题，对问题进行分类、分析和影响评估，改进建议。

6）验收意见

验收工作结束后，要给出验收意见。给出正式的、明确的验收意见供高层领导决策，一般是"可以交付、推迟交付和不具备交付条件"等。可以要求软件开发单位进行产品完善或过程整改。

以上只是粗略地描述了验收测试的大体工作和步骤。其中各项工作和每个步骤中都还有很多问题需要解决，特别是根据不同的项目和已经开展的工作对上述步骤进行删减和充实。

【专家点评】

虽然会因为软件产品、客户需求、软件公司工作流程的差异选择不同的验收测试方式，但是验收测试的最终目的都是让客户能接受软件产品。所以在选择验收测试方式、实施验收测试时，都应基于这个目的进行。

10.4　如何处理客户发现的问题

【学习目标】

学习处理客户发现的问题。

【知识要点】

本节简单介绍处理客户发现的问题的常规流程、方法。

由于对软件的测试角度、测试过程的缺陷、客户使用习惯、客户使用方式、输入数据和操作系统等差异,客户会在使用过程中(验收测试及正式使用)发现测试工程师没有发现的问题、测试工程师已知的问题、对软件产品理解不同导致的问题、误操作导致的问题等。如何对这些问题进行分析处理也是软件测试工程师所必须做的工作之一。

1. 收集客户发现的问题

按照正规的流程,对客户发现的软件问题应由客户填写软件错误反馈单,或也可反映到技术支持部门/质量部门由该部门的工程师填写软件错误反馈单。然后,根据问题所处的模块,把错误反馈单提交到该模块对应的项目经理/产品经理处。项目经理/产品经理应把反馈单以邮件或者其他方式通知相应的开发、软件测试工程师。最后,软件测试工程师对同一软件产品的客户发现的问题进行统计、分析、处理。

2. 处理客户发现的问题

处理客户发现的问题通常使用以下流程:

(1) 项目经理/产品经理、开发工程师、测试工程师一起分析该问题是否是真正的软件缺陷,若不是,则向售后部门提交不是软件缺陷的具体原因;如果是缺陷,则继续下列步骤。

(2) 研究软件缺陷修复的风险,若暂时修复风险比较大,提供推迟修复理由。

(3) 开发人员提交修复申请和修复方案。

(4) 项目经理/产品经理、测试工程师同意或拒绝修复申请,如果同意修复,必须给出理由,并进行下列步骤;如果不同意修复,必须向售后部门提交理由。

(5) 项目经理/产品经理、测试工程师、开发工程师制定修复计划。

(6) 按计划开发修复缺陷,测试工程师验证修复了的缺陷并关闭缺陷。

(7) 测试工程师研究分析客户所报的缺陷,找出测试人员没有发现的原因,并给出在今后测试中避免出现这种情况的建议。

【专家点评】

对客户发现的问题,首先要尽量地去重现问题。假如问题无法重现,应督促相应部门与客户沟通,取得重现问题的所有信息(使用的系统、输入数据和使用步骤等)。假如问题是由于客户输入的数据导致的缺陷,不能直接使用客户输入的数据,只可以根据输入数据的特点去模拟。

10.5　读书笔记

读书笔记　　　　　*Name*：　　　　　　*Date*：

励志名句：*While there is life there is hope.*

一息若存，希望不灭。

第三篇

软件测试领域 9 大专题技术分享

第11章　Web测试专题技术分享

【本章重点】

本章详细介绍了 Web 测试的方法和技术,通过实例详细介绍 Web 测试的内容和技巧,其中包括界面测试、功能测试、表单测试等。通过不同类型的缺陷案例,向读者展示如何发现缺陷,如何报告缺陷。

【学习目标】

理解 Web 测试的特点及与其他测试的区别,理解并熟练掌握获取软件版本号,修改浏览器代理设置,修改 hosts 文件,网上付费项目测试,截屏与录制屏幕操作过程。熟练掌握界面测试、功能测试、表单测试的验证要点,了解常出现问题的地方,并能准确地描述发现的缺陷。

【知识要点】

Web 测试中相关的设置与查看方法,截屏与录制屏幕操作过程,熟练掌握界面测试、功能测试、表单测试的验证要点。

11.1　Web 测试的特点

随着 Web 应用的增多,新的模式解决方案中以 Web 为核心的应用也越来越多,很多公司各种应用的架构都以 B/S 即 Web 应用为主,所以测试技术专题分享从 Web 测试开始。

基于 Web 应用测试的特点是用户通过计算机中安装的浏览器就可以访问指定 URL 网页进行测试。这有别于基于手机的测试——需要用手机设备才能测试;也有别于基于桌面应用程序的测试——需要下载安装一个客户端软件,才能运行并测试。

Web 测试涉及的技术与经验很多,如图 11-1 所示。本章只涉及界面测试、功能测试与表单测试,而安全测试、性能与压力测试、国际化与本地化测试、自动化测试等在后面的各大专题分享中再给读者展开。

图 11-1　Web 软件测试

11.2　Web 测试基础

软件测试工程师在进行 Web 应用软件测试时,需要准确地找到所使用的测试环境,包括使用的操作系统/浏览器/Flash 播放器版本号。同时,有的测试项目需要设置浏览器的代理,有的项目需要修改 hosts 文件,有的项目需要测试网上购物(使用提供的信用卡或优惠卷)。

软件缺陷汇报基本上都要提供截图或操作步骤的视频录制,所以本章提供使用 FSCapture 和 Jing 进行截屏与视频录制的方法,而这个基本的方法对后面的各专题分享都有用。

11.2.1　获取软件版本号

测试工程师在汇报软件缺陷时,需要准确地描述复现这个软件缺陷所需要的环境。这些环境最基本的就是在什么样的系统版本下与在什么样的浏览器版本下有这样的问题。

1. 获取当前使用的 Windows 操作系统版本(OS Version)信息

用鼠标右击桌面上的"我的电脑"图标,选择"属性"命令,将显示作者目前使用的操作系统信息: Windows Vista 系统 Home Basic 家庭版,如图 11-2 所示。

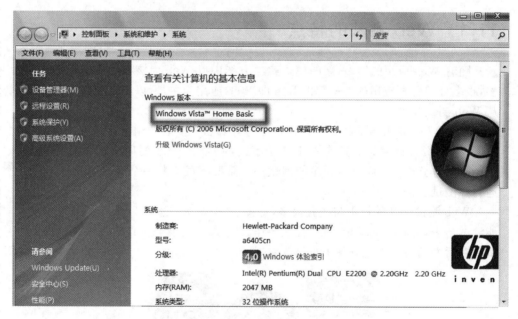

图 11-2　获取操作系统版本

2. 获取当前使用的 IE 浏览器版本(BS Version)信息

打开 IE 浏览器,单击菜单"帮助"→"关于 Internet Explorer",将显示作者目前使用的 IE 浏览器版本号: 8.0.6001.18882,如图 11-3 所示。

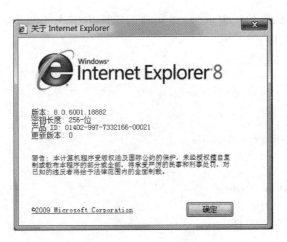

图 11-3　获取浏览器版本号

3. 获取当前使用的 Flash 播放器版本（Flash Player Version）信息

在浏览器地址栏中输入"http://www.playerversion.com"，将显示作者目前使用的 Flash 播放器版本号：11.3.31.232，如图 11-4 所示。

图 11-4　获取 Flash 播放器版本号

说明：当然，有时候因项目要求，会提供更多的测试环境细节。如果不知道如何获取这些软件版本号细节，可以在百度或谷歌中查询一下。

11.2.2　修改浏览器的代理设置

在 Web 测试过程中，一般是直接通过浏览器打开测试站点就可以开始测试，但有些特殊的项目需要修改浏览器的代理设置,如在项目说明中出现如图 11-5 或图 11-6 所示的信息,就表示需要设置代理。

Proxy information:

Example of how to setup proxy on browser:

Configuring Firefox

Tools-options-advanced Network tab configuration-settings button select the 'Manual proxy configurations' radio button.

HTTP Proxy=proxy.aaa.com

Port=9999

Configuring Internet Explorer

Tools-internet options

Connections-LAN settings

'Proxy server'

HTTP Proxy=proxy.aaa.com

Port=9999

Configuring Chrome

Customise-Options-Change Proxy Setting

LAN settings

'Proxy server'

HTTP Proxy=proxy.aaa.com

Port=9999

图 11-5　在 Firefox 中设置代理

Configuring Safari

General Settings Gear Logo>Advanced

Proxies-Change Settings

Connections-LAN settings

'Proxy server'

HTTP Proxy=proxy.aaa.com

Port=9999

Now the browser is using the aaa proxy,just try any url like www.google.com(http://www.google.com)and the proxy will ask for a username and password,you should use these credentials:

Username:aaatest

Password:proxy

IE uses system settings. So if IE has proxy set up then all browsers will be forced to use it.

The better way would be to set proxy in Safari or FF and use IE for aaa platform.

图 11-6　在 Safari 中设置代理

不同类型的浏览器,设置代理的地方不完全一样,但基本都可以在浏览器的"设置"中找到,如图 11-7 所示,在选项里单击"设置"按钮。

如图 11-8 所示,输入代理服务器的 IP 地址和端口之后,单击"确定"按钮即可。为了使设置的代理能够访问 https 站点,需要选择"为所有协议使用相同代理"复选框。

图 11-7　Firefox 设置代理

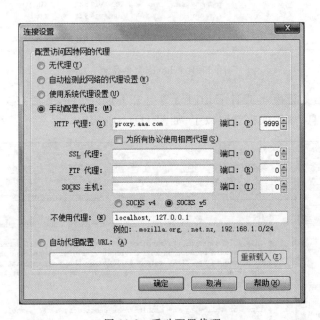

图 11-8　手动配置代理

注意：大部分站点测试是不需要代理的，所以当设置代理的项目测试完后，记得取消这个代理设置。

如果在 IE 中设置了代理，那么 Chrome 等 IE 内核的浏览器会自动有这个代理。但 Firefox 需要单独设置，因为它不是 IE 内核的。

11.2.3 修改 hosts 文件

有的项目在测试之前,需要修改本机的 hosts 文件,否则访问不了测试站点。如项目说明中出现如图 11-9 所示的信息,表示需要修改 hosts 配置文件。

HOST ENTRIES TO ENTER IN BEFORE TESTING
Before you start your testing you have to configure your host file to point to the correct site:
72.32.250.221   preview.Sharpie.com

图 11-9　修改 hosts 配置

以常用的 Windows 系统为例,打开 C:\Windows\System32\drivers\etc,就能找到 hosts 文件,如图 11-10 所示。

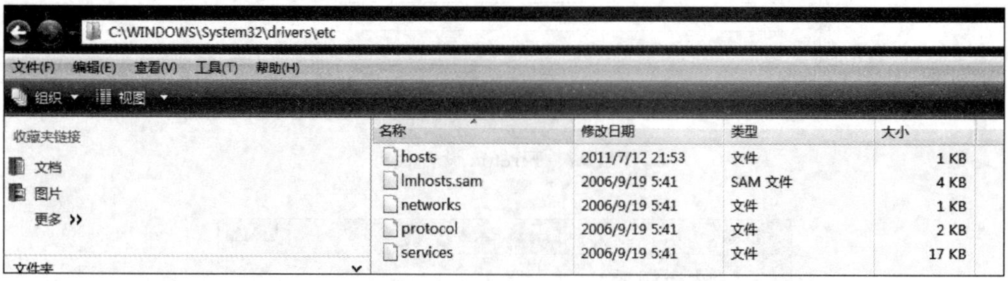

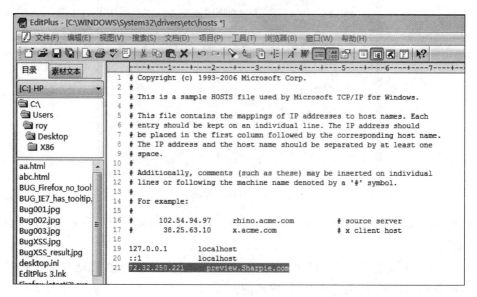

图 11-10　hosts 文件位置

用文本编辑器,如记事本或者 EditPlus 等打开 hosts 文件,然后在文件内容的最后,输入所需要补充的信息,然后保存就可以了,如图 11-11 所示。

图 11-11　编辑 hosts 文件

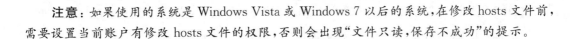

注意：如果使用的系统是 Windows Vista 或 Windows 7 以后的系统，在修改 hosts 文件前，需要设置当前账户有修改 hosts 文件的权限，否则会出现"文件只读，保存不成功"的提示。

11.2.4　测试网上付费购物

在测试网上付费购物时，需要提供信用卡账号，不需要使用真实的信息卡信息。这样的项目在测试时，一般都会给测试人员模拟的信息卡账号，如图 11-12 所示，就是模拟信用卡的信息。

```
Test CREDIT CARD Information：
Type-VISA
Number-4444 4444 4444 4448
CCV 411
Exp：Feb 2020
```

图 11-12　信用卡账号信息

此信息表示用于测试的信用卡的类型是 VISA 卡，卡的账号是：4444 4444 4444 4448，识别码是 411，该卡的过期时间是 2020 年 2 月。测试工程师在测试的网站中验证付费购物时就可以使用上面提供的模拟账户，当然也可以使用其他的模拟账号。

有的测试网站还提供优惠券（coupon），优惠券通常是一组号码。那么在付款时，可以用优惠券中提供的一组号码进行结算。

11.2.5　截屏软件 FSCapture 的使用

FSCapture 是一款抓屏工具，其目前最新版本为 7.3 版，体积小巧、功能强大，支持包括 BMP、JPEG、JPEG 2000、GIF、PNG、PCX、TIFF、WMF、ICO 和 TGA 在内的所有主流图片格式。软件操作简单明了，可以方便地抓取屏幕上的任何区域，可以直接从系统、浏览器或其他程序中导入图片。

其主界面非常简单，一目了然，如图 11-13 所示。

图 11-13　FSCapture 主界面

打开已经截图的图片或者本地计算机中已经存在的图片，进行相应的编辑操作。

捕捉活动窗口，就是捕捉当前的窗口。

捕捉窗口和对象，提供一些按键的配合功能，会感受到工具带来的便捷。

捕捉矩形选区，从要开始截图的地方，拖曳鼠标到终止的地方进行截图，截图始终是一个矩形，根据自己需求拖曳大小。

捕捉手绘区域，就像 PS 里面的套索工具，想选哪个区域，就根据自己需要进行选取，图形可以规则也可以不规则，双击或者按回车键即可完成截图。

捕捉整个屏幕。

滚屏截图，这个功能深受用户喜欢，当页面出现滚动条时，截图往往非常麻烦，需要分步截图，这个功能解决了这个问题，只要一步就能完成截图，页面就会随着滚动条来截图。

捕捉固定区域,根据自己设定的长宽进行捕捉区域设置,按 F2 键可以更改区域大小。

屏幕录像机,可以录制屏幕,根据如图 11-14 所示选择设定即可录制。

这个图标提供的功能就是截图以后,图片会以什么样的形式保存。如果要截图,建议保存在剪贴板中,这样直接粘贴就能使用,可根据不同的需求选择不同的保存方法和位置,如图 11-15 所示。

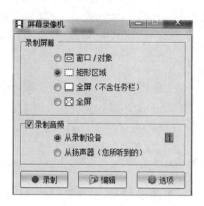

图 11-14　FSCapture 屏幕录制　　　　　　图 11-15　FSCapture 图片保存位置

如果选择截图后保存到编辑器,这样就会出现如图 11-16 所示的情况,单击"绘图"按钮就能对图片进行处理。

图 11-16　FSCapture 对图片进行编辑

此图标提供软件的设置功能，其中的屏幕放大镜和取色器都是很实用的功能，如图 11-17 所示。

11.2.6 截屏软件 Jing 的使用

TechSmith 公司推出一款应用程序——Jing。这是一款集屏幕录像以及抓图等功能于一身的应用程序，需要用户计算机上事先安装. NET Framework 3.0。除此之外，Jing 最大的特色是将视频录制与公司旗下的视频分享网站 Screencast 的整合，用户可以快速通过 Jing 将录制好的视频上传至 Screencast 服务器上。

图 11-17　FSCapture 软件设置

安装完成后，启动 Jing 如图 11-18 所示，其特点如下。

（1）简洁：安装后一个含羞半露的小太阳会长栖于屏幕正顶端，碰它一下便露出三个"辫子"：捕捉屏幕（可划定窗口）、历史（已捕捉过的图片或视屏）、设置。

（2）简易：抓屏（视屏）时话筒可选，倒数三下开始，5 分钟后自动停止，当然随时可停止或暂停。

（3）简便：停止后就跳出几个按钮：分享（自动上传）、存盘、编辑等。上传后把链接地址提供给用户，方便共享。

（4）简单：需要播放的对象，通过网页就能打开播放，不需要再安装其他的视频播放器。

如图 11-19 所示为选择一块需要截屏或录制视频的桌面区域，就可以进行截屏与录制了。

图 11-18　Jing 启动　　　　　图 11-19　Jing 中选择截屏或录制视频的区域

11.3　界面测试

用户界面测试,英文是 User Interface testing,又称 UI testing,是指软件中的可见外观及其底层与用户交互的部分,包括菜单、对话框、窗口和其他控件。

用户界面测试是指测试用户界面的风格是否满足客户要求,文字是否正确,页面是否美观,文字、图片组合是否完美,操作是否友好等。UI 测试的目标是确保用户界面会通过测试对象的功能来为用户提供相应的访问或浏览功能。确保用户界面符合公司或行业的标准。包括用户友好性、人性化、易操作性测试。

用户界面测试时要分析软件用户界面的设计是否合乎用户期望或要求。如图 11-20 所示,它常常包括菜单、对话框及对话框上所有按钮、文字、出错提示、帮助信息(Menu 和 Help content)等方面的测试。比如,测试 Microsoft Excel 中插入符号功能所用的对话框的大小,所有按钮是否对齐,字符串字体大小,出错信息内容和字体大小,工具栏位置/图标等。

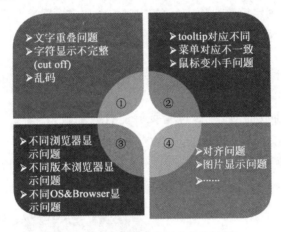

图 11-20　界面测试常要考虑的问题

11.3.1　文字或图片重叠

缺陷标题:首页→网站导航→第五届全国测试工程师培训宣传:图片与文字重叠

测试平台与浏览器:Windows XP ＋ IE8

缺陷汇报人:王顺

测试步骤:

(1) 打开言若金叶软件研究中心官网:www.leaf520.com。

(2) 访问首页→网站导航→第五届全国测试工程师培训宣传,进入 URL:http://www.leaf520.com/index.php?option＝com_content&view＝article&id＝44&Itemid＝7。

(3) 检查页面元素显示。

期望结果:各页面元素显示正确。

实际结果:图片与文字重叠,如图 11-21 所示。

图 11-21　图片与文字重叠

11.3.2　文字或图片剪裁

缺陷标题：首页→NBA 官方微博区域：出现文字剪裁

测试平台与浏览器：Windows XP＋IE8

缺陷汇报人：王顺

测试步骤：

(1) 访问 NBA 官网：www.nba.com。

(2) 进入 NBA 中文官方网站：http://china.nba.com/index.html？gr＝www。

(3) 检查页面元素显示。

期望结果：各页面元素显示正确。

实际结果：在"NBA 官方微博"区域出现文字剪裁，如图 11-22 所示。

图 11-22　文字出现剪裁

11.3.3 文字或图片没对齐

缺陷标题：言若金叶软件研究中心官网主页：图片显示不对齐问题

测试平台与浏览器：Windows XP＋IE8

缺陷汇报人：王顺

测试步骤：

(1) 打开言若金叶软件研究中心官网：www.leaf520.com。

(2) 在 IE 浏览器上观察主页信息。

期望结果：各页面元素显示正确。

实际结果：在 IE 上有界面排版的问题(各大搜索引擎图片没有完全对齐)，如图 11-23 所示。

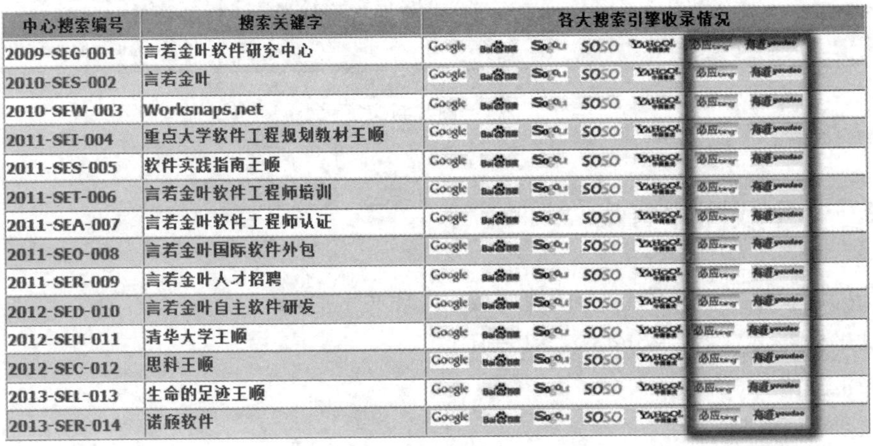

中心搜索编号	搜索关键字	各大搜索引擎收录情况
2009-SEG-001	言若金叶软件研究中心	
2010-SES-002	言若金叶	
2010-SEW-003	Worksnaps.net	
2011-SEI-004	重点大学软件工程规划教材王顺	
2011-SES-005	软件实践指南王顺	
2011-SET-006	言若金叶软件工程师培训	
2011-SEA-007	言若金叶软件工程师认证	
2011-SEO-008	言若金叶国际软件外包	
2011-SER-009	言若金叶人才招聘	
2012-SED-010	言若金叶自主软件研发	
2012-SEH-011	清华大学王顺	
2012-SEC-012	思科王顺	
2013-SEL-013	生命的足迹王顺	
2013-SER-014	诺颀软件	

图 11-23 IE 上各大搜索引擎图片没完全对齐

11.3.4 重复菜单项或链接

缺陷标题：言若金叶软件研究中心→网站导航：有重复的文字与链接

测试平台与浏览器：Windows XP＋IE8

缺陷汇报人：王顺

测试步骤：

(1) 打开言若金叶软件研究中心官网：www.leaf520.com。

(2) 单击导航条上的"网站导航"链接。

(3) 在网站导航页检查每一项元素。

期望结果：每一项元素都是正确的。

实际结果：在"核心工作——奉献社会实现人生"部分出现两个重复的文字介绍与链接，如图 11-24 所示。

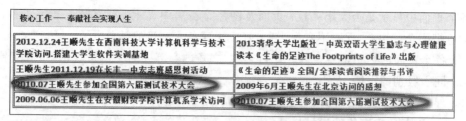

图 11-24　重复的文字介绍与链接

11.3.5　提示信息错误

缺陷标题：诺顾软件论坛首页→主页图片提示信息与所在语言不一致

测试平台与浏览器：Windows XP＋Firefox 21

缺陷汇报人：王顺

测试步骤：

（1）诺顾软件论坛首页：http://www.leaf520.com/bbs/。

（2）鼠标指向左上角的"言若金叶"图片。

（3）检查提示信息 tooltip 的显示。

期望结果：提示信息应该正确显示为中文的"言若金叶软件研究中心官网首页"。

实际结果：提示信息为英文的 www.leaf520.com homepage，如图 11-25 所示。

图 11-25　tooltip 提示信息有误

11.3.6　界面测试其他问题

与界面测试相关的检查项还有很多，需要平时多实践，多总结。比如：

（1）各个页面的样式风格是否统一。包括各个页面的大小是否一致；同样的 LOGO 图片在各个页面中显示是否大小一致；页面及图片是否居中显示；页面颜色是否统一；前景与背景色搭配合理协调，反差不宜太大，最好少用深色或刺目的颜色。

（2）各个页面的标题是否正确。栏目名称、文章内容等处的文字是否正确，有无错别字或乱码；同一级别的字体、大小、颜色是否统一。

（3）导航处是否按相应的栏目级别显示；导航文字是否在同一行显示。

（4）文章列表页，左侧的栏目是否与一级、二级栏目的名称、顺序一致。

（5）提示、警告或错误说明应清楚易懂，用词准确，摒弃模棱两可的字眼。

（6）所有的图片是否都被正确装载，在不同的浏览器、分辨率下图片是否能正确显示（包括位置、大小）。

（7）切换窗口大小、缩小窗口后，页面是否按比例缩小或出现滚动条；各个页面缩小的风格是否一致（按比例缩小或出现滚动条）。

（8）一个窗口中按 Tab 键，移动聚焦应按顺序移动。先从左至右，再从上到下。

（9）按钮大小基本相近，忌用太长的名称，免得占用过多的界面位置；避免空旷的界面上放置很大的按钮；按钮的样式风格要统一；按钮之间的间距要一致。重要的命令按钮与使用频繁的按钮放在了界面醒目的位置。

（10）菜单项的措词准确，能够表达出所要进行设置的功能，菜单项的顺序合理，具有逻辑关联的项目集中放置。

（11）在整个交互的过程中，可以识别鼠标操作，多次单击鼠标后，仍能够正确识别。鼠标无规则单击时不会产生不良后果，单击鼠标右键弹出快捷菜单，取消右键后该菜单隐藏。

（12）所有控件、描述信息尽量使用大小统一的字体属性，除特殊提示信息、加强显示等例外情况。

（13）快捷键和菜单选项，在 Windows 中按 F1 键总是得到帮助信息，软件设计中的快捷方式能正确使用。

（14）若有滚动信息或图片，将鼠标放置其上，查看滚动信息或图片是否停止。

（15）调整分辨率验证页面格式是否有错位现象；软件界面要有一个默认的分辨率，而在其他分辨率下也可以运行，分别在 1024×768、1280×768、1280×1024、1200×1600 分辨率下的大字体、小字体下的界面显示正常。

（16）鼠标移动到 Flash 焦点上特效是否实现，移出焦点特效是否消失。

（17）整个软件中是否使用同样的术语。例如，Find 是否一直叫 Find，而不是有时叫 Search。

11.4　功能测试

功能测试，英文称为 Functional testing。Web 应用程序中的功能测试主要是对页面的链接、按钮等页面元素功能是否正常工作的测试。因表单的测试知识点比较多，所以放在 11.5 节单独阐述。

Web 功能测试内容如图 11-26 所示。

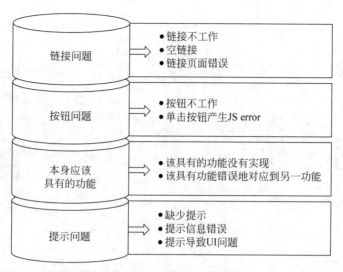

图 11-26　Web 功能测试

11.4.1　tooltip 不显示

缺陷标题：言若金叶软件研究中心→网站导航页→《生命的足迹》全国/全球读者阅读推荐与书评：图片 tooltip 在 Firefox 浏览中不显示

测试平台与浏览器：Windows XP＋Firefox 21

缺陷汇报人：王顺

测试步骤：

（1）访问言若金叶软件研究中心官网首页：http://www.leaf520.com。

（2）言若金叶软件研究中心→网站导航页→《生命的足迹》全国/全球读者阅读推荐与书评进入 URL：http://www.leaf520.com/index.php? option＝com_content&view＝article&id＝83。

（3）检查图片提示信息 tooltip 的显示。

期望结果：提示信息应该正确显示为中文的"中英双语大学生励志与思想健康读本《生命的足迹》封面样式"。

实际结果：提示信息在 Firefox 中无法显示，右击鼠标选择"审查元素（Inspect Element）"命令，如图 11-27 所示。

知识积累：从代码实现来看图片的 alt 属性，只支持 IE 浏览器。如果想在各浏览器中都能正常显示，需要将这里的 alt 属性值改为 title 属性值。

11.4.2　JS error 问题

缺陷标题：站点管理员主页有 JS 错误

测试平台与浏览器：Windows Vista 家庭版＋IE8 浏览器

测试步骤：

（1）访问管理员网站并用 Tester/tester 作为用户名与密码登录 http://parasucostage.

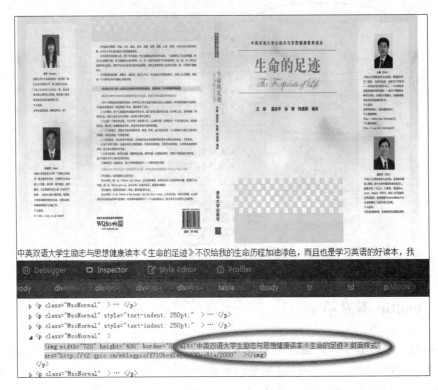

图 11-27　tooltip 在 Firefox 中不显示

lesite. ca/admin。

（2）检查站点管理员主页。

期望结果：页面不应该有 JS 错误。

实际结果：站点管理员主页有 JS 错误，如图 11-28 所示。

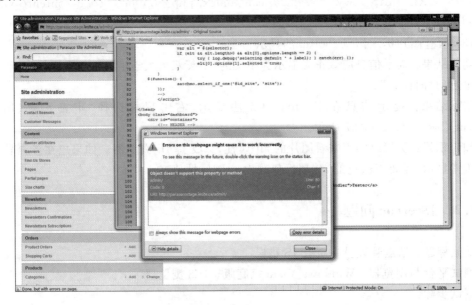

图 11-28　页面出现 JS error

知识积累：JS error 目前只能在 IE 中显示出来，Firefox 会屏蔽 JS error，所以看不到，当然通过插件 Firefox 中也能看到。JS error 的特点是在 IE 浏览器的左下角有一个黄色的感叹号，如果访问的页面中有这样的情况，就代表这个页面存在 JS error。双击左下角的黄色的感叹号，就能看到出错的细节。

11.4.3 页面链接错误

缺陷标题：言若金叶软件研究中心→网站导航页→软件工程师专区链接指向错误

测试平台与浏览器：Windows XP＋IE8 或 Firefox 浏览器

缺陷汇报人：王顺

测试步骤：

（1）打开言若金叶软件研究中心官网：www.leaf520.com。

（2）单击导航条上的"网站导航"链接。

（3）在网站导航页检查每一项元素。

期望结果：每一项元素都是正确的。

实际结果：网站导航页中的"软件工程师专区"链接指向错误，找不到指定的主题内容，如图 11-29 和图 11-30 所示。

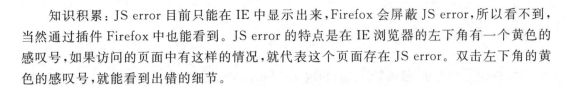

图 11-29 链接指向错

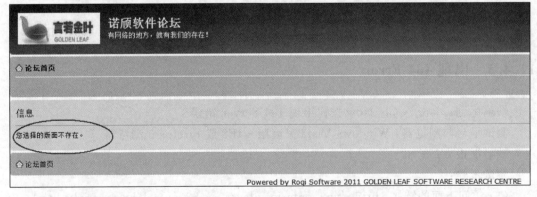

图 11-30 链接指向的版面不存在

11.4.4 页面访问资源不可用

缺陷标题：当单击"帮助"链接时，出现 403 Forbidden 错误

测试平台与浏览器：Windows 7＋IE8 或 Firefox 浏览器

缺陷汇报人：盛安平

测试步骤：

(1) 打开"城市空间"网站：www.oricity.com。

(2) 切换到"城市空间论坛"页面。

(3) 在这个页面上单击"帮助"链接。

期望结果：能够正常打开帮助页面内容。

实际结果：页面出现 403 Forbidden 错误，如图 11-31 所示。

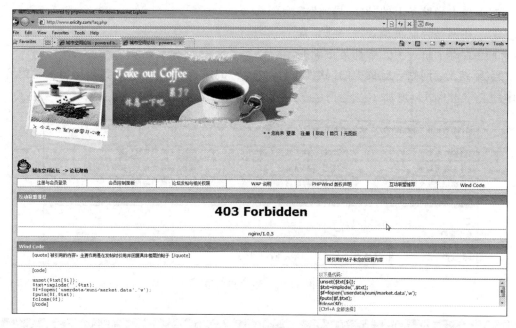

图 11-31　页面错误

11.4.5 出现 404 Error

缺陷标题：单击 Apply Now 按钮出现 404 Server 错误

测试平台与浏览器：Windows Vista 家庭版＋IE8 或 Firefox 5 浏览器

缺陷汇报人：王顺

测试步骤：

(1) 访问下面的链接：http://igx.ontariocolleges.ca:82/ontcol/home/apply.html。

(2) 单击 Apply Now 按钮。

期望结果：出现 Apply Now 页面。

实际结果：出现 404 Server 错误页面，如图 11-32 和图 11-33 所示。

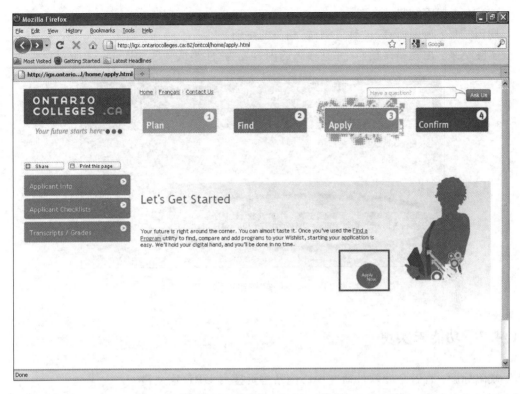

图 11-32　单击 Apply Now 按钮

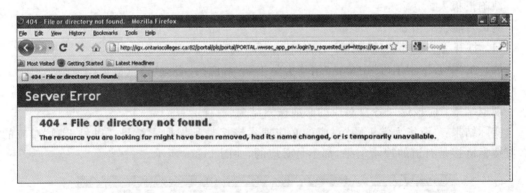

图 11-33　出现 404 页面错误

11.4.6　按钮不工作

缺陷标题：诺顾软件论坛首页→"搜索"按钮工作不正常

测试平台与浏览器：Windows XP＋Firefox 21

缺陷汇报人：王顺

测试步骤：

(1) 诺顾软件论坛首页：http://www.leaf520.com/bbs/。

（2）在页面右上角搜索框内输入"软件测试"，单击"搜索"按钮。

（3）检查搜索结果。

期望结果：返回所有与"软件测试"相关的主题。

实际结果：出现错误信息，并且输入的内容变为"件测试软"，如图 11-34 所示。

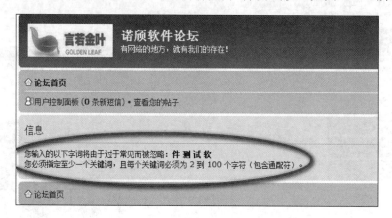

图 11-34　"搜索"按钮工作不正常

11.4.7　功能未实现

缺陷标题：言若金叶软件研究中心网站主页搜索 URL 定义错

测试平台与浏览器：Windows XP＋IE8 或 Firefox 浏览器

缺陷汇报人：王顺

测试步骤：

（1）打开言若金叶软件研究中心官网：www.leaf520.com。

（2）在"中心搜索编号"中单击"清华大学王顺"对应的"必应"搜索链接。

（3）在"中心搜索编号"中单击"思科王顺"对应的"必应"搜索链接。

期望结果：应该返回各自对应的必应搜索结果。

实际结果："清华大学王顺"对应的必应搜索链接是雅虎搜索结果，"思科王顺"对应的必应搜索链接是有道的搜索结果，都不是必应的，如图 11-35 所示。

中心搜索编号	搜索关键字	各大搜索引擎收录情况						
2009-SEG-001	言若金叶软件研究中心	Google	baidu	So.u.	SOSO	YAHOO!	必应bing	有道youdao
2010-SES-002	言若金叶	Google	baidu	So.u.	SOSO	YAHOO!	必应bing	有道youdao
2010-SEF-003	freeoutsourcing	Google	baidu	So.u.	SOSO	YAHOO!	必应bing	有道youdao
2011-SEI-004	重点大学软件工程规划教材王顺	Google	baidu	So.u.	SOSO	YAHOO!	必应bing	有道youdao
2011-SES-005	软件实践指南王顺	Google	baidu	So.u.	SOSO	YAHOO!	必应bing	有道youdao
2011-SET-006	言若金叶软件工程师培训	Google	baidu	So.u.	SOSO	YAHOO!	必应bing	有道youdao
2011-SEA-007	言若金叶软件工程师认证	Google	baidu	So.u.	SOSO	YAHOO!	必应bing	有道youdao
2011-SEO-008	言若金叶国际软件外包	Google	baidu	So.u.	SOSO	YAHOO!	必应bing	有道youdao
2011-SER-009	言若金叶人才招聘	Google	baidu	So.u.	SOSO	YAHOO!	必应bing	有道youdao
2012-SED-010	言若金叶自主软件研发	Google	baidu	So.u.	SOSO	YAHOO!	必应bing	有道youdao
2012-SEH-011	清华大学王顺	Google	baidu	So.u.	SOSO	YAHOO!	必应bing	有道youdao
2012-SEC-012	思科王顺	Google	baidu	So.u.	SOSO	YAHOO!	必应bing	有道youdao

图 11-35　必应搜索链接功能错误

11.4.8 错误信息提示不合理

缺陷标题：当输入错误的邮箱地址时，应该有相应的提示信息

测试平台与浏览器：Windows 7＋IE8 或 Firefox 浏览器

缺陷汇报人：盛安平

测试步骤：

（1）打开言若金叶软件研究中心官网：www.leaf520.com。

（2）单击"登录"下面的"忘记密码"。

（3）在"忘记密码"页面输入一个错误的邮箱地址，比如 test♯gmail.com。

期望结果：应该提示邮箱地址不正确。

实际结果：没有任何提示信息，如图 11-36 所示。

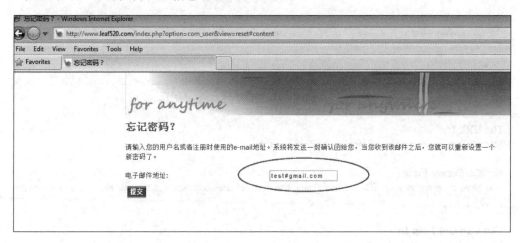

图 11-36 无效的邮箱地址

11.4.9 数据库访问错误

缺陷标题：当单击"手机短信设置"时，出现数据库访问错误

测试平台与浏览器：Windows 7＋IE8 或 Firefox 浏览器

缺陷汇报人：盛安平

测试步骤：

（1）打开"城市空间"网站：www.oricity.com。

（2）在导航条上单击"活动发布"。

（3）系统切换到登录页面，不要登录（如果登录之后，这个问题不能重现）。

（4）单击左边导航条上的"手机短信设置"。

期望结果：不应该出现任何错误信息。

实际结果：页面出现"Query Error：select ＊ from oc_reject where id＝"错误信息，如图 11-37 和图 11-38 所示。

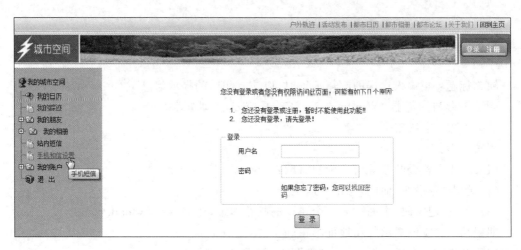

图 11-37　手机设置页面

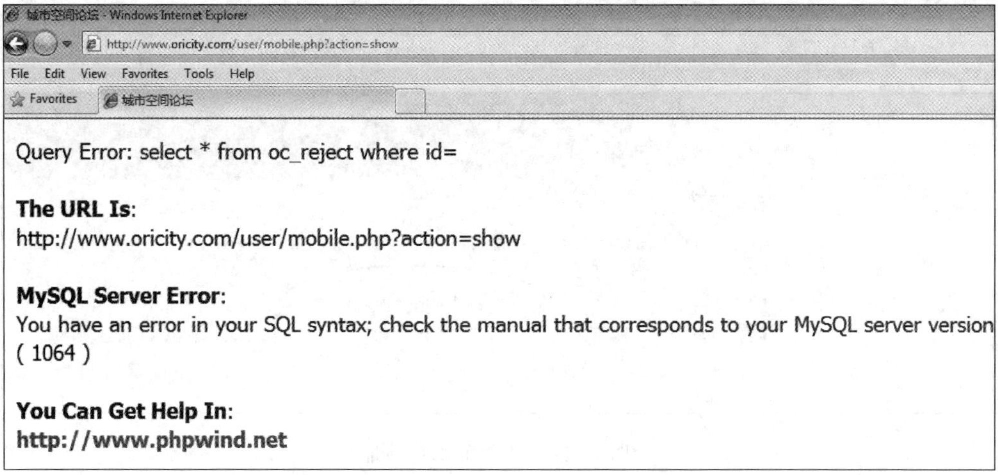

图 11-38　错误页面

11.4.10　文档无法下载

缺陷标题：言若金叶软件研究中心→跨地域合作项目在线跟踪系统 worksnaps：PDF 下载出错

测试平台与浏览器：Windows XP＋Firefox 21

缺陷汇报人：王顺

测试步骤：

(1) 访问言若金叶软件研究中心官网首页：http://www.leaf520.com。

(2) 搜索："跨地域合作项目在线跟踪系统"。

(3) 单击链接标题"言若金叶软件研究中心自主软件研发国际站点：跨地域合作项目在线跟踪系统 worksnaps"进入 URL：http://www.leaf520.com/index.php? option＝com_content&view＝article&id＝81。

（4）单击 PDF 按钮。

期望结果：生成 PDF 文件，便于打开与下载。

实际结果：出现 TCPDF error：Unsupported image type：png？1366955347357，如图 11-39 所示。

图 11-39　下载 PDF 出错

11.5　表单测试

当用户填写数据向 Web 服务器提交信息时，就需要使用表单操作。常见的表单操作有用户注册、用户登录、查询数据、数据排序、将商品放入购物篮、修改网购商品数量、填写收货人地址、通过网银支付等。在这种情况下，必须测试提交操作的完整性，以校验提交给服务器的信息的正确性。例如，用户填写的出生日期是否恰当，填写的所属省份与所在城市是否匹配等。如果使用了默认值，还要检验默认值的正确性。如果表单只能接受某些字符，测试时可以跳过这些字符,看系统是否会报错。

表单测试的主要方法有:边界值测试、等价类测试,以及异常类测试等。测试中要保证每种类型都有两个以上的典型数值的输入,以确保测试输入的全面性。

表单测试的技术程度,直接反映这名测试工程师对 Web 应用程序测试的技术水平与经验程度。如图 11-40 所示为 Web 表单测试内容。

图 11-40　Web 表单测试

11.5.1　文本框测试常见验证点

文本框一般样式为一个个单行的空白框,让用户输入数据,测试常见验证点如下。

(1) 输入正常的字母或数字,验证是否能正常工作。

(2) 输入已存在的用户名或电子邮件名称,验证是否有唯一性校验。

(3) 输入超长字符串,例如在"名称"框中输入超过允许边界个数的字符,假设最多 255 个字符,尝试输入 256 个或以上字符,检查程序能否正确处理。

(4) 输入默认值、空白、空格,检查程序能否正确处理。

(5) 若只允许输入字母,尝试输入数字;反之,尝试输入字母,检查程序能否正确处理。

(6) 利用复制、粘贴等操作强制输入程序不允许的输入数据,检查程序能否正确处理。

(7) 输入特殊字符集,例如,NULL 及 \n 等,检查程序能否正确处理。

(8) 输入中文、英文、数字、特殊字符(特别注意单引号和反斜杠)及这 4 类的混合输入,检查程序能否正确处理。

(9) 输入不符合格式的数据,检查程序是否正常校验,例如,程序要求输入身份证号,若输入"abc123",程序应该给出错误提示。

(10) 输入 HTML 的<head>、<html>、<b>等,检查是否能原样正确显示。

(11) 输入全角、半角的英文、数字、特殊字符等,检查是否报错。

根据测试经验,文本框测试可能出现的错误如下。

(1) 需要填写购物数量的地方,如果写了字母"a",经常就会导致系统出错。

(2) 需要填写用户名的地方,如果输入了 6 个空格,结果也提交成功了。

(3) 需要填写用户名的地方,如果输入了 300 个字符,结果登录后,页面被撑开,很难看。

(4) 需要填写用户名的地方,如果输入了 2000 个字符,提交后,系统报超出数据库表字段定义宽度错。

（5）需要填写用户名的地方，如果输入了"＜head＞"，提交后登录，看不到填写的名字。

11.5.2　特殊输入域常见验证点

1. 密码框测试常见验证点

密码框从表面上看与文本框一样，但它是用户展示用户输入密码的区域，测试常见验证点如下。

（1）密码输入域输入数据是否可见？密码的正确显示必须为"＊＊＊＊＊＊"，不可见模式。

（2）密码是否可以全部是空格？密码设计必须不能全为空格。

（3）密码是否对大小写敏感？比如：密码"An@d123R"与"an@d123r"一定不是同一个密码。

根据测试经验，密码框测试常出现的错误有：

（1）新用户注册时要求密码不少于6位，结果填写3位，提交成功了。

（2）新用户注册时需要填写密码与确认密码，两次输入不一致，提交成功了。

（3）新用户注册时需要填写密码与确认密码，输入"An@d123R"与"an@d123r"，提交成功了。

（4）新用户注册时需要填写密码，输入6个空格，提交成功了。

2. 日期填充域常见验证点

（1）输入不符合格式的数据，检查程序是否正常校验，例如，程序要求输入年月日格式为 yy/mm/dd，实际输入 yyyy/mm/dd，程序应该给出错误提示。

（2）无效日期处理，例如，出生年月输入为 2013/02/30，而2月最多是29天，检查程序是否出错。

（3）出生日期填写为未来日期，比如 3214/12/12，检查程序是否出错。

（4）将结束日期设置在开始日期之前，检查是否有正常校验。

3. 电话号码填充域常见验证点

（1）电话号码应该由一组数字组成，不能包含英文字母。

（2）如果有分机号，中间用破折号分隔。

4. 邮政编码填充域常见验证点

（1）国内的邮政编码都是数字。

（2）英国的邮编是字母与数字的组合，当测试国外邮编时需要先查一下该国的邮编格式。

5. 电子邮件填充域常见验证点

（1）电子邮件的格式为 xyz@xyz.xyz，输入错误的格式如 aa@aa、123、aa#aa.aa，检查是否有错误提示。

(2) 输入正确的电子邮件地址,需要能验证通过,并能收到相应的 E-mail。

6. 购物数量填充域常见验证点

(1) 在填写购物数量的地方,输入一个最大值,查看钱数累计的是否正确。

(2) 在填写购物数量的地方,输入一个负数,检查是否有正确的处理。

(3) 在填写购物数量的地方,输入一个数字"0",检查是否有正确的处理。

(4) 在填写购物数量的地方,输入一个字母"a",检查是否有正确的处理。

(5) 在填写购物数量的地方,输入一个特殊符号">",检查页面能否正确显示。

7. 必填字段常见验证点

(1) 必填字段不输入任何内容,直接提交,检查是否有错误提示。

(2) 必填字段只输入空格,然后提交,检查是否有错误提示。

(3) 必填字段的提示是否统一。

11.5.3 单选按钮常见验证点

单选按钮,常见的是注册新用户时,性别选择的应用。测试常见验证点如下。

(1) 一组单选按钮不能同时选中,只能选中一个。

(2) 逐一执行每个单选按钮的功能。分别选择了"男"、"女"后,保存到数据库的数据应该相应地分别为"男"、"女"。

(3) 一组执行同一功能的单选按钮在初始状态时必须有一个被默认选中,不能同时为空。

根据测试经验,单选按钮测试常出现下列错误。

(1) 一组执行同一功能的单选按钮没有默认值;

(2) 用户选择保存的选项与提交成功后再次打开的不一致。

11.5.4 复选框常见验证点

复选框,常见的是注册新用户时,个人爱好的选择应用。测试常见验证点如下。

(1) 多个复选框可以被同时选中(全选);

(2) 多个复选框可以被部分选中(部分选);

(3) 多个复选框可以都不被选中(全不选);

(4) 逐一执行每个复选框的功能(选择保存后,查看保存结果是否与所选择的一致)。

根据测试经验,复选框的测试常出现下列错误。

(1) 复选框的"全选"与"全不选"功能不能正常工作;

(2) 用户选择的所有项保存提交成功后,再次打开与上次选择的不完全一致。

11.5.5　大块文字区域常见验证点

大块文字区域有多行与多列的一大块的空白文字输入框,如简答题与论述题,测试常见验证点如下。

(1) 输入数据超出最大字符数,检查会出什么情况;

(2) 输入数据正好为最大字符数,检查是否能正确保存;

(3) 不输入任何数据,检查是否能正确保存;

(4) 在 Firefox 或 Chrome 浏览器下,大块文字区域右下角一般都可以拖放,尝试用鼠标进行拖放,检查会不会导致界面很难看或滚动条消失。

根据测试经验,大块文字区域测试常出现下列错误。

(1) 规定可以输入比如 5000 字符,复制近一万字符也能保存进去;

(2) 规定可以输入比如 5000 字符,但实际上只能输入 2000 不到的字符就不能再输入了;

(3) 规定可以输入比如 5000 字符,但输入 4000 字符后保存,系统报错了;

(4) 在 Firefox 或 Chrome 浏览器下,拖动大块文字区域右下角的图标导致界面很难看。

11.5.6　下拉列表框常见验证点

下拉列表框常见的应用如选择出生的省份、毕业的大学等,测试常见验证点如下。

(1) 条目内容正确,无重复条目,无遗失条目;

(2) 逐一执行列表框中每个条目的功能。

根据测试经验,下拉列表框测试常出现下列错误。

(1) 下列条目选项内容不完整,有缺失项;

(2) 下列条目选项内容不准确,有重复项;

(3) 下列条目选项并不是每一项都能正确选择到,有 JS 错,或功能不工作。

11.5.7　排序常见验证点

排序时常见的检查点如下。

(1) 选择正序排列后,再检查一下反序排序;

(2) 对文字的排序,检查是否按从 A~Z 的顺序;

(3) 对价格、数目等的排序,检查是否按数字大小顺序;

(4) 如果有分页,检查是否先排好序再分页。

11.5.8　分页测试常见验证点

分页测试常见验证点如下。

(1) 当没有数据时,"首页"、"上一页"、"下一页"、"尾页"标签全部置灰,不支持单击;

（2）在首页时，"首页"、"上一页"标签置灰；在尾页时，"下一页"、"尾页"标签置灰；在中间页时，4个标签均可单击，且跳转正确；

（3）翻页后，列表中的数据是否仍按照指定的顺序进行了排序；

（4）各个分页标签是否在同一水平线上；

（5）各个页面的分页标签样式是否一致；

（6）分页的总页数及当前页数显示是否正确；

（7）是否能正确跳转到指定的页数；

（8）在分页处输入非数字的字符（英文、特殊字符等），输入 0 或超出总页数的数字，是否有友好提示信息；

（9）是否支持回车键的监听。

11.5.9　搜索框填充域常见验证点

搜索框填充域常见验证点如下。

（1）"搜索"按钮功能是否实现；

（2）输入网站中存在的信息，能否正确搜索出结果；

（3）输入键盘中所有特殊字符，是否报错；特别关注：_?'"＃＼／--＜＞;等特殊字符；

（4）系统是否支持回车键、Tab 键；

（5）搜索出的结果页面是否与其他页面风格一致；

（6）在输入域输入空格，单击"搜索"按钮系统是否报错；

（7）本站内搜索输入域中不输入任何内容，是否搜索出的是全部信息或者给予提示信息；

（8）精确查询还是模糊查询，如果是模糊查询输入"中％国"，查询结果是不是都包含"中国"两个字的信息；

（9）焦点放置搜索框中，搜索框默认内容是否自动被清空；

（10）搜索输入域是否实现回车键监听事件。

11.5.10　用户登录常见验证点

用户登录常见验证点如下。

（1）用户名和密码都符合要求并且是正确的，检查是否能登录成功；

（2）用户名和密码都不符合格式要求，检查是否能登录成功以及有出错提示；

（3）用户名符合要求，密码不符合要求，检查是否能登录成功以及有出错提示；

（4）密码符合要求，用户名不符合要求，检查是否能登录成功以及有出错提示；

（5）用户名或密码为空，检查是否能登录成功以及有出错提示；

（6）数据库中不存在的用户名、不存在的密码，检查是否能登录成功以及有出错提示；

（7）数据库中存在的用户名、错误的密码，检查是否能登录成功以及有出错提示；

（8）数据库中不存在的用户名、存在的密码，检查是否能登录成功以及有出错提示；

（9）输入的用户名或密码前存在空格，检查是否能登录成功以及有出错提示；

（10）按回车键是否监听事件，能执行登录过程。

现在的大部分网站登录都有记住密码，下次自动登录或一周（一个时间段）内自动登录的选项框。测试人员可以检查一下是否真地能下次自动登录或一个时间段内能自动登录。

自动登录用的是 Cookie 技术，对于使用 Cookie 技术会出现的安全问题将在安全专题技术分享中阐述。

11.5.11 特殊字符处理常见验证点

特殊字符英文描述如表 11-1 所示。

表 11-1 特殊字符英文描述

特殊字符	汉语描述	英文描述	特殊字符	汉语描述	英文描述
！	感叹号	exclamation mark	？	问号	question mark
，	逗号	comma	.	点号	dot/point
：	冒号	colon	；	分号	semicolon
"	双引号	double quote	'	单引号	single quote
`	重音号	grave accent	*	星号	asterisk
＋	加号	plus sign	—	减号/横线	minus sign/dash
＝	等号	equal sign	/	斜线	slash
\	反斜线	backslash	|	竖线	bar/pipe
_	下划线	underline	$	美元符号	dollar sign
@	at	at sign	♯	井号	crosshatch
％	百分号	percent sign	&	和/兼	and
^	折音号	caret	~	波浪号	tilde
{}	（左右）花括号/大括号	(left/right) braces	[]	（左右）方括号/中括号	(left/right) brackets
()	（左右）圆括号/小括号	(left/right) parentheses	<>	尖括号	angle brackets
<	小于号	less than	>	大于号	greater than

（1）键盘上的所有特殊字符，都是可以用于作输入有效性验证测试的，也就是说 Web 页面只要有空白，能填空的地方，测试人员就可以输入这些字母组合进行测试。

（2）因为计算机语言处理中对于字符型数据的都是用单引号或双引号引起，所以在测试时，可以有意识地填入单引号与双引号，提交后检查有没有异常。

（3）因为网页测试中 URL 中参数的名与值的分隔符是问号与"和"符号（？ 与 &），所以在测试时，比如输入用户名时可以有意识地填入"aa？a＝b"以及"bb&name＝zhangsan"之类的字符，提交后检查有没有异常。

（4）因为网页测试中 URL 参数中的 ♯，可以作为锚点分隔符也可以作为 URL 终止符，所以在测试时，比如输入注册密码时可以有意识地填入"Au♯2c8"，注册成功后，试试这个密码能不能登录。

（5）因为网页 URL 提交数据的方式分为两种，一种是 GET，另一种是 POST，特别是 GET 方式在数据提交时，为了防止数据被截断，都会对数据进行 URL 编码，不适当编码与解码会导致空格与加号解码后一致,所以输入注册密码时可有意识地填入"＋＋＋＋＋＋",注册成功后,试试这个密码能不能登录。

(6)因为 Web 网页通过 HTML 解析,所以在注册用户名或姓名时,可有意识地填入"＜abc＞"或"＜zhangsan＞",提交后检查有没有异常,登录后网页能不能正常显示这个名字。

11.5.12　转义字符处理常见验证点

我们接触的程序语言都有对转义字符的处理,比如 C、PHP、Java。因网页直接能解析HTML 与 JavaScript,所以这里列出的是 JavaScript 的转义符,如表 11-2 所示。因为有些字符在程序员编程时不容易代表出来,所以引进了转义字符进行,转义字符也就成了测试工程师的一个验证点。

表 11-2　JavaScript 转义符

转 义 序 列	字　　　符	转 义 序 列	字　　　符
\b	退格	\t	横向跳格
\f	走纸换页	\'	单引号
\n	换行	\"	双引号
\r	回车	\\	反斜杠

(1)测试在文本框中输入"\n"或"\\",检查输出是不是同样的,如果和用户输入的不一样就是缺陷。

(2)测试在文本框中输入单引号或双引号,检查输出时是不是一样的,如果输出为"\'"或"\""就是错误的。

11.5.13　多次快速提交问题

可以想象,假设最终客户的网络或机器速度比较慢,在进行注册或其他操作时,不小心多次单击了"提交"按钮,有没有适当的保护措施? 如连续多次单击了同一个"删除"按钮,会不会出现系统报错?

11.5.14　共用页面 Session 问题

现在的浏览器基本都支持,另开一个新网页,当打开某个网页并在这个网站上登录后,通过同一个浏览器另开的网页如果访问同一个页面也就自动登录上了。可以尝试把两个网页的内容都进入到删除/修改某文章的页面,然后在一个网页中单击"退出",在另一个网页中单击"删除"或"修改",看看是不是重新回到登录页面(这种是正确的),如果能直接删除或修改就是错误的。因为同一个浏览器的两个 Tab 共用同样的 Session,一个已经退出,另一个就自动退出登录了,虽然因为网页没有刷新,"删除"/"修改"按钮还能看到。

需要说明的是:不同浏览器不共用 Session,比如一个用 Firefox 浏览器,一个用 IE 浏览器,在一个浏览器中退出,另一个浏览器是不会自动退出的。

Session 中的内容保存与浏览器相关,用户关闭浏览器则用户与服务器间的会话与认证关系终结。

Cookie 是保存在用户计算机本地的,所以与浏览器打开与关闭无关。Cookie 也可以设置有效期,可以通过程序设置为一天、一周、一月、一年或永久有效。

11.5.15 页面刷新问题

有些网站,当选择购物或注册提交照片时,页面刷新会导致部分数据丢失。页面刷新可以是用户主动刷新或按键盘上的 F5 键,另一种就是程序控制的页面刷新,例如注册时提交照片,网页一般是刷新一下将提交的照片显示出来。

页面刷新经常导致用户提交的数据莫名丢失,这是测试人员需要关注的测试点。

11.5.16 浏览器"前进"/"后退"按钮问题

有些网页,当单击浏览器上的"前进"与"后退"按钮时就会出现系统报错,或页面无法正常显示。所以在 Web 测试中单击浏览器上的"前进"与"后退"按钮并观察其行为也是测试人员需要关注的测试点。

【专家点评】

Web 应用的巨大成功和不断发展,使其渗透到国计民生、商业领域和个人生活的各个方面,人们对 Web 应用系统的质量提出了更高的要求。对一个 Web 系统进行全面深入的测试是一项复杂并且技术含量很高的工作。作为软件测试工程师,需要不断提升测试技能,积累测试经验,以便更好地胜任此项工作。

11.6 读书笔记

读书笔记　　　　　　*Name:*　　　　　　　　　*Date:*

励志名句:*The difference between a successful people and others is not a lack of strength,not lack of knowledge,but rather a lack of will.*

和成功的人相比,其他人缺乏的不是力量,不是知识,而是坚强的意志。

第12章　Client 测试专题技术分享

【本章重点】

本章重点介绍客户端软件的测试。介绍了客户端软件测试的特点,它是如何测试的,以及进行客户端软件测试需要提供给开发工程师什么信息。

【学习目标】

通过具体的实例介绍 Client 测试需要从哪几个方面去进行,如何获取测试需要的 Trace。

【知识要点】

重点掌握如何进行安装测试、卸载测试、用户界面测试、功能测试、字符输入测试、提示信息测试、超链接测试、操作按钮测试、菜单测试、视频音频测试、程序运行权限测试,如何获取测试需要的 Trace。

12.1　Client 测试的特点

Client 测试,也叫客户端测试,它是测试安装在用户机器上的应用程序的各个功能是否可以正常运行。Client 测试与其他的测试不一样,它需要先在本机安装 Client 程序包,然后通过运行 Client 程序,进行各种数据的输入、保存等操作。各种 Client 程序功能不同,操作界面各异,但测试方法基本相同。

客户端软件的测试特点是必须在本机安装需要测试的软件,然后才可以进行测试。在测试时一般要进行安装测试、卸载测试、用户界面测试、功能测试、字符输入测试、提示信息测试、超链接测试、操作按钮测试、菜单测试、视频音频测试、程序运行权限测试等。

下面以 Time Tracker 的 Client 程序为例进行说明(Client 程序下载地址: http://www.worksnaps.net/www/download.shtml,后面章节中介绍的 Time Tracker 软件安装也是这个系统,如果在本章安装过,后面章节就不需要重复安装了)。

12.2　如何进行 Client 测试

Client 测试看似很简单,但如何全面、快速、高效地完成测试,需要掌握一定的方法,如果方法掌握不好,就可能漏掉某个测试点,为产品的质量埋下隐患。为了确保产品质量,进行全面充分的测试,需要从以下几个方面进行。

12.2.1　安装测试

在测试 Client 程序时,程序的安装是必需的。安装测试,是确保该软件在正常情况和异常情况的不同条件下都能进行安装。包括进行首次安装、升级安装、完整的或自定义的安装,以及异常的情况,如磁盘空间不足、缺少目录创建权限等。

1. 首次安装测试

(1) 从测试站点下载 Client 的安装包(本例的下载地址:http://www.worksnaps.net/www/download.shtml)。

(2) 运行安装包,将会出现安装欢迎窗口,如图 12-1 所示。

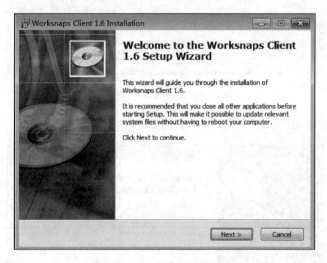

图 12-1　安装欢迎窗口

(3) 安装的过程中会提示安装路径,可以使用默认的路径,也可以手工修改路径,如图 12-2 所示。

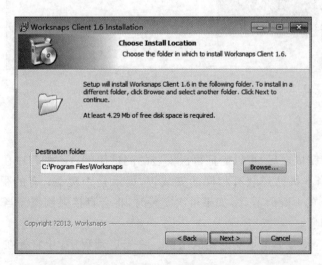

图 12-2　安装路径选择

（4）安装向导还会提示在启动菜单中的名称，是否要在桌面上创建快捷方式。确认无误后可以开始安装，如图 12-3 所示。

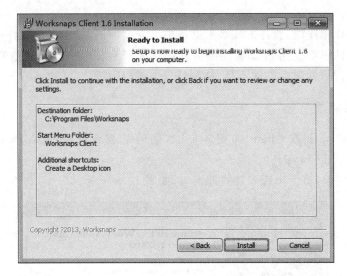

图 12-3　安装前的信息确认

（5）安装完成，单击"完成"按钮，结束安装，如图 12-4 所示。

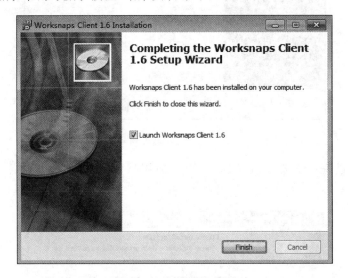

图 12-4　安装完成窗口

2．重复安装

程序首次安装完成之后，可以验证再次安装的测试用例。有的程序在制作安装包时，有特别设置，比如：当本机已经装有相同的安装包，提示是否覆盖；有的程序是直接强制覆盖。Time Tracker 的 Client 程序，如果再次安装时，将会直接强制覆盖当前存在的文件，不会出现任何提示信息。

在重复安装时，还有一个重要的测试用例。首先启动程序，让它处在运行状态，然后执行安装操作。这个时候,它应该提示:程序正在运行,请退出程序,然后再进行安装。

示例的缺陷分析:

(1)在测试机器上安装 Worksnaps Client 程序,并且运行它。

(2)保持程序运行,再次安装 Client 程序。

(3)它应该弹出信息,提示用户退出当前正在运行的程序。

(4)它现在直接弹出错误对话框,而且是系统弹出来的,这就是程序的一个缺陷,如图 12-5 所示。

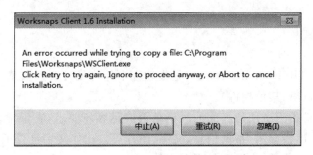

图 12-5 安装错误提示信息

12.2.2 卸载测试

程序卸载也是测试的一个重要步骤。卸载时,可以通过程序自己的卸载程序,也可以通过 Windows 控制面板里的删除/卸载功能。这两种方法都需要验证,确保程序都可以成功卸载。另外,卸载之后,还要验证是否有残留文件存在,如果有残留文件,说明卸载不彻底,这就是缺陷。

Time Tracker 支持程序自己卸载和控制面板卸载两种方式。运行卸载时,首先会出现卸载确认对话框,确认之后,开始执行卸载功能,如图 12-6 所示。

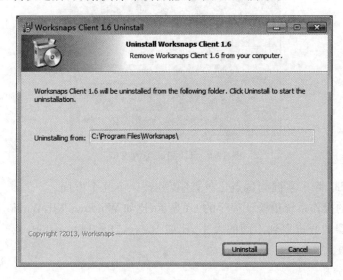

图 12-6 卸载前的确认

在做卸载测试时,需要注意以下几点。

(1) 是否可以成功卸载。有些程序安装和运行时都没有问题,但是在卸载时又报告一些例外错误。

(2) 程序的文件是否卸载干净,是否有残留文件。

(3) 程序卸载之后,是否可以再次安装。

(4) 测试程序的卸载,是否影响其他程序的运行,比如卸载了测试程序,系统不能启动了,或者其他的程序打不开了等。

12.2.3 UI 测试

用户界面,简称 UI(User Interface),是指软件中的可见外观及其底层与用户交互的部分(菜单、对话框、窗口和其他控件)。

用户界面测试是指测试用户界面的风格是否满足客户要求,它常常包括菜单、按钮、图标、文本框、对话框、出错提示、帮助信息、文字、图片等。比如文字是否正确,界面是否美观,文字、图片组合是否完美,操作界面是否友好等。

比如 Time Tracker 的登录窗口,如图 12-7 所示。如果要做 UI 测试,需要从以下几个方面进行。

(1) 验证这个窗口上的文字排列是否整齐,字体大小、字体颜色、字形是否协调一致。

(2) 登录名和密码输入框排列是否整齐。

(3) 复选框和 Remember my password 文字是否在同一条直线上。

(4) 窗口上的按钮 Log In、Cancel、Preferences 是否排列整齐。

(5) "Forget password?"是超链接,当光标移上去时,会变成手的形状,颜色默认应该是蓝色,并且有下划线。

(6) 窗口上的标题和 Logo 应该对齐。

图 12-7　UI 测试实例窗口

用户界面测试,除了掌握测试点之外,还要验证以下几个方面。

(1) 在不同的操作系统里验证程序的 UI 显示,比如 Windows XP,Windows 7,Windows 8。

(2) 调整机器的分辨率到不同的大小,比如 $1024\times768,1440\times900,1280\times1024,1600\times1024,2560\times1440$。

示例的缺陷分析:

(1) 调整机器的分辨率到 1600×1024。

（2）打开 Worksnaps Client 程序，并且切换到 Preference 对话框。

（3）对话框中的内容不应该随着分辨率的调整而受到影响。

（4）在 Proxy 下面的 Port 和 Password 输入框不能被完整地显示，右边一部分不显示，如图 12-8 所示。

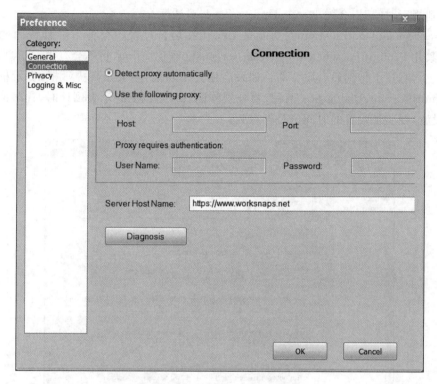

图 12-8　UI 测试发现的缺陷

12.2.4　功能测试

功能测试就是对产品的各项功能进行验证，根据功能测试用例，逐项测试，检查产品是否达到用户要求的功能。功能测试也叫黑盒测试或数据驱动测试，只需考虑各个功能，不需要考虑整个软件的内部结构及代码。一般从软件产品的界面、架构出发，按照需求编写测试用例，输入数据在预期结果和实际结果之间进行评测，进而使产品更好地达到用户使用的要求。

比如 Time Tracker 的 Preference 对话框中的 General 页，如图 12-9 所示。如果需要做功能测试，需要从以下几个方面进行。

（1）Automatically start the client 这个选项默认是禁用的。启用这个功能，重新启动机器，验证 Client 是否可以自动运行。

（2）When I cannot connect to the internet 的默认值是 90min，而且不允许修改。要验证它是否可以被修改，同时验证保存在 cache 中的数据是否有 90min 的限制。

（3）Send the screenshots with the following image size 的默认选项是 full resolution，

单击 Test Monitor(s)按钮,它会检测机器屏幕分辨率,并且显示出来。

（4）Webcam image 默认是禁用的。测试这个功能时,先启用它,然后验证是否可以捕获 Webcam 图像,并且上传到服务器。

（5）Activity logging 默认是禁用的。测试这个功能时,先启用它,并且设置一个时间值,当达到规定时间时,会弹出一个 Update Task 对话框。

（6）Screenshot notification 的功能是 Client 在运行过程中会弹出屏幕截图的提示信息,如果禁用 Prompt me when submitting screenshots by using,将不会有提示信息出现,屏幕截图之后,直接上传到后台服务器。如果启用这个功能,将会出现提示框,提示框的类型有 Tray notification、Dialog box 两种,要分别验证。提示框上有消失倒计时,计时的时间可以自己设置,要验证设置的时间值是否有效。

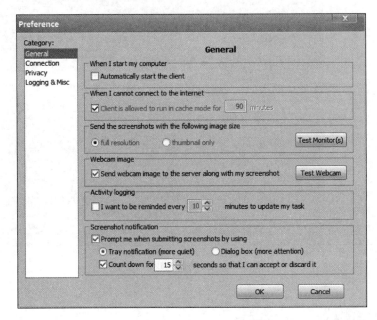

图 12-9　功能测试实例对话框

在进行功能测试时,应先理清产品的主要功能,然后根据产品的数据流向,输入一些基本的正常数据,看这些主要功能是否可以实现;再做一些扩展测试,也就是修改不同的参数,看参数改变之后,是否达到需要的效果;最后做一些破坏性测试,输入一些极限或者超出范围的数据,以及做一些例外测试,比如需要联网的产品,测试时拔掉网线,看看是否有异常反应,等等。

示例的缺陷分析:

（1）登录 worksnaps. net 测试站点。

（2）选择一个 Project,并且切换到 User Management 页面。

（3）选择一个用户,并且禁用 Allow discarding time when screen is captured(这个功能是允许用户自己取消截图上传)。

（4）然后在 Windows 平台上以这个用户登录 Client,在 Preference 对话框的 General 页面中,Screenshot notification 选项应该是禁用的,也就是灰色的。

（5）但现在它仍然是可用状态。这是产品在 Windows 平台上的缺陷。它在 Linux 和 Mac 平台上是正常的，如图 12-10 所示。

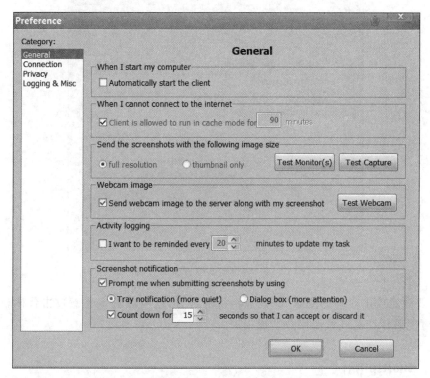

图 12-10　功能测试发现的缺陷

12.2.5　字符输入测试

字符输入测试是指在能输入字符的窗口、对话框、文本框中，验证是否可以输入有效字符、字符输入长度、内容，等等。

比如 Time Tracker 客户端登录过程中的 Enter Task Information 对话框，如图 12-11 所示。在做字符输入测试时，需要从以下几个方面进行。

（1）Task Details 中可以输入这个 Task 的详细说明，而且最多可以输入 500 个字符。验证实际输入字符和规定的是否相等。同时验证输入最大字符后，窗口是否有变形，程序运行是否变慢等。

（2）在输入的字符中要包含一般的字母、数字、特殊字符，还要包含一些可以攻击的脚本等。验证输入框是否有容错性，是否能被恶意攻击。

（3）在 Client 端输入的字符，是要上传到服务器的，验证在服务器上是否可以正常和完整地显示，如图 12-11 所示。

字符输入测试需注意以下几点。

（1）字符输入测试时，要注意边界值测试，也就是最大输入字符数。

（2）要测试特殊字符的输入，因为有些代码对特殊字符没有做保护，输入时是可以的，但在保存时就会出错。

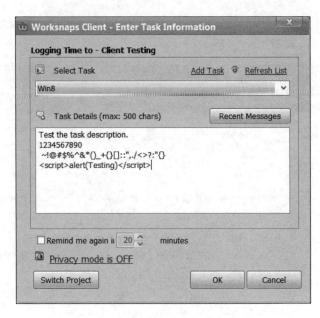

图 12-11　字符输入测试实例对话框

（3）要注意攻击代码的测试，能输入字符的地方，就可以输入恶意攻击代码，如果不做保护，就可能破坏产品或者给用户造成损失。

12.2.6　tooltip 测试

tooltip 是表示一个小的长方形弹出框，该弹出框当用户将指针悬停在一个控件上时显示有关该控件用途的简短说明，也称为提示信息。tooltip 测试是验证控件上的提示信息是否可以正常显示。

比如 Time Tracker 中在选择项目时，当鼠标指针移动到某个 Project 上的时候，就会弹出 Select the project you want to record 的提示框，如图 12-12 所示。

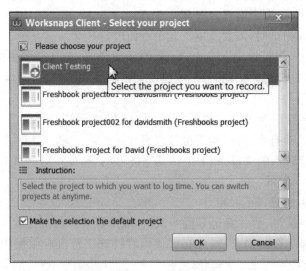

图 12-12　tooltip 测试实例

tooltip 测试要注意以下几点。

（1）验证 tooltip 是否能出现。

（2）检查 tooltip 出现的位置。

（3）检查 tooltip 出现和消失的时间是否合理。

12.2.7　链接测试

链接是 Web 应用系统的一个主要特征，它是在页面之间切换和指导用户连接其他页面的主要手段。在用户终端有时也设置一些链接，用户单击链接，就可以跳转到指定的 Web 页面。

比如 Time Tracker 的 Login 对话框，如图 12-13 所示。"Forget password?"是一个链接，当用户单击这个链接时，就会跳转到修改密码的页面。

图 12-13　链接测试实例

链接测试应注意以下几点。

（1）设置有链接的字符有下划线标识。

（2）当鼠标移动到链接上方时，鼠标会变成手的形状。

（3）测试链接是否按指示的那样确实链接到了该链接的页面。

（4）测试所链接的页面是否存在。

12.2.8　操作按钮测试

操作按钮是指窗口上布置的各种功能的按钮，单击相应的按钮，就可以实现相应的功能。比如 Time Tracker 里 Login 对话框上的各个按钮，如图 12-14 所示。

按钮测试需要注意以下几点。

（1）当鼠标单击的时候，按钮会有一定的变化，比如有凹陷的状态。

（2）当鼠标移开时，按钮恢复原状。

（3）单击按钮之后，验证相应的功能是否实现，比如单击 Cancel 按钮时 Login 对话框被关闭，单击 LogIn 按钮时，如果用户名和密码正确，直接登录成功；如果用户名或者密码错误，将会弹出错误提示。

（4）检查按钮上的文字是否排列整齐，是否居中，大小是否统一。

图 12-14　按钮测试实例

12.2.9　菜单测试

菜单是为软件的大部分功能提供入口,分为左键菜单和右键菜单。菜单测试就是测试这些入口是否正确,是否能达到想要的目的,如图 12-15 所示。

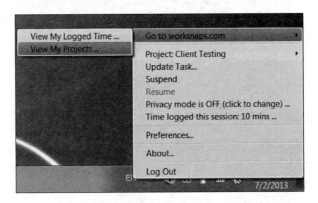

图 12-15　菜单测试实例

菜单测试需要注意以下几点。

(1) 在很多程序的菜单中包含快捷键,测试这些快捷键是否有效,是否有重复。

(2) 菜单分为一级菜单、二级菜单和更高级菜单,一级菜单后面带有黑色箭头的,就是二级菜单,验证二级菜单是否能正常打开。比如 Go to worksnaps.com 就带有二级菜单,单击菜单后面的黑色箭头,就可以展开二级菜单,显示 View My Logged Time⋯和 View My Projects⋯菜单。

(3) 检验菜单是否指向正确的功能,比如单击 Time Tracker 菜单中的 Update Task 命令,应该能够打开 Update Task 窗口。

12.2.10　音频测试

音频测试就是检验应用程序的声音输入和输出是否正常,声音是否流畅,是否有变音或者音量大小不稳定的情况。在测试时需要测试 Windows 默认的声音设备,还要测试另外接入的音频设备,比如另外接入的耳机和麦克风。

本例以读者都非常熟悉的 QQ 程序为例。如果要测试语音功能，需要从以下几个方面进行，如图 12-16 所示。

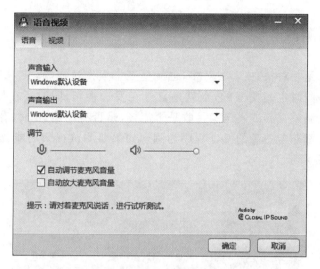

图 12-16　音频测试实例

（1）打开"语音视频"对话框，在"声音输入"和"声音输出"下拉列表里选择"Windows 默认设备"，测试默认设备的声音输入和输出声音质量。

（2）在"调节"部分可以调整麦克风和声音输出设备的音量，测试音量调整是否有效。

（3）选上和反选"自动调节麦克风音量"，麦克风的音量会根据说话声音大小自动调节，测试它是否能够成功地进行自动调节。

（4）"自动放大麦克风音量"，设置这个功能后，麦克风的音量会自动放大，别人听得更清楚。

（5）如果有外接的耳机或者麦克风，通过下拉框进行选择，测试选择的设备是否有效，如图 12-17 所示。如果选择了外接设备，声音应该从外接设备输入或者输出，如果外接设备不能输入或者输出，或者声音仍然通过默认的设备输入/输出，那就是产品的缺陷。

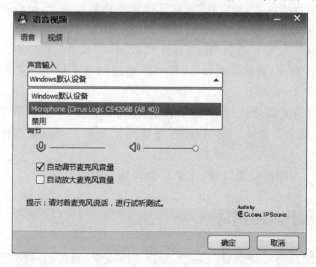

图 12-17　选择音频输入设备

（6）在声音输入/输出里可以设置"禁用"，检验禁用之后，是否仍然有声音输入/输出。
音频测试主要注意声音输入输出是否正常。

12.2.11　视频测试

视频软件一般是一对一，或者一对多，也就是某个人发送视频，某一个人或者多个人同时观看。视频软件同时也是交互的，也就是自己在发送视频，同时还在接收别人发送的视频。视频测试就是测试视频的发送和接收是否流畅，是否有停顿、延时、花屏、跳跃等问题。

本例也以读者都非常熟悉的 QQ 程序为例。如果要测试视频功能，需要从以下几个方面进行，如图 12-18 所示。

图 12-18　视频测试实例

（1）在"预览"里可以选择"我的本地图像"或者"对方看到的图像"单选按钮。选择任何一个选项，预览视频都可以显示出来。

（2）如果有多个视频设备，可以在"请您选择您的视频设备"下拉列表中选择，然后测试所选择的设备是否可以正常发送视频。

（3）在"优先选项"里可以选择"优先保证画面清晰"或者"优先保证视频流畅"单选按钮。如果带宽流量比较大，测试不明显，这时可以通过限速工具对本机网络进行限速，然后再测试这两个选项产生的效果。

（4）如果机器的带宽流量比较小，想节省带宽，可以设置为"节省带宽模式"。

（5）打开"画质调节"，修改不同的参数，图像的质量会有相应的变化，验证质量变化是否正确。

视频测试主要注意图像是否流畅，图像和音频是否能同步。

12.2.12　程序运行权限测试

程序运行权限测试分成两个方面，一方面是系统权限，验证程序的安装运行是否受系统权限影响；另一方面是程序自己的权限控制。

1．系统权限

在操作系统里有不同类型的账号，一般分为 Standard user（标准用户）和 Administrator（管理员），如图 12-19 所示。要验证在不同类型的用户环境下，程序是否可以正常安装和运行。

图 12-19　系统权限实例窗口

2．程序自己权限控制

在程序中如果涉及多用户的，都会有权限控制，不同的用户，根据需要分配给它不同的权限。以 Time Tracker 为例，在 User Management 里，可以把某个用户添加到某个 Project里，同时给这个新增加的用户分配 Manager 或 Member 角色。比如在 Client Testing 这个Project 里，新增加一个用户 Jack Zhu，给它分配的角色是 Member，如图 12-20 所示。

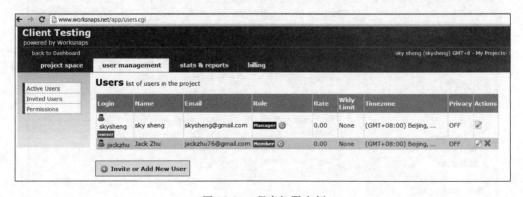

图 12-20　程序权限实例

在 Client 的登录窗口中,以这个新增加的用户登录之后,再选择 Project,只能看到被分配的 Project,其他的 Project 都不应该显示,如图 12-21 所示。

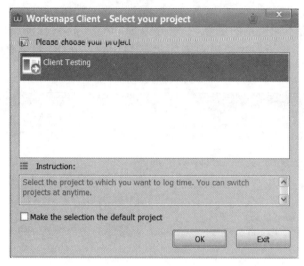

图 12-21　权限应用实例

权限控制测试,主要注意用户所能使用的权限是否和所分配的相匹配。

12.3　如何获取测试需要的 Trace

程序运行的 Trace,也称为运行日志,是记录程序运行轨迹的文件,比如程序登录时使用的用户名称,打开哪些窗口,执行了哪些命令以及一些程序异常等。不同的程序,Trace 的存取路径是不一样的,命名方法也不同,测试时需要根据具体的程序查找 Trace 所在的位置,比如 Time Tracker 的 Trace 名称是 screenrecord_trace. log,它保存在 ~ \Documents\worksnaps 目录下,如图 12-22 所示。

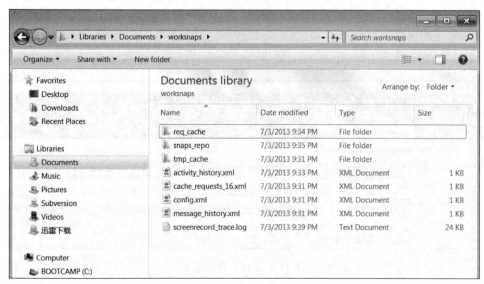

图 12-22　Trace 信息实例

Trace 对开发人员调试是非常重要的。如果用户报了一个缺陷,开发人员没有缺陷展示的现场,就没有办法调试,只能通过程序运行的 Trace 去分析当时执行了哪些脚本,调用了哪些函数,可能是哪个函数或者脚本导致错误发生。所以在报告缺陷时,提供程序的 Trace 是很必要的。

【专家点评】

客户端(Client)测试,相比 Web 测试或者 Server 测试是不同的,它是直接面向用户的,包括操作习惯、界面风格、程序友好性等,都需要从用户的角度来思考。客户端测试涉及的分类很多,在测试之前要做好规划,把所有需要测试的范围罗列出来,最好写成 Test Case,以免测试时漏掉。

12.4 读书笔记

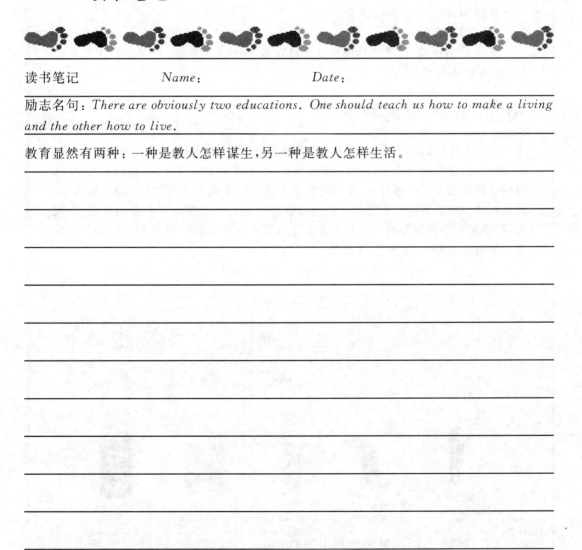

读书笔记   *Name*：   *Date*：

励志名句：*There are obviously two educations. One should teach us how to make a living and the other how to live.*

教育显然有两种：一种是教人怎样谋生,另一种是教人怎样生活。

第13章 Mobile 测试专题技术分享

【本章重点】

本章详细介绍了 Mobile 测试的方法和技术。通过实例详细介绍 Mobile 测试技术和技巧，其中包括手机如何与计算机联系、手机自身的测试、手机应用软件测试、手机 Web 应用测试，以及手机测试中的常见问题。

【学习目标】

掌握 Mobile 相关测试技术。

【知识要点】

Mobile 测试特点、手机如何与计算机联系、手机自身的测试、手机应用软件测试、手机 Web 应用测试。

13.1 Mobile 的特点

移动电话(Mobile)通称为手机，从开始的大哥大到后来的 2G 现在的 3G 以及 4G 的出现，越来越智能化，面对如此快速的发展，手机带来了无限的商机。在全球智能手机强劲发展的形势下，我国的智能手机占据手机市场的比重也越来越大，功能机正在被智能手机逐步替代。国内智能手机的普及也带动了手机浏览器、手机支付、手机网游市场等的发展。手持设备的发展正向多功能、大容量、高速互联，以及大屏幕方向发展，如图 13-1 所示。

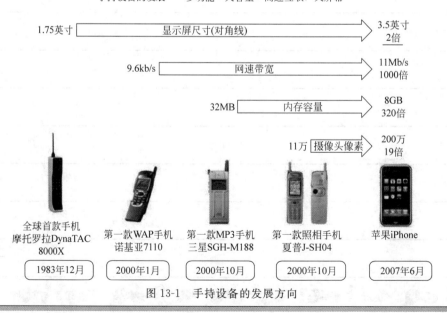

图 13-1　手持设备的发展方向

13.2　Mobile 测试基础

13.2.1　手机测试常见类型

手机测试主要分为三大类,如下所示。

1. 传统的手机测试

传统手机测试的重点是手机设备自身测试,比如抗压、抗摔、抗疲劳、抗低温高温等。同时也包括手机本身的功能、性能等测试,还包括手机出厂时自带的软件测试。

2. 手机应用软件测试

手机应用软件测试是基于手机操作系统之上开发出来的软件,即手机应用软件测试。这类测试需要下载相应的应用程序,安装后,在手机上测试。

3. 手机 Web 测试

手机 Web 测试是通过手机直接访问 Web 网站的测试。随着手机的广泛应用,手机上网的速度越来越快、手机屏幕越来越大,许多网站支持手机访问。这类测试和通过计算机上访问网站一样。

13.2.2　手机测试与传统测试的区别

1. 手机软件测试网络多样化

2G 网络:GSM、CDMA。

3G 网络:WCDMA、TD-SCDMA、CDMA2000。

WiFi:一种可以将个人计算机、手持设备(如 PDA、手机)等终端以无线方式互相连接的技术。

2. 手机软件测试支持系统多样化

软件系统:Symbian、Palm、BlackBerry、WindowsMobile、Android、iOS 等。

目前市场占有率最大的两个系统是 Android 与 iOS。

Android 一词的本义指"机器人",同时也是 Google 于 2007 年 11 月 5 日宣布的基于Linux 平台的开源手机操作系统的名称,该平台由操作系统、中间件、用户界面和应用软件组成。生产 Android 手机的厂商主要有:HTC、三星、MOTO、索尼爱立信、华为、小米、中兴等。

iOS 是由苹果公司为 iPhone 开发的操作系统。它主要是给 iPhone、iPod touch 以及iPad 使用。iOS 的系统架构分为 4 个层次:核心操作系统层(the Core OS layer),核心服务层(the Core Services layer),媒体层(the Media layer),可轻触层(the Cocoa Touch layer)。

测试人员了解 iOS 需要熟悉 iPhone、iPad、iPod touch 的基本使用方法,这样才能把握系统性能,在以后的基于 iOS 的应用测试中才能让产品质量更好。

3. 手机界面分辨率类型多样化

QVGA:320×240。

XQVGA:320×480。

HQVGA:320×640。

VGA:480×640 等。

因为手机的网络环境、操作系统、界面分辨率与屏幕尺寸大小不一,因此导致同一个系统应用在不同的手机上表现不一,有时会出现许多问题。

13.2.3 监控手机流量

在做手机软件测试的成员都担心手机流量引发的费用问题,如果装一个无线路由器,这样就能只走 WiFi,不用担心手机流量了。当然如果本身就有 WiFi 环境,也不用担心。使用 WiFi 时需注意:

(1)为防止太多人使用此网络,影响网络速度,可以设置一个密码,知道密码的人才能访问此 WiFi。

(2)在手机上安装一个"流量监控"软件,设置好软件应用不走 2G 与 3G 网络,只走 WiFi,这样手机就不产生付费流量,可以专心测试了,如图 13-2 所示。

图 13-2　设置手机的流量监控

13.2.4　获取手机的 Root 权限

进行手机软件测试,一般都绕不开获取手机的 Root 权限这个话题。那么,为什么要获取手机的 Root 权限? 其实手机获取 Root 的权限主要是因为用户很多东西是受限制的,用户只能利用这些权限来做被限制而不能去做的事情。比如 Google 禁止普通用户看到市场里很多免费或付费软件,用户可以用电子市场进去看;很多人只能看不能下载,不能绑定gmail,用户可以通过修改 host 做到,但这些都需要 Root 权限。Root 权限对于系统具有最高的统治权,可对系统的部件进行删除或更改。

Root 到手机最高权限的作用还有很多,比如很多智能手机内部都自带有一些垃圾软件,用户根本不喜欢,但又没办法,手机内置的厂商程序我们又没有权限卸载,这种情况只有Root 到手机最高权限才可以任意删除手机软件,这就是一大功能。Root 手机这里指的是安卓系统手机,苹果手机有越狱一说,其实与安卓 Root 很相似,Root 手机权限后,对于普通手机用户来说,不能随意去删除手机文件,以免删除到系统重要文件,导致系统崩溃、无法开机等。

获取手机 Root 权限的方法和软件很多,百度推出的一键 Root(http://root.baidu.com)方便适用。适合的手机有:三星、索尼、MOTO、HTC、LG、华为、中兴、联想、酷派、OPPO、步步高、TCL、海尔、夏新、阿尔卡特、海信、Dell、飞利浦等,如图 13-3 所示。

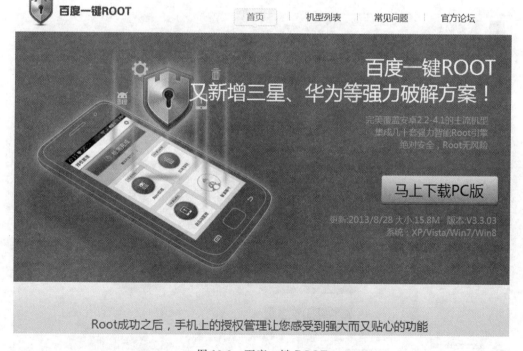

图 13-3　百度一键 ROOT

13.3 手机与计算机的联系

软件测试工程师在测试手机设备时,需要通过计算机来报告 Bug,但经常会遇到一些问题,如手机上的屏幕如何截取到计算机上、手机上的操作过程如何录制下来、手机上出现系统崩溃的 Log 如何存放到计算机上。因此手机或手持设备与计算机之间的联系对手机测试工程师非常重要。

目前已经有许多厂家或应用能够做到手机设备与计算机取得联系,这里列举几个最常见的应用。

13.3.1 豌豆荚的基本操作

在手机和计算机之间建立通信的软件很多,这里推荐使用"豌豆荚"。它使用方便,而且功能很多,其基本操作步骤如下。

(1)访问官网 http://www.wandoujia.com/,下载安装包到计算机中进行安装。

(2)安装之后,通过手机数据线,连接计算机和手机。

(3)运行"豌豆荚"软件,它会自动检测手机。目前市场上大部分的 Android 手机,都可以自动检测到。然后自动安装软件到手机上。检查成功后,将出现如图 13-4 所示的界面。

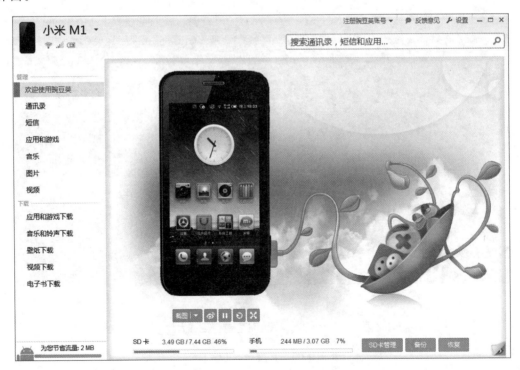

图 13-4　通过"豌豆荚"实现手机与计算机的联系

13.3.2　360 手机助手的基本操作

目前国内 360 软件应用非常广泛,下面以 360 手机助手为例,其在计算机上安装后的效果如图 13-5 所示。

图 13-5　通过“360 手机助手”实现手机与计算机的联系

13.3.3　腾讯手机管家基本操作

腾讯公司借助 QQ 的绝对装机软件人脉优势,目前的应用软件也扩展的非常多,如图 13-6 所示是在计算机上安装“腾讯手机管家”实现手机与计算机的联系。

13.3.4　iPhone/iPad/iPad Mini 与计算机的联系

前面讲解的“豌豆荚”、“360 手机助手”、“腾讯手机管家”目前主要是针对安卓系统的,那么对于苹果系统如何解决与计算机的互连呢?

可以通过“91 手机助手 for iPhone”软件进行管理,打开后,连接好苹果设备后打开该软件,就能看到 iOS 设备,并对其进行管理,如图 13-7 所示。

打开后就能看到已经连接到计算机上的 iOS 设备,如图 13-8 所示,可对 iOS 设备的资料进行管理,如图片、视频等资料可以方便地存储到计算机上。计算机中存放的数据也可以

图 13-6   通过"腾讯手机管家"实现手机与计算机的联系

图 13-7   打开 91 手机助手 for iPhone 软件

很方便地与 iOS 设备进行交互。从图中可以看到,目前连接到计算机的 iOS 设备是 iPad
(6.0.2 版)。

13.3.5   备份手机中的数据

经常使用手机,而又不知道如何进行手机与计算机信息交互的人,可能会遇到很麻烦的
事。当原手机丢失或手机损坏无法开机,那么手机中的数据将全部丢失。如何获得所有的
通讯录资料? 如何获得自己在手机中收藏的经典音乐? 如何找到重要的短信资料等内容?

前面讲到的"豌豆荚"、"360 手机助手"、"腾讯手机管家"等软件都可以实现这个功能,
一个手机中的短信、音乐、图片、视频、通讯录等,都可以先保存到计算机上,并可以及时完成

图 13-8　iOS 设备与计算机实现连接

计算机与手机中数据的同步，然后可以轻松地复制到另一个手机上。如图 13-9 所示导出通讯录，导出之后，就可以很方便地导入另一个手机上。

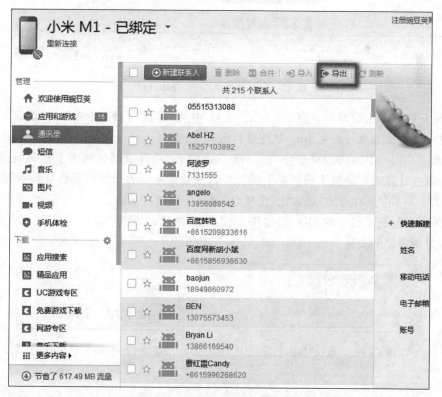

图 13-9　导出小米手机上的通讯录

13.3.6 截取手机屏幕内容

截取手机屏幕与录制手机屏幕上的操作过程,用的都是第 11 章中介绍的 Web 测试使用的 Jing 工具。手机与计算机建立联系后,在计算机上就可以看到手机的操作,同样在计算机上就能截取手机屏幕上显示的内容。图 13-10 展示了使用"豌豆荚"工具的操作过程。

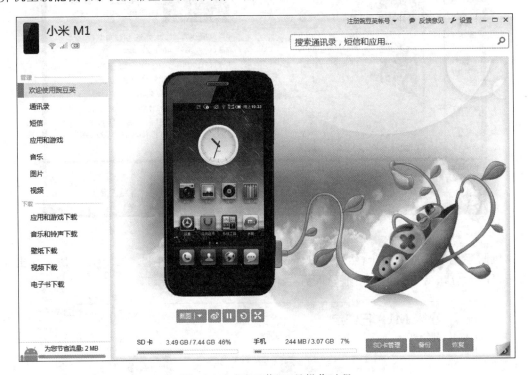

图 13-10 "豌豆荚"工具操作过程

如果要截取手机的屏幕,可以单击图 13-11 中的"播放"按钮,它将实时地显示手机内容,这时在计算机上就可以用 Jing 软件进行截图了。

单击图 13-11 中的"播放"按钮,然后把 Jing 打开,选择录制区域为手机屏幕的显示区域,就可以在计算机中录制手机屏幕上的操作过程。如果认为录制的手机屏幕不够大,也可以单击图 13-11 中最右边的"最大化"按钮,再选择区域进行录制。

如果需要复制手机里的文件,单击图 13-12 中的"SD 卡管理"按钮,就可以打开 SD 卡里的内容,复制需要的文件。

图 13-11 "播放"按钮

图 13-12 "SD 卡管理"按钮

13.3.7 记录手机的 Error Log

Android 手机上获取 Log 比较好的工具是 aLogcat.apk，可以在网上下载。安装完之后，会在系统桌面上产生一个如图 13-13 所示的 aLogcat 图标。

如果要获取 Log，先在手机上运行测试软件，然后再运行 aLogcat 工具。运行之后，它会自动读取手机中的 Log，如果 Log 比较大，读取时间可能比较长，如图 13-14 所示。

图 13-13　aLogcat 图标

图 13-14　读取 Log

按手机上的菜单键，从菜单中选择 More，然后再选择 Save Log，就会保存 Log，如图 13-15 所示。

保存 Log 之后，就可以退出 aLogcat 工具。通过豌豆荚或者其他方式，把 Log 复制到计算机中，再上传到 Bug 附件中。Log 保存路径默认是 alogcat，如图 13-16 所示。

打开手机中的 Log 存储位置后，发现 Log 文件名如图 13-17 所示，文件命名采用当天软件运行的时间。这时测试人员就可以复制最新的 Log 文件，上传到 Bug 附件中。

13.3.8 手机数据信息

使用相应的工具进行管理与查看手机的目录结构和数据存储位置将非常方便。图 13-18 是用"360 手机助手"进行查看的，通过目录单击查看内容就很容易知道常用的数据存储位置。

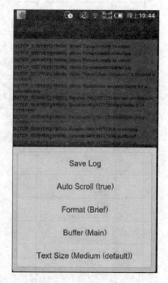

图 13-15　保存 Log

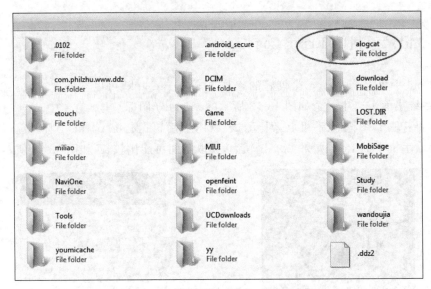

图 13-16　打开手机中的 Log 存储位置

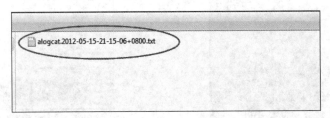

图 13-17　Log 文件名

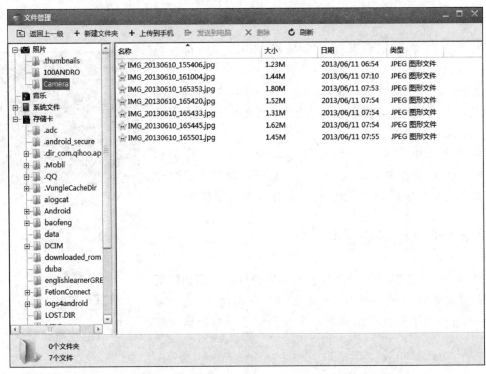

图 13-18　使用"360 手机助手"查看手机目录结构与数据存储位置

13.4　手机设备自身测试

手机自身测试涉及硬件测试和软件测试,还有结构的测试,比如抗压、抗摔、抗疲劳、抗低温高温等,结构上的设计不合理,会造成应力集中,使得本身外壳变形,对于翻盖手机,盖子失效,还有其他严重问题。硬件测试一般都有严格的物理电气指标,也有专门的仪器。

手机软件测试同软件测试一样,只不过平台是手机,也是嵌入式的一部分。工作就是测试软件可以在手机上正常使用,不会产生各种异常情况。测试时需将软件中的控件和手机的按键结合起来测试。

在手机的交互性方面潜藏的 Bug 最多。举一个简单的例子,使用软件的过程中收到短信和来电,如果软件是基于网络的,这一块肯定会有很多问题。另外,手动地将网络断开再恢复,请求会不会重新发送,这一点也是需要考虑的。

测试时要明确软件的平台,考虑兼容性问题。对于同一个平台,但分辨率不一样,可能会出现界面元素丢失等问题,对于键盘和触屏要分别考虑。测试时要充分考虑异常的操作,场景是否面面俱到,错误处理是否健全等。

手机的特殊性要求对响应时间达到一定限制范围。也就是所谓的实时操作系统,如果一个电话不能在 90s 内接听,那么对方会挂掉,这是对嵌入式操作系统实时性的要求。

下面对手机自带软件的测试举例,设计相应的测试案例,如表 13-1 和表 13-2 所示。

表 13-1　手机输入法测试规范

测试选项	操作方法	观察与判断	结果
输入法测试	核对中文字库 (GB2312)	1. 依据中文字库,逐字进行输入核对;检查有无缺字、错字、候选字重复等现象	
笔画输入法	文本输入	1. 在文本输入界面选择笔画输入法输入汉字	
		2. 输入一个汉字的一笔后进行翻页查找	
		3. 顺序输入一个汉字的笔画;该汉字应出现在候选字首位	
		4. 选择该字,并确认;该字出现在文本编辑框中	
		5. 连续输入汉字	
	按键测试	1. 在笔画输入界面,对未定义笔画的按键进行测试	
		2. 逐一按住无效键	
拼音输入法	文本输入	1. 在文本输入界面选择拼音输入法输入汉字	
		2. 输入一个汉字的一个拼音字母后进行翻页查找	
		3. 顺序输入一个汉字的拼音;该汉字应出现在候选字中	
		4. 选择该字,并确认;该字出现在文本编辑框中	
		5. 连续输入汉字	
	按键测试	1. 在拼音输入界面,对未定义拼音字母的按键进行测试	
		2. 逐一按住无效键	

续表

测试选项	操作方法	观察与判断	结果
英文输入法	文本输入	1. 在文本输入界面选择英文输入法输入英文	
		2. 输入一个单词的一个字母	
		3. 顺序输入该单词的字母	
		4. 输入专用词；如大写的、省略的等	
		5. 连续输单词	
	按键测试	1. 在英文输入界面，对未定义字母的按键进行测试	
		2. 逐一按住无效键	
数字、标点符号、特殊字符输入	输入数字	1. 在文本输入界面选择数字输入法	
		2. 输入 0~9 数字	
		3. 重复、大量地输入数字	
	标点符号的输入	1. 快捷输入常用的标点符号；常用的标点符号，通常定义为按住 ＊、♯键等即可输入	
		2. 选择标点符号输入法进行输入	
		3. 分别在中文、英文界面输入标点符号	
输入法切换	快速切换输入法	1. 在中文输入法界面，按输入法切换键进行输入法切换成英文输入法输入英文	
		2. 在中文输入法界面切换输入法切换成标点符号输入法进行标点符号输入	
		3. 在英文输入法界面，按输入法切换键进行输入法切换成中文输入法输入中文	
		4. 在英文输入法界面切换输入法切换成标点符号输入法进行标点符号输入	
		5. 各种输入法之间进行快速切换	

表 13-2　手机时钟设置测试规范

测试选项	操作方法	观察与判断	结果
时钟设置	闹钟功能	1. 设置时钟和日期与当地时间日期相符合，整个测试期间，除特别要求更改时间、日期外，不要随意更改基准时间	
		2. 一般日期设置完毕，星期自动生成，应准确无误	
		3. 以 24 小时为一观察周期，比较手机时间与标准时间的误差	
		4. 设置实际不存在的时间和日期，设置日期 0 月、0 日、13 月、32 日等，设置如 2003 年 2 月 29 日等不切实际的时间日期，手机应不予接纳，有正确提示	
		5. 设置好时钟、日期后通过正常关机、拔电池、自动关机等动作后再开机，时间、日期不应有错误现象出现，即手机保持时钟正常运转	
		6. 手机关机后，拔掉电池，观察手机可保持时钟继续正常运转最长时间	
		7. 设置特定闹钟，设置的响闹时间应较广泛地采样，如 23：59、00：00、12：00 等，响闹应如时进行	
		8. 设置特定闹钟，将闹钟如数设满，有响闹提示的，用汉字、英语、数字等将提示语输满，响闹提示方式（铃声、振动、灯光等）均应选择，做好记录，观察响闹与实际设置值是否符合	
		9. 设置特定闹钟，将响闹时间设置为过去时，手机应不予接纳或显示相关错误信息	

续表

测试选项	操作方法	观察与判断	结果
时钟设置	闹钟功能	10. 设置特定闹钟,在关机状态下可执行闹钟功能的手机在关机时需进行测试闹钟是否准确、有效	
		11. 对闹钟进行操作,闹钟响闹前修改日期、时间;闹钟响闹前修改闹铃;闹钟响闹前删除闹钟;闹钟响闹前添加闹铃;闹钟响闹前修改时区;闹钟响闹前关机;闹钟响闹前重启;闹钟响闹前拔电池	
		12. 编辑闹钟,对已设置的闹钟进行更改、删除等操作,闹钟响闹时间应符合编辑后的值	
		13. 设置周期闹钟,周期间隔一般有小时、天、星期、月等,均应按实际使用进行设置,观察响闹是否正确	
		14. 在闹钟设置的任何界面,有来电呼入、闹钟响闹、来新短消息、低电告警、自动关机时间到、小区广播到,显示是否正常(分别测试闹钟功能时有事件到完成选择后再查看事件和马上退出查看)	
		15. 在闹钟设置的任何界面,有来电卫士电话呼入、无条件转移电话、车载模式下,有来电呼入,显示是否正常	
		16. 在闹钟设置的任何界面,按左软键、右软键、方向键、挂机键或按任意无效键时,各功能是否正常;在任何界面,按挂机键关机,再开机,显示是否正常;在输入文本过程中,反复插拔充电器,是否正常	
		17. 来电、短消息、闹钟要选择不同的提示方式(如下载铃声、图片)	

13.5 手机应用软件测试

手机应用软件测试的特点:待测试的项目需要测试人员下载一个软件,安装到自己的手机上或满足条件的手持设备上。

测试时需要注意以下几点。

(1) 看清测试范围、手机型号要求等。

(2) 到指定链接或官网或 Google Play 等,按项目的要求下载指定软件。

(3) 下载后安装到测试的手机或手持设备上。

安装完成后,运行该新安装的软件进行测试。基本步骤如图 13-19 所示。

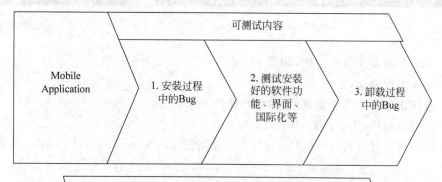

图 13-19 手机应用软件测试步骤

这类测试经常出现程序正在使用过程中异常崩溃,程序安装后无法正常升级与卸载。其他的应用和在计算机上测试对应功能完全一致,只是手机上因内存有限,需要看是否造成手机死机、运行速度慢;或因手机屏幕大小有限,安装后的程序打开后,每一个功能页面能不能正常显示出来,是否存在图片重叠、文字重叠等问题。

13.6 手机 Web 应用测试

手机或手持设备的 Web 测试和用户在计算机上测试 Web 应用是完全一致的,只是一个在计算机的浏览器上访问,另一个在手机设备的 Web 浏览器中访问。

手机或手持设备的 Web 测试需要在指定的某些型号的手机或手持设备上,打开 Web 浏览器,访问项目中给定的 Web URL 页面,然后测试并报告相应的缺陷。

13.7 手机测试问题集锦

(1) 显示为 Movies,单击进入发现是 Events,对应不上,如图 13-20 所示。

(2) 文字重叠或被剪裁不能显示全,如图 13-21 所示。

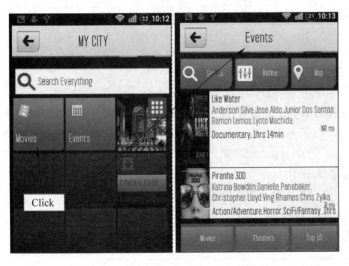

图 13-20 Movies 与 Events 对应不上

图 13-21 文字重叠/剪裁

(3) 页面出现多余的空白块,如图 13-22 所示。

(4) 系统出现错误,如图 13-23 所示。

(5) 页面出现两个完全重复的内容项,如图 13-24 所示。

(6) 页面访问后,为空白页,如图 13-25 所示。

(7) 特殊符号显示错,如 St Ermin's Hotel 错误显示为 St Ermin\'s Hotel,如图 13-26 所示。

(8) 手机连接访问指定页面时,出现无法建立安全连接错误,如图 13-27 所示。

(9) 按键无任何反应,如图 13-28 所示。

图 13-22　页面出现多余的空白块

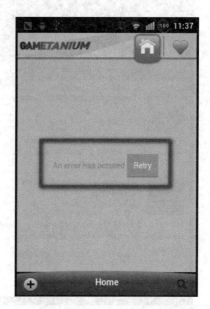

图 13-23　系统出现错误

图 13-24　页面内容重复

图 13-25　出现空白页

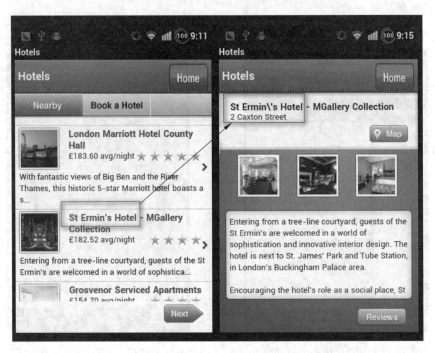

图 13-26　特殊符号显示错

图 13-27　无法建立安全连接

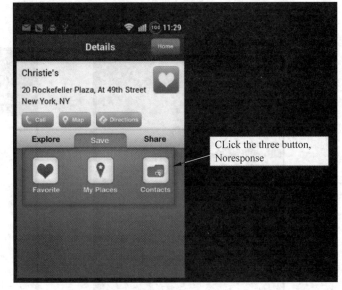

图 13-28　按键无任何反应

【专家点评】

在手机上无论是手机本身功能的测试还是安装测试,Web测试与平常在计算机上的测试差不多,当然需要知道不同手机的使用方法,遵循人们使用手机的习惯以及手机应用的特点。

13.8　读书笔记

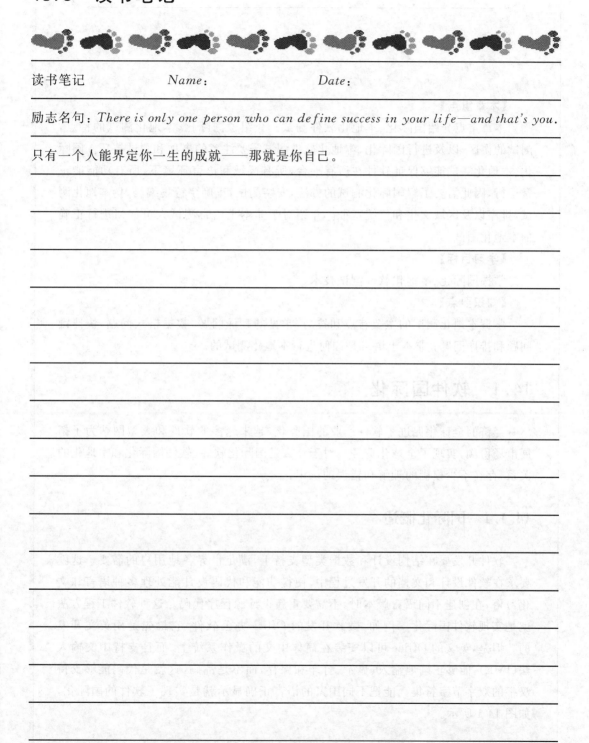

| 读书笔记 | Name： | Date： |

励志名句：*There is only one person who can define success in your life—and that's you.*

只有一个人能界定你一生的成就——那就是你自己。

第14章 国际化本地化测试专题技术分享

【本章重点】

本章重点介绍国际化、本地化软件测试。介绍了国际化、本地化测试的特点，测试的误区，以及进行国际化、本地化软件测试需要注意的事项和测试技巧。国际化、本地化测试能够保证软件在所有平台，所有区域和语言环境下，所有功能能正常运行，因此需要了解国际化测试的方法，安装测试，正确字符集编码，伪本地化测试，排序以及区域文化和传统特征。介绍对于非本土语言测试人员如何进行正确的本地化测试。

【学习目标】

掌握国际化、本地化软件测试技术。

【知识要点】

掌握本地化测试的主要特点和技巧，常见的翻译问题，数据格式问题，快捷键问题和排序问题；非本土语言是如何进行本地化测试的。

14.1 软件国际化

经济的全球化促进了软件产业的国际化，越来越多的软件和大型网站为了拓展市场份额，实现了全球化业务。对于什么是国际化软件、软件国际化和本地化的关系，存在不少模糊的理解和错误的认识。

14.1.1 国际化概述

软件开发要在结构设计和数据类型支持上，满足世界各地用户的需要。这就要求在软件设计和文档的开发过程中，使得功能和代码设计能处理多种语言和文化习俗，在创建不同语言版本时，不需要重新设计源程序代码。这种软件工程方法就是实现软件国际化。例如，微软开发的 Office 办公软件，它最先是用英文开发的。但是，英文的 Office 可以安装在简体中文的操作系统上，而且支持中文输入法（IME），能够正确地输入、显示、打印和保存，而不是乱码，这就是代码能够支持汉字的双字节字符集。能把不同国家的语言正确显示就是实现了软件的国际化，如图 14-1 所示。

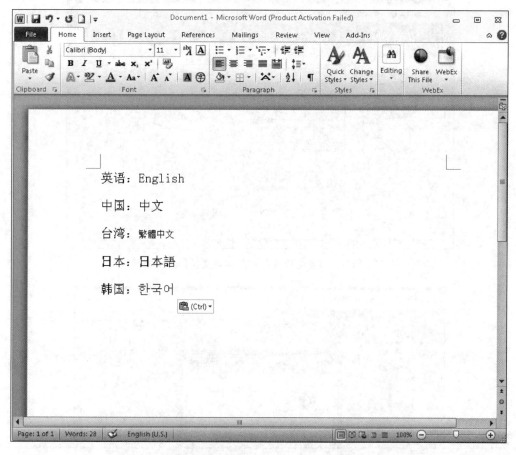

图 14-1　微软的 Office 软件支持国际化

14.1.2　软件国际化误区

随着软件新技术的不断涌现,不仅在我国软件企业,即使在欧美等较发达国家的软件企业,对于软件国际化都还存在一些错误的认识,这些错误的认识往往会带来很大的消极影响和提高开发成本。

1. 软件国际化是软件编码完成后的附加阶段

软件国际化是在软件框架设计和编码时就应该考虑的问题,不是软件的附加功能,完整的国际化应该是从软件需求分析开始的,并且贯穿于软件项目实施的全过程。

如果在软件开发后期才开始考虑国际化的要求,必然增加国际化的难度,因为源程序没有按照国际化设计,后期的代码修改可能会导致整个软件框架都需要修改,那样就会显著提高成本,推迟软件的发布时间,并且影响软件的交付质量。

在英文 Windows 操作系统环境下,尝试安装招商银行个人银行专业版,会发现许多乱码,安装完成后,基本无法使用,如图 14-2 所示。

单击"退出"按钮,弹出的警告框也全是乱码,如图 14-3 所示。

291

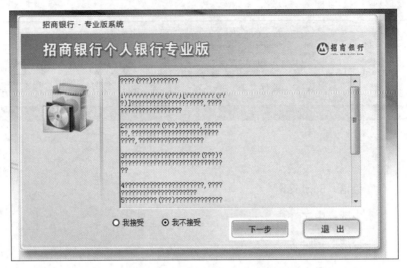

图 14-2   招商银行软件安装在英文操作系统上

图 14-3   招商银行软件弹出对话框

招商银行软件就可能没有考虑过本地化的需要,没有做国际化,其实这也是不正确的方式,如果以后要支持本地化,那么软件很多地方都需要重新去改写。

2．非本地化的软件就不需要做国际化

如果软件近期不准备本地化,但是公开发售,那么这样的软件就不需要国际化吗? 答案是否定的。即使软件只在国内销售,但是由于现代全球交流频繁,国内也会有很多不熟悉本国语言的国外用户,他们对本地化和国际化的需求是不能忽视的。而如果在全球销售,则必须支持不同区域的数据格式。

退一步说,即使软件近期不进行本地化,那么不能保证将来不需要本地化。如果将来要进行本地化,而原来的设计没有考虑本地化的要求,没有按照国际化设计,则花费的人力和财力将大大增加。所以,软件是否需要本地化是公司高层的商业决策,不是软件开发的技术问题。为了获得更多的国外市场份额,即使不进行本地化,也需要按照国际化软件设计。

【专家点评】

软件国际化不等于软件翻译,任何软件都可以本地化,但不同设计方式的软件具备的本地化能力不同,因此只有经过良好的国际化设计和测试的软件才能更容易地本地化。

14.2　软件本地化

14.2.1　软件本地化概述

软件本地化是将一个软件产品按特定国家或语言市场的需要进行全面定制的过程,它包括翻译、重新设计和调整功能等,是一种对原始语言(如英文)开发的软件进行语言转换和工程处理,生成不同语言版本的技术。

还是以 Word 2003 为例说明。英文 Word 2003 能够在简体中文 Windows 2003 上安装和使用,但是人们很少直接使用英文的 Word 2003,为什么呢?因为使用英文的软件不如使用中文的软件更易于理解。

把英文 Word 2003 经过语言处理和技术加工,重新制作成简体中文 Word 2003 的过程,称为英文 Word 2003 的软件本地化。当然除了简体中文之外,Word 2003 还有几十种其他语言的本地化,如日语、德语、法语、繁体中文的 Word 2003。图 14-4 显示的是本地化后的 Office 软件。

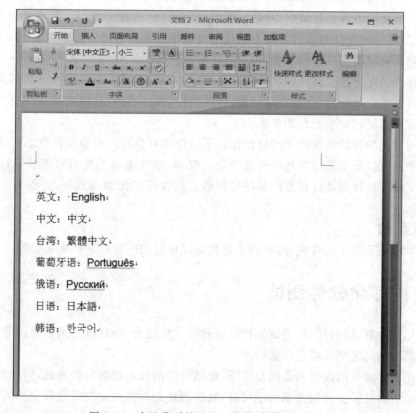

图 14-4　本地化后的 Office 软件(简体中文版)

14.2.2 软件本地化误区

1. 软件本地化就是软件翻译

很多人都存在这样一个认识误区：认为软件本地化就是软件翻译。其实软件本地化和软件翻译有很多不同，表现在两个方面：第一，概念不同；第二，范围不同。软件本地化是将一个软件产品按特定国家、地区或语言市场的需要进行加工，使之满足特定市场上的用户对语言和文化的特殊要求的软件生产活动。

软件翻译是将软件中的用户界面、帮助文档和使用手册等的文字从一种语言转换为另一种语言的过程。软件翻译仅仅是软件本地化的一个步骤，翻译的专业化、准确性对软件本地化的质量起重要作用。除了翻译，软件本地化还包括其他多项内容，例如，软件编译、软件测试、桌面出版和项目管理等。所以，软件本地化不只是语言翻译过程，它包括更多的处理范围和内容，软件本地化已发展成为一个系统的软件工程。

2. 任何软件都可以很好地进行本地化

从软件设计的理论上，任何软件都可以本地化，但是不同设计方式的软件可以本地化的能力不同。

本地化能力良好的软件在设计时将可以本地化的内容，从软件编码中单独分离出来。这些可以本地化的内容包括菜单、对话框内静态字符、屏幕提示，图标、版本信息等。这样，在本地化过程中，只要针对这些需要本地化的资源信息进行各种语言的本地化即可，而不会因为本地化影响源语言软件的功能，也不需要更改源代码。

采用软件国际化技术设计的软件具有良好的本地化性能。从软件技术开发角度讲，软件国际化的整个产品周期，包括需求分析、软件设计、软件编码、软件测试、软件发布等过程，都充分考虑并满足软件本地化的要求。

软件国际化的设计灵活性和可译性保证了软件具有良好的可本地化性能。设计灵活性保证基本产品可以易于适应当地语言的变化。例如，软件编码需要为双字节字符集或双向语言提供支持。设计可译性保证产品的任何语言组件便于识别和理解，并且与产品的其他部分保持独立。

【专家点评】

软件本地化不等于软件翻译，软件本地化是以良好的国际化软件为前提的。

14.3 国际化软件测试

国际化软件测试的目的是测试软件的国际化支持能力，发现软件国际化的潜在问题，保证软件在世界不同区域都能正常运行。

国际化软件测试的内容和范围很广泛，包括软件的核心功能特性测试、国际化能力测试和本地化能力测试。三者的关系密不可分，软件的核心功能必须支持国际化的区域数据，具有较高的本地化能力。

　　国际化测试使用每种可能的国际输入类型,针对任何区域性或区域设置检查产品的功能是否正常,软件国际化测试的重点在于执行国际字符串的输入/输出功能。国际化测试数据必须包含东亚语言、德语、复杂脚本字符的混合字符。

　　国际化软件测试的对象是采用国际化方法进行设计的软件,例如英文 Office 的测试环境是各种不同语言的操作系统,例如简体中文、繁体中文、德语、日语等的操作系统。

　　下面列举了常见的国际化软件测试问题。

14.3.1　在本地化机器上安装使用程序

　　在英文 Windows 操作系统环境下,安装中国移动飞信软件,然后进入卸载软件页面,如图 14-5 所示。

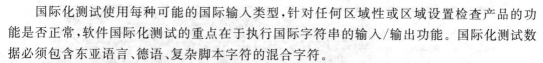

图 14-5　卸载飞信的窗口

　　发现"飞信"软件的名字为乱码,这说明软件的国际化没有做好。同时发现飞信软件下面的"腾讯 QQ2013"能在英文操作系统中正确显示。这说明字符集编码没有做好。没有使用 Unicode 作为字符编码。

14.3.2　正确的字符集编码

　　Unicode 是一种在计算机上使用的字符编码。它为每种语言中的每个字符设定了统一并且唯一的二进制编码,以满足跨语言、跨平台进行文本转换、处理的要求,1990 年开始研发,1994 年正式公布。随着计算机工作能力的增强,Unicode 也在面世以来的十多年里得到普及。

　　一些网站虽然可以显示本地化的内容,但在做一些操作的时候就会发现页面上会出现乱码。例如,在英文 Windows 操作系统下,访问清华大学出版社官网 http://www.tup.com.cn,页面显示是正常的,如图 14-6 所示。

　　在"高级搜索"文本框中输入书籍的名字,比如"生命的足迹",然后单击"搜索"按钮。发现搜索结果页面,除了图片上的文字能正常显示,其他文字全是乱码,如图 14-7 所示。

　　在页面上右击,选择 Encoding 命令,可以看到因为自动选择了西欧编码方式,所以显示的是乱码,如图 14-8 所示。

图 14-6　清华大学出版社官网

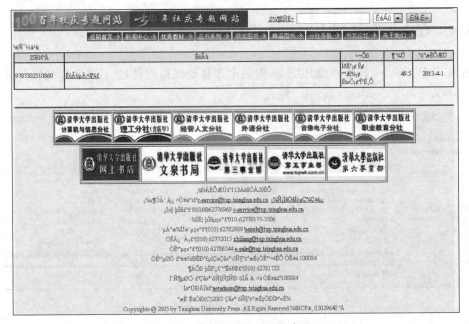

图 14-7　清华大学出版社搜索页面

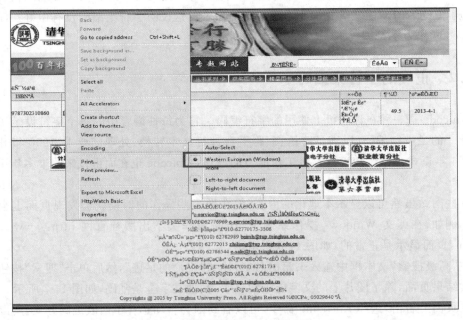

图 14-8　查看清华大学出版社页面 Encoding

那么处理这样的问题,通常的方法是用 META 标签设定页面使用的字符集,用以说明主页制作所使用的文字以及语言,浏览器会据此来调用相应的字符集显示页面内容。如果告知浏览器使用 GB2312 来显示,那么就不会出现乱码的现象。现在可以做一下手工的改动来看一下,单击 More 命令,然后选择 Chinese Simplified(GB2312),如图 14-9 所示。

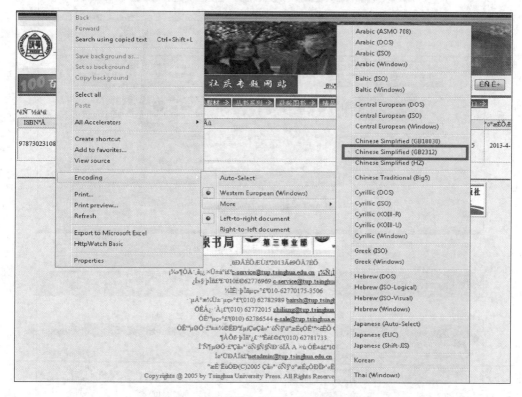

图 14-9　清华大学出版社搜索页面编码显示

从而能得到正确的显示页面,如图 14-10 所示。

14.3.3　伪本地化测试发现文本扩展问题

用伪本地化还可以发现字符扩展的问题。一个语言翻译到另外一个语言时,字符的长度会发生变化,如果界面上没有预留足够的空间,则会出现翻译后字符串的截断。在使用伪本地化时,因为字符串在英文字符串基础上增加了前缀和后缀,长度会变长一些,如果界面上控件的长度没有考虑国际化,则很可能出现截断问题。

先看一个网站的用户联系人信息列表页面,如图 14-11 所示。可以看到有 5 个按钮,分别是 Select All,Clear All,Delete,Add Contact,Add Distribution List。

如果要对此软件进行国际化测试就要考虑当翻译成其他语言以后,长度扩展的情形。5 个按钮在本地化成中文以后,分别是“全选”,“全不选”,“删除”,“添加联系人”,“添加通讯组列表”,如图 14-12 所示。按钮的长度有所改变,“全不选”,“添加联系人”和“添加通讯组列表”在本地化后就出现了按钮显示不全的问题。

图 14-10　清华大学出版社搜索页面正确显示

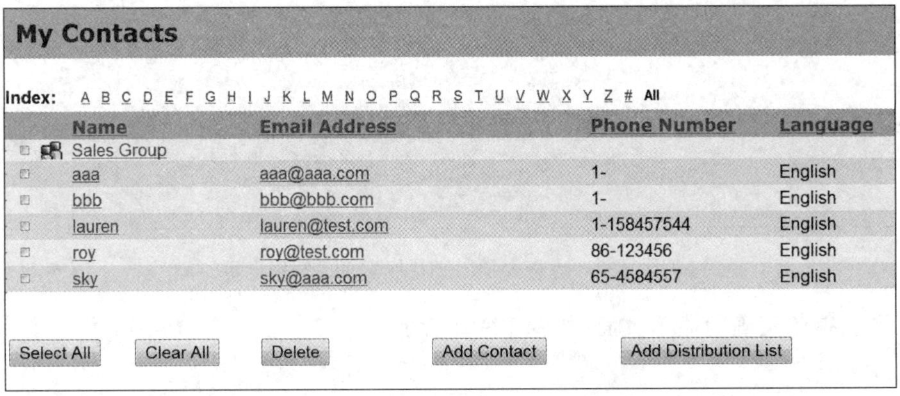

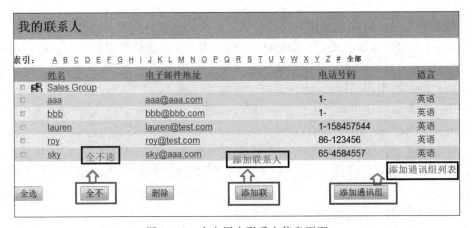

图 14-11　英文用户联系人信息页面

图 14-12　中文用户联系人信息页面

再看一下翻译成德语的情况,按钮显示更长了,如图 14-13 所示,如果不做调整,肯定是显示不全的。

Meine Kontakte			
Index: A B C D E F G H I J K L M N O P Q R S T U V W X Y Z # **Alle**			
Name	**E-Mail-Adresse**	**Telefonnummer**	**Sprache**
☐ 🖼 Sales Group			
☐ aaa	aaa@aaa.com	1-	Englisch
☐ bbb	bbb@bbb.com	1-	Englisch
☐ lauren	lauren@test.com	1-158457544	Englisch
☐ roy	roy@test.com	86-123456	Englisch
☐ sky	sky@aaa.com	65-4584557	Englisch

Alle auswählen　Auswahl aufheben　Löschen　Kontakt hinzufügen　Verteilerliste hinzufügen

图 14-13　德文用户联系人信息页面

因为这些扩展现象,所以测试的时候要找出没有正确换行、截断和连字符位置不对的文本,这种现象不仅出现在按钮上,还可能会出现在窗口、框体、页面上等任何地方。

当测试这类文本扩展问题时,可以根据语言的特性,如果没有时间将所有语言测试全面,可以选择性地测一个德语,因为其长度最长,再加上一个日语,因为日语是双字节编码,甚至有些是三个字节组成的词,比较特殊。

14.3.4　测试区域文化和传统特征

不同民族和区域有其特定的文化和传统。为了最大程度上尊重和满足特定区域用户的需要。软件需要做正确的处理去适应当地的传统和习俗。主要考虑颜色、符号、图像、性别、宗教等几个方面。

还有 Google doodle 就是一个很好的例子,来反映特定的文化和传统,在不同的时期,做不同的图片,来适应本土的文化气息,如庆祝中国的蛇年春节,如图 14-14 所示。

图 14-14　Google doodle 定制蛇年春节图片

14.3.5　保证文本与代码分离

通常都要求有资源文件,该文件包含软件可以显示的全部信息,这样所有的文本字符串、错误提示信息和其他可以翻译的内容都可以与源代码独立。这样可避免本地化人员进行语言翻译的时候修改源代码,降低了风险。

如可以用文本拼出这样的一个提示信息:

You clicked submit button just now!

代码可能是用了两个字符串:

(1)"You clicked"

(2)${}(注:此处是包含按钮名称的字符串变量)

(3)"button just now!"

但是如果语言的文字顺序不同,虽然在英文里面可以拼成一个完美的字符串,如果改成阿拉伯语,肯定就会非常混乱了。如图 14-15 所示,图片上半部分的阿拉伯语是从右向左书写的文字,所以字符串直接放进代码里面是很危险的。

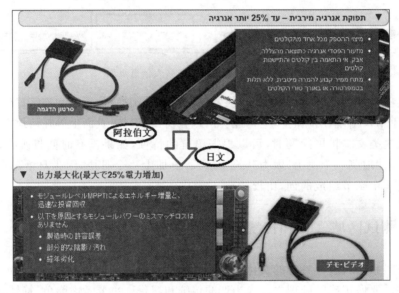

图 14-15　阿拉伯文显示从右向左

从以上举例分析来看,首先,任何不良的国际化设计的软件错误,将存在于所有本地化的语言版本中,都需要修改源语言程序的代码才能修复该类错误,这将增加软件的本地化成本。

其次,良好国际化设计的软件将需要最小程度的本地化测试。因为良好的区域语言支持已经集成在软件的国际化设计中,需要翻译的资源已经从程序代码中分离出来,可以很容易地翻译资源文件中需要本地化的内容,而且不会破坏程序的功能。

【专家点评】

国际化软件测试的重点,符合软件测试的尽早、尽快、尽量原则,提前发现软件的缺陷,对缩短软件本地化的周期有很大的帮助。

14.4　软件本地化测试

软件本地化测试的内容包括软件的本地化内容是否准确,软件经过本地化后功能是否失效,软件控件(例如按钮的大小和按钮上的文字)的大小和位置是否适当等。软件本地化的对象是经过本地化后的软件,在对应的本地化环境中进行测试。例如,在中文操作系统中测试 Office 的中文版本。

常见的软件本地化测试主要有以下几种情况。

14.4.1 翻译问题

翻译只是本地化的一个部分,翻译的内容应该包括按钮、插图,以及提示信息。还要注意在不同国家的标点符号、货币符号是否正确,以及目标语言的文化心理。所以测试的要求有以下几点。

(1) 发现应该翻译而没有翻译的,不应该翻译而被翻译了的。

(2) 找出控件,以及图标上的提示信息,都应该被翻译。

(3) 如果是下拉菜单,不能只看默认值,而要打开列表查看,保证都被翻译了。

(4) 发现翻译后引起的布局不合理情况,例如对话框中布局是否均匀,显示的内容有没有被截断,控件是否重叠等。

(5) 检查翻译后的字符,有没有出现乱码现象。

(6) 检查有没有相同的文字前后翻译不统一。

(7) 过度本地化现象。例如,产品标识之类的无须作本地化处理。

(8) 翻译后的文字显示不全或者乱码。如图 14-16 所示为乱码问题。

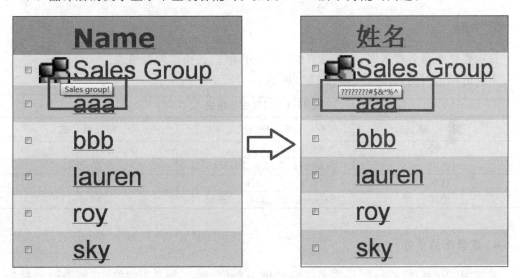

图 14-16 翻译后 tooltip 显示乱码

14.4.2 数据格式问题

不同的国家和地区在数字、货币、时间和度量衡上通常会使用不同的数据单位格式。

1. 数字

美国通常使用逗号来表示千位,而中国并不分隔。数字表示格式如表 14-1 所示。

表 14-1　数字表示格式

国　　家	负 数 表 示
中国	－999999999.00
美国	－999,999,999.00
阿拉伯	999,999,999.00－
德国	－999.999.999,00

注：％可以写成很多种方式，如1％、1pct、％1，所以不能在软件代码中对百分号的位置硬编码。

2. 货币

不同国家的货币符号表示是不同的。美国通常使用＄符表示，中国通常使用￥符号表示。常见的货币表示格式如表14-2所示。

表 14-2　货币表示格式

国　　家	货 币 表 示
中国	￥1000
美国	1000＄或者1000USD
日本	￥1000
德国	1000(无货币符号)

3. 时间

日期格式也是各有不同，如年月日的顺序、分隔符、长格式和短格式。

不同区域的时间表示格式如表14-3所示。

表 14-3　时间表示格式

国　　家	长 格 式	短 格 式
中国	2013 年 8 月 10 日	2013-8-10
美国	Saturday, August 10, 2013	8/10/2013
日本	2013 年 8 月 10 日	2013/8/10
德国	Samstag, 10. August 2013	8/10/2013

4. 度量衡的单位

对于国际化软件，应该使用当地区域的度量单位，如果没有处理好，就可能引起缺陷。最常见的度量衡单位有长度、体积、重量、面积、温度等。常见度量衡表示格式如表14-4所示。

表 14-4　度量衡表示格式

英　　制	公　　制	换 算 关 系
英里	千米	1英里＝1.609千米
加仑	升	1加仑＝4.546升
英镑	千克	1英镑＝0.454千克
英亩	公顷	1英亩＝0.405公顷
华氏	摄氏	100华氏＝37.77摄氏

5．其他的一些数据格式

电话号码：如(88)888-8888；88-888-8888；88.888.8888。

时间：如 1：30 pm；13：30。

邮政编码：美国使用 5 位数字，中国使用 6 位。

地址：美国使用先小后大，中国使用先大后小。

14.4.3 快捷键问题

使用计算机的人群中，其中有一部分人比较喜欢使用键盘的快捷方式，即快捷键，又称为热键。例如，最常用的 Java 编程软件 Eclipse 如果支持了快捷键功能，热键 Ctrl＋S 用于完成保存的功能，如图 14-17 所示，S 是 Save 这个单词的首字母。而 Save 翻译成法语是 Enregistrer，那么在法文中首字母变成了 E，热键可能就需要改变成 Ctrl＋E 了。

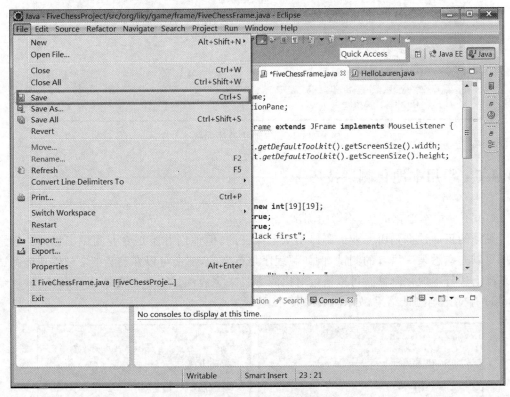

图 14-17 Eclipse 快捷键

中国、日本等双字节的版本，几乎都沿用了英文原有的热键，所以本地化之后热键应该是和英文保持一致的。

常见的快捷键错误有：

(1) 本地化软件中快捷键无效。

(2) 菜单或对话框中存在重复的热键。

(3) 出现不一致的快捷键。

14.4.4 本地化后的排序问题

如果按字母排序,不同的语言是不是排序的标准就不同了呢? 答案是肯定的,所以测试的时候要弄清楚测试的语言采用什么样的排序规则,并设计测试用例专门检查排列次序的正确性。如图 14-18 所示,在繁体中文下面按其他项目排序都是正确的,但是按邮政区号排序不起作用。这就是本地化后引起的功能不工作的缺陷。

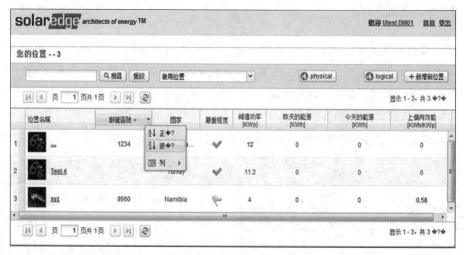

图 14-18　本地化排序问题

14.4.5 常用本地化测试技巧

(1) 不懂得本地化语言,不影响测试。

翻译的正确性都是由专业的翻译团队来保证的,但他们并不是专业测试工程师。通常我们可以先熟悉某一语言的测试,例如源程序是英文的,那么可以在熟悉英文软件功能测试的基础上进行本地化测试。可以通过对比的方式来完成测试。通常要选用两台机器,避免Cookie 存储影响测试结果,如图 14-19 所示。

图 14-19　英韩两种语言界面对比

（2）注重细节部分。

上面提到了翻译的问题，往往页面整体翻译良好，没有显示乱码和未翻译现象，但是还要注意一些鼠标操作后，例如 tooltip 的翻译，如 14.4.1 节中提到的（图 14-16 中翻译后 tooltip 显示乱码）。还有图 14-20 中韩文界面基本翻译没问题，当输入错误的用户名和密码后，显示的提示信息并没有翻译。

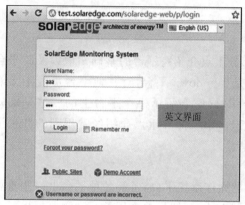 

图 14-20　出错的提示信息没有翻译

【专家点评】

软件本地化测试是对本地化软件的质量进行检查和控制的手段，通过软件本地化测试测试本地化后的软件语言、功能和界面等内容，使本地化的软件更符合当地的语言、市场和用户的使用习惯。本地化测试发现的缺陷可分为软件核心功能缺陷、国际化设计缺陷和本地化缺陷。按照适当的测试顺序，可发现绝大多数软件缺陷。

14.5　读书笔记

读书笔记　　　　*Name*：　　　　　　*Date*：

励志名句：*Nobody can casually succeed，it comes from the thorough self-control and the will.*

谁也不能随随便便成功，它来自彻底的自我管理和毅力。

第15章　跨平台跨浏览器专题技术分享

【本章重点】

本章的内容分成两个部分：第一部分重点介绍跨平台的基础知识以及跨平台测试时的技术经验分享。读者常见的是 Windows 平台，对其他平台可能不太熟悉，这里对各个常用的平台进行简单介绍，同时介绍了每个平台上的一些基础知识，帮助读者对各个平台有个初步的认识。第二部分重点介绍经常用到的几种浏览器以及跨浏览器测试的技术经验分享。

【学习目标】

了解 Windows 平台之外的一些常见操作系统平台，了解各种平台上一些重要的知识内容，掌握跨平台测试的各种测试方法，了解目前常用的几种浏览器以及它们各自的特色。

【知识重点】

掌握几种常用的系统平台，了解它们的发展历史以及市场上的应用情况，各个平台上网络以及代理服务的配置，以及各个平台上的测试环境配置，重点掌握在跨平台环境里如何安装、卸载应用程序，测试时要重点测试程序在各个平台上功能是否可以正常运行以及操作界面是否有异常，掌握每个浏览器的特性以及它们适用于哪些平台。

15.1　跨平台测试的特点

跨平台是指开发出的某个应用程序可以在不同的操作系统、硬件平台上使用。比如读者熟悉的 Java，它可以在 Windows、Mac、Linux 等平台上运行。跨平台测试就是测试应用程序在各个指定的平台上的每个功能都可以正常运行。包括应用程序的安装、卸载、用户界面、窗体风格、数据的存储和转化等。

15.2　软件平台的分类

目前各个平台的系统主要有 Windows、Mac、Linux、Solaris、IBM-AIX、HP-UX 等。这些系统中使用最多的是 Windows、Mac、Linux 三类平台。

国外调查机构 NetMarketShare 公布了 2012 年 7 月份各大操作系统的全球市场占有率。根据调查结果，Windows 仍然是当仁不让的头名，但 Mac 的份额有所上升。在 2012 年 7 月，Windows 的市场占有率达 92.01％之巨，Mac 排名第二，以 6.97％的份额遥望 Windows，Linux 则以 1.02％的份额遥望 Windows 和 Mac，如

图 15-1 所示。不过,对比 2012 年 6 月的 92.23%,Windows 的份额有所下跌,Mac 和 Linux 在 2012 年 6 月的份额为 6.72% 和 1.05%,Mac 略微上升而 Linux 稍有下降。本例中将介绍的 Time Tracker 程序(www.worksnaps.net)也支持跨平台。

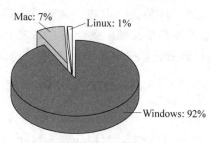

图 15-1　操作系统市场占有率

15.2.1　Windows 平台

Windows 平台是目前用户使用最多的平台,它界面好友,操作简单,即使没有使用过计算机的用户,经过短暂的培训也可以很快上手,同时 Windows 系统对软件和硬件的兼容性都非常好,它可以在配置较低的机器上运行。另外,基于其系统运行的应用程序也非常多。Windows 平台包括 Windows XP,Windows 2008,Vista,Windows 7,Windows 8,而且它们还分为 32 位和 64 位两种类型。

15.2.2　Mac 平台

Mac(Macintosh)是苹果公司开发的全新操作系统,被认为是最好的操作系统。苹果早期的机器采用的是 Power PC 芯片,它是由 IBM、Motorola 等几家大公司联合为苹果计算机设计制造的。从 Mac 10.5 开始,苹果计算机全面采用 Intel CPU。

Mac 系统从 Mac 10.5 到 Mac 10.8,每个系统都有一个以猫科动物名命名的代号。例如:

Mac 10.5——美洲豹(Leopard)

Mac 10.6——雪豹(Snow Leopard)

Mac 10.7——狮子(Lion)

Mac 10.8——山狮(MountainLion)

从 Mac 10.9 开始使用新的代号。Mac 10.9 的代号是 Mavericks,它是加州海边的著名冲浪景点。

在 Mac 系统中从 10.8 开始,引入了一个新的安全功能 Gatekeeper,该功能强化控制了应用程序的安装来源,默认情况下它只允许安装来自 App Store 和有 OS X 注册开发者签名的应用程序,高级用户可以选择允许安装其他来源的应用程序。该安全功能保护了使用者在安装应用程序时不能轻易安装不明来源的程序。所以在测试应用程序安装时,必须要在 10.8 版本平台上验证这个功能,如果程序没有签名,默认将无法安装,用户拿到后也就没办法使用。

现在最新的 Mac 开始使用 Retina 显示屏。它是由苹果公司设计和委托制造的显示屏，具备足够高的像素密度而使人体肉眼无法分辨其中单独像素点的液晶屏，最初采用该种屏幕的产品 iPhone 4 由苹果 CEO 史蒂夫·乔布斯于 WWDC2010 发布，其屏幕分辨率为 960×640(每英寸像素数 326ppi)。这种分辨率在正常观看距离下足以使人的肉眼无法分辨其中的单独像素。如今苹果正逐步将其推广到全线产品之上。由于 Retina 屏幕的高分辨率，导致有些应用程序在窗口界面或者按钮有变化，所以这也是一个测试重点。

15.2.3　Linux 平台

Linux 平台是 UNIX 下的一个分支，在 Linux 平台下又分成 Ubuntu、Red Hat、Fedora、OpenSUSE 等，而且这些系统也有 32 位和 64 位区别。目前在国内用的最多的是 Ubuntu 和 Red Hat，特别是 Ubuntu，它的操作界面友好，在线升级和添加一个新包都非常方便，比如播放一个媒体文件，如果本机安装的插件不能支持，它会在线搜索一个可用的插件并且安装上。

15.2.4　Solaris 平台

Solaris 操作系统是美国 Sun 公司开发的一种多用户、多任务的操作系统，也是国际市场上的一种主流 UNIX 操作系统。过去，Solaris 系统作为一种高档操作系统产品，主要用于一些大型企业和教育机构。但随着 Sun 公司"免费 Solaris"计划的推出，Solaris 系统也正在被越来越多的小型企业和个人用户所采用，并开始进入市场上最为流行的 Intel 平台。

15.2.5　HP-UX 平台

HP-UX 全称为 Hewlett Packard UNIX，是惠普 9000 系列服务器的操作系统，可以在 HP 的 PA-RISC 处理器、Intel 的 Itanium 处理器的计算机上运行。它基于 System V，是 UNIX 的一个变种。惠普 9000 服务器支持从入门级商业应用到大规模服务器应用，支持互联网防火墙、虚拟主机或者远程办公室业务，大型公司可以采用此服务器管理 ERP 或电子商务业务，对于高端应用，可以采用惠普公司的 Superdome 计算机，支持最多 64 个处理器进行并行计算。所有的服务器都采用 HP-UX 操作系统。

15.2.6　IBM-AIX 平台

目前可用的 UNIX 操作系统有很多，但只有一种包括 IBM 在为全球客户创建业务解决方案中所获得的经验。而且它还通过实现与 Linux 之间的亲和关系，提供了对 64 位平台的支持。这就是 IBM AIX 5L。

AIX 符合 Open group 的 UNIX 98 行业标准，通过全面集成对 32 位和 64 位应用的并行运行支持，为这些应用提供了全面的可扩展性。它可以在所有的 IBM p 系列和 IBM RS/6000 工作站、服务器和大型并行超级计算机上运行。

【专家点评】

Windows 系统从出生到现在一直是行业领头羊，没有人能撼动，但随着近些年来其他操作系统越来越成熟，体验越来越好，很多人就转向 Windows 之外的操作系统，比如 Mac、Linux，特别是 Mac 系统，受到很多粉丝的追捧，每次只要有新的版本发布，粉丝们就争着去体验。

15.3　跨平台测试需具备的知识

跨平台测试涉及各种不同操作系统之间的交互，所以需要掌握一些基本知识，特别是网络及代理服务的配置。这些基础知识可以分成三大类。

15.3.1　Windows 平台

1. Windows 系统的网络配置

（1）在桌面右击"网上邻居"→"属性"命令，打开网络属性窗口（不同版本的 Windows 系统，操作步骤可能不同，这里以 Windows XP 为例），如图 15-2 所示。

（2）选择"本地连接"，然后右击，在弹出的菜单中选择"属性"命令，打开"本地连接 属性"对话框，如图 15-3 所示。

图 15-2　网络属性

（3）在以上对话框中选择"Internet 协议（TCP/IP）"，双击，或单击"属性"按钮。打开"Internet 协议（TCP/IP）属性"对话框，如图 15-4 所示。

（4）网络设置分为"自动获得 IP 地址"和"使用下面的 IP 地址"即手动分配 IP 地址。具体使用哪种类型的 IP，需要根据所在局域网的网络环境。一般局域网对这两种 IP 分配都是支持的。如果是使用"自动获得 IP 地址"，子网掩码和默认网关都不需要填写，它会自动分配；如果是手动分配 IP，填写完 IP 地址后，子网掩码和默认网关都需要手工填写。

（5）在分配完 IP 之后，DNS 也一定要填写，如果不设置 DNS，将只能通过 IP 地址访问 Web 站点，不能通过域名访问。DNS 的地址从网管那里获得后，填写在"使用下面的 DNS 服务器地址"栏，如图 15-4 所示。

（6）以上设置完成后，网络配置就完成了。试着打开一个网站，如果能正常打开浏览，说明配置正确；如果网站打不开，说明配置有误，检查配置过程中的每个设置。

2. Windows 系统的代理设置

作为软件测试工程师，模拟客户的各种网络环境是很重要的。其中重要的一点，就是设置网络代理。很多客户，考虑网络安全原因，在网络对外出口，都设置有防火墙和代理。要尽可能地模拟客户的各种代理环境，以求测试效果达到和用户的真实环境一样。以下列出目前常用的代理名称及功能，如表 15-1 所示。

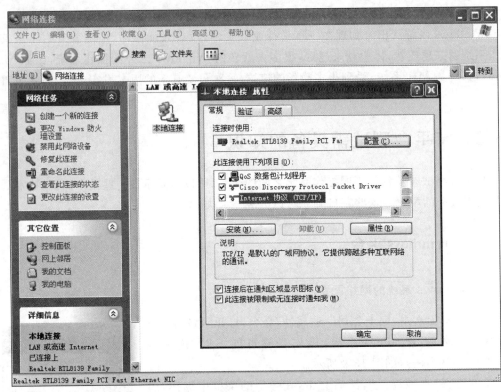

图 15-3 "本地连接 属性"对话框

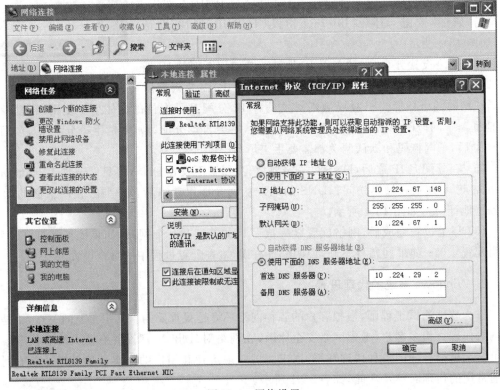

图 15-4 网络设置

表 15-1 代理名称和功能

代理名称	功 能 概 述
ISA2000	ISA2000 是微软推出的第一套正宗的防火墙,其在 Windows 2000 Server 平台上运行,同时具有防火墙与网站缓存的功能
ISA2004	ISA2004 是 ISA2000 的升级版,和 ISA2000 相比,ISA2004 中引入了多网络支持、易于使用且高度集成的虚拟专用网络配置、深层次的 HTTP 检查以及经过改善的管理功能
Squid2.5	Squid 是一种在 Linux 系统下使用的比较优秀的代理服务器软件
Bluecoat	Bluecoat 是一种专用设备,其特点是在不影响网络性能的前提下,集成了先进的代理功能和安全服务,如内容过滤、即时消息控制、Web 病毒扫描和 P2P 文件共享应用控制

代理服务器一般由公司的网络管理员配置好,这里不再详细介绍。测试工程师需要掌握如何去使用这些代理。下面以 ISA2004 代理为例,介绍如何使用。

(1) 首先,需要知道相应代理的 IP 地址和端口号。例如,ISA2004 代理 IP 是 192.168.0.4,端口是 8080,而且设置了用户身份认证,比如用户名是 test,密码是 pass。

(2) 在设置代理之前,先要确保本机的 IP 地址和代理服务器的地址是在同一个网段内。假设测试机的 IP 地址是 10.224.67.*,显然与代理服务器地址不在同一个网段内,这时需要更改测试机的 IP 地址,可以设置为 192.168.0.*,如图 15-5 所示。

(3) 设置好本机的 IP 地址后,打开 IE 浏览器,在菜单"工具"中选择"Internet(选项)"。切换到"连接"选项卡,如图 15-6 所示。

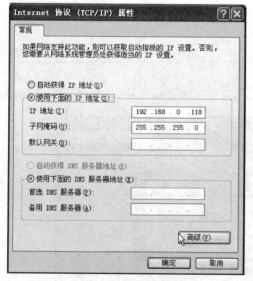

图 15-5 设置本机 IP

图 15-6 IE 的 Internet 属性

(4) 单击"局域网设置"按钮。弹出"局域网(LAN)设置"对话框,如图 15-7 所示。

(5) 在"代理服务器"地址栏中输入代理服务器的 IP 地址和端口。然后单击"确定"按钮即可。

(6) 在"局域网(LAN)设置"对话框中有个选项"对于本地地址不使用代理服务器",如果选上后,本地的网络就不通过代理访问。

(7) 设置完代理后,在 IE 地址栏中输入一个 Web 站点,然后按回车键,会出现一个用户登录的对话框,如图 15-8 所示。输入用户名"test",密码"pass",单击"确定"按钮,如果能正常打开网页,说明代理配置成功。

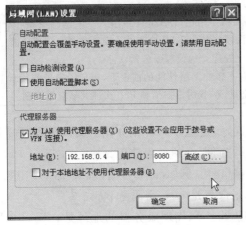
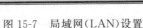

图 15-7   局域网(LAN)设置   图 15-8   代理认证窗口

注意:在不使用代理时,一定要记住,把本机的 IP 地址改回正常的,并且在"Internet 选项"里把代理去掉,否则网络不能正常运行。

15.3.2   Mac 平台

1. Mac 系统的网络配置

(1) 打开 System Preferences,在 System Preferences 里选择 Network,如图 15-9 所示。

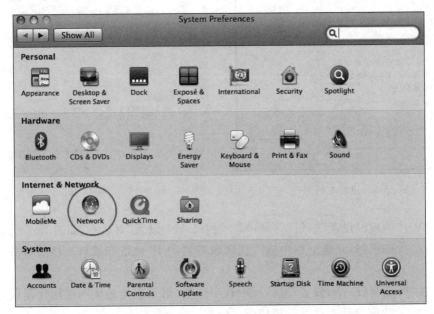

图 15-9   系统偏好设置

（2）Mac 的网络配置与 Windows 类似，也有 DHCP 和手动分配。这里以手动配置为例。在图 15-10 中，选择 Manually，然后输入 IP 地址、子网掩码、路由和 DNS 服务器。

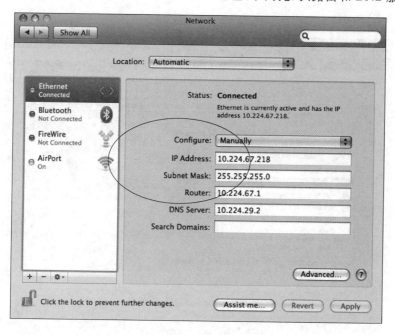

图 15-10　网络配置

2. Mac 系统的代理设置

（1）在设置代理之前，把本机的 IP 地址改为和代理服务器在同一个网段内。只需要填写 IP 地址和子网掩码即可，路由和 DNS 都不需要填写，如图 15-11 所示。

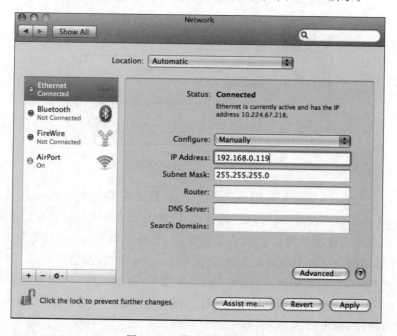

图 15-11　修改本机 IP 地址

（2）单击 Advance 按钮,切换到 Proxies 选项卡。选上 Web Proxy(HTTP)和 Secure Web Proxy(HTTPS)复选框,在 Web Proxy Server 文本框里填写代理服务器的 IP 地址和端口,如图 15-12 所示。

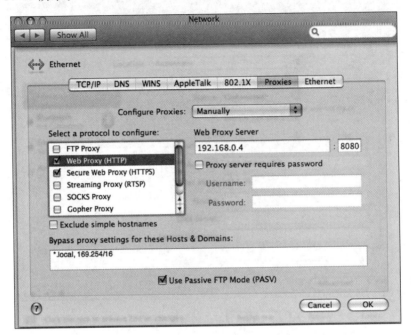

图 15-12　设置代理

（3）代理服务认证的用户名和密码,可以填写在 Proxy server requires password 里。如果不填写,在打开浏览器时填写也可以,如图 15-13 所示。

图 15-13　代理认证设置

（4）在 Mac 平台上,如果是使用 Safari 浏览器,只要在前面的 System Preferences 中设置好代理后,不需要特别设置,就可以访问站点,因为 Safari 的代理设置和系统的是一致的,只要在其中一个地方设置就可以。但如果是使用 Firefox 浏览器,还需要在浏览器里设置代理,否则不能访问站点。下面介绍 Mac 系统里 Firefox 的代理设置。

（5）打开 Firefox,在菜单里选择 Preferences 命令,弹出如图 15-14 所示的对话框。

（6）在如图 15-14 所示对话框里,切换到 Advanced 选项卡,然后转到 Network 选项卡,单击 Settings 按钮,弹出如图 15-15 所示的对话框。

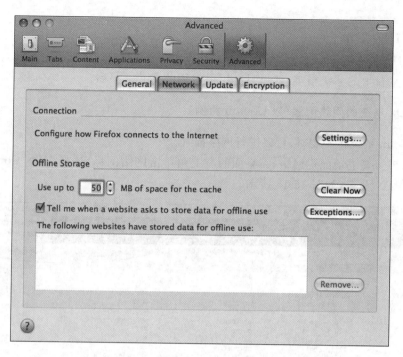

图 15-14　浏览器 Firefox 的代理设置

（7）在图 15-15 中选择 Manual proxy configuration 单选按钮。在 HTTP Proxy 文本框中输入代理服务器的 IP 地址和端口号，并且选上 Use this proxy server for all protocols 复选框，确保各种网络协议都能支持。

（8）以上设置完成后，Firefox 就可以通过代理访问站点了。

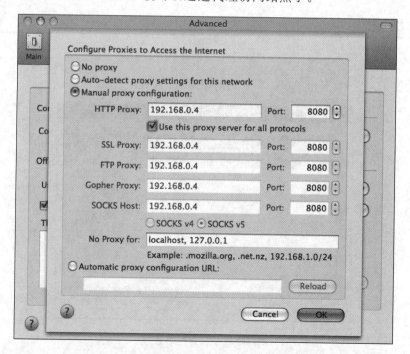

图 15-15　Firefox 设置代理

15.3.3　UNIX 平台

UNIX 平台上的系统很多，这里只介绍最常用的 Linux 平台。

1．Linux 系统的网络配置（以 Ubuntu 为例）

（1）Linux 系统在安装时，可以进行网络配置。

（2）如果需要手动配置网络，在桌面的右上角单击网络图标，选择 VPN Connections→Configure VPN 命令，如图 15-16 所示。

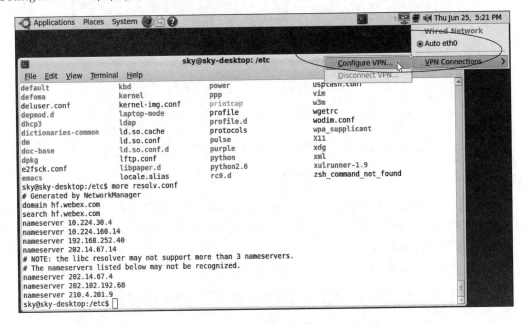

图 15-16　配置网络

（3）在图 15-17 中，双击 Auto eth0，或单击 Edit 按钮。

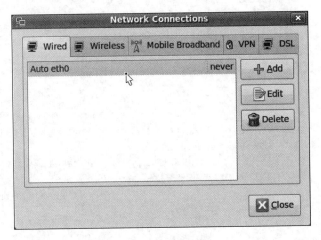

图 15-17　设置网络连接

（4）在 Editing Auto eth0 对话框中，选择 IPv4 Settings 选项卡，在 Method 下拉列表中选择 Manual，然后在 Address 中输入 IP 地址、子网掩码、网关和 DNS 服务器，然后单击 Apply 按钮即可，如图 15-18 所示。

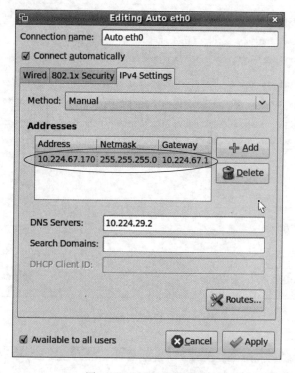

图 15-18　配置网络地址

2. Linux 系统的代理设置

（1）在配置 Linux 代理之前也需要把本机的 IP 地址改为与代理服务器在同一个网段，DNS 和网关可以不需要设置。

（2）打开浏览器。本例中使用的是 Firefox。单击菜单 Edit→Preferences 命令，打开 Firefox Preferences 对话框，如图 15-19 所示。切换到 Advanced→Network 选项卡。

（3）单击 Settings 按钮，弹出代理设置对话框，如图 15-20 所示。选择 Manual proxy configuration 选项。在 HTTP Proxy 文本框中输入代理的 IP 地址和端口号，并且选择 Use this proxy server for all protocols 复选框，以确保各种网络协议都能被使用。

3. Java 运行环境的配置

现在很多 Linux 系统在安装好之后，自带的 Java 运行环境是 OpenJDK。OpenJDK 是甲骨文公司为 Java 平台构建的 Java 开发环境的开源版本，完全自由，开放源码，但现在有很多产品还不支持 OpenJDK，只支持 Sun JRE，所以需要手工安装 Sun JRE 并且配置。

（1）通过运行"＄java-version"命令检查当前系统使用的是哪个版本的 Java。如图 15-21 所示，当前使用的是 OpenJDK 1.7.0_15。

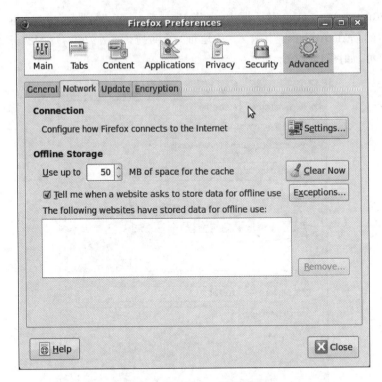

图 15-19　Firefox 参数设置

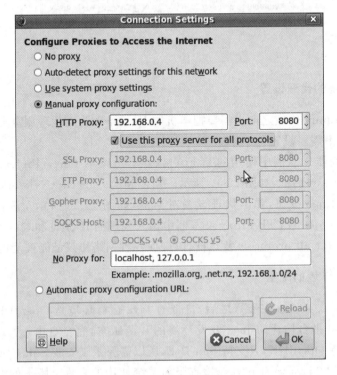

图 15-20　代理设置

```
sky@ubuntu: ~
sky@ubuntu:~$ java -version
java version "1.7.0_15"
OpenJDK Runtime Environment (IcedTea7 2.3.7) (7u15-2.3.7-0ubuntu1~12.10.1)
OpenJDK 64-Bit Server VM (build 23.7-b01, mixed mode)
sky@ubuntu:~$
```

图 15-21 查看当前 Java 版本号

（2）从 Java 站点 www.java.com 下载当前系统支持的版本并且安装，比如 jre-7u17-linux-i586.gz。

（3）配置 Java 环境。

① 进入/etc/alternatives 目录。

② 删除 Java 文件，如图 15-22 所示。

```
sky@ubuntu:/etc/alternatives$ ls -l java
lrwxrwxrwx 1 root root 42 Aug 23 19:25 java -> /usr/lib/jvm/java-6-openjdk-amd64/bin/java
sky@ubuntu:/etc/alternatives$ sudo rm -rf java
sky@ubuntu:/etc/alternatives$
```

图 15-22 删除 Java 文件

③ 重新创建 Java 链接，指向新安装的 Java，如图 15-23 所示。

```
sky@ubuntu:/etc/alternatives$ pwd
/etc/alternatives
sky@ubuntu:/etc/alternatives$ sudo ln -s /usr/java/jre1.7.0_17/bin/java java
sky@ubuntu:/etc/alternatives$
```

图 15-23 创建 Java 链接

④ 查询当前 Java 指向路径，如图 15-24 所示。

```
sky@ubuntu: /etc/alternatives
sky@ubuntu:/etc/alternatives$ pwd
/etc/alternatives
sky@ubuntu:/etc/alternatives$ ls -l java
lrwxrwxrwx 1 root root 30 Mar 10 06:54 java -> /usr/java/jre1.7.0_17/bin/java
sky@ubuntu:/etc/alternatives$
```

图 15-24 查看 Java 指向路径

⑤ 进入/usr/lib/jvm 目录，删除 default-java，如图 15-25 所示。

```
sky@ubuntu:/usr/lib/jvm$ ls -l
total 12
lrwxrwxrwx 1 root root   20 Aug 23 19:28 default-java -> java-7-openjdk-amd64
lrwxrwxrwx 1 root root   20 Mar  4 18:27 java-1.6.0-openjdk-amd64 -> java-6-openjdk-amd64
drwxr-xr-x 5 root root 4096 Mar 12 05:21 java-6-openjdk-amd64
drwxr-xr-x 3 root root 4096 Mar 12 05:21 java-6-openjdk-common
drwxr-xr-x 5 root root 4096 Mar 12 05:21 java-7-openjdk-amd64
sky@ubuntu:/usr/lib/jvm$ sudo rm -rf default-java
sky@ubuntu:/usr/lib/jvm$
```

图 15-25 删除默认的 Java

⑥ 重新创建 default-java 链接，指向新安装的 Java 目录，如图 15-26 所示。

⑦ 查询当前 default-java 指向路径，如图 15-27 所示。

图 15-26　创建新的默认 Java 路径

图 15-27　查看默认 Java 路径

⑧ 重新登录 Linux 系统,并且运行"＄java-version"命令,如果显示"Java(TM) SE Runtime Environment"信息,说明配置成功,如图 15-28 所示。

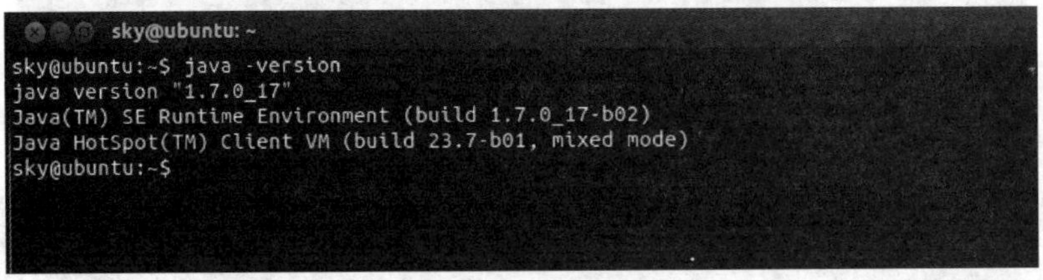

图 15-28　查看 Java 版本号

【专家点评】

跨平台测试的各种环境配置很重要,而且每个平台的配置方法可能不同,特别是 Linux 平台,需要通过 Terminal 的命令行去操作,这种方法很多人可能不习惯,但坚持使用就习惯了。

15.4　跨平台测试技术分享

跨平台测试与在某一个平台测试方法基本相同,也是验证程序的各个功能是否可以正常运行,只是需要在不同的平台上去验证。

如果某个程序支持跨平台,那么它将有多个不同平台的安装包,在测试时,就需要根据平台下载对应的包。下面以 Time Tracker 应用程序为例,介绍跨平台测试的一些方法和技巧。

15.4.1　应用程序安装

在跨平台测试时，需要在不同的平台安装应用程序。比如要测试 Time Tracker 时，打开 Time Tracker 网站，进入 Download 页面，下载不同的安装包到对应的平台并且安装，如图 15-29 所示。

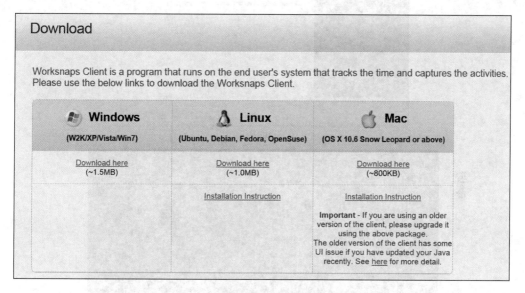

图 15-29　不同平台的安装包

不同平台上的安装包是不同的，如 Time Tracker 上的 Client 安装包，在各个平台上的安装包如表 15-2 所示。

表 15-2　安装包名称

操 作 平 台	安装包名称
Windows	WSClient. exe
Linux	WSClient. zip
Mac	WSClient. dmg

1. Windows 平台安装

下载 Windows 平台的安装包，然后运行 WSClient. exe 文件，将会出现"欢迎"页面，根据向导一步一步安装就可以，如图 15-30(a)所示。

2. Linux 平台安装

Linux 平台的安装与 Windows 不同，它没有向导提示如何去操作，在 Linux 平台下的安装包一般是以 zip、tar 或者 rpm 为后缀的文件，在安装时，需要执行相应的命令。比如本例中的 Time Tracker，是以 zip 为后缀，在安装时，需要执行下面的 unzip 命令。它将解压这个包到 Worksnaps 目录，如图 15-30(b)所示。

(a) Windows

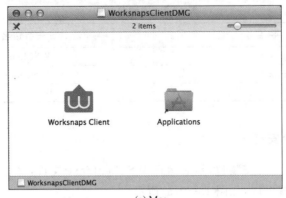

(b) Linux

(c) Mac

图 15-30　不同平台下的程序安装

$ unzip WSClient-linux-1.1.20130517.zip

3. Mac 平台安装

Mac 平台的安装包以 dmg 为后缀。在安装时，直接双击 dmg 解压，然后把 Worksnaps

Client 应用程序拖曳到 Application 文件夹中就可以,如图 15-30(c)所示。

缺陷分析:

(1) 在 Mac 10.8 平台下载 Worksnaps client 安装包。

(2) 运行安装包。它将出现如图 15-31 所示的信息。如果在 Mac 10.7 上安装同样的包就不会有这样的问题。

(3) 在前面的内容中已经提到,这是因为从 Mac 10.8 开始,引入了一个新的安全功能 Gatekeeper,该功能强化控制了应用程序的安装来源,默认情况下它只允许安装来自 App Store 和有 OS X 注册开发者签名的应用程序,高级用户可以选择允许安装其他来源的应用程序,而 Worksnaps Client 没有经过 Apple 的签名,所以会阻止安装。

图 15-31　Mac 平台安装警告信息

15.4.2　应用程序运行

不同的应用程序运行方式不同,在测试时,要验证被测试的应用程序在每个平台上是否可以正常运行,如图 15-32 所示。

1. Windows 平台

Windows 平台在运行程序时有多种途径。可以从"开始"菜单里找到应用程序名;或者直接双击桌面上的快捷图标。

2. Linux 平台

Linux 平台的应用程序的可执行文件的后缀一般是 bin 或者 sh,如本例中是 run. sh。执行时,首先进入 Worksnaps/bin 目录,然后执行. /run. sh。在文件名前加个". /",是表示当前目录下的文件。

3. Mac 平台

Mac 平台的应用程序一般都是在 Application 目录下,要运行时,进入 Application 目录,直接双击应用程序名就可以。

(a) Windows

(b) Linux

(c) Mac

图 15-32　不同平台程序运行方式

15.4.3 程序运行界面测试

在进行跨平台测试时,程序运行界面测试是重要的测试方面,不同平台呈现出来的界面风格是不同的,比如 Time Tracker 的登录界面,在不同平台显示的颜色不一样,而且某些功能在界面上摆放的位置也不同。比如 Forget password 链接,在 Windows 和 Java client 上的位置就不同。需要验证这些功能在不同的位置是否都可以正常运行。在测试之前,一般都会有这个平台的 SPEC,我们按照 SPEC 里设计好的 UI 进行比较,如果不符合 SPEC 里的 UI,很可能就是产品的 Bug,如图 15-33 所示。

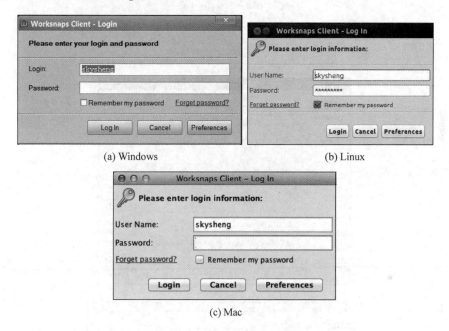

图 15-33 不同平台的程序运行界面

15.4.4 程序功能测试

程序功能测试在任何测试中都是重点。跨平台测试也是如此,需要验证某个功能在不同平台上是否都可以正常运行。比如 TimeTracker 当中的记录时间或者屏幕截图功能,它们是这个应用程序的核心功能,必须在每个平台上都可以成功运行。

另外在进行功能测试时,不同的平台功能上可能有差别,比如 TimeTracker 里的 WebCam 功能,只在 Windows 平台上有,在 Linux 和 Mac 上都不支持。在测试 WebCam 功能时,应重点测试 Windows 平台,在应用程序的 Preference 设置里,只是 Windows 平台有这个设置选项,Linux 和 Mac 平台不支持 WebCam,所以就不应该显示这个选项,如图 15-34 所示。

在进行功能测试时,要注意功能的变化,会不会影响程序操作界面的显示。

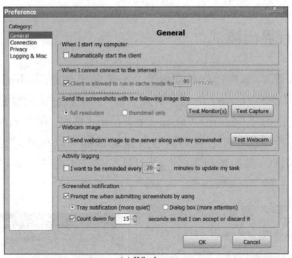

(a) Windows

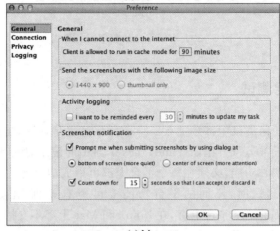

(b) Linux

(c) Mac

图 15-34　不同平台功能测试界面

【专家点评】

在进行跨平台测试时,最好的测试方法是各个平台同时运行,逐一验证各个功能是否一致,同时验证操作界面是否符合本系统的风格。

15.5　浏览器的分类

　　跨浏览器测试,是指同一个 Web 应用程序在不同的浏览器上进行测试,以验证所开发的程序是否可以在所支持的浏览器里正常运行。现在操作系统支持的浏览器越来越多,不同的用户喜欢使用不同的浏览器,开发出来的 Web 应用程序,为了让每个用户都能正常使用,在设计时就要考虑支持不同的浏览器。

　　在各个平台上浏览器很多,目前常见的浏览器是 IE、Firefox、Chrome、Safari。IE 只支持 Windows 平台,另外三个浏览器可以支持 Windows、Mac、Linux。根据来自 Net Application 的最新市场份额统计数据显示:2012 年 2 月,IE 浏览器市场占有率为 55.82%、火狐市场占有率为 20.12%、Chrome 的市场占有率为 16.27%、Safari 的市场占有率为 5.42%,如图 15-35 所示。

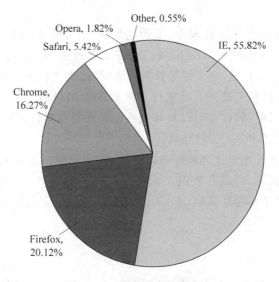

图 15-35　浏览器市场占有率

15.5.1　IE

　　Internet Explorer,全称 Windows Internet Explorer,简称 IE,是美国微软公司 (Microsoft)推出的一款网页浏览器。它最初是从早期一款商业性的专利网页浏览器 Spyglass Mosaic 派生出来的产品。1996 年,微软通过给予季度费用和部分收入从 Spyglass 中取得了 Spyglass 源代码。从而使 IE 逐渐成为微软专属软件。它采用的排版引擎(俗称内核)命名为 Trident。每一次新的 IE 版本发布,也标志着 Trident 内核版本号的提升。

　　Trident 引擎被设计成一个软件组件(模块),使得其他软件开发人员可以很容易地将网页浏览的功能加到他们自行开发的应用程序里。微软提出了一个称为组件对象模型 (COM)的软件接口架构,供其他支持的组件对象模型开发环境的应用程序存取及编辑网页。例如,由 C++或.NET 所撰写的程序可以加入浏览器控件里,并透过 Trident 引擎存取当前显示在浏览器上的网页内容及网页的各种元素的值,从浏览器控件触发的事件也可被程序捕获并进行处理。Trident 引擎所提供的所有函数存放在动态链接库 mshtml. dll 中。

最初的几个 IE 均以软件包的形式单独为相应的 Windows 操作系统提供选择安装,从 IE 4 开始,IE 集成在 Windows 操作系统中作为默认浏览器(IE 9 除外,并未在任何 Windows 系统中集成)。而且事实上 Windows 系统的某些功能需要 IE 的支持,如果 IE 出现故障,那么 Windows 系统也会出现莫名其妙的问题。

15.5.2　Firefox

Mozilla Firefox,中文名通常称为"火狐",是一个开源网页浏览器,使用 Gecko 引擎(即非 IE 内核),可以在多种操作系统如 Windows、Mac 和 Linux 上运行。Firefox 由 Mozilla 基金会与数百个志愿者所开发,原名"Phoenix"(凤凰),之后改名"Mozilla Firebird"(火鸟),再改为现在的名字。截至 2012 年 8 月,在世界范围内,Firefox 占据着浏览器市场 23% 的使用份额。

火狐浏览器的主要特性有:体积小、运行速度快,占用系统资源少;标签式浏览,使上网冲浪更快;可以禁止弹出式窗口;自定制工具栏;扩展管理;更好的搜索特性;快速而方便的侧栏。从 Firefox 16 开始,有了脱胎换骨的更新,代码更优秀,功能更强大,包括安装程序、界面和下载管理器都有了改进。此软件安装程序让用户迅速安装 Firefox,而崭新的迁移系统可将用户的收藏夹、储存密码以及其他各种设置等数据自动从 IE 及其他浏览器中导入 Firefox,用户立刻能在网络上四处游玩。

火狐浏览器之所以被用户评为最好的浏览器,其安全性高是重要的指标。火狐浏览器有着阻止弹出式窗口功能,可以有效阻止未经许可的弹出窗口,不加载有害的 ActiveX 控件,不让恶意的间谍程序入侵计算机。

15.5.3　Chrome

Google Chrome,又称 Google 浏览器,是一个由 Google(谷歌)公司开发的开放原始码的网页浏览器。该浏览器是基于其他开放原始码软件所撰写,包括 WebKit 和 Mozilla,目标是提升稳定性、速度和安全性,并创造出简单且有效率的使用者界面。软件的名称是来自称做 Chrome 的网络浏览器图形使用者界面(GUI)。软件的 beta 测试版本在 2008 年 9 月 2 日发布,提供 43 种语言版本,且支持 Windows 平台、Mac OS X 和 Linux 版本。2012 年 8 月 6 日,Chrome 已达全球份额的 34%,成为使用最广的浏览器。

15.5.4　Safari

浏览器 Safari 是苹果计算机的最新操作系统 Mac OS X 中的浏览器,使用了 KDE 的 KHTML 作为浏览器的运算核心。Safari 在 2003 年 1 月 7 日首度发行测试版,并成为 Mac OS X v10. 3 及之后版本的默认浏览器,也是 iPhone 与 iPod touch 的指定浏览器。Windows 版本的首个测试版在 2007 年 6 月 11 日推出,支持 Windows XP 与 Windows Vista,在 2008 年 3 月 18 日推出正式版。

【专家点评】

IE 浏览器一直是行业中的领头羊，随着 Google、Firefox 的发展，IE 浏览器的市场份额越来越小。在进行跨浏览器测试时，不能只测试自己喜欢使用的某种类型浏览器，而是需要根据市场上用户的使用情况，覆盖大多数浏览器。

15.6 跨浏览器测试技术分享

跨浏览器测试，就是使用同一个测试用例在所有支持的目标浏览器上测试，在测试时需要注意以下几个方面。

1. 界面

开发出来的 Web 程序，在不同的浏览器上运行，所展示的界面是否相符，比如字体显示是否有错位、重叠，或者显示不全；窗体是否有异常拉伸或者缩小；窗体上的按钮是否在指定的位置显示等。有些程序在不同的浏览器上运行，界面不一样，但都可以实现相同的功能，这也是符合要求的，不是产品的缺陷，因为不同的浏览器所使用的渲染引擎不一样。比如下面的例子。

(1) 登录 worksnaps. net 站点。

(2) 切换到 Profile & Settings →User Information 页面。

(3) 选择 Change My Portrait。

Time Tracker 中的 Change My Portrait 功能，在 IE 和 Firefox 中都是显示 Browse(浏览)按钮，但是在 Chrome 中，显示的是 Choose File(选择文件)按钮，如图 15-36 所示。它们虽然界面不一样，但是都可以实现浏览并选择图像的功能，所以这不是缺陷，而是不同浏览器的特色。

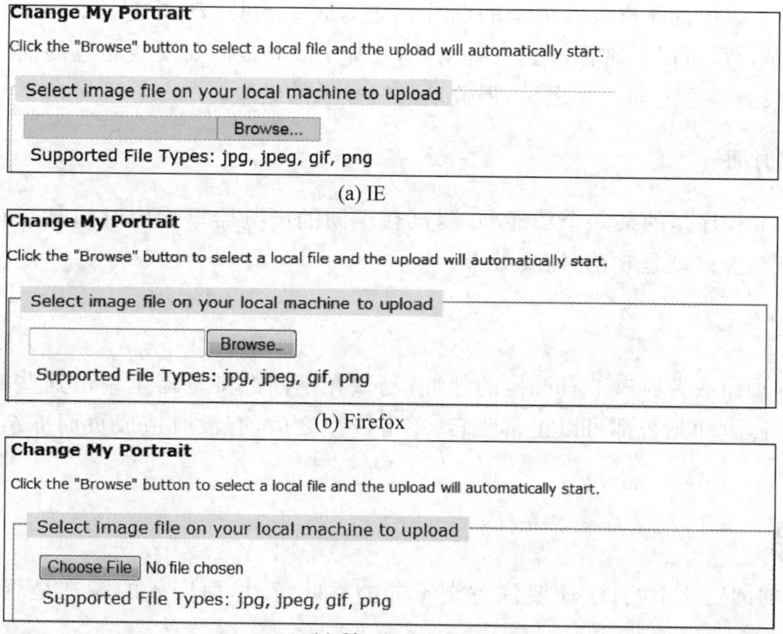

(a) IE

(b) Firefox

(c) Chrome

图 15-36 不同浏览器界面测试

2. 控件

测试对于 Web 应用程序上的某个控件,在不同的浏览器上是否都能正常运行。比如窗体上的按钮在不同的浏览器上是否都可以单击,输入框里是否可以正常输入字符,输入字符的长度在不同的浏览器上是否相同,在输入字符边界值的保护上,每个浏览器是否相同。

3. 图片

比较页面上显示的图片在不同的浏览器上大小是否相同,质量是否有差异,有没有被拉伸或者压缩。比如 Time Tracker 中,可以测试在 My Current Portrait 中上传的图像在不同的浏览器上的显示结果,如图 15-37 所示。

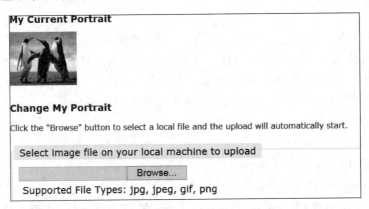

图 15-37　图片测试

4. 动画

测试 Web 应用程序里设计出来的图片动画,Java applet 动画或者 Flash 动画,在不同的浏览器里是否都可以正常播放。有些动画,比如 Flash 是需要安装相应的插件支持的,可以测试插件没有装之前和安装之后,播放动画时显示的结果。

5. 响应时间

单击 Web 程序里的某一个功能项,测试在不同的浏览器里响应时间是否有差异,如果响应时间太长,应该就是缺陷,需要处理。

6. 链接

在 Web 页面或者窗口上有链接的地址,测试在不同的浏览器里单击这些链接,是否都可以正常打开,页面是否都可以正常跳转,单击链接之后,有没有造成页面冻结或者崩溃的现象。

7. 其他

在不同的浏览器上测试,还要注意浏览器的吞吐量,里面嵌入的脚本是否可以正常运行等。

【专家点评】

　　跨浏览器测试和跨平台测试的技巧有点类似,最好同时用不同的浏览器打开同一个测试站点,进行逐一比较测试。跨浏览器测试时,要注意同一个浏览器不同版本的变化。比如 Firefox 老版本的 plugins 是在浏览器的运行目录下,而从 Firefox 20 之后,在运行目录下多了个 browser 目录,而 plugins 移动这个 browser 目录下,如果测试的应用程序和 plugins 有关,这点就需要特别注意。

15.7　读书笔记

读书笔记　　　　　*Name*：　　　　　　　　*Date*：

励志名句：*Better to light one candle than to curse the darkness.*

与其诅咒黑暗,不如燃起蜡烛。

第16章　Web安全测试技术专题分享

【本章重点】

Web安全测试技术专题分享,十大Web安全攻击的方式与避免方法,目前最新的各类Web安全攻击方式与防范方法。

【学习目标】

了解10种最常用的Web安全攻击技术,Web前端工具Firebug与Fiddler的使用技巧,掌握如何利用每一种方式进行攻击。

【知识重点】

至少要熟练运用三种以上的攻击方式对要测试的网站进行攻击。

16.1　Web安全测试

Web改变了现代人的生活,为人类带来了前所未有的机遇和挑战。网络的绚烂多彩,让人们感受到了Web技术的强大,所以网络用户在迅速增大,网络站点在迅速增多。建立和使用网站不再是什么困难的事情。

Web服务,可以减轻商家的负担,提高用户的满意度。Web服务可以节省大量的人力,用户随时可以利用Web浏览器给商家反馈信息、提出意见和建议,并且可以得到自己的服务;商家则可以利用Web,使得自己很容易地把服务推广到全球网络覆盖的地方。

Web增进了相互合作,随着Web技术的不断更新和完善,会推出更加先进的服务。

当然,现代人在感受到Web的美好并尽情享受的同时,也已经开始担忧在虚幻的网络世界里,能否保证自己的安全和隐私。

16.1.1　Web前端工具Firebug的使用

Firebug(火虫)是Firefox的插件,既可以用于Web前端网页开发、调试,也可以用来捕捉每个网页、每个页面元素的代码。

获取Firebug请进入Firebug官方网站:http://getfirebug.com。有了它,测试者可以在任何网页中编辑、调试或监视CSS、HTML、JavaScript代码。当用户需要它时,单击Firefox右下角灰色的火虫,即可打开界面。默认是禁用的,如图16-1所示,可以选择启用。

只要打开Firebug就可以立即直观地查看网页的脚本、样式和对象模型。HTML、CSS和DOM三个Tab是默认激活的,通过这三个tab可以方便地查看与修改相应的内容。其他的功能默认都是关闭的,需要手动开启,如图16-2所示。

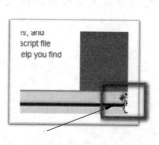
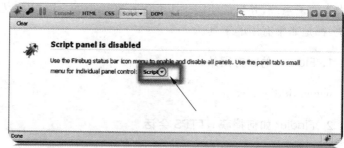

图 16-1　默认情况下 Firebug 禁用

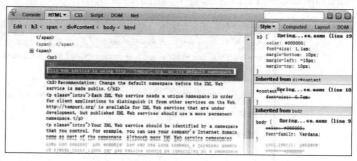

图 16-2　通过 Firebug 查看与修改 HTML、CSS、DOM

Firebug 常用快捷键如表 16-1 所示。

表 16-1　Firebug 常用快捷键

快 捷 键	功　　能
F12	显示/隐藏 Firebug（很常用）
Ctrl+F12	在 Firefox 外面独立显示/隐藏 Firebug
Shift+Ctrl+L	转到命令行
Shift+Ctrl+K	转到搜索框
Shift+Ctrl+C	切换 Inspect 模式
Web 调试相关快捷键	
F5	继续
F10	Step Over
F11	Step In
Shift+F11	Step Out

Firebug 还可以即时查看源码、高亮捕捉元素变化；动态编辑、动态导出修改效果。Firebug 提供强大的 JavaScript 调试器，可以让开发者或测试者在任何时间、任何位置来查看任何变量的状态。如果开发者觉得自己的代码不是很健壮，Firebug 还提供一个 Profiler 来帮助测试性能、找到性能瓶颈。

16.1.2　Web 前端工具 Fiddler 的使用

Fiddler 是最强大最好用的 Web 调试工具之一，它能记录所有客户端和服务器的 http 和 https 请求，允许监视、设置断点，甚至修改输入输出数据，Fiddler 包含一个强大的基于事件脚本的子系统,并且能使用.NET语言进行扩展。Fiddler无论对开发人员或者测试人员来说,都是非常有用的工具。

1. Fiddler 的官方网站

www.fiddler2.com

2. Fiddler 如何捕获 HTTPS 会话

默认情况下,Fiddler 不会捕获 HTTPS 会话,需要进行如下设置:打开 Fiddler Tool→Fiddler Options→HTTPS 选项卡,如图 16-3 所示。

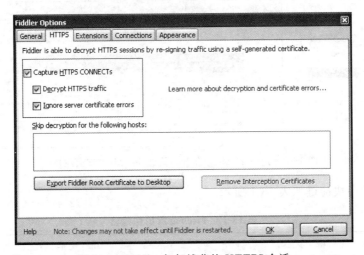

图 16-3　Fiddler 如何捕获的 HTTPS 会话

选中各复选框,弹出如图 16-4 所示对话框,单击 Yes 按钮。

图 16-4　信任 Fiddler 根证书

3. Fiddler 的基本界面

Fiddler 的基本界面如图 16-5 所示。

Inspectors 选项卡下有很多查看 Request 或者 Response 的消息。其中,Raw 选项卡中可以查看完整的消息,Headers 选项卡中只查看消息中的 header,如图 16-6 所示。

通过 Web 前端的一些工具的使用,普通用户就能很好地理解 Web 的工作方式,通过对 URL 请求、用户提交/上传的数据的分析,用户就能模拟一些虚假数据进行攻击,或篡改 URL 获得大权限用户才能获得的数据,或绕过身份验证,绕过付费环节,直接拿到所需要的资料。

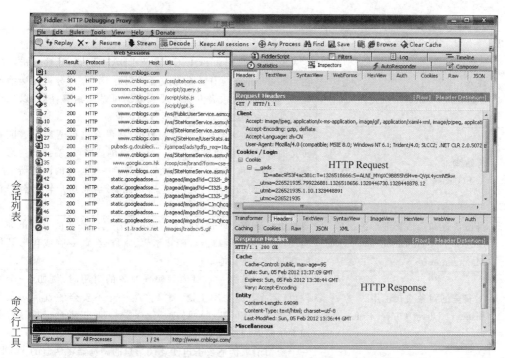

图 16-5 Fiddler 的基本界面

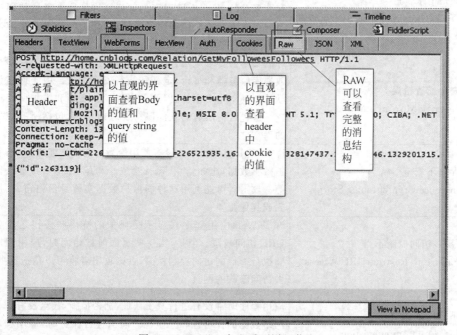

图 16-6 Fiddler 中查看更详细信息

16.1.3 2010 年 Web 应用十大安全攻击

2010 年 Web 应用十大安全攻击如表 16-2 所示。

表 16-2　2010 年 Web 应用十大安全攻击

等级	安全风险名称	详 细 描 述
1	注入 Injection Flaws	注入攻击漏洞,例如 SQL、OS 以及 LDAP 注入。这些攻击发生在当不可信的数据作为命令或者查询语句的一部分被发送给解释器的时候。攻击者发送的恶意数据可以欺骗解释器,以执行计划外的命令或者访问未被授权的数据
2	跨站脚本 XSS(Cross Site Scripting)	当应用程序收到含有不可信的数据,在没有进行适当的验证和转义的情况下,就将它发送给一个网页浏览器,这就会产生跨站脚本攻击(简称 XSS)。XSS 允许攻击者在受害者的浏览器上执行脚本,从而劫持用户会话、危害网站、或者将用户转向至恶意网站
3	身份认证和会话管理不当 Broken Authentication and Session Management	与身份认证和会话管理相关的应用程序功能往往得不到正确的实现,这就导致了攻击者破坏密码、密匙、会话令牌或攻击其他的漏洞去冒充其他用户的身份
4	不安全的对象直接引用 Insecure Direct Object Reference	当开发人员暴露一个对内部实现对象的引用时,例如,一个文件、目录或者数据库主键,就会产生一个不安全的直接对象引用。在没有访问控制检测或其他保护时,攻击者会操控这些引用去访问未授权数据
5	跨站请求伪造 CSRF(Cross Site Request Forgery)	一个跨站请求伪造攻击迫使登录用户的浏览器将伪造的 HTTP 请求,包括该用户的会话 Cookie 和其他认证信息,发送到一个存在漏洞的 Web 应用程序。这就允许了攻击者迫使用户浏览器向存在漏洞的应用程序发送请求,而这些请求会被应用程序认为是用户的合法请求
6	安全配置错误 Security Misconfiguration	好的安全需要对应用程序、框架、应用程序服务器、Web 服务器、数据库服务器和平台,定义和执行安全配置。由于许多设置的默认值并不是安全的,因此,必须定义、实施和维护所有这些设置。这包含对所有的软件保持及时地更新,包括所有应用程序的库文件
7	存储不安全 Insecure Cryptographic Storge	许多 Web 应用程序并没有使用恰当的加密措施或 Hash 算法保护敏感数据,比如信用卡、社会安全号码(SSN)、身份认证证书等。攻击者可能利用这种弱保护数据实行身份盗窃、信用卡诈骗或其他犯罪
8	URL 访问控制不当 Failure to Restrict URL Access	许多 Web 应用程序在显示受保护的链接和按钮之前会检测 URL 访问权限。但是,当这些页面时被访问时,应用程序也需要执行类似的访问控制检测,否则攻击者将可以伪造这些 URL 去访问隐藏的网页
9	不安全的通信 Insecure Communication	应用程序时常没有进行身份认证,加密措施,甚至没有保护敏感网络数据的保密性和完整性。而当进行保护时,应用程序有时采用弱算法、使用过期或无效的证书,或不正确地使用这些技术
10	未经认证的重定向和转发 Unvalidated Redirects and Forwards	Web 应用程序经常将用户重定向和转发到其他网页和网站,并且利用不可信的数据去判定目的页面。如果没有得到适当验证,攻击者可以重定向受害用户到钓鱼软件或恶意网站,或者使用转发去访问未授权的页面

16.1.4　2010 年与 2007 年 Web 应用十大安全攻击对比

2010 年与 2007 年 Web 应用十大安全攻击对比如表 16-3 所示。

表 16-3　2010 年与 2007 年 Web 应用十大安全攻击对比

2007 年前 10 名	2010 年前 10 名	
2. 注入漏洞	1. 注入 Injection	↑
1. 跨站脚本（XSS）	2. 跨站脚本 Cross Site Scripting（XSS）	↓
7. 失效的身份认证和会话管理	3. 失效的身份认证和会话管理 Broken Authentication and Session Management	↑
4. 不安全的直接对象引用	4. 不安全的直接对象引用 Insecure Direct Object References	=
5. 跨站请求伪造 （CSRF）	5. 跨站请求伪造（CSRF）	=
<曾是 2004 年 T10 中 10. 不安全配置管理>	6. 安全配置错误（新） Security Misconfiguration	+
8. 不安全的加密存储	7. 不安全的加密存储 Insecure Cryptographic Storage	↑
10. 没有限制 URL 访问	8. 没有限制 URL 访问 Failure to Restrict URL Access	↑
9. 不安全的通信	9. 传输层保护不足 Insufficient Transport Layer Protection	=
<不在 2007 年 T10 中>	10. 未验证的重定向和转发（新） Unvalidated Redirects and Forwards	+
3. 恶意文件执行	<从 2010 年 T10 中删除>	−
6. 信息泄漏和不恰当的错误处理	<从 2010 年 T10 中删除>	−

下面的章节将逐一分析 2010 年十大 Web 安全攻击的表现形式与预防方法。

16.2　未验证的重定向和转发

16.2.1　攻击说明

攻击者可能利用未经验证的重定向目标来实现钓鱼欺骗，诱骗用户访问恶意站点。攻击者可能利用未经验证的跳转目标来绕过网站的访问控制检查。

16.2.2　攻击举例

这类攻击明显的特征就是攻击者仿造链接进行攻击：前面是正常的 URL，后面会 redirect, jump 或 forward 到另一个预先设计好的钓鱼网站的 URL 或后面是获得非法访问权限链接的 URL。

1. 利用重定向的钓鱼链接

http://example.com/redirect.asp?＝http://malicious.com

［攻击分析］：前面是正常访问网站的 URL，为方便说明用 http://example.com 网站地址，后面的 redirect.asp 就是用来负责跳转到预先设置好的钓鱼网站 http://malicious.com。

有人可能会问这样能攻击什么？

举个例子，如果前面的 URL 是某个网上银行的网站，或某个航空订票系统的网站等并且用户已经登录认证成功，后面是某个人专门写的一个网站用来钓鱼的。如果网银系统或航空订票系统可以任意跳转到其他非法网站，这样在网银或航空订票系统中登录认证过的一些信息，在跳转到钓鱼网站时就能截获，从而引发被攻击的可能。

2. 更为隐蔽的重定向钓鱼链接

http://example.com/userupload/photo/7642784/../../../redirect.php?％3F％3Dhttp％3A//www.malicious.com

［攻击分析］：这个例子是上面的钓鱼技术延伸，第一个例子中的 URL 跳转能很容易看出来，这个例子有点隐蔽。它是通过在合法网站用户上传个人照片时，获取已登录用户的认证成功信息，然后跳转到一个预先设定好的攻击网站。通过已经认证成功的信息进行攻击。

3. 利用跳转绕过网站的访问权限控制检查

http://example.com/jump.jsp? forward＝admin.jsp

［攻击分析］：这个例子不是跳转到第三方攻击网站，而是收集用户已经认证成功的信息对原网站进行攻击。这个例子是在自身网站中，通过不同的跳转访问高权限或管理者页面，例子中举的是跳转到 admin 管理者页面。

所以对一个信息管理系统或不同身份不同权限的网站，用户任意的 URL 访问请求都要进行合法性身份验证。

16.2.3 开发人员防范方法

（1）尽量不用重定向和跳转；

（2）对重定向或跳转的参数内容进行检查，拒绝站外地址或特定站内页面；

（3）即使是本站的地址，用户任意的 URL 访问请求都要进行合法性身份验证；

（4）不在 URL 中显示目标地址，以映射的代码表示（http://example.com/redirect.asp?＝234）。

16.3 传输层保护不足

16.3.1 攻击说明

网络窃听(Sniffer)可以捕获网络中流过的敏感信息，如密码、Cookie 字段等。高级窃

听者还可以进行 ARP Spoof、中间人攻击。

16.3.2　攻击举例

这类攻击常见的情形是：

（1）某网站的登录页面没有进行加密，攻击者在截取网络包后，可以获得用户的登录凭据信息，进而使用该用户的身份盗取所需要的信息。

（2）某网站的 HTTPS 网页内容还包含一些 HTTP 网页的引用，攻击者在截取网络包后可以从 HTTP 请求中发现客户端的 Session ID。获得认证的 Session ID 后，非法用户就有了合法的身份进而进行攻击。

16.3.3　开发人员防范方法

（1）对所有验证页面都使用 SSL 或 TLS 加密；

（2）对所有敏感信息的传输都使用 SSL/TLS 加密；

（3）在网页中不要混杂 HTTP 和 HTTPS 内容，应该都使用安全的 HTTPS 访问；

（4）对 Cookie 使用 Secure 标签；

（5）只允许 SSL 3.0 或 TLS 1.0 以上版本协议；

（6）有需要的情况下，要求客户端证书。

16.4　URL 访问控制不当

16.4.1　攻击说明

某些 Web 应用包含一些"隐藏"的 URL，这些 URL 不显示在网页链接中，但管理员可以直接输入 URL 访问到这些"隐藏"页面。如果不对这些 URL 做访问限制，攻击者仍然有机会打开它们。

16.4.2　攻击举例

这类攻击常见的情形是：

（1）某商品网站举行内部促销活动，特定内部员工可以通过访问一个未公开的 URL 链接登录公司网站，购买特价商品，此 URL 通过某员工泄漏后，导致大量外部用户登录购买。

（2）某公司网站包含一个未公开的内部员工论坛（http://example.com/bbs），攻击者可以经过一些简单的尝试就能找到这个论坛的入口地址，从而发各种垃圾贴或进行各种攻击。

16.4.3 开发人员防范方法

开发人员防范的方法有：

（1）对于网站内的所有内容（不论公开的还是未公开的），都要进行访问控制检查；

（2）只允许用户访问特定的文件类型，比如.html、.asp、.php等，禁止对其他文件类型的访问。

16.5 存储不安全

16.5.1 攻击说明

对重要信息不进行加密处理或加密强度不够，或者没有安全的存储加密信息，都会导致攻击者获得这些信息。

16.5.2 攻击举例

这类攻击出现常见的原因是：

（1）对于重要信息比如银行卡号、密码等，直接以明文方式写入数据库；

（2）使用自己编写的加密或编码方式进行简单的加密；

（3）使用 MD5、SHA-1 等低强度的算法；

（4）将加密信息与密钥存放在一起。

如果网站应用或设计存在这样的问题，那么总有一天会被攻破，导致客户的资料泄漏或丢失，造成个人隐私或成财产损失。

16.5.3 开发人员防范方法

（1）对所有重要信息进行加密；

（2）仅使用足够强度的加密算法，比如 AES、RSA；

（3）存储密码时，用 SHA-256 等健壮哈希算法进行处理；

（4）采用 Salt 技术来防范 rainbow 表攻击；

（5）产生的密钥不能与加密信息一起存放；

（6）严格控制对加密存储的访问。

16.6 安全配置错误

16.6.1 攻击说明

管理员在服务器安全配置上的疏忽，通常会导致攻击者非法获取信息、篡改内容，甚至控制整个系统。

16.6.2 攻击举例

这类攻击出现常见的原因是：

（1）服务器没有及时安装补丁；

（2）网站没有禁止目录浏览功能；

（3）网站允许匿名用户直接上传文件；

（4）服务器上文件夹没有设置足够的权限要求，允许匿名用户写入文件；

（5）Web 网站安装并运行并不需要的服务，比如 FTP 或 SMTP；

（6）出错页面向用户提供太过具体的错误信息，导致很容易被攻击；

（7）Web 应用直接以 SQL SA 账号进行连接，并且 SA 账号使用默认密码；

（8）SQL 服务器没有限制系统存储过程的使用，比如 xp_cmdshell。

16.6.3 开发人员防范方法

（1）Web 文件/SQL 数据库文件不存放在系统盘上；

（2）严格检查所有与验证和权限有关的设定；

（3）权限最小化。

16.7 跨站请求伪造

16.7.1 攻击说明

攻击者构造恶意 URL 请求，然后诱骗合法用户访问此 URL 链接，以达到在 Web 应用中以此用户权限执行特定操作的目的。

和反射型 XSS 的主要区别是：反射型 XSS 的目的是在客户端执行脚本；CSRF 的目的是在 Web 应用中执行操作。

CSRF 风险在于那些通过基于受信任的输入 form 和对特定行为无须授权的已认证的用户来执行某些行为的 Web 应用。已经通过被保存在用户浏览器中的 Cookie 进行认证的用户将在完全无知的情况下发送 HTTP 请求到那个信任他的站点，进而进行用户不愿做的行为。

16.7.2 攻击举例

CSRF(Cross-Site Request Forgery，跨站请求伪造)，也被称为 one click attack 或者 session riding，通常缩写为 CSRF 或者 XSRF，是一种对网站的恶意利用。尽管听起来像跨站脚本(XSS)，但它与 XSS 非常不同，并且攻击方式几乎相左。XSS 利用站点内的信任用户,而 CSRF 则通过伪装来自受信任用户的请求来利用受信任的网站。与 XSS 攻击相比,CSRF 攻击往往不大流行(因此对其进行防范的资源也相当稀少)和难以防范,所以被认为比 XSS 更具危险性。

多窗口浏览器(Firefox、IE、Chrome、……)便捷的同时也带来了一些问题,因为多窗口浏览器新开的窗口是具有当前所有会话的。即用户用 IE 登录了自己的 Blog,然后想看新闻了,又单独运行一个 IE 进程,这个时候两个 IE 窗口的会话是彼此独立的,从看新闻的 IE 发送请求到 Blog 不会有登录的 Cookie;但是多窗口浏览器永远都只有一个进程,各窗口的会话是通用的,即看新闻的窗口发请求到 Blog 时会带上用户在 Blog 登录的 cookie。

想一想,当我们用鼠标在 Blog/BBS/WebMail 中单击别人留下的链接的时候,说不定一场精心准备的 CSRF 攻击正等着我们。

如某网上银行系统在执行转账时,被攻击者用 Web 抓取工具获得,转账的 URL 请求为:http://bank.com/transfer.do?act=roywang&amount=1000。

攻击者向用户发送邮件,里面有一个很吸引人的链接标题为"单击查看我的照片",而其链接如下:

<a href="http://bank.com/trsnsfer.do?act=lisa&amount=100000">单击查看我的照片</a>

一般用户都认为好友给自己发照片了,没留意链接的真正位置,一单击就中招了,是通过自己的网银向对方网银汇款 10 万元。

现在许多的 QQ 盗号都是通过类似这样的方式:比如有好友发来链接说他的女儿正在参加一个×××大赛,需要单击投票支持,你肯定想帮个忙,一单击后,网页出现要求你输入 QQ 账户与密码,而你一输入 QQ 账户与密码就被预先设计好的网站存储过去了;或一单击,你的 QQ 已登录认证的 session 就被劫持,对方就能进行进一步的攻击。对于这个攻击,你的 QQ 账户也就可以随时被盗。普通的网上用户要更注意防范,不轻易单击来历不明的链接。

16.7.3 开发人员防范方法

CSRF 攻击依赖下面的假定:
(1) 攻击者的目标站点具有持久化授权 Cookie 或者受害者具有当前会话 Cookie;
(2) 目标站点没有对用户在网站行为的第二授权。
开发人员防范方法:
(1) 避免在 URL 中明文显示特定操作的参数内容;
(2) 使用同步令牌(Synchronizer Token),检查客户端请求是否包含令牌及其有效性;
(3) 检查 RefererHeader,拒绝来自非本网站的直接 URL 请求,访问本站已认证信息。

16.8 不安全的对象直接引用

16.8.1 攻击说明

服务器上具体文件名、路径或数据库关键字等内部资源被暴露在 URL 或网页中,攻击

者可以此来尝试直接访问其他资源。

16.8.2　攻击举例

　　某网站的新闻检索功能可搜索指定日期的新闻,但其返回的 URL 中包含指定日期新闻页面的文件名:http://example.com/online/getnews.asp? item＝20July2013.html。

　　攻击者可以尝试不同的目录层次来获得系统文件 win.ini,如 http://example.com/online/getnews.asp? item＝../../winnt/win.ini。

　　2000 年,澳大利亚税务局网站曾发生一位用户通过修改其 URL 中的 ABNID 号而获得直接访问 17 000 家公司税务信息的事件。

16.8.3　开发人员防范方法

　　(1) 避免在 URL 或网页中直接引用内部文件名或数据库关键字;

　　(2) 可使用自定义的映射名称来取代直接对象名

　　http://example.com/online/getnews.asp? item＝11;

　　(3) 锁定网站服务器上的所有目录和文件夹,设置访问权限;

　　(4) 验证用户输入和 URL 请求,拒绝包含 ./或../的请求。

16.9　身份认证和会话管理不当

16.9.1　攻击说明

　　用户凭证和 Session ID 是 Web 应用中最敏感的部分,也是攻击者最想获取的信息。攻击者会采用网络嗅探、暴力破解、社会工程等手段尝试获取这些信息。

16.9.2　攻击举例

　　这类攻击常见的情形是:某航空票务网站将用户 Session ID 包含在 URL 中,如:http://example.com/sale/saleitems;sessionid＝2P0OC2JHKMSQROUNMJ4V? dest＝Haxaii。

　　一位用户为了让她的朋友看到这个促销航班的内容,将上述链接发送给朋友,导致他人可以看到她的会话内容。

　　一位用户在公用计算机上没有退出他访问的网站,导致下一位使用者可以看到他网站的会话内容。

　　登录页面没有进行加密,攻击者通过截取网络包,轻易发现用户登录信息。

16.9.3　开发人员防范方法

　　(1) 用户密码强度(普通:6 字符以上;重要:8 字符以上;极其重要:使用多种验证方式);

　　(2) 不使用简单或可预期的密码恢复问题;

　　(3) 登录出错时不给过多提示;

　　(4) 对多次登录失败的账号进行短时锁定;

（5）验证成功后更换 Session ID；

（6）设置会话闲置超时（可选会话绝对超时）；

（7）保护 Cookie（Secure flag/HTTPOnlyflag）；

（8）不在 URL 中显示 Session ID。

16.10 跨站脚本

16.10.1 攻击说明

Web 浏览器可以执行 HTML 页面中嵌入的脚本命令，支持多种语言类型（JavaScript，VBScript，ActiveX 等），其中最主要的是 JavaScript。

攻击者制造恶意脚本，并通过 Web 服务器转发给普通用户客户端，在其浏览器中执行，达到盗取用户身份、拒绝服务攻击、篡改网页、模拟用户身份发起请求或执行命令等。

16.10.2 攻击举例

可能读者都有这样类似的经历，当访问某网站时出现或收到某电子邮件中包含以下情形之一：免费送 Q 币活动，免费送游戏币活动，圣诞节礼物大派送等活动。细心的网友会发现当鼠标指向这些链接时，指向的链接并不是对应的官网地址，有的可能执行一段 XSS 攻击，获取用户的常用网站账户名与密码，以及其他一些私密信息；也有的可能跳出一个新的页面，让用户进行 QQ 登录，而登录的页面又不是 QQ 官网地址，这样用户提交的正确的用户名与密码就保存到对方的数据库中，QQ 号或其他账户信息就被别人盗取了。

下面分别举例介绍通过单击论坛链接免费获取 Q 币，执行恶意代码的 XSS 攻击，以及通过 E-mail 发送有攻击链接的 E-mail 内容，欺骗网民单击，获得进一步攻击的资料，如图 16-7 和图 16-8 所示。

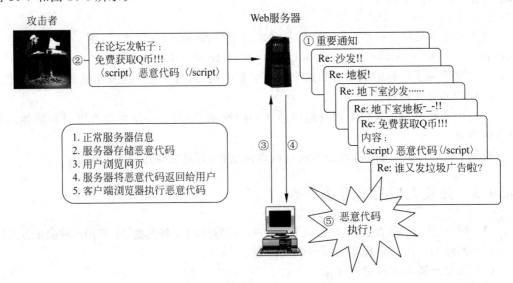

图 16-7 论坛链接中进行 XSS 攻击举例

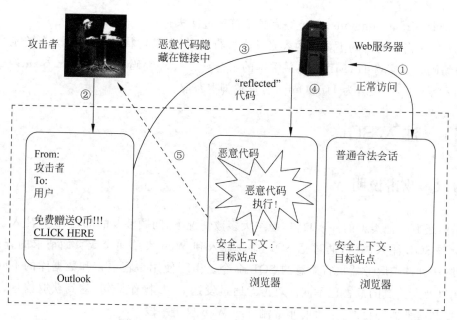

图 16-8　E-mail 链接中进行 XSS 攻击举例

图 16-9 中的一段代码展示了攻击的案例,如果用户在输入用户名时,填写上 XSS 攻击代码。当然,任何网页上能让用户填空的地方,都有可能会受到 XSS 攻击,任何 URL 中的参数、HTML 中的 hidden 值都有可能被攻击。

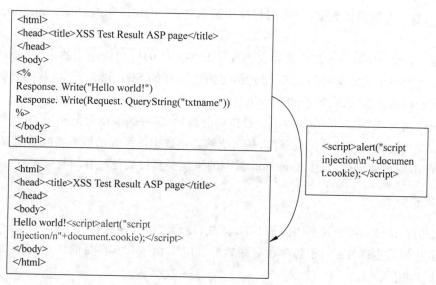

图 16-9　代码嵌入 XSS 攻击举例

16.10.3　开发人员防范方法

(1) 严格检查用户输入;

(2) 限制在 HTML 代码中插入不可信的内容(可被用户输入或修改的内容),将

Script、style、iframe、onmouseover 等有害字符串过滤去掉；

（3）对于需要插入的不可信内容必须先进行转义（尤其对特殊字符、语法符合必须转义或重新编码），直接将 HTML 标签最关键的字符<、>、& 编码为 &lt、&gt、&am；

（4）将 Cookie 设置为 HttpOnly，防止被脚本获取。

16.11　注入 SQL

16.11.1　攻击说明

虽然还有其他类型的注入攻击，但绝大多数情况下，问题涉及的都是 SQL 注入。

所谓 SQL 注入，就是通过把 SQL 命令插入到 Web 表单递交或页面请求的查询字符串，最终达到欺骗服务器执行恶意的 SQL 命令。由于使用编程语言和数据库的不同，漏洞的利用以及所造成的危害也不同。攻击者通过发送 SQL 操作语句，达到获取信息、篡改数据库、控制服务器等目的，是目前非常流行的 Web 攻击手段。

16.11.2　攻击举例

就攻击技术本质而言，它利用的工具是 SQL 的语法，针对的是应用程序开发者编程中的漏洞，当攻击者能操作数据，向应用程序中插入一些 SQL 语句时，SQL Injection 攻击就发生了。

实际上，SQL Injection 攻击是存在于常见的多连接的应用程序中的一种漏洞，攻击者通过在应用程序预先定义好的 SQL 语句结尾加上额外的 SQL 语句元素，欺骗数据库服务器执行非授权的任意查询、篡改和命令执行。

就风险而言，SQL Injection 攻击也是位居前列，和缓冲区溢出漏洞相比，其优势在于能够轻易地绕过防火墙直接访问数据库，甚至能够获得数据库所在的服务器的系统权限。

在 Web 应用漏洞中，SQL Injection 漏洞的风险要高过其他所有的漏洞。

1. 攻击特点

攻击的广泛性：由于其利用的是 SQL 语法，使得攻击普遍存在。

攻击代码的多样性：由于各种数据库软件及应用程序有其自身的特点，实际的攻击代码可能不尽相同。

2. 影响范围

数据库：MS SQL Server、Oracle、MySQL、DB2、Informix 等所有基于 SQL 标准的数据库软件。

应用程序：ASP、PHP、JSP、CGI、CFM 等所有应用程序。

3. 主要危害

（1）非法查询、修改、删除其他数据库资源。

（2）执行系统命令。

（3）获取服务器 root 权限。

假设登录查询页面如图 16-10 所示。

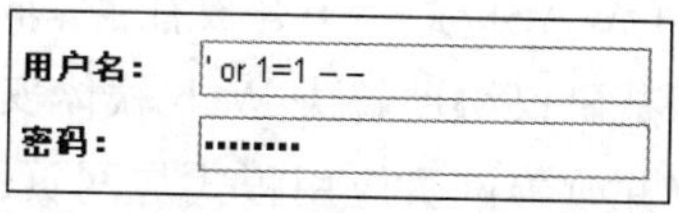

| 用户名： | ' or 1=1 -- |
| 密码： | •••••• |

图 16-10　登录页面进行 SQL 注入攻击

```
SELECT * FROM users WHERE username = 'roywang' AND password = 'P@ss123'
```

假设的 ASP 代码：

```
var sql = "SELECT * FROM users WHERE username = '" + formusr + "' AND password = '" + formpwd + "'";
```

则用户输入字符：

用户名 = ' or 1 = 1 --
密码 = 任意字符

则实际的查询代码为：

```
SELECT * FROM usersWHERE username = '' or 1 = 1  --  AND password = 'anything'
```

注意：

（1）是结束符，后面变成注释，而因为 1＝1 导致此 SQL 语句恒成立，可以登录后台。

（2）除了文本输入能够控制外，用户通过直接篡改 URL 中的参数名与参数值，也能形成 SQL 注入。

16.11.3　开发人员防范方法

（1）严格检查用户输入，注意特殊字符："'"、";"、"["、"--"、"xp_"；

（2）数字型的输入必须是合法的数字；

（3）字符型的输入中对 ' 进行特殊处理；

（4）验证所有的输入点，包括 Get、Post、Cookie 以及其他 HTTP 头；

（5）使用参数化的查询；

（6）使用 SQL 存储过程；

（7）最小化 SQL 权限。

16.12　开放式 Web 应用程序安全项目 OWASP

16.12.1　OWASP 组织介绍

开放式 Web 应用程序安全项目（Open Web Application Security Project，OWASP）是

一个组织,它提供有关计算机和互联网应用程序的公正、实际、有成本效益的信息。其目的是协助个人、企业和机构来发现和使用可信赖软件。

OWASP 是一个开放社群、非营利性组织,目前全球有 130 个分会近万名会员,其主要目标是研议协助解决 Web 软体安全的标准、工具与技术文件,长期致力于协助政府或企业了解并改善网页应用程式与网页服务的安全性。由于应用范围日趋广泛,网页应用安全已经逐渐受到重视,并渐渐成为在安全领域的一个热门话题,在此同时,黑客们也悄悄地将焦点转移到网页应用程式开发时所会产生的弱点来进行攻击与破坏。

美国联邦贸易委员会(FTC)强烈建议所有企业需遵循 OWASP 所发布的十大 Web 弱点防护守则,美国国防部也将其列为最佳实践,国际信用卡资料安全技术 PCI 标准更将其列入其中。

16.12.2　OWASP 上最新 Web 安全攻击与防范技术

最新的 Web 安全攻击与防范技术在 OWASP 官方论坛中能查看到,如图 16-11 所示,该网站是不断维护更新的。网站地址为 https://www.owasp.org/index.php/Category：Attack。

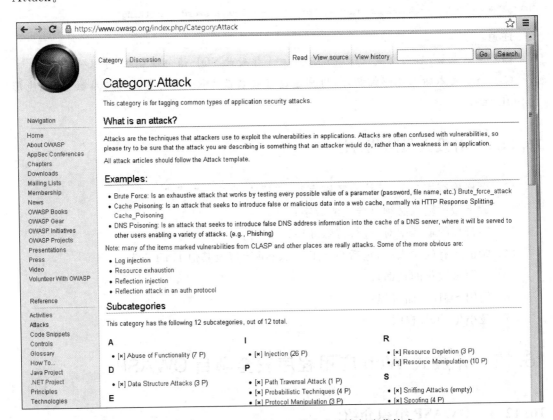

图 16-11　OWASP 上最新 Web 安全攻击与防范技术

16.12.3　WiKi 上最新 Web 安全攻击与防范技术

　　WiKi 上也有最新的 Web 安全攻击与防范技术，如图 16-12 所示，与前面所说的 OWASP 上列出的可以相互借鉴与参考阅读，这样就会更全面地知道每一个攻击是如何进行的，以及如何进行有效的防范。网站地址为 http://en. wikipedia. org/wiki/Category：Web_security_exploits。

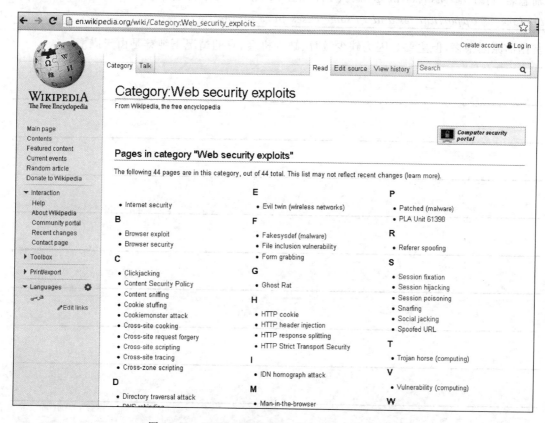

图 16-12　WiKi 上最新 Web 安全攻击与防范技术

【专家点评】

　　安全编码不难，真正困难的是如何做到全面安全，这需要良好的程序设计以及编码习惯。支离破碎的设计与随意混杂的编码难以开发出安全的系统。

　　各种语言与数据库的实际情况也有所区别，所以安全编码还需要具体问题具体分析。每一位安全测试工程师要不断地更新自己的知识库，掌握最新的攻击技术与实践技巧，对所要测试的产品进行多层次、多角度、全方位的安全测试。

　　另外，需要特别强调的是：学习 Web 安全攻防的最主要目的是为了所要发布的 Web 应用更安全。本章技术学习仅用于更好地保护 Web 安全，不能用于其他目的。

16.13 读书笔记

读书笔记　　　　Name：　　　　　　Date：

励志名句：*The reasons for poverty are many, but for the most part center on illiteracy, the lack of opportunities and in some cases pure laziness.*

贫困的原因很多,但主要是因为缺少教育、缺少机会,有的情况下纯粹是由于懒惰。

第17章 敏捷测试专题技术分享

【本章重点】

敏捷开发作为一种面向迅速变化的需求,可以快速开发出高质量软件产品的新方法,自问世以来,对软件工业起着积极而又重要的影响,它吹响了软件工业的战斗号角,颇受业内人士推崇。它的主要特征是允许对过程进行自主调整,并且强调软件开发中人的因素,它克服了传统开发方法的缺点,和传统开发方法有着明显不同。由于软件在规模、复杂度、功能上的极大扩展和提高,以及在需求和技术不断变化的过程中实现软件自身开发的需求,敏捷开发正逐渐成为软件开发的新模式。本章重点介绍在敏捷开发模式下,测试人员如何和开发工程师紧密合作,完成各个阶段的测试任务。

【学习目标】

了解什么是敏捷开发,以及敏捷开发的整体流程。了解什么是敏捷测试,敏捷测试工程师的职责,敏捷测试和普通测试的区别,敏捷开发的各个阶段,测试工程师需要做的事。

【知识重点】

掌握敏捷开发的流程、敏捷开发中常见的概念以及通过什么进行质量控制,敏捷测试的指导思想,敏捷开发和测试过程中,团队成员要发扬高度协作精神,及时地帮助团队其他成员解决困难、帮助实现其预期目标,确保整个团队最终获取成功。敏捷开发和敏捷测试的主要活动内容;在敏捷测试过程中,经常需要评估时间,掌握不同的时间评估方法。

敏捷(Agile)开发是针对传统的瀑布开发模式的弊端而产生的一种新的开发模式,目标是提高开发效率和响应能力。伴随着敏捷开发,测试方法和传统的方法也不同,新的测试方法要适应敏捷开发的需求。

传统的开发模式是一个大的项目,在项目初期设置一个总的完成时间,然后开始分阶段地去实现,当完成这个项目的所有既定功能,然后开始上线给客户使用。项目从用户提出需求到交付客户使用,可能会持续几个月,甚至一两年时间,这样会严重影响用户的使用,而且在这么长的时间内,用户可能有新的需求,不再需要以前的功能。为了实现快速开发、快速交付的目标,人们开始引入敏捷开发的理念,把一个大的项目拆分成几个小的任务,每个小的任务在做完之后,就可以直接交付用户使用,然后又开始下一个小的任务,做完后继续交付,这样持续开发,持续交付,不停地迭代,直到所有小的任务都完成。在敏捷开发过程中,用户可以不断地体验新的功能。

17.1 敏捷软件开发简介

敏捷软件开发(Agile Software Development)初起于 20 世纪 90 年代中期。最早是为了与传统的瀑布软件开发模式(Waterfall Model)相比较,所以当时的方法叫做轻量级方法(Lightweight Methods)。20 世纪初,17 位该方法的倡导者建立了敏捷联盟(Agile Alliance),并将该软件开发方法命名为敏捷软件开发过程。

17.1.1 敏捷开发的流程

敏捷联盟在成立之初就总结了 4 条基本的价值原则:

(1) 人员交流重于过程与工具(Individuals and interactions over processes and tools)。

(2) 软件产品重于长篇大论(Working software over comprehensive documentation)。

(3) 客户协作重于合同谈判(Customer collaboration over contract negotiation)。

(4) 随机应变重于循规蹈矩(Responding to change over following a plan)。

基于这 4 点原则,敏捷软件开发有着自己独特的流程。敏捷开发的流程通常是:当拿到产品需求后,对需求进行论证;把大的产品需求拆分成小的用户故事(User Story);把用户故事(User Story)划分到不同的 Sprint 里,形成一个个的迭代;当某个迭代完成之后,就可以交付用户使用,然后进入下一个迭代;当所有迭代都完成,就完成了整个项目的需求,如图 17-1 所示。

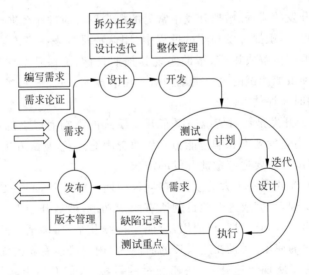

图 17-1 敏捷开发流程

在敏捷开发的整个流程中夹杂了很多以前已经出现的软件开发方法,包括极限编程(Extreme Programming,1996)、Scrum(1986)、特征驱动开发(Feature Driven Development),测试驱动开发(Test Driven Development)等。这些方法在敏捷软件开发流程的各个阶段都有充分的体现和应用。

17.1.2　敏捷开发的质量管理

在敏捷开发过程中,质量管理主要是通过燃尽图来体现的。燃尽图(Burn Down Chart)是在项目完成之前,对需要完成的工作的一种可视化表示。对于敏捷团队来讲,燃尽图可以说是最有用的一种信息发射源(Information Radiator)。它以图形化的方式展现了剩余的工作量(y轴)与时间(x轴)的关系。通过对燃尽图的分析可以发现很多问题,比如当前项目的整体质量状况,团队的表现如何、如何进一步改进等;它有助于把握团队的进展情况。燃尽图示例如图17-2所示。

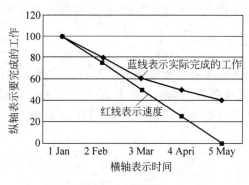

图17-2　燃尽图

燃尽图在不同的人看来,可以分为以下7种情况。

(1) Fakey-Fakey:表面完美而已。软件项目过于复杂以至于难以界定直观的目标。大多数情况下,这种图来自于充满了命令与控制的环境,在这种环境下,开放的交流变得难以进行。

(2) Late-Learner:燃尽图中会有一个顶峰。通常出现在沟通高效且正在学习Scrum的团队中。

(3) Middle-Learner:要比Late-Learner更加成熟。团队在Sprint的中期会探寻出大多数的任务与复杂性。

(4) Early-Learner:开始有一个顶峰,然后是平缓的衰退。团队认识到早期探寻的重要性,然后高效工作以实现目标。

(5) Plateau:团队在一开始取得了很大的进展,但在Sprint的后半部分丧失了方向。

(6) Never-Never:燃尽图在Sprint的后期突然开始上扬并且不会再下降。需要尽快找到这些迟来的变化并进行自省。

(7) Scope-Increase:Sprint中的工作量突然增加。通常这表明团队在Sprint计划会议上没有完全认清工作范围。

17.1.3　敏捷开发中的关键概念

在敏捷开发过程中,经常会遇到各种新的概念,下面列出一些常见的。

1．什么是 Scrum

Scrum 的英文意思是橄榄球运动的一个专业术语，表示"争球"的动作；把一个开发流程的名字取名为 Scrum，读者一定能想象出开发团队在开发一个项目时，大家都像打橄榄球一样迅速、富有战斗激情、人人你争我抢地完成它，你一定会感到非常兴奋的。

敏捷开发中的 Scrum 就是一个开发流程，运用该流程，就能看到团队高效地工作。

2．什么是 Scrum Master

Scrum Master(流程管理员)，主要负责整个 Scrum 流程在项目中的顺利实施和进行，以及清除挡在客户和开发工作之间的沟通障碍，使得客户可以直接驱动开发。

3．什么是 Scrum Team

Scrum Team(开发团队)，主要负责软件产品在 Scrum 规定流程下的开发工作，人数控制在 5～10 人，每个成员可能负责不同的技术方面，但要求每个成员必须要有很强的自我管理能力，同时具有一定的表达能力；成员可以采用任何工作方式，只要能达到 Sprint 的目标。

4．什么是 Sprint

Sprint 是短距离赛跑的意思，这里指的是一次迭代，而一次迭代的周期通常是 1 个月(即 4 个星期)左右，也就是要把一次迭代的开发内容以最快的速度完成它，这个过程称为 Sprint。

5．什么是 Iterative

Iterative(迭代)，是指把一个复杂且开发周期很长的开发任务，分解为很多小周期可完成的任务，这样的一个周期就是一次迭代的过程；同时每一次迭代都可以生产或开发出一个可以交付的软件产品

6．用户故事

用户故事(User Stories)，是从用户的角度来描述用户渴望得到的功能。一个好的用户故事包括以下三个要素。

(1) 角色：谁要使用这个功能。

(2) 活动：需要完成什么样的功能。

(3) 商业价值：为什么需要这个功能，这个功能带来什么样的价值。

7．站立会议

站立会议(Stand-up Meeting)，又叫每日会议，是极限编程方法的组成部分之一。每天早上都要来一次站立会议，主要用于沟通问题、方案，以集中小组注意力。

8．持续集成

持续集成(Continuous integration)是一种软件开发实践,即团队开发成员经常集成他们的工作,通常每个成员每天至少集成一次,也就意味着每天可能会发生多次集成。每次集成都通过自动化的构建(包括编译,发布,自动化测试)来验证,从而尽快地发现集成错误。许多团队发现这个过程可以大大减少集成的问题,让团队能够更快地开发内聚的软件。

9．最简方案

最简方案(Simplest solutions),就是从一个足够好的简单起点出发,进快启动迭代 & 反馈过程。

10．重构

重构(Refactoring),就是在不改变软件现有功能的基础上,通过调整程序代码改善软件的质量、性能,使其程序的设计模式和架构更趋合理,提高软件的扩展性和维护性。

11．Product Backlog

在项目开始的时候,Product Owner 要准备一个根据商业价值排好序的客户需求列表。这个列表就是 Product Backlog,一个最终会交付给客户的产品特性列表,它们根据商业价值来排列优先级。Scrum team 会根据这个来做工作量的估计。Product Backlog 应该涵盖所有用来构建满足客户需要的产品特性,包括技术上的需求。高优先级的一些产品特性需要足够的细化以便于做工作量估计和做测试。对于那些以后将要实现的特性可以不够详细。

12．Sprint Backlog

Sprint Backlog 是 Sprint 规划会上产出的一个工作成果。当 Scrum team 选择并承诺了 Product Backlog 中要递交的一些高优先级的产品功能点后,这些功能点就会被细化成为 Sprint Backlog:一个完成 Product Backlog 功能点的必需的任务列表。这些点会被细化为更小的任务,工作量小于两天。Sprint Backlog 完成后,Scrum team 会根据它重新估计工作量,如果这些工作量和原始估计的工作量有较大差异,Scrum team 将和 Product Owner 协商,调整合理的工作量到 Sprint 中,以确保 Sprint 的成功实施。

【专家点评】

敏捷开发和传统的瀑布开发是不同的模式,要学习敏捷开发,首先要从思想上进行转变。

17.2 敏捷测试的定义

在敏捷软件开发过程中开展的测试被称做敏捷测试(Agile testing)。它是测试的一种,原有测试定义中通过执行被测系统发现问题,通过测试这种活动能够对被测系统提供度量等概念仍然适用。

敏捷测试是遵循敏捷宣言的一种测试实践。

（1）强调从客户的角度，即从使用系统的用户角度，来测试系统。

（2）重点关注持续迭代地测试新开发的功能，而不再强调传统测试过程中严格的测试阶段。

（3）建议尽早开始测试，一旦系统某个层面可测，比如提供了模块功能，就要开始模块层面的单元测试，同时随着测试深入，持续进行回归测试保证之前测试过内容的正确性。

【专家点评】

敏捷测试是伴随敏捷开发而生的。没有敏捷开发，就没有敏捷测试。

17.3　敏捷测试的实质

测试不仅是测试软件本身，还包含软件测试的过程和模式。产品多数在发布后才发现很多问题，多数可能是软件开发过程中出的问题，因此测试除了针对于软件的质量，即软件做了正确的事情，以及软件做了应该做的事情以外，敏捷测试团队还要保证整个软件开发过程是正确的，是符合用户需求的。

敏捷开发的最大特点是高度迭代，有周期性，并且能够及时、持续地响应客户的频繁反馈。敏捷测试即是不断修正质量指标，正确建立测试策略，确认客户的有效需求得以圆满实现和确保整个生产过程安全地、及时地发布最终产品。敏捷测试人员因而需要在活动中关注产品需求、产品设计，解读源代码；在独立完成各项测试计划、测试执行工作的同时，敏捷测试人员需要参与几乎所有的团队讨论，团队决策。作为一名优秀的敏捷测试人员，他（她）需要在有限的时间内完成更多的测试的准备和执行，并富有极强的责任心和领导力。更重要的是，优秀的测试人员需要能够扩展开来做更多的与测试或许无关，但与团队共同目标直接相关的工作。他（她）将帮助团队其他成员解决困难、帮助实现其预期目标，发扬高度协作精神以帮助团队最终获取成功。需要指出的是，团队的高度协作既需要团队成员的勇敢，更需要团队成员的主动配合和帮助。对于测试人员如此，对于开发、设计人员，其他成员也是如此。

【专家点评】

敏捷测试过程中最主要的是沟通，需要和客户、开发工程师、产品经理等进行紧密的联系，确保客户的有效需求得以圆满实现和确保整个生产过程安全地、及时地发布最终产品。

17.4　敏捷测试与普通测试的区别

在传统的普通测试中，测试团队和开发团队是分开的，而敏捷团队中，测试团队是开发团队的一个组成部分。在敏捷测试中也有测试活动乃至专职的测试人员，但其活动内容和目标是有显著差异的。下面列出一些敏捷测试和普通测试的区别。

（1）项目过程中开发与测试并行，项目整体时间较快。

（2）模块提交较快，测试时较有压迫感。

（3）工作任务划分清晰，工作效率较高。

（4）项目规划要合理，不然测试时会出现重复测试的现象，加大工作量。

（5）发现问题需跟紧，项目中人员都比较忙，问题很容易被遗忘。

（6）耗时、或较难解决对项目影响不大的问题一般会遗留到下个阶段解决。

（7）发现 Bug 能够很快解决，对相关模块的测试影响比较小。

（8）版本更换比较勤，影响到测试的速度。

（9）与开发要多沟通。

（10）要注意版本的更新情况。

（11）测试人员几乎要参加整个项目组的所有会议。

【专家点评】

敏捷测试和传统的测试方式相比，最主要的感受是模块提交较快，测试时较有压迫感。

17.5　敏捷项目测试实例介绍

本部分将结合 Time Tracker 中的一个具体例子，详细介绍敏捷测试流程中的主要测试活动、每个活动的前提条件和目标任务等。

17.5.1　实例项目介绍

1. 项目背景介绍

Worksnaps 公司开发的 Time Tracker 系统（www. worksnaps. net），是一套远程监控客户端软件。它通过在客户端的计算机上安装一个软件，可以捕获计算机运行过程中键盘、鼠标的活动情况，同时每隔 10min 随机截取一张桌面图片上传到服务器，从而可以监控这台计算机在某个时间段做了哪些事的情况。

这个产品由于功能新颖、实用，受到很多用户的青睐。其中的和"第三方系统集成"的功能，很受用户的喜爱，它可以把第三方系统中的管理项目，直接导入到 Time Tracker 中，再通过 Time Tracker 去为这些管理的项目记录客户端的时间。它省去了创建管理项目内容的麻烦，同时方便管理客户端的工作时间。在使用过程中，有个用户提出想和 Asana 进行集成（参见图 17-3），Worksnaps 公司的项目经理决定通过 Agile 模式开发和测试这个项目。Asana 是一个团队及项目的管理系统。

2. 敏捷开发和测试的主要活动

典型的敏捷开发和测试主要有以下的活动，它主要由三部分构成。

（1）用户故事设计和发布计划。

（2）几次 Sprint 周期的迭代开发和测试。

（3）最后的产品发布。

敏捷开发的每个时间段都有相应的测试活动，如表 17-1 所示。通常 Sprint 周期被分成以下两类。

特征周期（Feature Sprint）：特征周期主要涉及新功能的开发和各类测试。

发布周期（Release Sprint）：发布周期则会结合计划，确定新版本功能，然后对最新的功能进行测试。

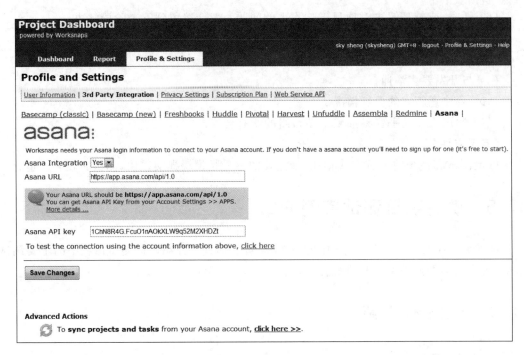

图 17-3　实例项目

表 17-1　敏捷开发和测试的主要活动

敏捷开发的主要活动	敏捷测试的活动
用户故事设计	寻找隐藏的假设
发布计划	设计概要的验收测试用例
迭代 Sprint	估算验收测试时间
编码和单元测试	估算测试框架的搭建
重构	详细设计验收测试用例
集成	编写验收测试用例
执行验收测试	重构验收测试
Sprint 结束	执行验收测试
下一个 Sprint 开始	执行回归测试
发布	发布

在迭代的 Sprint 周期中,开发部分可以根据传统步骤分成编码和单元测试、重构和集成。需要指出的是,重构和集成是敏捷开发的 Sprint 迭代中不可忽视的任务。如果在新的 Sprint 周期中要对上次的功能加以优化和改进,必然离不开重构和集成。

在每个 Sprint 周期结束前,测试团队将提交针对该 Sprint 周期或者上个 Sprint 周期中已完成的功能的验收测试(在实际项目中,测试团队的进度通常会晚于开发团队)。这样一来,开发团队可以运行验收测试来验证所开发的功能目前是否符合预期。当然,这个预期也是在迭代中不断变化和完善的。

当产品的所有功能得以实现,测试工作基本结束后,就进入了发布周期。此时,测试团队的任务相对较多。

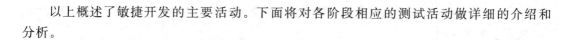

以上概述了敏捷开发的主要活动。下面将对各阶段相应的测试活动做详细的介绍和分析。

17.5.2　用户故事设计和发布计划阶段

在用户故事和发布计划阶段,项目经理和产品经理会根据客户的需求,制定概要的产品发布日程计划。此时,测试人员可以和开发人员一起学习新的功能,了解客户的需求。其中有两个主要活动:寻找隐藏的假设和设计概要的验收测试用例。

1. 寻找隐藏的假设

正如前文所述,开发人员通常关注一些重要的系统功能而忽视细节。此外,敏捷开发倡导简单的实现方案,每个开发 Sprint 周期不可能将功能完美地实现;相反,每个 Sprint 都会增量地开发一些功能。所以,测试人员在最初就需要从各种角度来寻找系统需求,探索隐藏的假设。

项目实例:

1)从 Asana 公司角度思考

Q:这个新的集成对公司的业务有什么价值?

A:新的集成可以为用户提供更多的选择,增加网站的知名度,提高访问量。

2)从用户角度思考

Q:新的集成能为用户带来哪些好处?

A:新的集成可以直接把 Asana 站点上管理的项目导入 Time Tracker,不需要去手工创建,省去很多的麻烦,同时能确保 Asana 上管理的项目和 Time Tracker 里是同步的。

3)从程序员角度思考

Q:如何和 Asana 建立数据连接?

A:首先拿到 Asana 对外的 API,然后获得 API Token。

4)寻找这些观点中的问题

Q:如果 Asana 站点的 Token 值过期或者变了,怎么办?

A:如果检测到 Token 值和站点上的不一样,就提示用户 Token 已经过期,重新获得 Token 值。

5)寻找程序中异常的假设

首先,如果在 Time Tracker 中有同样的项目名称,怎么办?

其次,如果同一个项目已经导入过一次,再次导入时,会怎么样?

最后,如果 Time Tracker 中管理的项目数量已经满了,是否还能继续导入?

通过以上的思考让测试人员对系统的各种假设有了清晰的认识。在敏捷开发中,这些假设可以作为用户故事记录下来,从而指导未来系统的开发和测试。

2. 设计概要的验收测试用例

定义完一系列用户故事后,测试人员就可以着手设计概要的验收测试用例。正如在前文论述,不同于单元测试,验收测试检查系统是否满足客户的预期,也就是用户故事是否能

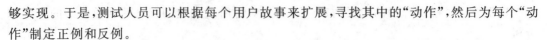

够实现。于是,测试人员可以根据每个用户故事来扩展,寻找其中的"动作",然后为每个"动作"制定正例和反例。

项目实例:

如果要从 Asana 站点导入项目数据,必须获得 API 和 Token 值,这个值分成正确和不正确两种情形,如表 17-2 所示。

表 17-2　概要验收测试用例

动　作	数　　据	期待的结果
导入	正确的 API,正确的 Token 值	Asana 站点上管理的项目成功导入 Time Tracker
导入	不正确的 API 或者 Token 值	不能导入,提示错误

17.5.3　迭代 Sprint 阶段

当一个 Sprint 周期正式开始时,项目经理将制定该周期的具体开发和测试任务。在定期的 Sprint 计划会议(Planning Meeting)上,每位团队成员都要提供自己在未来一个 Sprint 周期中的休假和培训计划,以方便评估工作时间。另外,每个团队可以根据各自团队成员的能力和工作经验,适当设定一个工作负载值(Load Factor)。比如,团队的工作负载值为 75%,也就是说每个人平均每天工作 6 小时(以 8 小时计算)。接着,大家就可以开始分配任务。

当开发团队开始编码和单元测试时,测试人员的工作重点包括:

(1)估算验收测试的时间;

(2)估算测试框架的搭建;

(3)详细设计验收测试和编写验收测试代码。

前两个主要活动一般在项目初期的 Sprint 周期中完成。第三个主要活动将在接下来的多个 Sprint 周期中视情况迭代进行。下面将具体介绍每个主要活动。

1. 估算验收测试时间

在软件开发初期,需要估算时间以制定计划。这一点在敏捷开发中应用更加广泛。如果以前的开发模式需要测试人员估算整个软件版本发行的计划(这样的计划通常会延续几个月),那么现在则要在每个 Sprint 会议上估算两周到一个月的任务。此外,在每天的站立会议上,测试人员需要不断地更新自己的估算时间,以应对变化的需求。所以,每个测试人员都应该具备一定的估算任务能力。下面将介绍两个通用的估算测试计划的方法。

1)快速而粗糙的方法

从经验而言,测试通常占项目开发的 1/3 时间。如果一个项目开发估计要 30 天 1 人,那么测试时间为 10 天 1 人。

项目实例:

Asana 集成的开发估计需要 20 天 1 人完成。但是,考虑到测试人员需要熟悉 Asana 系统,所以测试任务可能会占 40% 左右,大概 8 天 1 人。表 17-3 中列出了具体的任务。

表 17-3　快速估算验收测试时间

任　　务	估计时间/天
熟悉 Asana 系统的使用	1
设计测试用例,准备测试数据	1
编写自动测试代码	4
执行测试和汇报结果	2
总结	8

2) 细致而周全的方法

这个方法从测试任务的基本步骤出发,进行详细分类。其中包括:

(1) 测试的准备(设计测试用例、准备测试数据、编写自动测试代码并完善代码);

(2) 测试的运行(建立环境、执行测试、分析和汇报结果);

(3) 特殊的考虑。

项目实例:

估算单个测试任务的事例参见表 17-4(比如测试项目导入的任务)。

表 17-4　详细估算验收测试时间

测试任务编号	准　　备		运　　行		特殊考虑	估算/h
1	设计测试用例	0.5	建立环境	0.1		
2	准备测试数据	0.5	执行测试	0.1		
3	编写自动测试代码	1	分析结果	0.1		
4	完善自动测试代码	1.5	汇报结果	0.1		
总共		3.5		0.4	0	3.9

估算多个测试任务的汇总参见表 17-5。

表 17-5　估算多个测试任务

测试任务编号	准　　备	运　　行	特殊考虑	估算/h
1	3.5	0.4	0	3.9
2	2	0.4	0	2.4
3	4	4.5	1.5	10
4	3	0.4	0	3.4
5	6	2	0	8
总共		27.7		

2. 估算测试框架的搭建

测试框架是自动测试必不可少的一部分工作。由于敏捷开发流程倡导快速而高效地完成任务,这就要求有一定的自动测试率。一个完善的测试框架可以大大提高测试效率,及时反馈产品的质量。

在敏捷开发流程中,在第一个 Sprint 周期里,需要增加一项建立测试框架的任务。在随后的迭代过程中,只有当测试框架需要大幅度调整时,测试团队才需要考虑将其单独作为任务,否则可以不用作为主要任务罗列出来。

项目实例:

考虑该项目刚刚进入测试,需要为此建立一个测试框架,如表 17-6 所示。于是,在原先的估算中多增加一些任务。

表 17-6　估算测试框架的搭建

任　　务	估算/h
选择测试工具	2
建立测试系统	5
编写下载、存放和恢复测试数据的脚本	2
寻找或建立测试结果汇报工具	4
设计项目导入和同步的测试用例	6
编写和测试"项目导入"的模块	3
编写和测试"项目同步"的模块	4
编写和测试"Token 校验"的模块	2
第一次执行测试	4
分析第一轮测试结果	2
第二次执行测试	4
分析第二轮测试结果	2
总共	40

3. 详细设计验收测试用例

完成对测试任务的估算,接着就可以着手详细设计验收测试用例。可以对概要设计中的测试用例进行细化,根据不同的测试环境、测试数据以及测试结果,编写更详细的测试用例。另外,可以结合几个用例,完成一个复杂的测试操作。

由于敏捷开发的流程是不断迭代的过程,所以很多复杂的功能可能会在未来的 Sprint 周期中被优化。对测试人员而言,一个有效的方法是尽量将一些验证基本功能的测试用例作为基本验证测试用例(Basic Verification Test Case)在第一时间实现自动化;而对一些复杂的功能测试用例,可以先采用手工的方法测试,直到在未来 Sprint 周期中该功能达到稳定的时候再考虑自动化。此外,对测试中出现的缺陷可以设计回归测试用例(Regression Test Case),为其编写自动测试代码,使得此类问题在发布周期(Release Sprint)时可以顺利而高效地进行验证。

项目实例:

详细设计测试用例,就是对某个测试用例进行细化,比如测试 Time Tracker 中的连接,就分为连接所需的 URL 是空值或者 API Key 是空值,如表 17-7 所示。

表 17-7　基本验证测试用例

动　　作	数　　据	期待的结果
测试连接	Asana URL：(空)	"User need to specify URL"
	Asana API Key：(空)	

功能测试用例：

功能测试用例就是测试所设计的功能是否可以正常实现。比如 Time Tracker 中的数据和第三方的连接是否成功，是否可以同步项目和任务，当导入已经存在的项目时是否有提示信息，如表 17-8 所示。

表 17-8　功能测试用例

动　作	数　据	期待的结果
测试连接	正确的 URL 和 API Key	连接测试通过：The connection succeeded
同步项目和任务	选择项目名称和任务	导入成功，提示：Project has been imported successfully
导入已经存在的项目名称	在导入窗口选择一个项目名称，这个项目之前已经成功导入过	提示：You have already imported the project before. However，you can proceed to sync the tasks again

4. 编写验收测试用例

敏捷开发不提倡撰写太多的文档，而是提倡直接编写测试用例。此外，测试人员和客户应取得良好的沟通，将这些需求总结下来，转化成验收测试用例。如果资源充足，最好对验收测试用例建立版本控制机制。

考虑到需求在每一轮 Sprint 周期中会不断地变化，测试团队要控制测试的自动化率，正确估计未来功能的增减。自动化率过高会导致后期大量测试代码需要重构，反而增加很多工作量。

17.5.4　Sprint 结束和下一个 Sprint 开始

在一个 Sprint 周期结束时，团队要举行一个回顾会议（Retrospective Meeting）。团队成员可以在会议上畅所欲言，指出在过去一个 Sprint 周期中可行的、不可行的和有待改进的地方。待改进之处将在项目经理监督下于未来的 Sprint 周期中实现。

由于敏捷开发倡导增量开发，当新的 Sprint 开始时，测试团队需要根据新 Sprint 周期的开发进度及时重构验收测试。如果新 Sprint 周期没有具体的新功能开发，测试团队可以将精力集中在执行验收测试和寻找缺陷上。

如果下一个 Sprint 周期是发布周期，那么测试人员需要准备执行回归测试。下面来详细了解每个测试活动。

1. 重构验收测试

正如上文所提及，敏捷开发是以迭代方式进行的，功能在每次迭代中推陈出新。于是，验收测试用例经常需要修改或者添加，相应的验收测试代码也需要删减。这部分工作如果时间花销很大，最好在估算的时候一并提出。

项目实例：

在下一个 Sprint 周期中，需要实现之前没有实现的"Asana API Key 被改变"的功能。测试人员要在新的 Sprint 周期中更新原来的验收测试用例，在测试"Token 校验"模块中添加 Token 值改变的测试。重新估算的测试任务参考表 17-9。

表 17-9　重构验收测试的估算

任　　　务	估计时间/天
设计测试用例,准备测试数据	2
加载数据集	1
编写自动测试代码	2
执行测试和汇报结果	2
总结	7

2. 执行验收测试

验收测试可以分为两大类：基本验证测试和功能测试。如果是基本验证测试,推荐开发人员在运行完单元测试和提交代码前直接运行自动测试脚本。如果是功能测试,可以在每个 Sprint 后期,新功能代码提交后,由测试人员单独执行。

敏捷开发的开发和测试是相辅相成的。一旦基本验证测试出现问题,那就说明开发人员的实现违反了最初客户定义的需求,所以不能够提交。如果功能测试出现问题,那么测试人员要及时与开发人员沟通。如果是缺陷,需及时上报给项目经理,并在每天的站立会议中提出；如果不是,那么继续下一项任务。这个过程充分体现了敏捷开发所提倡的团队交流机制。

3. 执行回归测试

在发布周期中,测试人员所肩负的任务非常重要,因为这是产品发布前的最后质量检验。

首先,要建立一套自动生成 build、运行自动测试代码、手工执行测试用例并汇总测试结果的框架。估算方法参加上文。

其次,定期执行各类测试,包括功能和系统测试。

最后,要整理之前在每个特征测试周期中出现的问题。如果已经整理并归类为回归测试用例,那么只要定时执行就可以了；否则需一一添加。如果用例已经被自动化,可以直接运行；如果是手工测试,测试人员需要按照测试用例进行操作,最后汇总测试结果。这部分测试就是所谓的回归测试。

【专家点评】

不管是传统的测试还是敏捷测试,测试的方法(白盒测试、黑盒测试、功能测试、压力测试等)都是相同的,不同的就是流程上不一样。传统测试任务比较单一,而且敏捷测试需要有更多的沟通、协作精神,时间的紧迫感也强很多,每天都会觉得有什么事情要做。

17.6 读书笔记

读书笔记　　　Name：　　　　　Date：

励志名句：*Factors such as self-confidence and ambition，combined with determination and willpower，contributes to eventual success or failure.*

自信、雄心，加上决心和毅力等因素是造成最终的成功或失败的原因。

第18章 软件自动化测试专题技术分享

【本章重点】

本章首先通过实例阐述了采用自动化测试的原因；其次介绍了自动化测试的原理、类型和框架，并且简单介绍了持续集成的自动化测试流程；最后通过实例介绍了如何使用自动化测试工具 JMeter 来设计自动化测试脚本。

18.1 引入自动化测试

【学习目标】

理解软件开发项目引入自动化测试的原因，自动化测试的优点，以及自动化测试在敏捷开发中的必要性。

【知识要点】

自动化测试的优点和必要性。

在介绍自动化测试之前，先来看一段产品经理 Jack、软件开发经理 Tom，以及软件测试经理 Bob 之间的对话。

项目评估期：

Jack：客户想要一个"大学学籍管理系统"来管理学生的信息，需要多长时间可以交给客户？

Bob & Tom：没有项目的详细需求，无法评估。

Jack：（经过 Jack 与客户的交流）系统主要有下列功能：……

Tom：需要 100 个工作日。

Bob：没有操作系统和浏览器的测试组合，无法评估。

Jack：（经过 Jack 与客户的交流）系统需要支持×××操作系统和浏览器组合。

Bob：需要 200 个工作日。

Jack：Bob，为什么测试需要那么多的测试工作日？

Bob：

（1）写测试用例需要××工作日；

（2）写测试计划需要××工作日；

（3）要测试×××种操作系统和平台，每样操作系统加平台就需要×××工作日，这么多组合，200 个工作日还是保守估计。

项目开发过程中：

Jack：客户想要增加一个新的功能：×××。

Tom：开发需要增加 3 个工作日。

Bob：测试需要增加 6 个工作日。

Jack：为什么有那么多 regression 的问题？

Tom：产品结果复杂……

Jack：为什么项目快要结束了,还有这么多 Bug？

Bob & Tom：有其他 Bug 拖延了测试；开发修 Bug 引起的；开发总在改功能；新功能增加的太晚了……

Jack：新部署的包工作正常吗？

Bob：糟糕,新部署的包有严重问题,需要撤回新包(测试几个小时后)。

Jack：除了 Bug Report 外,还有什么能够证明产品的质量很好？

Bob & Tom：没有。

项目交付后:

Jack：客户发现了一个重要的 Bug,必须修正。测试和开发评估下。

Tom：开发需要 2 小时；

Bob：测试需要 5 个工作日。

Jack：必须在两天内发布补丁。

Bob：假如两天内需要发布,测试就不全面,不能保证老的功能都正常工作。

从以上对话中,可以看出基于老的软件开发团队结构(图 18-1)和开发流程(图 18-2),软件开发的整个生命周期存在众多严重缺陷,例如：

(1)开发周期评估困难,评估误差大；

(2)开发周期长；

(3)开发过程中增加、修改需求成本大；

(4)开发过程中,无法控制产品质量；

(5)开发过程中,无法监控产品质量；

(6)开发过程中,对新出的 build 的质量无法做出快速的评估；

(7)产品发布时,无法提供全面的产品质量报告；

(8)无法快速修复产品出现的问题,等等。

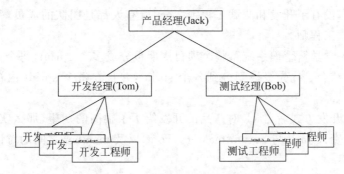

图 18-1 旧的软件开发团队结构

面对以上缺陷,产品经理 Jack 意识到,假如仍然采用旧的开发模式,公司的产品将会在很快的时间内被其他公司的产品所替代。此时,Jack 听说,自从 A 公司采用了敏捷开发后,产品的发布速度比以前提高了两倍,产品的质量也得到了很大提高。于是,Jack 打算在自

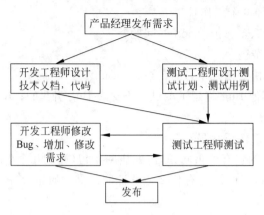

图 18-2　旧的开发流程

己的项目中引进当前行业内最先进的软件开发方式：敏捷开发。在经过各种讨论、磨合后，Jack 成立了"大学学籍管理系统"的敏捷开发团队，并对"大学学籍管理系统"项目采用了敏捷开发方式(图 18-3，图 18-4)。

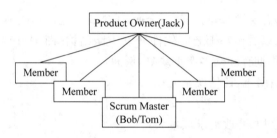

图 18-3　敏捷开发团队

S1：开发、测试、发布	S2：开发、测试、发布	S3：开发、测试、发布	S4：开发、测试、发布	S5：开发、测试、发布

图 18-4　敏捷开发

在该团队中，没有了开发和测试工程师之分，所有人都是团队的成员，每个人既是开发工程师，又是测试工程师。

对于项目"大学学籍管理系统"，整个项目周期被分成多个 sprint，每个 sprint 时间是一周。项目的需求结合了优先级被划分到各个 sprint，并且在每个 sprint 内被切分成尽可能小的任务。

采用了新的开发方式后，Jack 对产品的开发给予了很高的期望，那么实际情况如何呢？再来看下产品负责人 Jack 与 Scrum master：Tom，以及 member 之间的对话。

项目评估期：

Jack：客户想要一个"大学学籍管理系统"来管理学生的信息，需要多长时间可以交给客户。

Master & Member：两个 sprint(两周)内可以开发出一个简单的系统。功能包括登录、退出、学生信息的添加、删除和修改。

Jack：(经过 Jack 与客户的交流)系统主要有下列功能：……

Master & Member：系统计划发布时间：

Sprint 1：登录、退出、学生信息的添加；

Sprint 2：学生信息的删除和修改；

Sprint 3：学生信息的排序、添加学生成绩；

……

Jack：（经过 Jack 与客户的交流）系统需要支持×××操作系统和浏览器组合。

Master & Member：OK！

项目开发过程中：

Jack：为什么每个 Sprint 都不能完成计划的 task？

Master & Member：来不及测试：

（1）测试组合太多；

（2）每次新增、修改了功能，都要做一次全面测试，需要的测试时间太久；

（3）被其他 task 拖延了测试，等等；

Jack：客户想要增加一个新的功能：×××。

Master & Member：

（1）增加到下个 Sprint，因为当前 Sprint 还有没完成，需要挪后到下个 Sprint 完成。

（2）增加到最后一个 Sprint。

Jack：为什么每个 Sprint 都有很多 regression 的问题？

Master & Member：因为：

（1）做了×××改动；

（2）……

Jack：为什么每个 Sprint 都有很多 Bug？Bug 趋势一直无法收敛？

Master & Member：因为：

（1）做了×××改动；

（2）做了×××task；

（3）……

Jack：新部署的包工作正常吗？

Master & Member：糟糕，新部署的包有严重问题，需要撤回新包（测试几个小时后）。

Jack：除了 Bug Report 外，还有什么能够证明产品的质量很好？

Master & Member：没有。

项目交付后：

Jack：客户发现了一个重要的 Bug，必须修改。评估下需要多少天发布补丁。

Master & Member：一个 Sprint（5 天）：

0.5 天写代码

4.5 天测试

Jack：必须在两天内发布补丁。

Master & Member：假如两天内需要发布，测试就不全面，不能保证没有 regression。

从以上的对话中，不难看出，新的开发模式提高了开发的灵活性，并在一定程度上缩短了开发的时间。但是软件测试这个最大的瓶颈问题，还是没有得到根本的解决。

为了这个问题,Jack 召集了所有成员展开了热烈的讨论。在讨论中,Jack、Tom、Bob 得到了解决测试这个瓶颈问题的最有效方法:测试自动化。

通过讨论,成员们发现了测试自动化的大量优点。例如,

(1) 测试自动化可以把团队中的成员从烦琐、重复、枯燥、大量的手工测试中解放出来;

(2) 测试自动化可以大幅度缩短测试时间;

(3) 测试自动化可以大幅度减少 Regression 问题的出现;

(4) 测试自动化大幅度提高代码的质量;

(5) 测试自动化使得产品质量可跟踪化;

(6) 测试自动化提高开发效率,缩短整个开发的周期;

(7) 可以实现真正的测试驱动开发。

18.2　什么是自动化测试

【学习目标】

通过了解自动化测试的原理、自动化测试的类别,学习如何搭建简单的自动化测试框架。

【知识要点】

搭建自动化测试框架。

在 18.1 节中,产品负责人 Jack、Scrum master:Tom/Bob 为了解决测试这个瓶颈问题,决定在项目中采用自动化测试。但是随后他们又遇到了新的问题:

(1) 哪些测试可以被自动化;

(2) 选择什么样的自动化测试工具;

(3) 如何搭建自动化测试框架;

(4) 如何设计自动化测试脚本;

(5) 设计和维护脚本需要的时间成本;

(6) 软件开发生命周期中,软件自动化测试脚本设计应该从哪个阶段开始;

(7) 自动化测试能提高多少工作效率;

(8) 如何保证自动化测试脚本本身的正确性;

(9) 什么时候适合运行什么样的自动化测试脚本;

(10) 是不是所有的测试都适合自动化测试,等等。

18.2.1　自动化测试是怎样工作的

无论是什么类型的自动化测试,简单来说,自动化测试就是手工测试的模拟。自动化测试的脚本就是准备测试用例的前提条件和输入的数据,模拟测试的步骤(发出各种指令、服务器请求等),验证响应/返回的结果,清理测试数据的一个过程(图 18-5)。

以"大学学籍管理系统"的删除学生成绩为例,在运行删除学生成绩的步骤前,首先需要登录系统、添加学生、添加学生成绩;然后,才能执行删除学生成绩的步骤,以及检验学生成绩是否被成功删除;最后,还需要删除添加的学生,退出系统(图 18-6)。

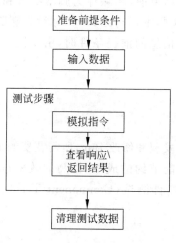

图 18-5　自动化测试

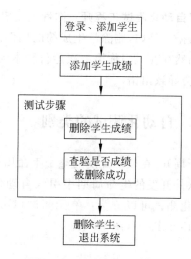

图 18-6　删除学生成绩用例

下面是一段工程师 A(自动化测试新手)和工程师 B(自身自动化测试工程师)的对话,通过他们的对话,可以帮助加深对自动化测试原理的理解。

自动化测试新手:为什么需要准备前提条件?

资深自动化测试工程师:前提条件是为了能保证测试的真正自动化。例如,删除学生成绩的用例,假如没有自动化前提条件,每次就需要手工去添加学生成绩,以保证每次删除学生成绩都能成功。这不是真正的自动化。

自动化测试新手:所有的脚本都需要前提条件吗?

资深自动化测试工程师:No。同一脚本内的测试用例,可以提取相同的前提条件放到脚本的开头。例如添加学生、添加学生成绩、删除学生成绩这些用例都需要登录系统。可以把登录系统放在开头,就不需要每个测试用例都登录、退出系统。

自动化测试新手:所有的脚本都需要输入数据吗?

资深自动化测试工程师:不是所有脚本都需要。只有脚本需要特殊的数据输入时才需要。

自动化测试新手:这些测试用例步骤都很简单、响应也少,可以把它们写到一个测试用例里吗?

资深自动化测试工程师:No。尽量把测试用例分开写,并且保证测试用例之间的独立性,以便于测试用例的运行和运行结果分分析。

自动化测试新手:哇噻,返回了这么多响应结果,添加验证都要添加得手抽筋了。

资深自动化测试工程师:并不是所有的响应结果都需要验证,你只要添加自己想要验证的结果。例如,修改学生住址。在验证的时候,只需要验收学生的新住址,不需要去验收这个学生的性别、年龄等。

自动化测试新手:天哪,维护环境的工程师又投诉我往数据库插入了大量垃圾数据。

资深自动化测试工程师:你肯定是没有在脚本结束前,删除你为脚本准备和脚本生产的垃圾数据。

自动化测试新手:为什么我的脚本第一次运行可以通过,第二次就出错了?

资深自动化测试工程师：你肯定是没有在脚本结束前，删除你为脚本准备和脚本生产的垃圾数据。例如，删除学生成绩的用例。在第一次脚本运行结束前，你没有删除学生，学生信息仍然存在。当你第二次运行脚本到添加学生信息的前提条件时，由于该学生已经存在了，就会导致出错。

18.2.2　自动化测试的类别

　　众所周知，在软件开发的整个生命周期中，越早发现和修改 Bug，所需花费的成本越低。越早在软件开发的生命周期中引入自动化测试，所能节约的成本、提高的效率也越高。因此，自动化测试可以分为：单元测试（Unit Test）、组件测试（Component Test）、集成测试（Integration Test）（图 18-7）。

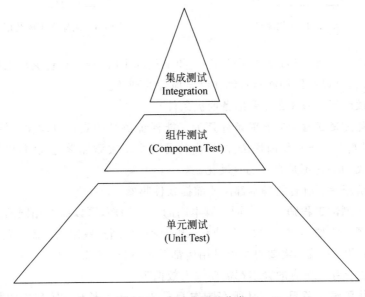

图 18-7　自动化测试分类 1

　　单元测试：对软件中的最小可测试单元进行测试。在测试驱动开发的软件开发模式中，单元测试应该在代码设计之前先设计。并且，单元测试应该在自动化测试脚本中占最大的比重。

　　组件测试：组件测试有广义和狭义之分。狭义上它类似单元测试；广义上它指组成软件的组件（服务器、数据库等）。例如，"大学学籍管理系统"，可以把数据库、网页看成组件；也可以把网页的各模块看成不同的组件：登录退出、学生信息、学生成绩等。

　　集成测试：集成测试也可以称为 End-To-End 测试。它是通过真正模拟客户使用软件的方式来验证软件。

　　自动化测试根据测试的流程，还可以分为：环境监测测试（Health Check）、可用性测试（Sanity Test）、回归测试（Regression Test）、全面测试（Full Test）（图 18-8）。

　　Health Check：检查各服务器是否正常运行，保证后面的测试能在正常工作的服务器上完成。

Sanity Test：最小的基本功能测试，检查基本功能是否工作正常。

Regression Test：不需要修改环境、数据库等信息就可以正常工作的相对独立的自动化测试。只需要修改简单的配置，甚至不需要修改配置，就可以在任何环境中运行。

Full Test：测试中可能需要通过修改数据库、修改服务器设置等。包含所有的自动化测试脚本。

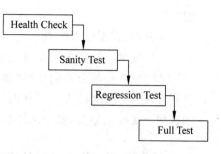

图 18-8　自动化测试分类 2

除了单元测试，第一种分类中的自动化测试可以按照第二种分类方式运行。例如，"大学学籍管理系统"数据库的组件测试中，数据库安装完最新的包后，第一步运行 Health Check，检查数据库是否运行；第二步运行 Sanity Test，检查最基本的功能；第三步运行 Regression Test，检查不依赖其他组件的功能；第四步运行全面测试（可以通过模拟其他组件的方式来测试，也可以放到集成测试环境中测试）。

18.2.3　设计一个常见的自动化测试框架

自动化测试脚本的设计与软件的开发一样，在编写测试脚本前，先要设计自动化测试的框架。尤其是针对大型的软件，好的自动化测试框架尤其重要。好的自动化框架具有以下的优点：

（1）配置少；

（2）配置灵活；

（3）自动化程度高；

（4）模块化；

（5）可维护性强；

（6）脚本独立性强；

（7）并发运行性强；

（8）可移植性强，移植成本低。

图 18-9 是常用的自动化测试框架之一。该框架有三层，第一层是配置层，第二次是公共脚本/方法层，第三层是真正的测试层。

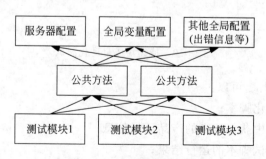

图 18-9　自动化测试框架

配置层：

(1) 服务器、数据库等配置。

(2) 全局变量。这些全局变量通常是指通过自动化方式无法获得的全局变量。

(3) 修改成本高的公共信息，例如公共错误。

公共方法层：公共的方法。其他脚本需要访问的公共方法。

测试层：按模块划分，每个文件包含同模块的真正的、相对独立的测试用例。

18.3　持续集成自动化测试

【学习目标】

理解什么是持续集成自动化测试，以及集成自动化测试的优点。

【知识要点】

集成自动化测试架构。

本节所说的持续集成自动化测试不同于前文的集成测试，它是指整个集成自动化测试过程。它集成了单元测试到代码的扫描结果，集成了组件测试到集成测试的所有 Health Check、Sanity Test、Regression Test、Full Test 的自动化测试的安排、运行(Jenkins)，运行结果报告，持续运行结果报告等(图 18-10)。

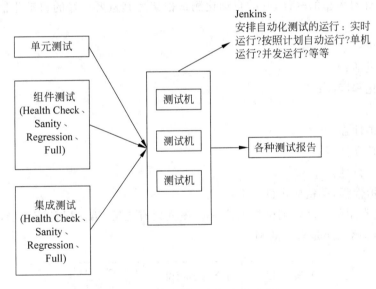

图 18-10　持续集成自动化测试

通过集成自动化测试，可以：

(1) 自动运行自动化脚本；

(2) 从自动化测试中获得清晰的产品质量信息；

(3) 跟踪自动化测试脚本的运行结果；

(4) 从持续的自动化测试中获得持续的产品质量信息；

(5) 获得代码潜在缺陷的持续质量报告。

18.4　自动化测试工具 JMeter

【学习目标】

理解 JMeter 自动化测试脚本设计的策略，并且学会安装 JMeter，抓取 JMeter 脚本设计所需的请求，以及脚本配置文件的设计。

【知识要点】

JMeter 自动化测试脚本的设计策略，JMeter 的安装和配置文件设计。

随着读者对自动化测试的认识以及应用，出现了越来越多的自动化测试工具。例如，Rational Robot，Selenium IDE，Selenium RC、QTP、LR、JMeter、TestNG、JLoad3、JLoad、gtest 等。在实际的应用中，工程师应该根据被测试软件的实际特点选择最适合的自动化测试工具，切忌盲目跟风。由于篇幅有限，本文选择了相对比较容易上手的 JMeter 做简单介绍。

18.4.1　JMeter 是什么

Apache JMeter 是 Apache 组织开发的基于 Java 的压力测试工具。

它最初被设计用于 Web 应用测试，但后来被扩展到其他的测试领域，例如静态文件、Java 小程序、Java 对象、数据库、FTP 服务器等。JMeter 可用于对服务器、网络或对象模拟巨大的负载，来进行不用压力类别下的强度测试，并对整体的性能进行分析。

18.4.2　JMeter 的安装和运行

1. JMeter 的安装

JMeter 的安装非常简单，只需要访问 JMeter 安装包下载网页（http://jakarta.apache.org/site/downloads/downloads_jmeter.cgi），下载满足自身操作系统要求的安装包到本地。由于本文实例用的操作系统是 Windows XP SP2，所以下载 Binary 下的 2.4.zip，如图 18-11 所示。下载后，解压文件，JMeter 安装完毕。

由于本章是结合"大学学籍管理系统"进行脚本设计，所以除了 JMeter 外，还需要安装"大学学籍管理系统"软件（安装参考附录 A）。

此外，还需要安装 JDK 以及网页数据分析工具 HttpAnalyzer。

2. JMeter 的运行

在运行 JMeter 前，可以对 JMeter 属性进行修改。例如，修改 JMeter 显示语言为英语，步骤为：进入 JMeter 安装目录\bin，打开文件 jmeter.properties，设置"language＝en"，保存文件，如图 18-12 和图 18-13 所示。

设置完 JMeter 属性后，进入 JMeter 安装目录\bin，运行 jmeter.bat，即可启动 JMeter，如图 18-14 和图 18-15 所示。

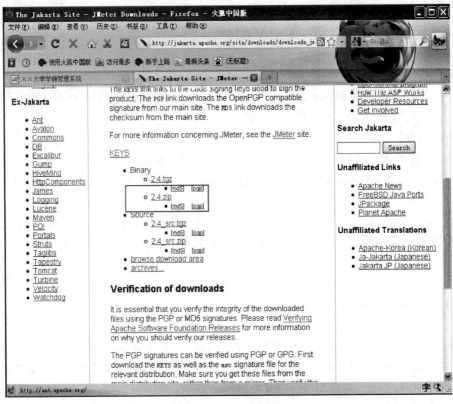

图 18-11　下载 JMeter

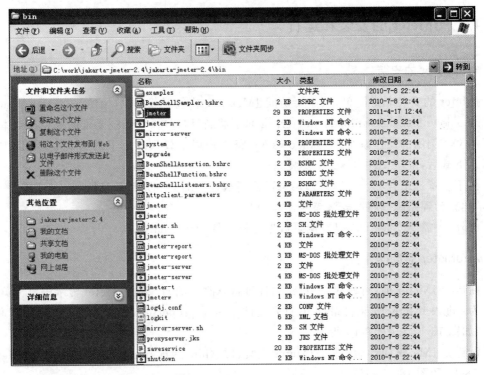

图 18-12　jmeter.properties

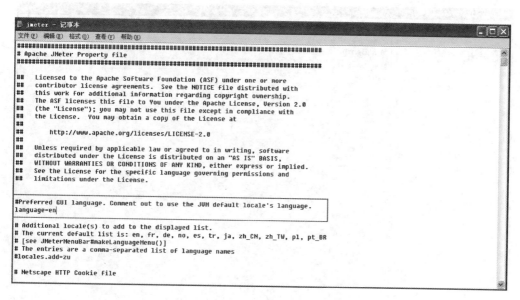

图 18-13　jmeter. properties 语言配置

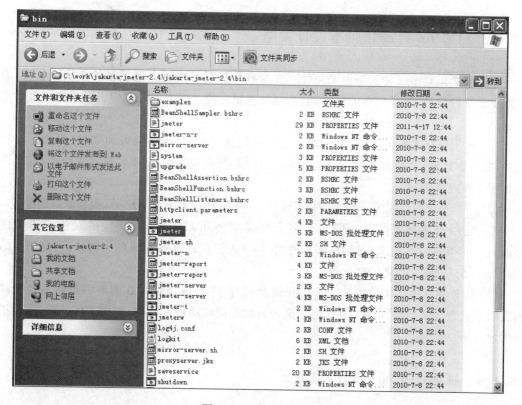

图 18-14　启动 JMeter

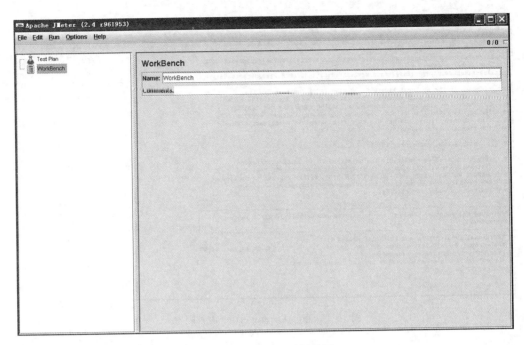

图 18-15　JMeter 运行界面

18.4.3　JMeter 自动化脚本设计策略

自动化测试脚本设计策略主要是针对大型软件项目。由于大型项目的模块比较多,为了减少重复性设计、提高脚本的可管理性,通常需要在设计脚本前先制定设计策略。策略主要包括:

(1) 通用信息参数化、配置化。即把通用的信息,例如服务器地址和账号,测试站点和账号,数据库地址、账号和表等,设置在配置文件内,当自动化测试脚本需要使用时,直接调用配置文件内的变量。

(2) 设置请求默认配置。即为各种请求(sampler)、HTTP、FTP、DB 等,设置默认的配置。

(3) 通用的请求文件化。即当很多文件需要使用同样的请求时,可以使用单独的 JMeter 文件管理这些请求,当其他脚本使用时,只需要加载该脚本即可。例如,创建相同的用户用于测试;请求的默认配置等。

(4) 清理测试中生成的数据。为了保证测试脚本的可执行性,在脚本的最后需要清理测试中生成数据。例如,创建用户,为了保证每次都能成功创建用户,在脚本的最后,需要把该创建的用户删除。

18.4.4　抓取一个简单的请求

JMeter 脚本的设计实际上是把用户的操作转换成一个个相应的 JMeter 请求,验证每个请求的返回结果的过程。请求的获得有两个主要途径,一是软件的设计文档;二是通过分析工具抓取。

由于"大学学籍管理系统"并没有提供文档,所以只能通过工具抓取。本文将使用HttpAnalyzer 来抓取 JMeter 所需要的请求。

(1)打开 IE,单击菜单"查看"→"浏览器"→IE HTTPAnalyzer ** 命令,或在 IE 工具栏中单击 HTTPAnalyzer 标记,即可在 IE 浏览器内打开 HTTPAnalyzer,如图 18-16 所示("**"根据 HTTPAnalyzer 各有不同)。

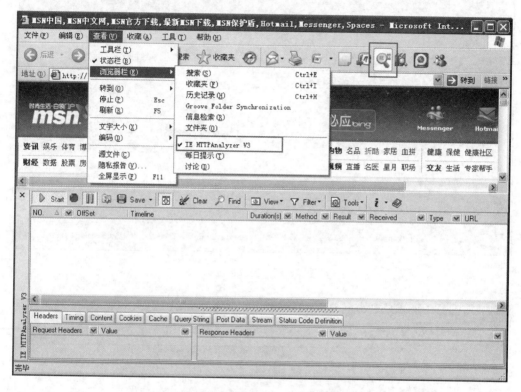

图 18-16 打开 HTTP Analyzer

(2)使用该 IE,访问"大学学籍管理系统",执行所需 JMeter 自动化的操作:登录系统(admin/pass)→新建学生→删除学生,如图 18-17～图 18-19 所示。

(3)从 HTTPAnalyzer 内查找所需请求:登录系统,添加学生,删除学生,如图 18-20～图 18-22 所示。

(4)查看请求的 Hearders 中的 Cookies,如图 18-23 所示。

(5)获得请求后,就可以把请求转换成 JMeter 请求,见后文。

18.4.5 设置配置文件

对于大型项目来说,自动化测试脚本模块繁多,假如每个自动化脚本都自己设置配置文件、自己设置请求的默认配置,这不仅造成了工作的重复,而且也不易修改,一旦某一配置发生变化,就必须修改所有的文件。因此,需要把常用的信息用配置文件进行管理。

图 18-17　登录系统

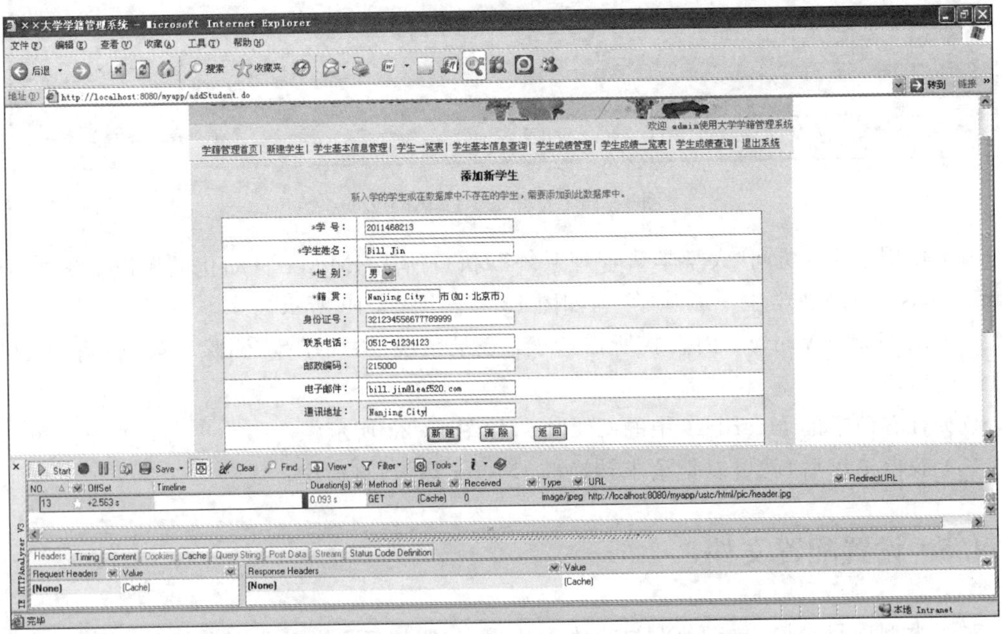

图 18-18　新建学生

通常把下列的信息进行统一配置：

（1）各种类型服务器地址、账户；

图 18-19 删除学生

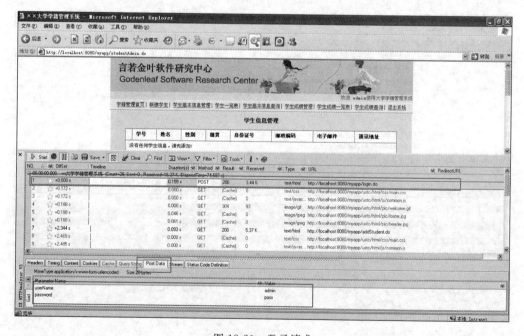

图 18-20 登录请求

（2）测试站点的访问地址，超级用户的账号；

（3）各类数据库的名称、地址、访问方式、账户；

（4）数据库被访问到的表的名称；

（5）请求返回的出错信息；

（6）任何需要变量的字段。

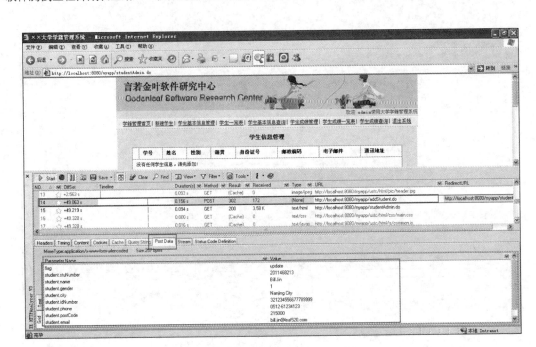

图 18-21　新建学生需求

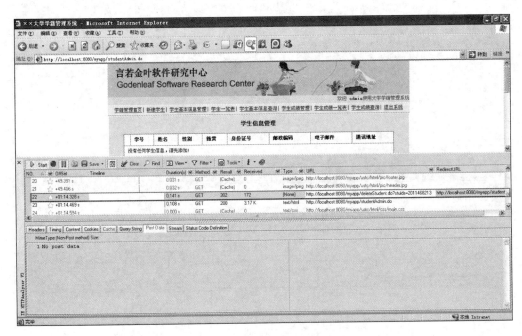

图 18-22　删除学生请求

　　下面以"大学学籍管理系统"为例,介绍 Web 测试中常用的 CSV Data Set Config, User Defined Variables, User Parameters, HTTP Requests Defaults, JDBC Connection Configuration, HTTP Cookie Manager。

　　所有定义的变量,在其他请求内都是以"＄{变量名}"的方式被调用。

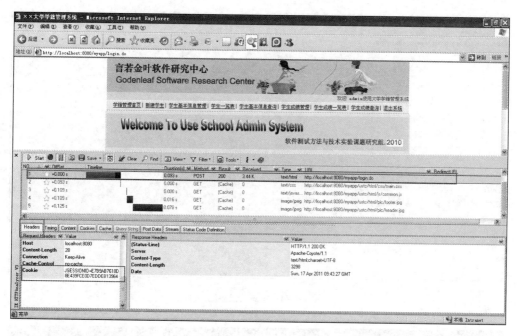

图 18-23 Headers

1. CSV Data Set Config

CSV Data Set Config 是用来从指定的文件内一行行地读取内容，然后把每行取得的内容以"，"进行分隔，然后分别赋给指定的变量。文件的路径可以是相对路径，也可以是绝对路径。需要注意的是，"，"是分隔符，也可以用其他符号来分隔，但是需要在 CSV Data Set Config 内设置。下面以"大学学籍管理系统"为例介绍。

（1）首先编写一个 server.txt 文件，内容为"localhost，8080，http，myapp，admin，pass"，如图 18-24 所示。保存文件到 JMeter 安装目录\bin\Brook 下。

（2）运行 JMeter，右击新添加的 Test Plan→Add→Config Element→CSV Data Set Config，添加 CSV Data Set Config，如图 18-25 所示。

（3）单击 CSV Data Set Config 命令进行配置，如图 18-26 所示。

① Filename 输入文件路径（绝对或相对路径）＋名称，这里因为 jmx 文件和 txt 文件放在了相同的目录下，不需要输入路径；

② Variable Names 输入与文件内容对应的变量名称，实例中对应 serverIP，port，protocol，app，userName，password；

③ Delimiter 是分隔符，实例中使用"，"；

④ Recycle on EOF 为是否循环读入，因为 CSV Data Set Config 一次读入一行，分割后存入若干变量中交给一个线程，如果线程数超过文本的记录行数，那么可以选择从头再次读入；

⑤ 其他部分可使用默认值。需要修改时，可参考 JMeter 的帮助。

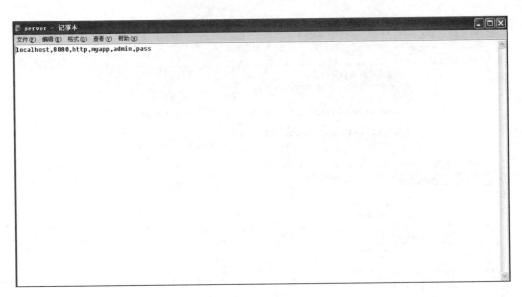

图 18-24　server.txt 文件

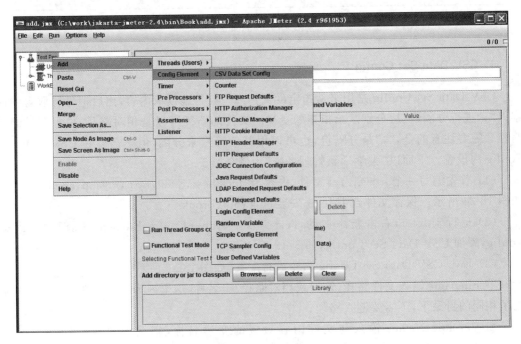

图 18-25　添加 CSV Data Set Config

2. User Defined Variables

User Defined Vairables 被用来定义一套初始化的变量。无论 User Defined Variables 放在脚本的哪个地方,它总是在脚本开始执行时被执行。此外,值得注意的是,User Defined Variable 是所有 Thread Groups 一起使用的。根据 User Defined Variables 的特点,可以用它定义一些只在本脚本内使用的变量,且其值需要在脚本开始时初始化,类似于

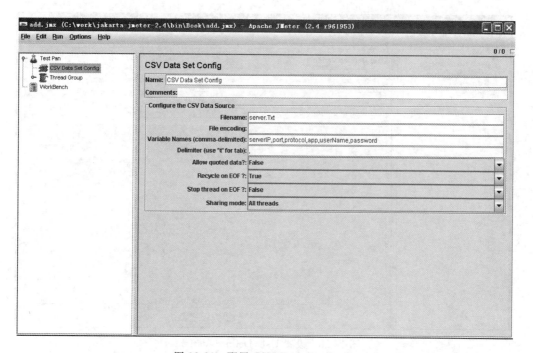

图 18-26 配置 CSV Data Set Config

常量。

以"大学学籍管理系统"为例,添加学生的 request 内有个 flag＝update,可以把它定义到 User Defined Variables 内。

右击 Test Plan→Add→Config Element→User Defined Variables,添加 User DefinedVariables(图 18-27 和图 18-28)。

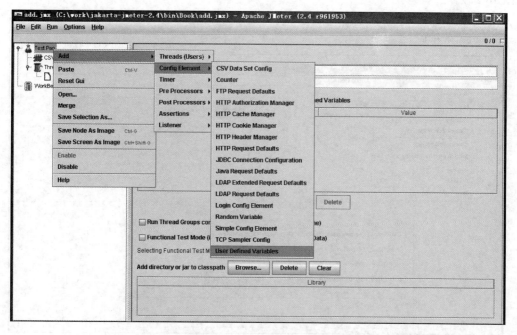

图 18-27 添加 User Defined Variables

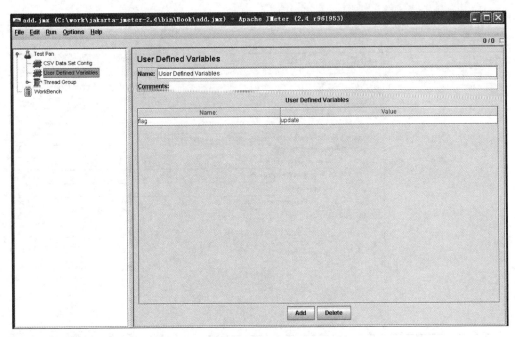

图 18-28 设置 User Defined Variables

3. User Parameters

User Parameters 允许用户为每个 threads 的 User Variables 指定值。详细定义见 JMeter 帮助。

(1) 右击 TestPlan→Add →Threads(Users)→Thread Group,添加一个 Thread Group (图 18-29)。

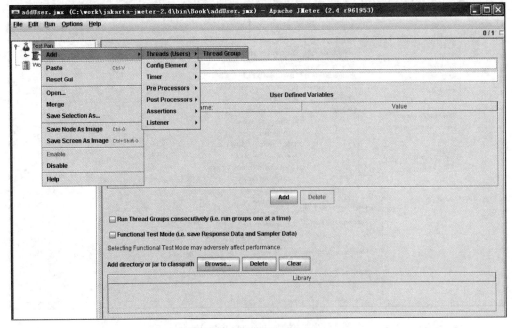

图 18-29 添加 Thread Group

（2）右击 Thread Group→Add→Pre Processors→User Parameters，添加 User Parameters（见图 18-30）。

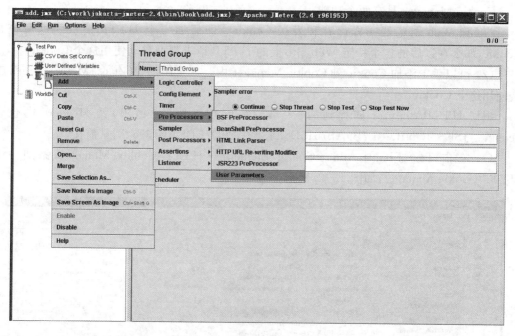

图 18-30　添加 User Parameters

（3）设置 User Parameters，以"大学学籍管理系统"的添加学生为例，可以在 User Parameters 内定义所需添加的学生的信息。如图 18-31 所示，定义了学生的姓名和地址。

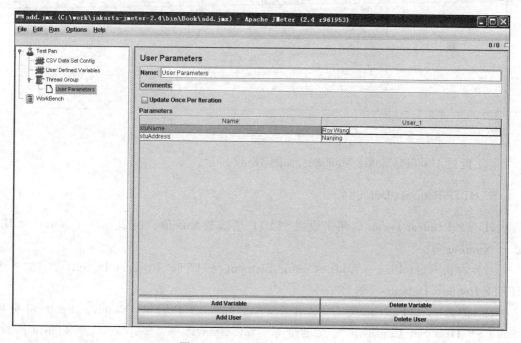

图 18-31　设置 User Parameters

4．HTTP Cookie Manager

Cookie Manager 具有两个功能：

（1）像 Web 浏览器一样保存和发送 Cookie。即假如一个 HTTP 请求的返回包含 Cookie，那么在以后的这个特定 Web site 上的 HTTP 请求都会自动使用这个 Cookie。

（2）可以手工添加 Cookie 到 Cookie Manager 内。一旦添加，所有的 JMeter Thread 都会使用这个 Cookie。

根据 HTTPAnalyzer 捕捉到的"大学学籍管理系统"的请求，其 Headers 内包含"cookie：JSESSIONID＝E7B9AB7618D8E439FCE0D7EDDEB13964"，见前文。

（3）右击 Test Plan→ Add→ Config Element→ HTTP Cookie Manager，添加一个 HTTP Cookie Manager，如图 18-32 所示。

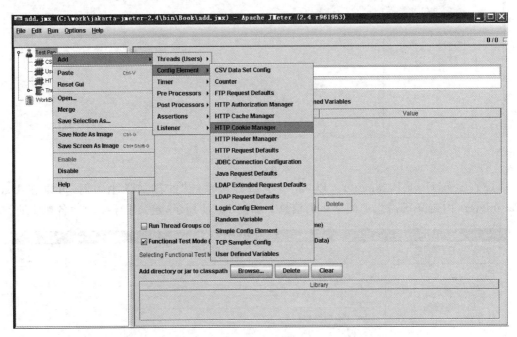

图 18-32　添加 HTTP Cookie Manager

（4）配置 HTTP Cookie Manager，如图 18-33 所示。

5．HTTP Request Defaults

HTTP Request Defaults 用来设置 HTTP 请求的默认值。例如 Server Name or IP，Port Number 等。

（1）右击 Test Plan→ Add→ Config Element→ HTTP Request Defaults，添加一个 HTTP Request Defaults（图 18-34）。

（2）配置 HTTP Request Defaults。Server Nameor IP，Port Number，Protocol 分别输入 CSV Data Set Config 内定义的变量"＄｛serverIP｝"，"＄｛port｝"，"＄｛protocol｝"（图 18-35）。

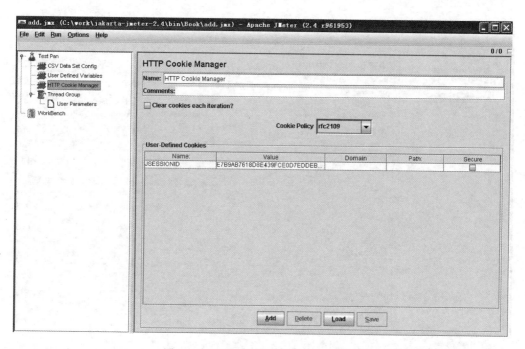

图 18-33 配置 HTTP Cookie Manager

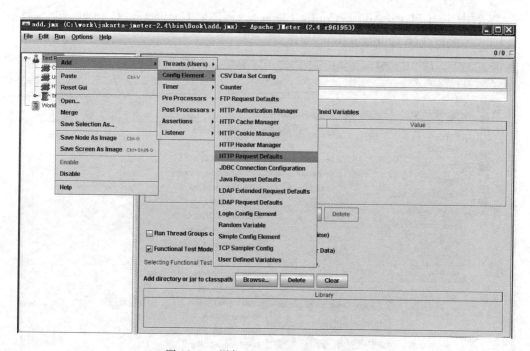

图 18-34 添加 HTTP Request Defaults

6. JDBC Connection Configuration

JDBC Connection Configuration 根据配置的参数建立一个数据库的连接,JDBC 请求使用不同的连接名字调用相应的数据库。

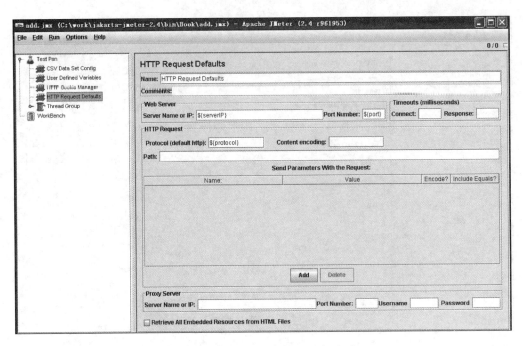

图 18-35　配置 HTTP Request Defaults

（1）右击 Test Plan→Add →Config Element →JDBC Connection Configuration，添加一个 JDBC Connection Configuration，如图 18-36 所示。

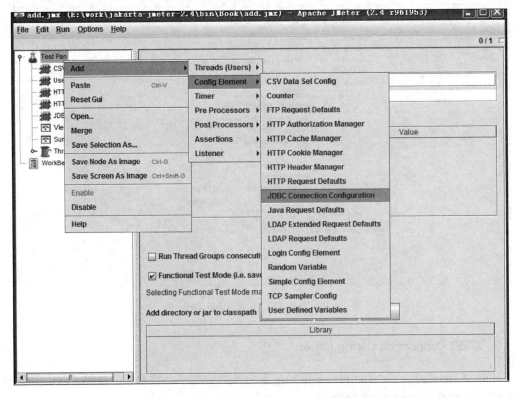

图 18-36　添加 JDBC Connection Configuration

（2）配置 JDBC Connection Configuration。

① 进入％TomcatHome％\webapps\myapp\WEB-INF\classes（C：\Program Files\Apache Software Foundation\Tomcat 6.0\webapps\myapp\WEB-INF\classes，如图 18-37 所示），用记事本打开 applicationContext. xml 文件，可以看到数据库的配置如下（图 18-38）：

```
< bean id = "dataSource"

        class = "org. springframework. jdbc. datasource. DriverManagerDataSource">
        < property name = "driverClassName" value = "com. mysql. jdbc. Driver">
        </property >
        < property name = "url
"value = "jdbc: mysql://localhost: 3306/myapp? characterEncoding = gbk&amp; useUnicode = true">
</property >
        < property name = "username" value = "root"></property >
        < property name = "password" value = "pass"></property >
    </bean >
```

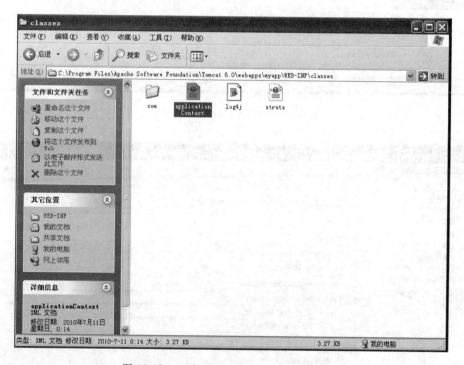

图 18-37　applicationContext. xml 文件路径

② 设置 JDBC Connection Configuration：

Name: myapp
Variable Name: myappdb
Database URL = jdbc:mysql://localhost:3306/myapp
JDBC Driver class = com. mysql. jdbc. Driver
Username = root
Password = pass

其他部分保持默认值，如图 18-39 所示。

图 18-38　applicationContext. xml

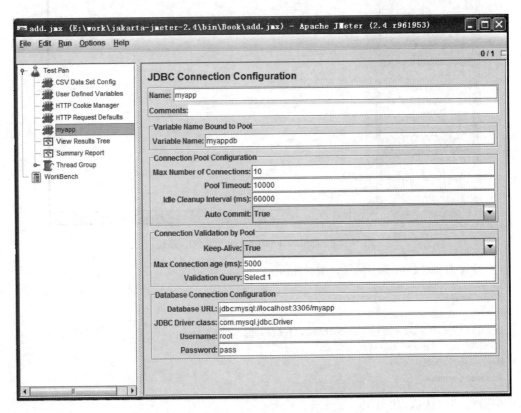

图 18-39　配置 JDBC Connection Configuration

18.5　设计一个简单的脚本

【学习目标】

通过添加"大学学籍管理系统"学生的实例，学会设计简单的 JMeter 自动化测试脚本。

【知识要点】

JMeter 设计自动化测试脚本。

在前面的章节内，完成了所有实例所需的配置文件的设置，接下来就可以设计 HTTP request 来实现模拟"大学学籍管理系统"添加学生的测试用例。

18.5.1　添加学生——**HTTP request**

HTTP request 用来发送 HTTP/HTTPs 请求到 Web server。

(1) 右击 Thread Group→Add→Sampler→HTTP request，添加两条 HTTP request (图 18-40)。

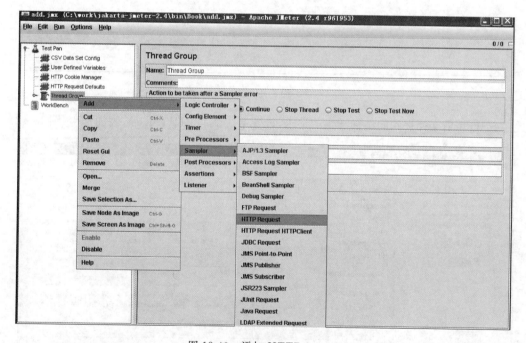

图 18-40　添加 HTTP request

(2) 根据前文捕捉到的登录请求，设置第一个 HTTP request，以"admin"账号登录"大学学籍管理系统"(图 18-41)。

① Name：输入用例名称，例如"Admin login"。

② Method：选择 POST。

③ Path：输入"＄{app}/login.do?"。

④ Send Parameters With the Request：单击 Add 按钮添加两条 Parameters。第一条

输入,Name="userName",Value="${userName}";第二条输入,Name="password",value="${password}"。

注意:所有${变量名}内的变量名都见前文 CSV Data Set Config 部分。

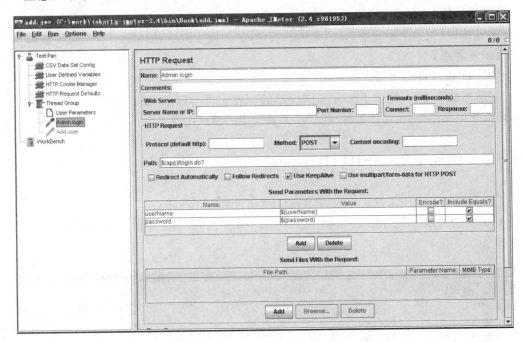

图 18-41　设置 HTTP request

（3）根据前文捕捉到的添加学生的请求,设置第二个 HTTP request,添加学生(图 18-42)。

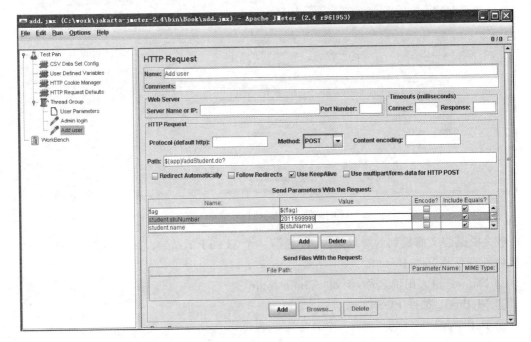

图 18-42　配置 HTTP request

Name：输入用例名称，例如"Add user"。

Method：选择 POST。

Path：输入"＄{app}/addStudent.do?"。

Send Parameters With the Request：添加所有需要 POST 的参数：

Name	Value
flag	＄{flag}
student. stuNumber	2011999999
student. name	＄{stuName}
student. gender	1
student. city	Nanjing City
student. idNumber	321234556677789000
student. phone	0512-61234123
student. postCode	215000
student. email	roy. wang@leaf520. com
student. address	＄{stuAddress}

注意：＄{变量名}见前文配置。

（4）单击 JMeter 菜单 File→Save 命令，选择路径，保存 JMeter 文件（＊.jmx）。这里，保存文件到与前文提及的 server. txt 同一路径下（图 18-43）。

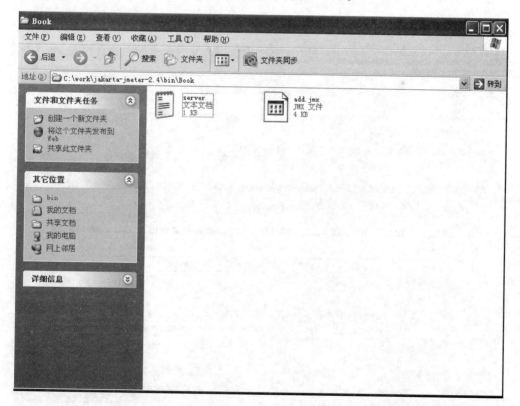

图 18-43　保存文件

（5）单击 JMeter 菜单 Run→start 命令，执行 JMeter 脚本。在 JMeter 脚本执行的过程中，JMeter 右上角会显示绿色，当绿色消逝，表示脚本执行完毕（图 18-44）。

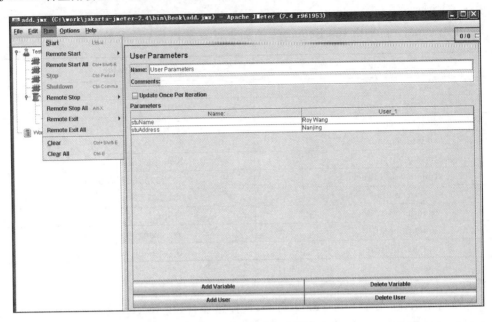

图 18-44　运行 JMeter 脚本

（6）登录"大学学籍系统"→"学生基本信息管理"页面，查看运行结果（图 18-45）。

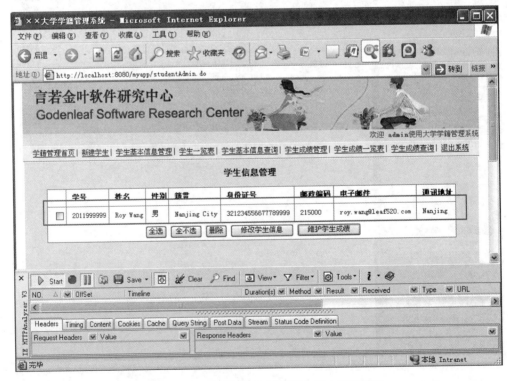

图 18-45　"大学学籍管理系统"学生基本信息管理

18.5.2 查看运行结果——View Results Tree

在前文中,运行完 JMeter 脚本后,只能通过到 Web site 查看运行的结果,不易于 JMeter 的调试、运行结果的查询,以及运行状态监控。为此,可以添加 View Results Tree 来监控 JMeter 的运行情况。

View Results Tree 可以以树状结构显示所有 sample 的响应。它可以允许查看所有 sample 实际发送的请求以及返回的结果。

(1) 右击 Thread Group→Add→Listener→View Results Tree,添加一个 View Results Tree(图 18-46)。

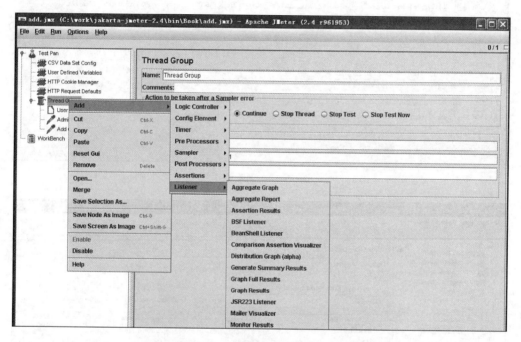

图 18-46 添加 View Results Tree

(2) 进入"大学学籍管理系统"→"学生基本信息管理",删除 JMeter 创建的学生(图 18-47)。

(3) 单击 View Results Tree,重新运行 JMeter 脚本,即可在 View Results Tree 内看到 JMeter 的每个 Sample 的实际运行结果(Sampler result)、实际发送的请求(Request)以及返回的实际数据(Response data)(图 18-48)。

18.5.3 访问数据库——JDBC Request

JDBC Request 可以用来发送 JDBC 请求到指定数据库,它可以对 DB 数据进行增、删、改、查。在使用 JDBC Request 前,必须要先设置 JDBC Connection Configuration。此外,由于本文实例使用的数据库是 MySQL,还需要下载 mysql-connector-java-3.0.17-ga-bin.jar,并放到 JMeter 的 lib 下(%JMeter Home%\lib)。

图 18-47　删除学生

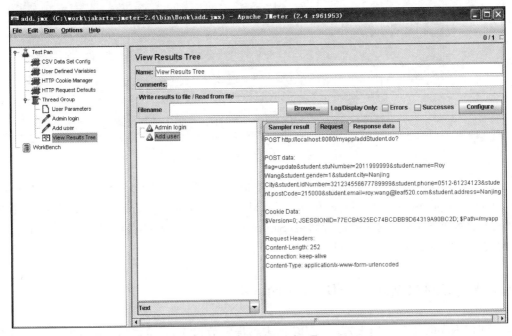

图 18-48　View Results Tree

（1）右击 Thread Group→Add→Sampler→JDBC Request，添加一个 JDBC Request（图 18-49）。

（2）配置查询学生的 JDBC Request（图 18-50）。

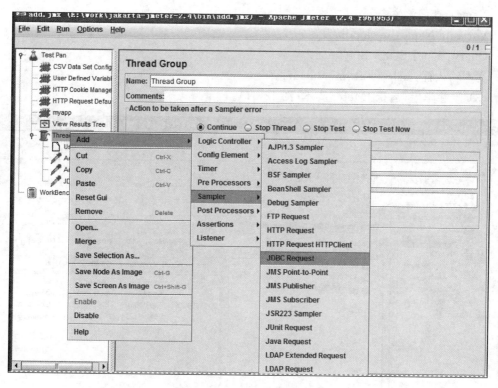

图 18-49　添加 JDBC Request

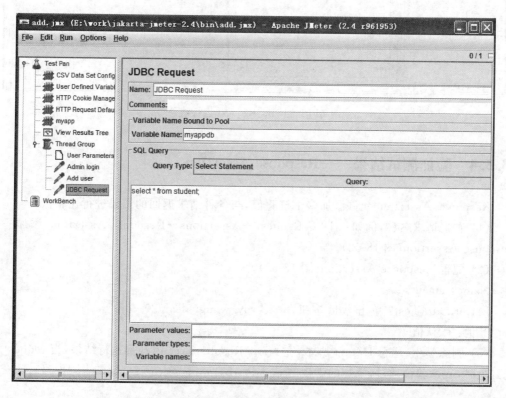

图 18-50　配置 JDBC Request

Name：查询学生

Variable Name：myappdb

Query Type：Select Statement

文本输入框：select * from student；

（3）删除学生，运行 JMeter 脚本（图 18-51）。

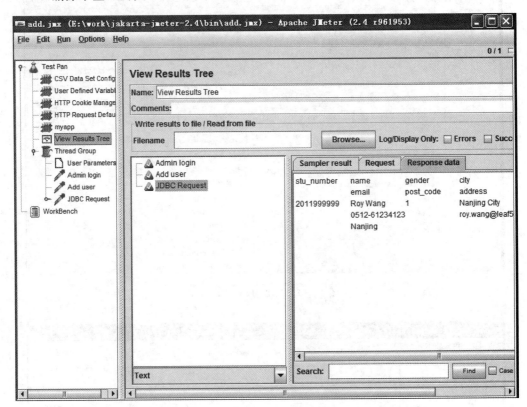

图 18-51　JDBC Request 运行结果

18.5.4　验证测试结果——Response Assertion

Response Assertion 允许添加多个校验值，与各种请求返回的结果进行比较。

（1）右击请求名称，例如：JDBC Request→Assertions→Response Assertion，添加一条 Response Assertion（图 18-52）。

（2）配置 Response Assertion（图 18-53）。

Name：email

Patterns to Test：单击 Add 按钮，输入"roy. wang@leaf520. com"。

其他：默认值

（3）删除学生，运行 JMeter 脚本，在 View Results Tree 内观察运行结果，当 request 不是红色时，表示验证通过，添加的学生的 email＝roy. wang@leaf520. com（图 18-54）。

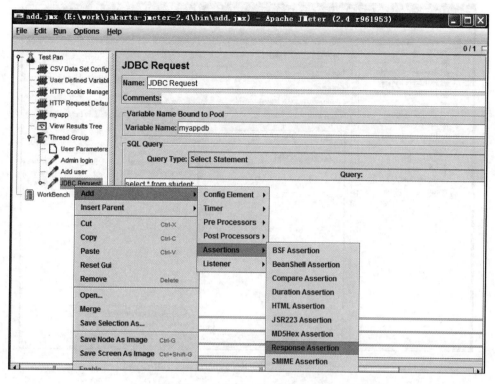

图 18-52 添加 Response Assertion

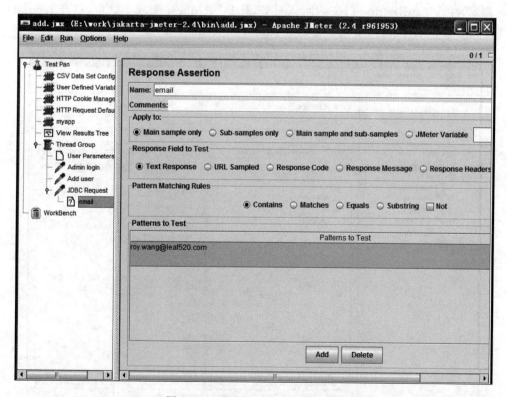

图 18-53 配置 Response Assertion

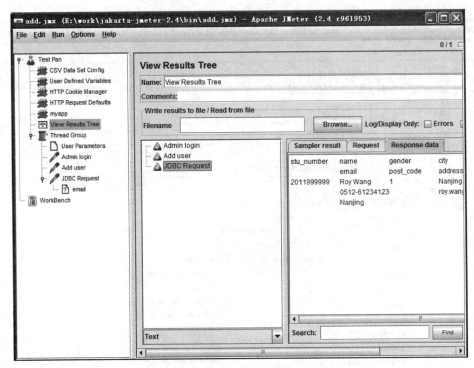

图 18-54　正确的 Response Assertion

（4）删除学生，在 Response Assertion 内修改校验的值为 roy. wang11@leaf520. com，运行脚本，在 View Results Tree 内可以看到，JDBC Request 变成了红色，打开 request，单击 Response Assertion 名，可以查看 Assertion result（图 18-55）。

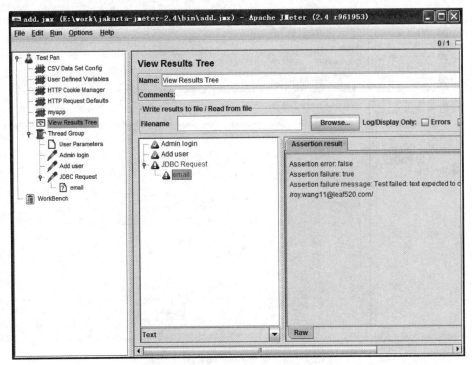

图 18-55　出错的 Response Assertion

18.5.5 清理数据

正如在本章开头的测试脚本设计策略中所说,在测试脚本的最后必须清理在测试中产生的"垃圾数据"。在添加单个学生的实例中,添加的学生就是测试脚本中产生的"垃圾数据",因此,在脚本的最后,必须删除这个学生,以保证脚本每次都能正常运行。

(1) 按照前文所述的步骤添加 HTTP request(图 18-56)。

Name：Delete user

Method：Get

Path：$\{app\}/deleteStudent. do?

Name	Value
Stuids	2011999999

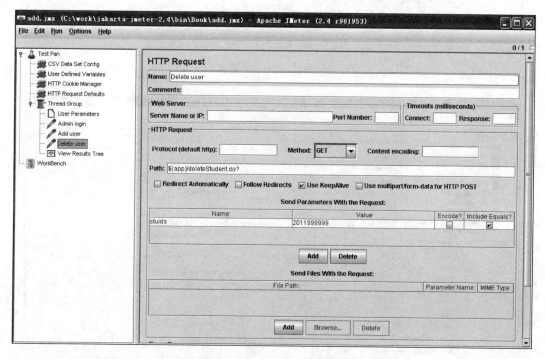

图 18-56　HTTP Request 删除学生

(2) 添加完 request 后,为了验证 Delete User 请求能正常工作,首先 Disable "Delete user"的请求(右击需要 Disable/Enable 的请求),执行 JMeter,登录"大学学籍管理系统"查看新建学生;然后,Disable"Add user"请求,Enable "delete user"请求,执行 JMeter 脚本,再到"大学学籍管理系统"查看该学生(图 18-57 和图 18-58)。

(3) Enable 所有请求,执行 JMeter 脚本,运行结束后,查看"大学学籍管理系统"是否有 JMeter 中添加的学生的信息。如果没有,说明脚本完成了。

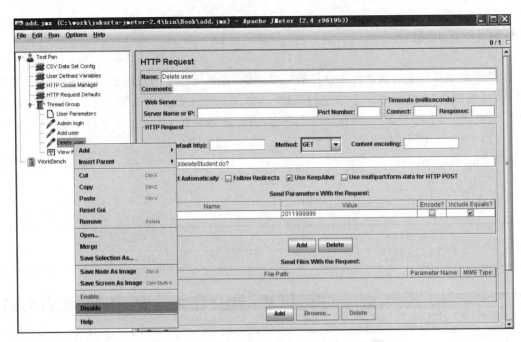

图 18-57　Disable 请求

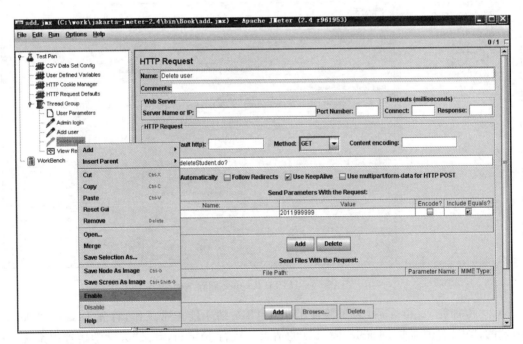

图 18-58　Enable 请求

【专家点评】

　　随着信息化技术的深入和广泛应用,对软件开发的速度和质量要求也越来越高,自动化测试对提高软件开发的速度和质量起着至关重要的作用。学会和精通自动化测试,也是帮助测试工程师步入开发测试工程师的敲门砖。

18.6　读书笔记

读书笔记　　　　　　　Name：　　　　　　　Date：

励志名句：*Every man is the master of his own fortune.*

每个人都是他自己命运的主宰者。

第19章　压力与性能测试专题技术分享

【本章重点】

本章首先简单介绍了什么是压力测试和性能测试；其次详细介绍了如何设计压力、性能测试用例；最后通过"大学学籍管理系统"的实例来介绍如何设计自动化的压力、性能测试脚本，以及对测试结果进行简单分析。

19.1　什么是压力、性能测试

【学习目标】

通过实例了解什么是压力测试，什么是性能测试。

【知识要点】

常见的压力测试、性能测试。

性能在软件质量中起着至关重要的作用，例如，淘宝的在线支付、IM 客户端、铁路网络购票系统等，对它们来说性能甚至比功能更加重要。

下面一段对话可以帮助读者对性能测试的重要性有初步的了解。Jack 是某产品的负责人，Bob 是测试工程师经理。Jack 接到了一个新的项目："大学学籍管理系统"，并在与客户的讨论后，得到了客户对性能的要求。Bob 根据 Jack 提出的需求，设计了相应的性能和压力测试用例。

Jack 提出需求：系统支持的最大并发登录人数。

Bob 设计用例：压力测试：50 人并发，100 人并发，500 人并发，1000 人并发……获得最大支持的并发登录人数。

Jack 提出需求：登录时间不超过 3s。

Bob 设计用例：性能测试：登录时间＜3s。

Jack 提出需求：学生成绩查询时间不超过 3s。

Bob 设计用例：性能测试：

(1) 查询响应时间＜3s；

(2) 最大并发登录人数并发登录系统，并发查询响应时间。

Jack 提出需求：系统至少要支持 100 000 条学生信息。

Bob 设计用例：性能测试：系统存在 100 000 学生时：

(1) 登录时间；

(2) 学生一览表页面响应；

(3) 学生信息查询响应；

(4) 学生成绩查询响应；

Jack 提出需求：系统支持的最大学生信息数。

Bob 设计用例：压力测试：添加 100 000 条学生信息，500 000 条学生信息……获得最大支持的学生信息数量。

Jack 提出需求：系统支持的最长工作时间（不重启系统的情况下）。

Bob 设计用例：压力测试：系统持续工作的最长时间。

从上面的对话中，可以看出压力测试就是对软件系统持续加压的测试。通过持续加压，获得系统内所有组件的瓶颈点，最终得出系统的最佳服务级别（图 19-1）

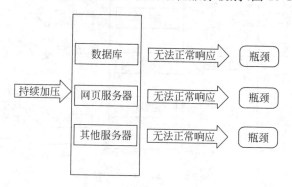

图 19-1　压力测试工作流程

性能测试是在正常、峰值、异常环境下，对软件系统各组件的性能指标的测试。例如，服务器的 CPU 利用率、CPU 占用率、数据库响应速度等（图 19-2）。

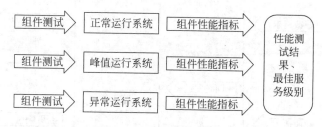

图 19-2　性能测试流程

压力测试属于性能测试，压力测试可以结合性能测试进行，以得出系统的最佳服务级别。例如，可以先通过压力测试得出各组件的瓶颈点，然后把各瓶颈点作为峰值，进行性能测试。把超出瓶颈点，作为异常环境进行性能测试。

19.2　压力、性能测试用例设计

【学习目标】

理解常见的几种压力、性能测试的原理，学习如何设计压力、性能测试用例。

【知识要点】

压力、性能测试用例设计。

压力、性能测试的测试用例也分为前提条件、数据输入、测试步骤（发送请求、检查响应）、清理数据。由于压力、性能测试的特殊性，其重点在于准备多少数据、什么类型的数据、发送什么样的请求、什么样的发送方式、发送多长时间、哪些是需要检查的响应。下面介绍几种常见的压力、性能测试用例。

1．并发测试

并发测试顾名思义就是同时(通常是 1s 内)发送 N 条测试请求,检查每条请求对应的响应以及相应服务器、数据库的性能指标(图 19-3)。

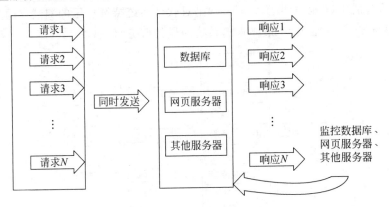

图 19-3　并发测试流程 1

并发发送的请求通常是相同的请求。但是在测试 Cache 服务器时,并发会同时发送修改和获取的命令,来验证 Cache 服务器保存的数据是否始终是最新的(图 19-4)。

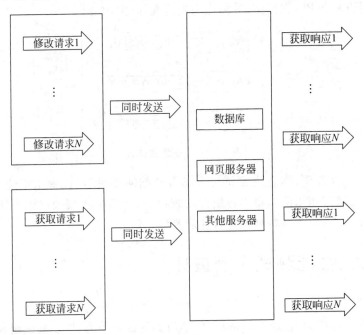

图 19-4　并发测试流程 2

2．大数据的导入导出

大数据的导入导出在企业版的软件内非常常见,常见的有大量账号(几万,几十万)的导入和导出。

大数据的导入导出的测试步骤虽然简单,但是为了能获得可靠的性能数据,需要多次导入不同数量的数据。以导入账号为例,需要分别导入1万账号,5万账号,10万账号,20万账号,50万账号。然后对每次导入的响应时间和服务器性能指标进行记录和比较(表19-1,表19-2)。假如要进行压力测试,需要更多次的导入来获取组件的瓶颈。

表 19-1 导入账号

	导入 10 万用户	导入 20 万用户
增加 1 个新账号所需时间	5.12s	6.10s
更新 1 个账号所需时间	4.14s	4.67s
删除 1 个账号所需时间	3.12s	3.75s
吊销 1 个账号所需时间	2.13s	3.10s

表 19-2 与历史数据比较

	版本 1	版本 2
增加 1 个新账号所需时间	5.22s	6.3s
更新 1 个账号所需时间	4.01s	4.5s
删除 1 个账号所需时间	3.25s	4.01s
吊销 1 个账号所需时间	2.02s	3.01s

3. 大数据响应

大数据除了本身的测试外,还可以作为性能、压力测试的前提条件。大数据响应指的是,在大数据的前提下,网页、客户端、服务器的响应时间。例如,一个网页文档管理系统,当一个文件夹下存在 50,100,1000,10 000 个文件和子文件夹的时候,网页的响应速度;当客户端存在 50,100,1000,10 000 个类似用户名时,对用户的搜索;服务器对大数据的分析等。

这类测试用例的重点在于准备大量测试步骤相关的、相应会返回的数据。例如,测试根据模糊用户名(用户名的前 3 位置)来搜索用户,就可以准备大量用户名前三位一致的账号。

19.3 压力、性能测试——JMeter

【学习目标】

通过"大学学籍管理系统"实例,学习如何使用 JMeter 设计常见的并发测试和压力测试。

【知识要点】

自动化并发和压力测试用例。

由于性能、压力测试的特殊性,绝大部分的测试用例都需要借助自动化测试工具来完成。测试工程师必须根据测试用例选择合适的自动化测试工具。JMeter 虽然不适合图形界面测试、客户端测试、服务器测试,但是它在性能、压力测试中可以被用来:

（1）准备测试所需要的大量数据；

（2）接受带有大数据的响应；

（3）并发发送请求；

（4）持续不间断加压。

19.3.1　单线程添加多个学生

当需要测试系统页面的加载速度、系统服务器和服务器的性能时，就需要添加大批量的用户了，下面仍以"大学学籍管理系统"为例，介绍如何通过单线程循环和多线程来添加、测试大批量学生。

单线程添加大批量学生通常是通过 Loop Controller 和 Counter 来实现的。

1. Loop Controller

Loop Controller，可以使用 Controller 内的 sampler 以指定的次数进行循环。

（1）右击 Thread Group→Add→ Logic Controller→ Loop Controller 添加一个 Loop Controller，如图 19-5 所示。

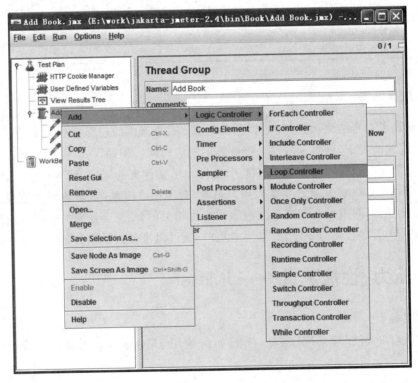

图 19-5　添加 Loop Controller

（2）配置 Loop Controller，Loop Count 可以设置循环的次数。假如 Loop Count 后的 Forever 复选框被选上，就会一直循环。假如要创建 100 个学生，可配置为：

Name："Add 100 users"；Loop count："100"，如图 19-6 所示。

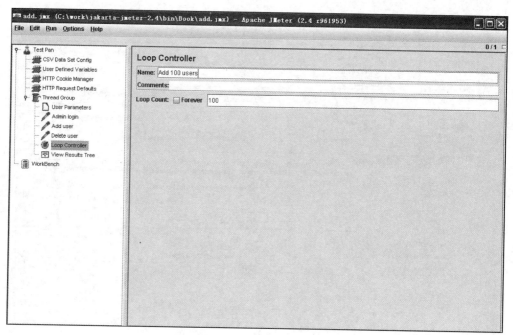

图 19-6　Loop Controller

（3）拖动 Add user 请求至新添加的 Loop Controller，松开鼠标，在弹出的菜单内选择 Add As Child 命令；或右击 Add user 请求，选择 cut 命令，然后单击 Loop Controller，选择 Paste 命令。同样，把 Delete user 也添加到 Loop Controller 内，如图 19-7 和图 19-8 所示。

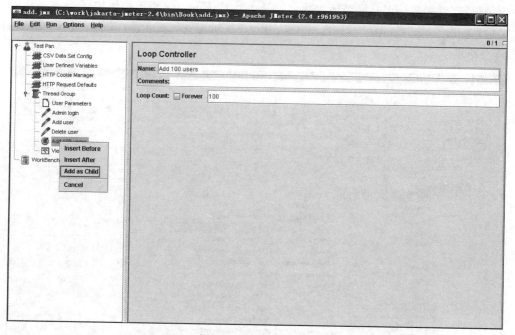

图 19-7　Add as Child

由于新建学生学号的唯一性，所以还需要添加一个 Counter 来保证每个学生学号的唯一性。

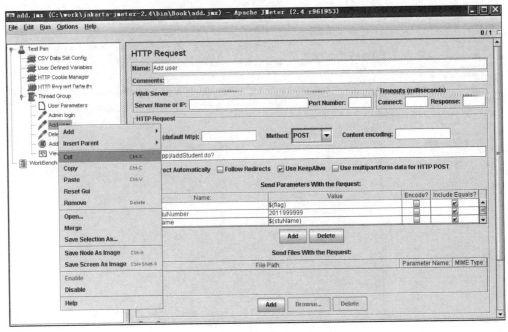

图 19-8　Cut & Paste

2. Counter

Counter,允许用户设置最小数、最大数、步长。在使用时,从最小数开始,每次循环增加一个步长,直到循环结束。当循环次数大于最大数时,Counter 将不再增加。

(1) 右击 Loop Controller→Add →Config Element→ Counter,添加一个 Counter,如图 19-9 所示。

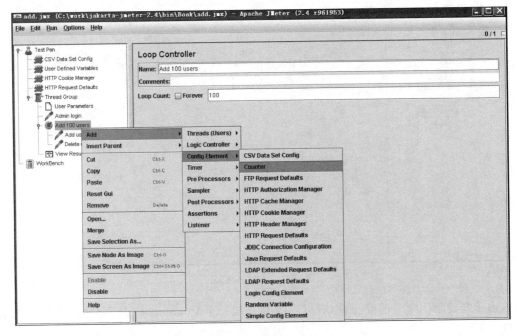

图 19-9　添加 Counter

（2）如图 19-10 所示，配置 Counter，在新建 100 用户的实例中，可以设置最小值＝1，最大值＝100，步长＝1，变量名＝count，即 Start＝0，Increment＝1，Maximum＝99；Reference Name＝count。

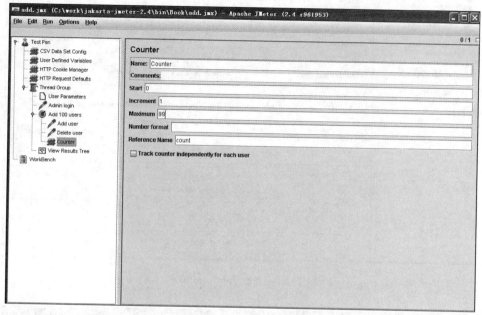

图 19-10　设置 Counter

（3）修改 Add user 请求和 Delete user 请求的参数（表 19-3 和表 19-4），以保证能创建 100 个新学生（图 19-11 和图 19-12）。

Name: Add user ＄｛count｝

表 19-3　**Parameters**

Name	Value
Flag	＄｛flag｝
student. stuNumber	201199999 ＄｛count｝
student. name	＄｛stuName｝ ＄｛count｝
student. gender	1
student. city	Nanjing City
student. idNumber	3212345566777899 ＄｛count｝
student. phone	0512-612343 ＄｛count｝
student. postCode	215000
student. email	roy ＄｛count｝@leaf520. com
student. address	＄｛stuAddress｝ ＄｛count｝

"Delete user"

Name: Delete user ＄｛count｝

表 19-4　**Parameters**

Name	Value
Stuids	201199999 ＄｛count｝

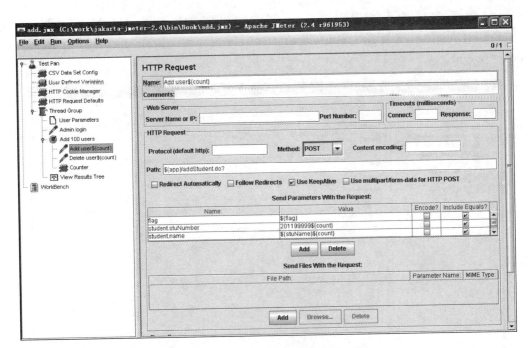

图 19-11　修改 Add user 请求

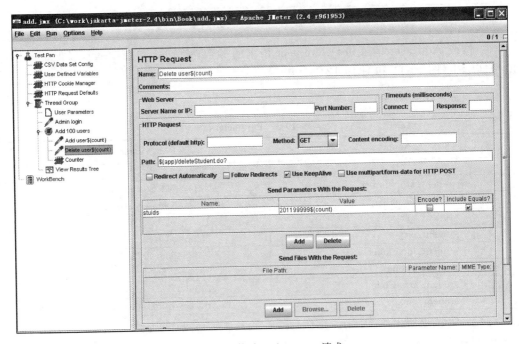

图 19-12　修改 Delete user 请求

（4）调试 JMeter 脚本。如前文所说通过 Disable/Enable"Add user"和"Delete user"请求来调试 JMeter 脚本,查看 Loop Controller 是否正常工作。

① Disable："Delete user",Enable："Add user"（图 19-13 和图 19-14）。

② Disable："Add user",Enable："Delete user"（图 19-15 和图 19-16）。

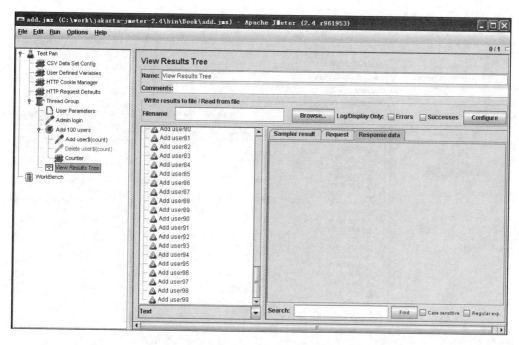

图 19-13　JMeter 运行结果

图 19-14　"大学学籍管理系统"学生信息管理

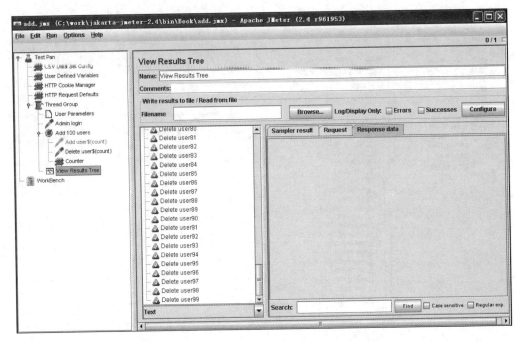

图 19-15　JMeter 运行结果

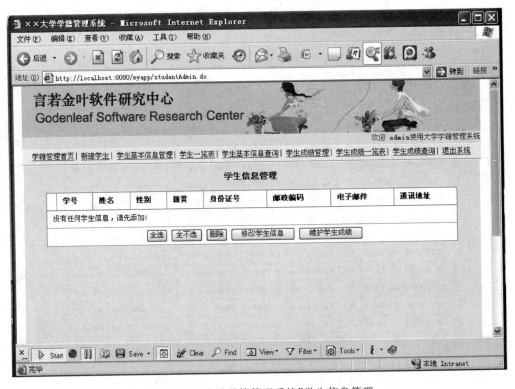

图 19-16　"大学学籍管理系统"学生信息管理

根据 JMeter 运行结果和在"大学学籍管理系统"内的实际结果,可知添加 100 新学生的脚本工作正常。假如需要经常修改用户,也可以把 Count 的 Maxmium 和 Loop Controller 的 Loop Count 设置成变量,放在 User Parameters 内。

19.3.2　多线程添加多个学生

多线程可以通过并发添加学生,通常可以使用 CSV Data Set Config 内配置的文件内容作为添加的学生信息。

(1) 使用 Excel 或记事本创建 user.csv 文件,并且添加 10 条用户信息,保存文件(图 19-17)。

图 19-17　user.csv 文件

(2) 创建一个新的 JMeter 文件(与 user.csv 在同一目录下):add1.jmx,使用创建单个学生的各个配置,添加一个新的 CSV Data Set Config(图 19-18)。

```
Name: User CSV Data Set Config
Filename: user.csv
Variable Names: stuNumber,name,gender,city,idNumber,phone,postCard,email,address
```

其他:默认值。

(3) 添加一个 Thread Group,在 Thread Group 下添加 Admin login 和 Add user 的 HTTP request(见图 19-19)。

417

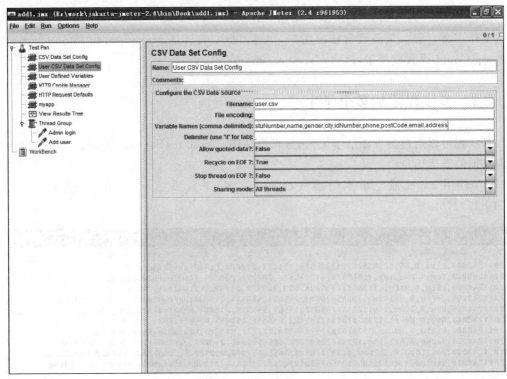

图 19-18　User CSV Data Set Config

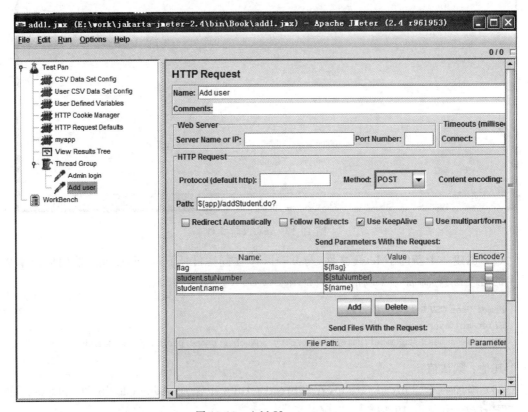

图 19-19　Add User request

Add user request 的 paramters 如表 19-5 所示。

表 19-5   Parameters

Name	Value
Flag	${flag}
student. stuNumber	${stuNumber}
student. name	${name}
student. gender	${gender}
student. city	${city}
student. idNumber	${idNumber}
student. phone	${phone}
student. postCode	${postCode}
student. email	${email}
student. address	${address}

（4）配置 Thread Group→Loop count：10（图 19-20）。

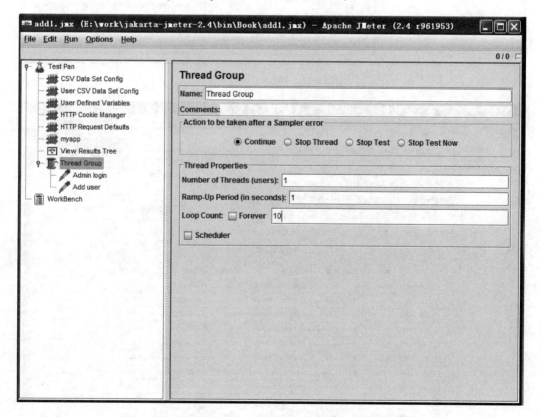

图 19-20   配置 Thread Group

（5）保存脚本，执行脚本，如图 19-21 和图 19-22 所示。

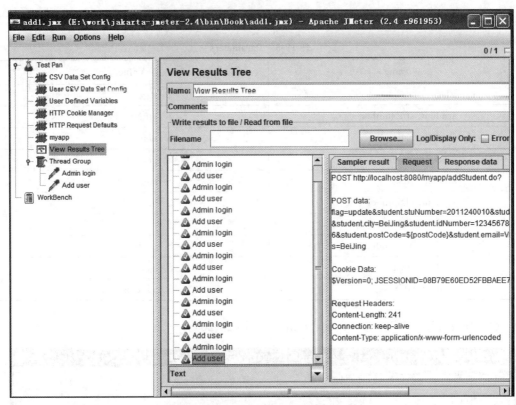

图 19-21　JMeter 运行结果

图 19-22　"大学学籍管理系统"结果

19.4　生成和分析测试报告

19.4.1　生成测试报告

Aggregate Report 以表格的形式对每个不同的请求生成一条 report。它可用于分析多线程内各请求的性能。

（1）右击 Test Plan→Add→Listener→Aggregate Report，添加一条 Aggregate Report（图 19-23）。

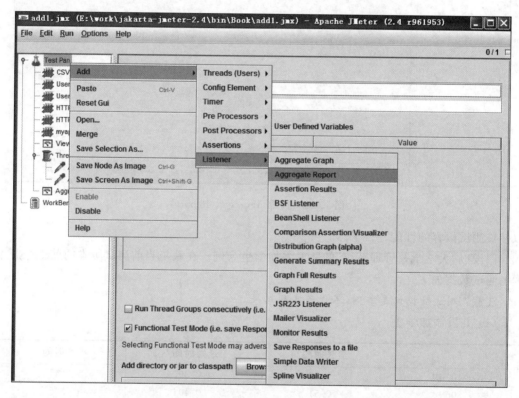

图 19-23　添加 Aggregate Report

（2）删除学生，执行 JMeter 脚本，查看 Aggregate Report（图 19-24）。

由运行结果，可以看到所有运行请求的平均运行时间、最短运行时间、最长运行时间等等。运行脚本 5 次，10 次，或 20 次，记录每次的 Aggregate Report 结果，最后算出平均值作为性能测试结果。

19.4.2　分析测试报告

分析测试报告是至关重要的一环，分析结果应该直接、清晰地反映被测试内容的性能。因此，分析报告内除了提供测试所得各项数据外，更重要的是提供各种的性能比较图，这可

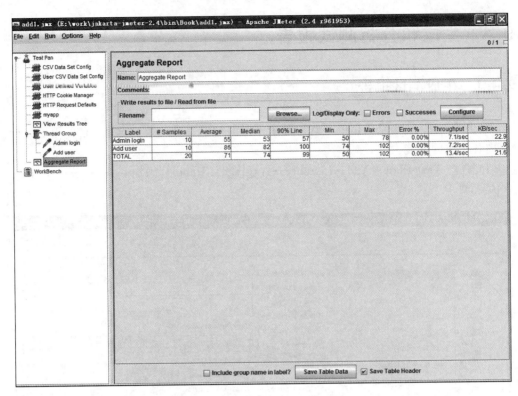

图 19-24 查看 Aggregate Report

以使被测试内容的性能一目了然。

假设以"大学学籍管理系统"的并发添加学生为例。在系统当前测试版本的前一个版本内的测试数据如下。

注意：测试数据仅是举例，不代表实际结果。

(1) 并发添加学生：

	最长时间/s	最短时间/s	平均时间/s
并发 100 次	0.49	0.39	0.41
并发 500 次	0.51	0.404	0.45
并发 1000 次	0.7	0.43	0.48

(2) 单线程添加学生：

	最长时间/s	最短时间/s	平均时间/s
添加 100 个学生	0.5	0.4	0.43
添加 500 个学生	0.55	0.45	0.48
添加 1000 个学生	0.78	0.57	0.65

在当前测试版本的测试数据如下。

(1) 并发添加学生：

	最长时间/s	最短时间/s	平均时间/s
并发 100 次	0.5	0.401	0.43
并发 500 次	0.53	0.42	0.45
并发 1000 次	0.73	0.55	0.62

（2）单线程添加学生：

	最长时间/s	最短时间/s	平均时间/s
添加 100 个学生	0.51	0.41	0.44
添加 500 个学生	0.56	0.47	0.5
添加 1000 个学生	0.81	0.6	0.67

分析报告：

（1）当前版本，并发测试性能结果如图 19-25 所示。由图中可以看出，当并发次数达到 1000 次时，添加学生所用的时间都有了大幅度的增加，也就是说当并发到 1000 次时，性能有了显著的下降。

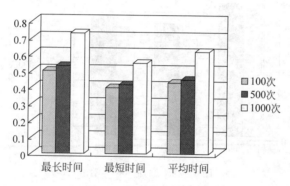

图 19-25 并发性能测试

（2）当前版本，单线程压力测试结果如图 19-26 所示。由图中可以看出，当单线程循环次数达到 1000 时，添加学生所用的时间都有了大幅度的增加。这就是说，当持续加压达到 1000 个学生时，性能有了下降。

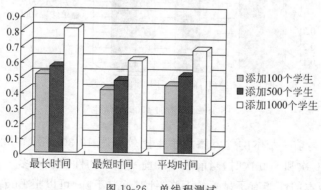

图 19-26 单线程测试

（3）当前版本，并发与单线程测试结果比较如图 19-27～图 19-29 所示。从图中可以看出，添加 100 个学生的时候，并发和单线程的性能相差无几；但是从添加 500 个学生开始，单线程比并发性能下降的开始显著，针对这一问题，可以报 Bug 给开发人员。

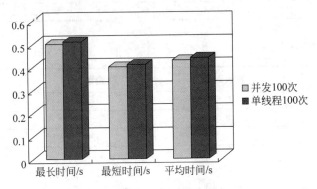

图 19-27　添加 100 个学生

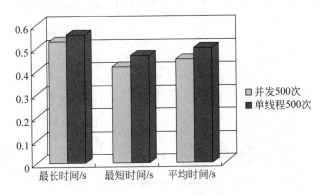

图 19-28　添加 500 个学生

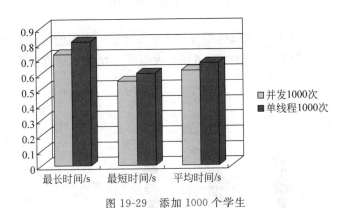

图 19-29　添加 1000 个学生

（4）当前版本与前一版本的并发添加学生比较如图 19-30～图 19-32 所示。从图中可以看出，在并发 100 次和 500 次时，当前版本和前一版本的性能差不多。在并发 1000 次时，当前版本比前一版本的性能有了显著的下降，针对这一下降，可以报 Bug。

根据以上测试分析，可以看出，在性能测试中需要至少保留前一版本的测试结果，以便

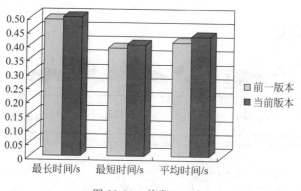

图 19-30 并发 100 次

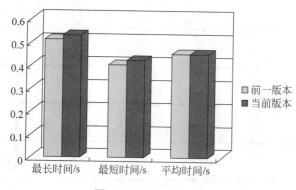

图 19-31 并发 500 次

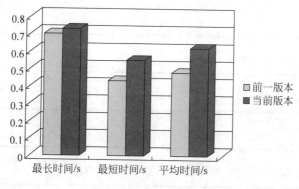

图 19-32 并发 1000 次

于对当前测试版本测试结果进行比较。另外,随着压力的增大,无论是在并发还是在单线程的测试过程中,都可能会有出现失败的可能,当这些失败出现时,可以视为瓶颈的出现,这些瓶颈也需要在测试报告中提出,以便于产品经理判断性能的优劣。

【专家点评】

随着云技术、大数据分析等的出现,对软件和应用的性能要求也越来越高,在许多应用中,性能甚至比功能更加重要。因此,学习和掌握性能和压力测试技术,将有利于测试工程师迈入资深测试工程师行列。

19.5 读书笔记

读书笔记　　　　　Name：　　　　　　　Date：

励志名句：*Ideals are like the stars—we never reach them, but like mariners, we chart our course by them.*

理想好像星星不能摘到,但我们犹如水手可借它指引航向。

第四篇

师生动手实践

第20章 自己动手完成软件测试实践

【本章重点】

本章主要是指导读者如何自己动手进行软件测试实践,提供中心网站与国内知名网站的测试。同时通过一个化妆品网站的实例讲解测试案例的编写方法,准确汇报 Bug 的技巧,参加大学生寻找软件产品缺陷比赛获奖选手作品欣赏,以此来强化读者熟练地使用前面所学习的各种方法与技术,展示个人的技术实力。

20.1 中心在线的网站测试实践

【学习目标】

理解中心 5 大在线站点的测试方法。

【知识要点】

读者通过访问五大站点,迅速找到 5 大站点可能会出问题的地方。

中心提供 5 大类在线网站可供教师/学生以及所有读者进行测试。

1. 国际站点:跨地域合作项目在线跟踪系统 Worksnaps

http://www.worksnaps.net/

跨地域合作项目在线跟踪系统:提供了一个基于分布式的平台,让世界各地的人都可以方便地进行远程工作。据估计,到 2015 年,35％的知识工作将在远程位置完成。随着越来越多的"虚拟办公室"、远程办公的出现,迫切需要有一个系统,无论员工身在何处都可以跟踪考勤工人的时间和生产力。跨地域合作项目在线跟踪系统不仅记录工人的工作时间,还实时记录着他们的工作,并完成"工作日记",利用先进的算法使工作小时可以准确地评估。由于劳动力的分散性,系统将高度分散,使人们可以在世界各地检查和跟踪员工的实时工作。

截至 2013 年 9 月 3 日,Worksnaps 在全球已经拥有超过 80 个国家的用户在使用。

2. 国内站点:言若金叶软件研究中心 官网 leaf520

http://www.leaf520.com

言若金叶软件研究中心(Golden Leaf Software Research Centre),成立于 2004 年 5 月,是一个以网络形式组织的软件研究型组织,致力于网络软件的研究与开发,参与国内计算机专业书籍的研制与开发,国际软件的协作与发展,推动祖国信息化进程。

3. 国内站点：言若金叶软件研究中心精品软件专著网 books.roqisoft

http://books.roqisoft.com

从 2013 年开始中心软件实践类专著跟踪采用专用网址：http://books.roqisoft.com。

中心软件工程师实践指南系列书籍出版的目的是：加快祖国的信息化进程，让更多的信息技术学习者走出迷茫与彷徨，揭开软件工程师的神秘面纱，完成自身向软件工程师的转变。

系列实践指南的特点：紧随人类认知的发展过程，从零开始学，配合该领域相关的知识，让每一位读者体验到自己在动手实践面前获得的成功与喜悦。丛书由 4 大篇章构成，分别从预备级、初级、中级、高级软件工程师成长历程进行，书的每一章开始都会有导读，带领读者进行学习，每一章的结束都会有读书笔记，读者可以写下在阅读本章后的感言与学习心得。

希望通过作者和每一位读者共同的努力，为祖国的信息化建设做出应有的贡献。

软件测试工程师实践指南方向：http://books.roqisoft.com/itest

软件开发工程师实践指南方向 PHP 开发：http://books.roqisoft.com/iphp

软件项目管理师实践指南方向：http://books.roqisoft.com/ipm

中英双语大学生励志与心理健康教育方向：http://books.roqisoft.com/footprints

4. 国内站点：城市空间 Oricity

http://www.oricity.com/

随着人们生活水平的不断提高，人们越来越注重生活品质。人是群居动物，有思想，就要有沟通与交流。伴随城市化的发展，工作节奏的加快，年轻人的压力越来越大，同时也有着对自由、原生态的强烈向往，因此各种各样的活动也就应运而生。

Oricity 就是充当摆渡人的角色，搭建一个供大家从虚拟进入现实的活动平台。在这里可以发布各种活动，可以查看其他人安排的活动，可以查看自己安排活动的历史，可以通知好友参加活动。户外的活动可以全球 GPS 定位，可以用手机与群友们对某个活动进行在线交谈……一切尽在 Oricity。

5. 国内站点：诺顾软件测试团队 QA.roqisoft

http://qa.roqisoft.com

诺顾软件测试团队是言若金叶软件研究中心分支机构，主要致力于软件质量保证，全程软件质量管理，软件开发流程控制与过程改进。在国内树立软件质量是产品生命线的理念，并通过积极实践提供高质量的软件产品。

质量是软件产品的生命线：软件测试工程师需要对软件产品整个生产流程、生产方式有总体的认识，对质量就是生命线有更高的认识，以及如何通过各种测试技术去保证软件质量。每个软件从业者都必须认真学习与实践软件测试方法与技术。

20.2　国内知名网站或应用测试实践

【学习目标】

理解国内知名5大在线站点/应用的测试方法。

【知识要点】

读者通过访问5大站点，迅速找到5大站点可能会出问题的地方。

除了中心提供的在线网站，国内也有许多知名的网站与应用，也可以进行测试实践。比如：

（1）百度空间：http://hi.baidu.com/roywang123。

（2）新浪空间：http://blog.sina.com.cn/roywang123。

（3）QQ空间：http://user.qzone.qq.com/470701012/infocenter。

（4）腾讯微博：http://t.qq.com/roywang123。

（5）新浪微博：http://weibo.com/roywang123。

当然，能找到的软件与应用都可以成为测试实践的内容。另外，在做测试时，可以将空间或微博的URL改成自己的，方便做更深入的测试。

20.3　如何设计测试案例

【学习目标】

熟练掌握设计测试案例的技巧，并动手实践编写测试案例。

【知识要点】

设计测试案例。

在做某个项目的时候，一般都要求为项目提交Test Case。Test Case怎么写？从哪些方面写？写哪些内容？很多人可能比较迷茫。下面以一个真实的测试网站为例，介绍如何去写Test Case。这是一个化妆品销售网站http://www.kiehls.com，需要测试的是这个站点的所有功能，把测试中遇到的问题报告成Bug，并且为这个站点写Test Case。访问站点如图20-1所示。

20.3.1　看清项目测试范围

访问化妆品网站，就会发现网站有主页面，一些关键信息在主页上能看到；用户可以注册成为该网站的成员，注册完登录网站，可以管理账户；每一个产品都有详细信息；支持快速地搜索产品；可以在线订购产品，进行账单管理；同时还能查看自己在该网站的相关情况（包括购物历史记录、支付方式、个人邮寄地址等）。

因此测试的范围就可以描述为如表20-1所示的样式。

图 20-1　化妆品网站主页面

表 20-1　测试范围

测 试 范 围	测 试 内 容
主页面	1. 检查主页面是否正常显示 2. 检查 ABOUT US 3. 检查 Privacy Policy 4. 检查 Contact Customer Service 5. 检查 Copyright
账号管理	1. 通过 Register 注册账号 2. 通过 E-mail 注册账号 3. 正常用户名和密码登录 4. 使用错误的用户名或密码登录 5. 忘记密码
产品信息	1. 产品分类信息 NEW/SKIN CARE/BODY/MEN/HAIR/GIFTS&MORE 2. 排序 3. 检查图片显示 4. 产品订购 5. 发送产品信息到朋友 6. 查看 Wish List 7. 打印产品信息页面 8. Bookmark & Share 9. Write Review 10. Read Review

测 试 范 围	测 试 内 容
搜索	1. 搜索存在的产品 2. 搜索不存在的产品 3. 在关键字中包含脚本语言
账单管理	1. 更改产品订购数量 2. 填写 SHIPPING 3. 填写 BILLING 4. 下订单
My Kiehl's	1. Personal Information 2. Addresses 3. Wish List 4. Payment Methods 5. Order History 6. My Favorites 7. Products I've sampled

20.3.2　编写测试案例

测试案例设计并不复杂。根据前面的测试范围,进一步地细化产生测试案例,如表 20-2～表 20-7 所示。

表 20-2　主页面 Test Case

序 号	测试用例名称	测试用例描述
1	检查站点主页面内容显示	【测试步骤】 1. 打开主页面 2. 查看主页面内容显示 【期望结果】 主页面上图片和文字可以正常显示
2	检查页面上的链接是否有效	【测试步骤】 1. 打开主页面 2. 单击页面上所有的链接 【期望结果】 所有链接能被打开,而且内容显示正常
3	检查 About US 页面	【测试步骤】 1. 单击 About US 2. 检查页面内容显示 【期望结果】 1. About US 页面打开正常 2. 页面内容可以正常显示

续表

序　号	测试用例名称	测试用例描述
4	检查 Privacy Policy 页面	【测试步骤】 1. 单击 Privacy Policy 2. 检查页面内容显示 【期望结果】 1. Privacy Policy 页面打开正常 2. 页面内容可以正常显示
5	检查 Contact Customer Service 页面	【测试步骤】 1. 单击 Contact Customer Service 2. 检查页面内容显示 【期望结果】 1. Service 页面打开正常 2. 服务条款按规则排序
6	检查 Copyright 信息	【测试步骤】 1. 检查 Copyright 信息 【期望结果】 1. 格式显示正确 2. 版权是当前年份

表 20-3　账号管理

序　号	测试用例名称	测试用例描述
1	通过注册页面注册账号	【测试步骤】 1. 打开 Register 页面 2. 输入用户名和密码 3. 注册账号 【期望结果】 账号注册成功
2	通过 E-mail 注册账号	【测试步骤】 1. 打开通过 E-mail 注册对话框 2. 输入 E-mail 地址 【期望结果】 账号注册成功
3	登录站点	【测试步骤】 1. 打开登录页面 2. 输入正确的用户名和密码 【期望结果】 登录成功
4	错误登录信息	【测试步骤】 1. 打开登录页面 2. 输入错误的用户名或者密码 【期望结果】 1. 登录不成功 2. 提示无效用户名和密码信息

序 号	测试用例名称	测试用例描述
5	忘记密码	【测试步骤】 1. 打开登录页面 2. 单击 Forgot Your Password 【期望结果】 1. 弹出 Password Recovery 对话框 2. 输入账号邮件地址，并且单击"发送" 3. 收到包含密码的邮件

表 20-4　产品信息

序号	测试用例名称	测试用例描述
1	检查分类产品内容	【测试步骤】 1. 单击页面分类产品 NEW/SKIN CARE/BODY/MEN/HAIR/GIFTS&MORE 2. 检查打开的产品内容 【期望结果】 1. 所有分类产品页面能被正常打开 2. 产品图片、文字内容、数量信息显示正常
2	产品排序	【测试步骤】 1. 打开某类产品，比如 New Product 2. 为列出的产品按以下方式排序 Price(High To Low) Price(Low To High) Alphabetically(A-Z) Alphabetically(Z-A) 【期望结果】 产品能够按规则排序
3	添加产品到 My Bag	【测试步骤】 1. 打开某个产品，比如 gloss d'armani 2. 为产品选择颜色、数量，然后添加到 My Bag 【期望结果】 1. 产品成功加入 My Bag 2. 产品的价格、数量显示正确
4	发送产品信息到朋友	【测试步骤】 1. 打开某个产品，比如 gloss d'armani 2. 单击 Send to Friend 【期望结果】 1. 邮箱可以收到邮件 2. 邮件中包含产品的介绍信息
5	查看 WishList 内容	【测试步骤】 1. 打开某个产品，比如 gloss d'armani 2. 单击 WishList 【期望结果】 1. 页面自动转到 WishList 页面 2. 所有 Wish 信息能被显示

续表

序号	测试用例名称	测试用例描述
6	打印产品内容页面	【测试步骤】 1. 打开某个产品,比如 gloss d'armani 2. 在页面上单击 Print 【期望结果】 1. 弹出"打印属性"对话框 2. 产品信息可以打印到打印机或者转换到 PDF 文件
7	共享产品信息到第三方站点	【测试步骤】 1. 在某个产品的详细页面 2. 单击 Share 【期望结果】 1. 自动弹出 Bookmark & Share 窗口 2. 打开的页面可以共享到 Facebook/Twitter/Blogger/Linkedln/Email…
8	Write Review	【测试步骤】 1. 打开某个产品 2. 在产品图片的下方会显示 Write Review 3. 单击 Write Review 4. 输入信息为所有需要的字段 【期望结果】 1. 弹出 Write Your Review 页面 2. 如果必填字段为空,将出现相应的提示信息
9	Read Review	【测试步骤】 1. 打开某个产品 2. 在产品图片的下方会显示 Read Review 3. 单击 Read Review 【期望结果】 Review 信息页面能被展开

表 20-5　搜索

序号	测试用例名称	测试用例描述
1	在站点搜索指定产品	【测试步骤】 1. 在"搜索"文本框中输入产品关键字,比如产品名称 2. 单击 Search 按钮或者直接按回车键 【期望结果】 在结果页面出现搜索产品信息
2	搜索无效的产品名称	【测试步骤】 1. 在"搜索"文本框中输入一个无效的产品名称,比如不存在的产品名称 2. 单击 Search 按钮或者直接按回车键 【期望结果】 在搜索页面提示产品名称不存在
3	关键字中包含脚本语言	【测试步骤】 1. 在输入的关键字中包含脚本符号,比如"<script>test</script>" 【期望结果】 1. 在搜索页面提示产品名称不存在 2. 页面没有异常显示

表 20-6　账单管理

序　　号	测试用例名称	测试用例描述
1	修改订购的产品数量	【测试步骤】 1. 增加产品到 My Bag 2. 在 My Bag 页面修改产品的订购数量 【期望结果】 订购总价根据产品的数量自动变化
2	处理产品订单	【测试步骤】 1. 增加产品到 My Bag 2. 单击 Check out 3. 在 Shipping 页面填写邮寄地址和邮寄方式 4. 在 Billing 页面填写付款信息 5. 单击 Place Order 【期望结果】 产品订购成功

表 20- 7　My Kiehl's

序号	测试用例名称	测试用例描述
1	修改账号信息和重置密码	【测试步骤】 1. 登录站点 2. 转换到 Personal Information 页面 【期望结果】 可以更改个人信息和账号密码
2	修改地址信息	【测试步骤】 1. 登录站点 2. 转换到 Addresses 页面 【期望结果】 可以建立个人的地址信息
3	填写信用卡支付信息	【测试步骤】 1. 登录站点 2. 转换到 Payment Methods 页面 【期望结果】 可以确定订购的支付方式,并填写信用卡信息,以便以后直接调用

20.4　准确汇报 Bug 的技巧

【学习目标】

熟练掌握汇报 Bug 的技巧,在汇报英文 Bug 时的专业英文描述,与外国人进行项目交流时信件内容含义,并动手实践汇报 Bug。

【知识要点】

汇报 Bug 的技巧及注意事项,Bug 专业英文描述。

20.4.1 准确汇报 Bug 的几条基本准则

(1) Clear title：Bug 标题一定要准确清晰，比较好的格式是{在什么网页}-{什么区域}-{出现什么问题}，比直接写有什么问题要清晰得多。

(2) One bug per report：一个 Bug 只报一个问题，不要将多个不同的问题报在一个 Bug 上。

(3) Minimum,quantifiable steps to reproduce the problem：用最简捷和准确的步骤去复现问题，去除不必要的复现步骤，同时不能丢失关键步骤。

(4) Expected and Actual results：期望结果与实际结果要描述准确，正是因为期望结果与实际结果不一致，才会报这个 Bug。

(5) The build that the problem occurs：出现 Bug 的软件版本。

(6) Bug attachment：Bug 附件，可以是出错页面的图片，也可以是录制的出错步骤的视频，也可以是出错的 Error Log 等，越详细，越准确，越好。

(7) OS & BS Version：复现 Bug 所在的操作系统与浏览器版本号或其他需要的环境配置。

20.4.2 描述 Bug 中需要注意的事项

(1) 标题中尽量少使用标点符号，特别是末尾不要使用句号、分号；

(2) Bug 内容要描写清楚，详细；

(3) 在写 Bug 复现步骤时，每步要有数字编号；

(4) 每个 Bug 都必须至少有一个附件，可以是图片或者视频，方便审阅者准确理解 Bug；

(5) 附件图片要用红色的框，圈出错误的地方，如果有必要，使用文本加以说明有什么错；

(6) 如果截图有要求包含浏览器的 URL，则必须包含，以方便复现；

(7) 在汇报英文 Bug 时英文描述要专业。

20.4.3 在汇报英文 Bug 时的专业英文描述

(1) 问题，也就是人们平常所说的出现什么问题：issue。

例如：report the issues when you found(请汇报你发现的问题)。

(2) 登录一个站点，注册一个站点：sign in a site(类似于 login in a site,可以说：register a site)。

(3) 链接不工作或空链接：link broken 或 link does not work。

(4) 鼠标指向某图片时出现提示信息：show tooltip when mouse move on the picture。

(5) 弹出警告信息：pop up a warning message。

(6) 单击浏览器上面的"前进"或"后退"按键：click back or forward button on the top of browser。

（7）文字或图片重叠：text or picture overlap。

（8）操作系统：OS＝operation system。

（9）浏览器：BS＝browser。

（10）产品包号：SP＝service package（如：Windows XP SP2）。

（11）版本号：Version。

（12）代理设置：Proxy setting。

（13）导航条：Navigation bar。

（14）排序：sort by。

（15）排版中左对齐，右对齐，居中：align left，align right，align center。

（16）没有输入校验：no input validation。

（17）跨站点脚本攻击问题：has XSS attack issue。

（18）夏令时：Daylight Saving Time。

（19）翻译中有乱码/垃圾字符：garbage character。

（20）输入框中的最大长度：max length。

（21）长度限制：limitation。

（22）大小写敏感：case sensitive（如：密码是大小写敏感的，大写的 A 与小写的 a 不是同一个字母）。

（23）网络购物测试中用到的信用卡：credit card。

（24）网络购物测试中用到的优惠券：coupon code。

（25）网页上有 JavaScript 错误：show JS error。

20.4.4 与外国人进行项目交流常见英文信件含义

1．邮件中的缩写或英文含义

（1）From：发件人 E-mail 地址。

（2）To：收件人 E-mail 地址。

（3）CC：邮件抄送给某（些）人。

（4）BCC：邮件密送给某（些）人。

（5）Title：邮件标题。

（6）Subject：邮件内容。

（7）Reply：回复某人邮件。

（8）Forward：转发某邮件。

2．邮件内容中的一些简写

（1）ASAP：尽快（as soon as possible 的缩写）。

如，please reply me ASAP，请尽快回复我。

（2）btw：顺便说一下（by the way 的缩写）。

如，btw，do u like me？ 是 By the way，do you like me？ 的缩写。

（3）w/o：没有（without 的缩写）。

（4）w/：具有（with 的缩写）。

如，come w/us! 是 come with us 的缩写

（5）FYI：供你参考（for your information 的缩写）。

如，FYI，the mailing address will be announced later. 邮寄地址将很快公布。

3. 数字含义

2＝to/too

2B or not 2B＝To be or not to be

4＝for

4ever＝forever

4. 邮件里常用的4个英文缩写的英文解释

1）CC 抄送

Literal meaning：Carbon Copy. When used in an E-mail，it means to send a copy of the E-mail to someone else.

Hidden meaning：If you are on the CC list，you may simply read the E-mail. You're not always obligated to reply. But if an E-mail sent to you has your boss' E-mail on the CC list，watch out. When the boss is involved，you'd better take the E-mail more seriously.

2）FYI 供你参考

Literal meaning：For your information.

Hidden meaning：By adding "FYI"，the sender indicates that the E-mail contains information that may be valuable to your company or job responsibilities.

3）ASAP/urgent 紧急文件

Literal meaning：As soon as possible.

Hidden meaning：When you see "ASAP" or "urgent" in an E-mail or document，you should quickly carry out the E-mail's orders.

4）RESEND! 重传

Literal meaning：Please resend your reply to me.

Hidden meaning："I haven't received your reply. I don't have much time. Please hurry." You might get such a message from someone who sent you an E-mail，to which you've yet to reply.

5. 邮件内容中对 Bug 的说明

（1）如何复现一个 Bug：how to reproduce a bug 或 how to duplicate a bug。

（2）Bug 汇报的超出了测试范围：out of test scope。

（3）报的 Bug，别人不能再次做出来：cannot duplicate。

（4）报的 Bug 不是真正的 Bug：Not a bug。

（5）Bug 获得批准：Approved。

（6）BUG 被拒绝：rejected。

（7）已经是众所周知的 Bug：known bug list，在这个 list 中的 Bug 不允许再报，报出来也会被拒绝。

（8）用户指导文件：User Guide，测试者可以依据这个指导文件中的说明进行有针对性的测试。

20.5　寻找软件产品缺陷获奖作品欣赏

【学习目标】

熟练掌握寻找 Bug 的各种视角，汇报 Bug 的技巧。

【知识要点】

寻找 Bug 采用的各种技术，汇报 Bug 的技巧。

20.5.1　全国大学生寻找产品缺陷（Find Bug）技能大赛说明

全国大学生软件实践能力大赛举办机构及说明

言若金叶软件研究中心举办的全国大学生软件实践能力大赛（以下简称"大赛"）是展示全国大学生对整个软件生产流程中各个环节的把握，对软件测试工程师/软件开发工程师在各软件生产环节中所起的作用及软件工程师日常核心工作理解的一个舞台。大赛以培养兴趣、增强信心、展示实力、树立榜样为目的，全国各省、市、自治区在校大学生都可以报名参加比赛。

1．组织机构

主办单位：言若金叶软件研究中心

协办团体：诺顾软件测试/开发/项目管理团队

2．大赛主题

展示当代大学生软件实践能力，体现软件质量是软件产品生命线的理念以及优秀的软件架构及良好的编程习惯对一个软件项目的成功所起的关键作用。

3．比赛宗旨

（1）培养兴趣、增强信心、展示实力、树立榜样。

（2）成长比成绩更重要，体验比名次更珍贵，实践比理论更丰富。

4．参赛对象

对计算机软件实践有浓厚兴趣的全国在校大学生（包括专科/本科/硕士/博士）都可以报名参加。

说明：

1．参赛者姓名、所在高校、所学专业、邮编、邮寄地址，请大家认真填写，获奖之后，我们将按您填写的地址给您邮寄获奖证书等。

2. 参赛组别：本次比赛分为 A,B 两组,您可以选择参加其中的一组。

A 组：(言若金叶软件系列)

B 组：(国内知名网站及应用)

注意：一个参赛选手,只可以选择一组参加比赛。

3. 提交的 Word 文档形式的 Bug 列表,每个参赛选手,参赛稿件都只能提交 10 个 Bug,请把握好 Bug 的寻找与编写技巧。

4. 注意不要超出测试范围,每一组在给定的 6 个软件应用中寻找出 10 个 Bug,不要超过也不要少于 10 个。为了更好地展示您的技术水平,反馈过来的 10 个 Bug,请不要全是同一种类型的。

5. 本次大赛通过网络报名,组织,以及提交电子版参赛稿件进行比赛。

6. 所有已经发过报名信的成员请主动加入本次活动官方指定 QQ 群：群名称：言若金叶测试国际 3,群号码：217021170,方便信息及时传递与沟通。

7. 不在指定的时间前报名或不在指定的时间前提交参赛稿件的成员,视为自动弃权。

8. 更多信息,请单击查看官网链接：言若金叶软件研究中心 2012 全国大学生寻找产品缺陷(Find Bug)技能大赛参赛须知。

9. 从 2013 年开始中心全国大学生软件实践能力大赛跟踪采用专用网址：

http://collegecontest.roqisoft.com

20.5.2　汇报产品缺陷模板

每个提交的产品缺陷,都必须包括：

(1) 缺陷标题；

(2) 测试的操作系统与浏览器；

(3) 测试步骤；

(4) 期望结果；

(5) 实际结果；

(6) 附件(图或视频)。

缺陷案例 1：重复文字与链接

缺陷标题：言若金叶软件研究中心网站导航页有重复的文字与链接

测试平台与浏览器：Windows XP+IE8 或 Firefox 浏览器

测试步骤：

(1) 打开言若金叶软件研究中心官网：www.leaf520.com。

(2) 单击导航条上的"网站导航"链接。

(3) 在网站导航页检查每一项元素。

期望结果：每一项元素都是正确的。

实际结果：在"核心工作——奉献社会实现人生"部分出现两个重复的文字介绍与链接,如图 20-2 所示。

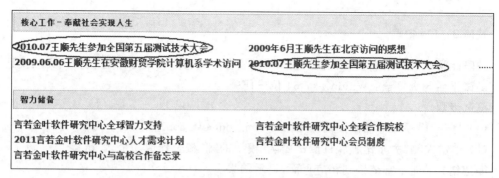

图 20-2 重复的文字介绍与链接

20.5.3 参赛选手提交的作品内容

以下是中心从 2012 全国大学生寻找产品缺陷（Find Bug）技能大赛获奖作品中选取的部分优秀作品，以供读者参考学习。

缺陷 2：搜索时出现 SQL 错误

缺陷标题："诺颀软件论坛"以特定字符序列搜索时，出现 SQL 错误提示

测试平台与浏览器：Windows 7 64 位＋IE9

测试步骤：

（1）打开"诺颀软件论坛"：http://www.leaf520.com/bbs。

（2）在搜索框中输入"啊啊啊啊啊啊啊啊啊啊啊啊啊啊啊啊啊啊啊啊啊啊啊阿啊啊啊啊啊啊啊啊啊啊啊啊啊啊啊啊啊啊啊啊啊啊啊啊啊啊啊啊啊阿啊啊"，单击"搜索"按钮。

（3）查看搜索结果。

期望结果：搜索结果页面上正常显示搜索结果，不能出现 SQL 错误提示。

实际结果：搜索结果页面上呈现 SQL 错误提示，如图 20-3 所示。

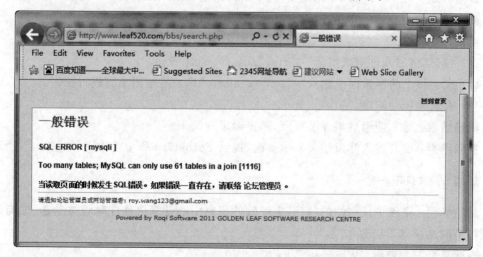

图 20-3 SQL 错误

缺陷 3：404 错误

缺陷标题："诺颀软件测试团队"主页："高校合作成功范例"链接请求的页面无法找到。

测试平台与浏览器：Windows 7 64 位＋IE9

测试步骤：

(1) 打开"诺颀软件测试团队"：http://qa.roqisoft.com。

(2) 单击左侧"关于诺颀软件测试团队"模块的"高校合作成功范例"链接。

期望结果：能正常链接到相应页面,显示结果。

实际结果：显示"♯404 找不到文章"的错误提示,如图 20-4 所示。

图 20-4　无法找到页面

缺陷 4：Forbidden 和 404 错误缺陷

缺陷标题：诺颀软件测试团队主页上搜索时出现 Forbidden 和 404 错误

测试平台与浏览器：Windows 7 64 位＋IE9

测试步骤：

(1) 打开"诺颀软件测试团队"：http://qa.roqisoft.com。

(2) 在主页上的搜索框中输入"＜script＞alert("1")"后按回车键进行搜索。

(3) 查看系统的响应。

期望结果：进入搜索结果显示页面,并正确呈现结果。

实际结果：没有进入搜索结果显示页面,提示 Forbidden 和 404 错误,如图 20-5 所示。

缺陷 5：信息不一致

缺陷标题：诺颀论坛网站的"言若金叶软件研究中心计算机软件时间类专著"栏与诺颀论坛备份网站信息不一致

测试平台与浏览器：Windows 7 64 位＋IE9

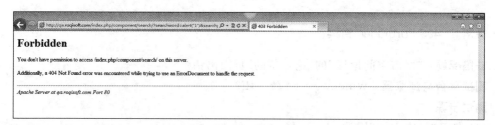

图 20-5　Forbidden 和 404 错误缺陷

测试步骤：

（1）打开"诺颀软件论坛"网站：http://leaf520.com/bbs。

（2）在同一浏览器中打开"诺颀软件论坛"的备份网站 http://www.leaf520.roqisoft.com/bbs。

（3）检查两网站每一项信息。

期望结果： 诺颀论坛网站信息与诺颀论坛备份网站信息一致。

实际结果： 诺颀论坛网站的"言若金叶软件研究中心计算机软件时间类专著"栏与诺颀论坛备份网站信息不一致，如图 20-6 和图 20-7 所示。

图 20-6　诺颀软件论坛网站信息

图 20-7　诺颀软件论坛备份网站信息

缺陷6:403 Forbidden 错误

缺陷标题:"城市空间论坛"的"论坛帮助"页面出错

测试平台与浏览器: Windows 7 64 位＋IE9

测试步骤:

(1) 打开"城市空间"网站:http://www.oricity.com。

(2) 登录账户"qwertyuiopas"。

(3) 打开标题栏"都市论坛"链接。

(4) 打开账户名右侧的"论坛帮助"链接。

(5) 检查页面打开情况。

期望结果:没有出现任何错误提示信息。

实际结果:出现"403 Forbidden"的错误提示信息,如图 20-8 所示。

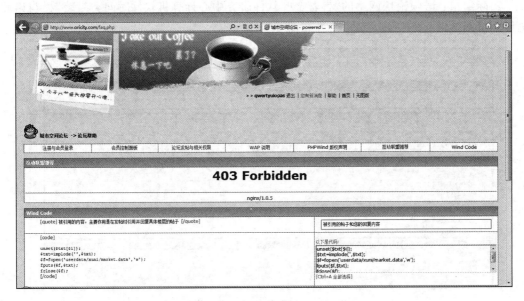

图 20-8　论坛帮助页面出错

缺陷7:密码长度过短注册成功

缺陷标题:"跨地域合作项目跟踪系统"创建新的用户名时,密码长度少于 6 位,注册成功

测试平台与浏览器: Windows 7 64 位＋IE9

测试步骤:

(1) 打开"跨地域合作想跟踪系统 Worksnaps"网站:http://www.worksnaps.net。

(2) 单击导航栏的 Log In 链接。

(3) 在 Log In 按钮下单击 sign up here 链接。

(4) 在 password 域输入长度为 3 的密码字符,其他域填写有效的信息,单击 Sign Up 按钮。

（5）查看系统的响应。

期望结果：注册不成功，提示密码过短。

实际结果：注册成功，没有任何验证提示信息，如图 20-9 和图 20-10 所示。

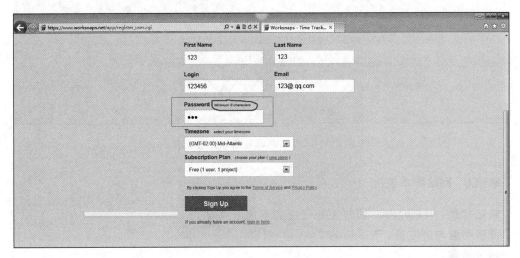

图 20-9 输入 3 位注册密码

图 20-10 注册成功页面

缺陷 8：电子邮箱验证问题

缺陷标题："跨地域合作项目跟踪系统"注册时，错误的 E-mail 可以注册成功

测试平台与浏览器：Windows 7 64 位＋IE9

测试步骤：

（1）打开"跨地域合作想跟踪系统 Worksnaps"网站：http://www.worksnaps.net。

（2）单击导航栏的 Log In 链接。

（3）在 Log In 按钮下单击 sign up here 链接。

（4）在 E-mail 域输入"abc@.163.cn"，其他域填写有效的信息，单击 Sign Up 按钮。

（5）查看系统的响应。

期望结果：系统应该提示 E-mail 地址无效。

实际结果：系统提示已经发送信息到无效的 E-mail 地址，如图 20-11 所示。

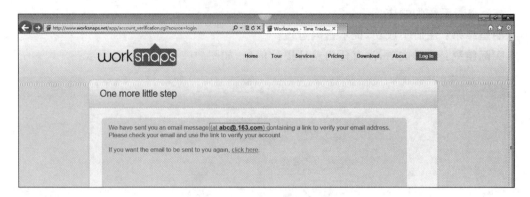

图 20-11　非法的邮箱地址注册成功

缺陷 9：网站脚本攻击

缺陷标题："城市空间"回复主题存在脚本攻击风险

测试平台与浏览器：Windows 7 64 位＋IE9

测试步骤：

(1) 打开"城市空间"网站 http://www.oricity.com，并登录账号"qwertyuiopas"。

(2) 单击打开"[更多话题…发布话题]"链接，选取话题 testcase。

(3) 在"提交话题回复"框中输入"＜script＞alert('出错了')；＜/script＞"。

(4) 单击"提交话题回复"按钮。

(5) 查看话题回复情况。

期望结果：输入框没有出现 XSS 攻击危险。

实际结果：弹出"出错了"的对话框，输入框存在 XSS 攻击危险，如图 20-12 和图 20-13 所示。

注意：城市空间的开启新话题和提交话题回复输入框都存在 XSS 攻击安全风险。

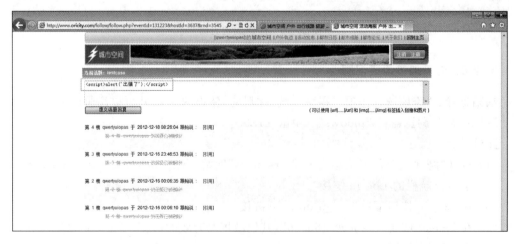

图 20-12　输入脚本攻击代码

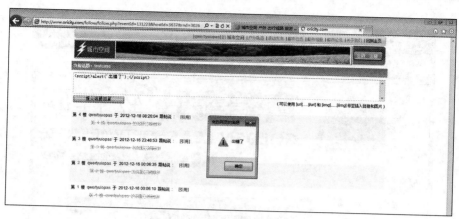

图 20-13　弹出"出错了"对话框

缺陷 10：错误提示信息的描述不正确

缺陷标题：当使用不一致的邮箱在诺顾软件测试团队站点注册时，错误提示信息的内容有误

测试平台与浏览器：Windows 7 64 位＋IE9

测试步骤：

（1）进入"诺顾软件测试团队"站注册页面：http://qa. roqisoft. com/index. php/login? view＝registration。

（2）在"电子邮件信箱"和"确认电子邮件信箱"域中输入不一致的内容，其他的字段域输入有效的信息，单击"注册"按钮。

（3）查看系统的响应结果。

期望结果：注册失败，出现错误提示信息，提示信息内容正确合理。

实际结果：虽然出现错误提示信息，但是提示的内容不合理，不应该提示"请在'电子邮件信箱'字段输入您想要的密码……"，如图 20-14 所示。

20.5.4　大赛组委会审阅评价

（1）发现 Bug 的视角广阔，Bug 描述清晰易懂。

（2）Bug 的技术性强，有 XSS 安全攻击、系统 SQL 错、404 Error、403 Forbidden 等经典缺陷再现。

（3）有功能错、页面错、提示信息错等缺陷展示，整个 Bug 列表安排的非常好，体现了参赛者高超的技术水平。

注意：从 2012 年起，言若金叶软件研究中心每年都举办全国性质的软件测试方面技能竞赛，欢迎全国各大高校大学生踊跃报名参加。

【专家点评】

积极的动手实践是学好一门技能的关键，如果在不断的实践过程中注意总结归纳技术的相同与不同点，以及不同技术使用时的注意事项，一个人就能快速地得到提高，同时当团队中每个成员都提高时，整个团队的技术实力就会很大程度地提高，做出高质量的软件产品。

图 20-14　错误提示信息描述不正确

20.6　读书笔记

读书笔记	*Name*：	*Date*：

励志名句：*Nobody can go back and start a new beginning，but anyone can start now and make a new ending.*

没有人可以回到过去重新开始，但谁都可以从现在开始，书写一个全然不同的结局。

参 考 文 献

[1] 王顺等. 软件测试工程师成长之路——软件测试方法与技术实践指南 Java EE 篇(第 2 版). 北京：清华大学出版社,2012.

[2] 王顺等. 软件测试工程师成长之路——软件测试方法与技术实践指南 ASP. NET 篇(第 2 版). 北京：清华大学出版社,2012.

[3] 王顺,朱少民,汪红兵等. 软件测试方法与技术实践指南 Java EE 版. 北京：清华大学出版社,2010.

[4] 王顺,朱少民,汪红兵等. 软件测试方法与技术实践指南 ASP. NET 版. 北京：清华大学出版社,2010.

[5] 计算机软件测试规范. 中华人民共和国国家标准 GB/T 15532—200X .

[6] 范勇,兰景英,李绘卓. 软件测试技术. 西安：西安电子科技大学出版社,2009.

[7] (美)Ron Patton. 软件测试. 张小松,王珏,曹跃等译. 北京：机械工业出版社,2006.

[8] 杜庆峰. 高级软件测试技术. 北京：清华大学出版社,2011.

[9] 朱少民. 软件测试方法和技术(第 2 版). 北京：清华大学出版社,2010.

[10] (印度)Srinivasan Desikan;Gopalaswamy Ramesh. 软件测试原理与实践. 韩柯,李娜译. 北京：机械工业出版社,2009.

[11] 宫云战,赵瑞莲等. 软件测试教程. 北京：清华大学出版社,2008.

[12] 崔启亮. 软件测试的前途与职业发展. http://www.51testing.com/html/index.html.

[13] 中国移动通信研究院安全技术研究所. Web 应用安全编码. ppt. 2010.

附录 A 大学学籍管理系统说明书

本书配套的实践软件"大学学籍管理系统"是使用 Java EE 平台开发的,要想使用这套系统,必须搭建 Java EE 的运行环境。本说明书详细介绍了 JRE、Apache、MySQL 的安装与配置,然后介绍如何 Deploy"大学学籍管理系统"。

1. 安装配置 JRE

1) 安装 JRE

从 Sun 公司网站下载 JRE 软件,本书以 JRE6 为例,运行 JRE 的安装包 jre-6u15-windows-i586-s. exe 进行安装。

在安装 JRE 程序时,一般按默认设置进行安装,也可自定义路径。正确安装完成后的界面如图 A-1 所示。

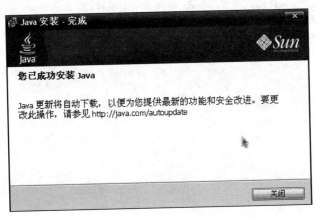

图 A-1　JRE 安装完成页面

2) 配置 JRE 环境变量

在 Windows 平台,JRE 安装完成之后,系统可以自动进行运行环境变量的配制,如果发现没有自动配制,可以按如下的方法进行手工配置。

在桌面上右击"我的电脑"图标,在弹出的快捷菜单中选择"属性"命令,打开"系统属性"对话框,选择"高级"选项卡,单击"环境变量"按钮,在打开的"环境变量"对话框中的"系统变量"列表框中添加以下几个环境变量:

```
JAVA_HOME = C:\Program Files\Java\jre6
CLASSPATH = % JAVA_HOME % \lib
path = % JAVA_HOME % \bin
```

说明:这里所加 JRE6 的目录是根据安装路径来确定,如果 JRE 是安装在 D:\Java\

jre6 下,这里的变量应该是 JAVA_HOME= D：\Java\jre6。

3）验证 JRE 是否正确安装

在 JRE 安装配制之后,可以检验 JRE 安装是否正确。Sun 公司提供了一个在线的检验程序,运行 URL：http://www.java.com/en/download/help/testvm.xml,如果出现图 A-2 所示的 Your Java is working,说明安装的 JRE 可以正常运行。

图 A-2 验证 JRE 安装成功页面

2. 安装配置 Tomcat

从 Apache 网站下载 Tomcat 软件——apachetomcat.exe 安装包进行安装,如图 A-3 所示。在安装时,按默认设置进行安装,也可自定义安装内容和路径。

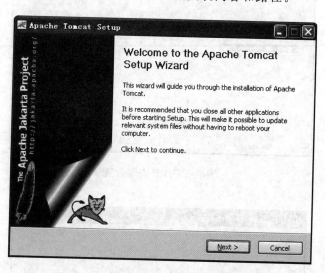

图 A-3 Tomcat 的安装页面

设置 HTTP 端口,默认情况下设置为 8080,同时设置管理员密码,如图 A-4 所示。

在安装 apachetomcat 时,会自动检测 JRE 安装路径,如果 JRE 已经安装过了,它能自动把安装路径显示出来。如果没有安装 JRE,先装 JRE,再装 Tomcat,如图 A-5 所示。

设置完成后,单击 Next 按钮开始安装,如图 A-6 所示。

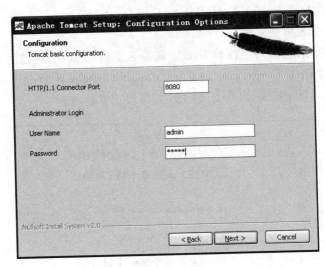

图 A-4　设置用户名与密码

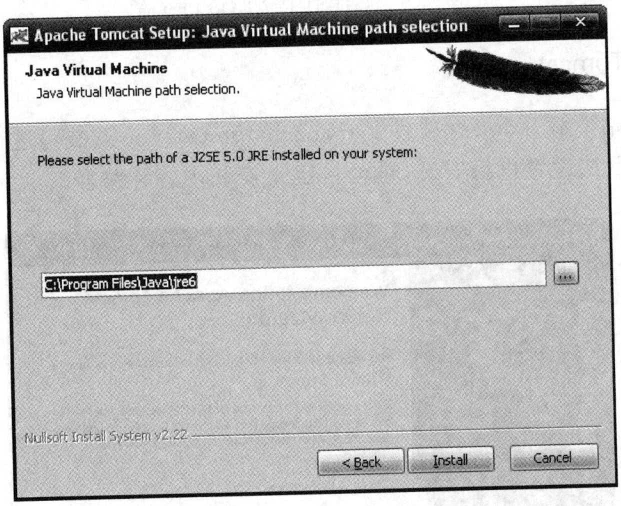

图 A-5　JRE 安装位置

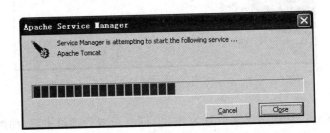

图 A-6　安装 Tomcat 进程

　　安装完成后,在地址栏输入 http://localhost:8080。如果可以正常访问,并出现图 A-7
所示的内容,则说明 Tomcat 安装成功。

　　Apache 在安装之后,默认是不能自动启动的,也就是说系统重启之后,Apache 需要手

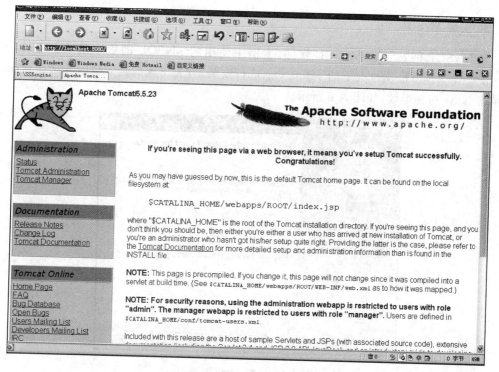

图 A-7　Tomcat 安装成功页面

工启动。如果需要让它开机后自动启动,选择"开始"→"运行"命令,在打开的"运行"对话框中"打开"下拉列表框中,输入 services. msc,然后按 Enter 键。打开系统服务窗口,双击打开"Apache Tomcat 的属性"对话框,把启动类型改成"自动",然后单击"确定"按钮即可,如图 A-8 所示。

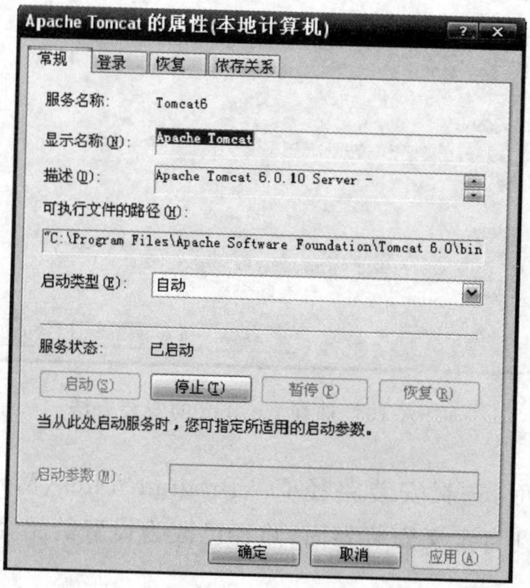

图 A-8　设置 Apache Tomcat 的属性

3. 安装 MySQL

从 MySQL 网站下载 MySQL 软件,本例中使用的 MySQL 的版本是 4.1.22。运行 mysql-4.1.22-win32 文件夹下的 setup.exe 进行安装,首先出现的是安装向导欢迎界面,直接单击 Next 按钮继续,如图 A-9 所示。

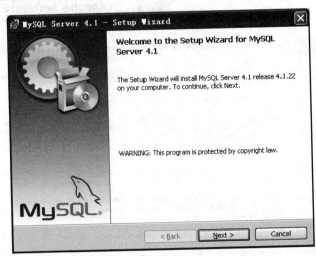

图 A-9 安装 MySQL 页面

选择安装类型,选择 Custom 安装,然后单击 Next 按钮,如图 A-10 所示。

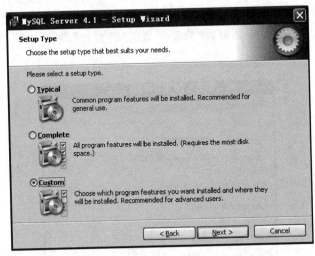

图 A-10 选择 Custom 的安装方法

出现自定义安装界面,选择安装路径 C:\Program Files\MySQL Server 4.1(可自定义),单击 OK 按钮返回到自定义安装界面,路径已改为设置的路径,单击 Next 按钮,准备安装,如图 A-11 所示。

单击 Install 按钮开始安装,如图 A-12 所示。完成后出现创建 MySQL.com 账号的界面。

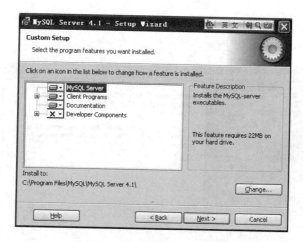

图 A-11 选择安装文件夹

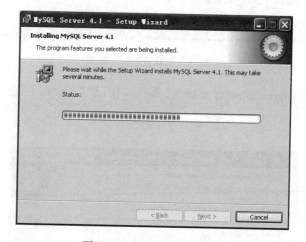

图 A-12 MySQL 安装过程

如果是首次使用 MySQL,选择 Sikip Sign-up,单击 Next 按钮,出现安装完成界面,如
图 A-13 所示。

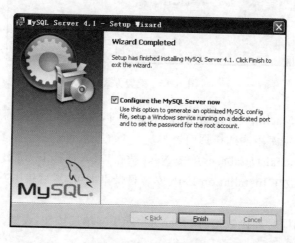

图 A-13 安装结束页面

单击 Finish 按钮完成安装,并开始配置 MySQL,如图 A-14 所示。单击 Next 按钮,进入配置类型选择页面,如图 A-15 所示。

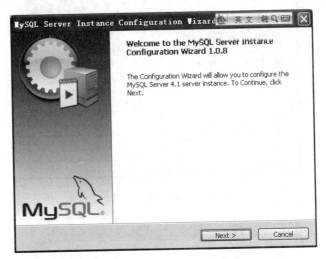

图 A-14　配置 MySQL 页面

选择 Detailed Configuration(详细配置)单选按钮,单击 Next 按钮,进入服务类型选择页面,如图 A-16 所示。

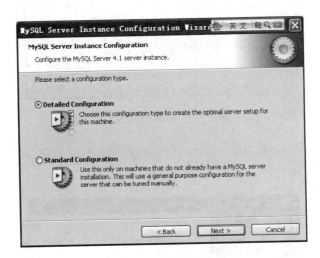

图 A-15　配置方式

选择 Developer Machine(开发者机器)单选按钮,这样占用系统的资源不会很多,单击 Next 按钮后,进入数据库用法选择页面。

选择 Multifunctional Database,单击 Next 按钮,进入选择 InnoDB 数据存放位置页面,不用更改设置,直接放在 Installation Path 安装目录里即可,然后单击 Next 按钮,如图 A-17 所示。

选择 MySQL 的同时连接数,选择 Manual Setting 单选按钮,设置为 100(根据自己需要酌情设置),如图 A-18 所示。

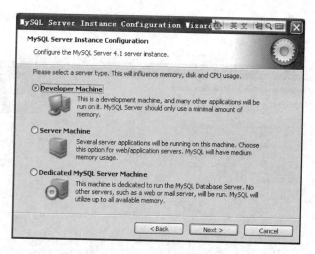

图 A-16　MySQL 应用类型

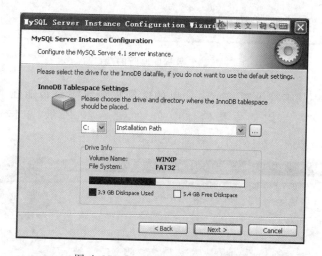

图 A-17　InnoDB 的数据存放位置

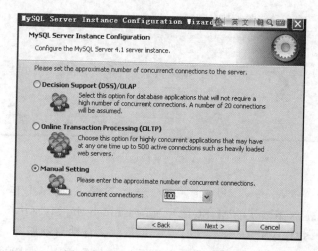

图 A-18　MySQL 允许的最大连接数

单击 Next 按钮，配置 MySQL 在 TCP/IP 通信环境中的端口，选择默认的 3306 端口即可，单击 Next 按钮，如图 A-19 所示。

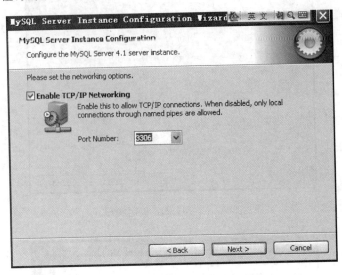

图 A-19　数据库监听的端口

选择 MySQL 中的字符设置，注意，这里的选择将会影响是否能在 MySQL 中使用中文。选择 gb2312 字符集以便支持简体中文，如图 A-20 所示，单击 Next 按钮，设置 Windows 服务选项，如图 A-21 所示。注意，这里的选择很关键。

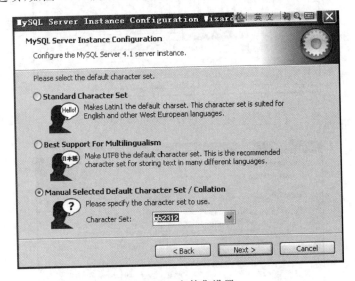

图 A-20　字符集设置

复选框 Install As Windows Service 一定要选上，这是将 MySQL 作为 Windows 的服务运行。Service Name 就用默认的 MySQL，下面的 Launch the MySQL Server automatically 复选框一定要选上，这样 Windows 启动时，MySQL 就会自动启动服务，要不然就要手工启动 MySQL。许多人说安装 MySQL 后无法启动、无法连接、出现 10061 错误，原因就在这里。

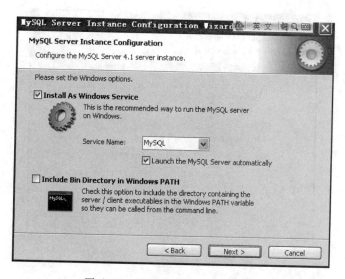

图 A-21　设置成 Windows 的服务

单击 Next 按钮，设置根账号 root 的登录密码，Modify Security Settings 是设置根账号的密码，输入设定的密码即可。Create An Anonymous Account 是创建一个匿名账号，这样会导致未经授权的用户非法访问你的数据库，有安全隐患，建议不要选中，如图 A-22 所示。单击 Next 按钮。

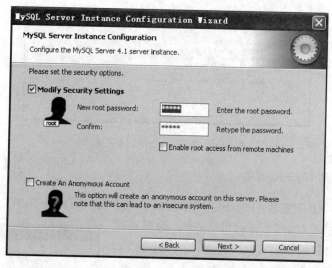

图 A-22　设置 MySQL 的超级用户密码

MySQL 配置向导将依据上面的所有设定配置 MySQL，以便 MySQL 的运行符合需要。单击 Execute 按钮开始配置，当出现 Service started successfully 时，说明配置完成，MySQL 服务启动成功，如图 A-23 所示。

单击 Finish 按钮，整个 MySQL 的配置完成，剩下的就是用 MySQL 客户端连接 MySQL 服务器，然后就可以使用了，如图 A-24 所示。

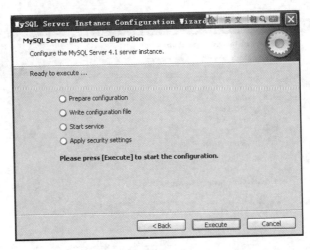

图 A-23　配置 MySQL 过程页面

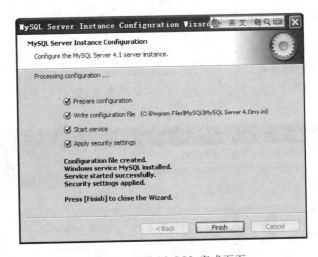

图 A-24　配置 MySQL 完成页面

4．查看并启动 MySQL 服务

在 Windows XP 下安装完 MySQL 后，它就已经自动启动服务了，在"开始"菜单中有其客户端的快捷方式连接，可以通过 Windows 的服务管理器查看。选择"开始"→"运行"命令，在打开的"运行"对话框中"打开"下拉列表框中输入"services. msc"，然后按 Enter 键界面如图 A-25 所示。

弹出 Windows 的服务管理器界面，然后就可以看见服务名为 MySQL 的服务项了，其右边标明"已启动"，如图 A-26 所示。

图 A-25　进入开始运行界面

如果发现 MySQL 没有启动，或者开机后它不能自动启动，可以双击 MySQL，打开"MySQL 的属性"对话框，如图 A-27 所示，可以在这里启动 MySQL，或设置为自动启动。

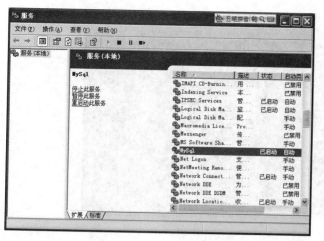

图 A-26 Windows 的服务管理器界面

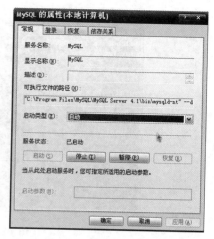

图 A-27 MySQL 属性

5. 数据库的使用

1) MySQL 控制台

MySQL 安装完毕以后,选择"开始"→"所有程序"→MySQL→MySQL Server 4.1→ MySQL 命令,在 MySQL Command Line Client 中有客户端的快捷方式连接。打开后,出现如图 A-28 所示的 MySQL 控制窗口。输入安装时设置的密码即可登录。

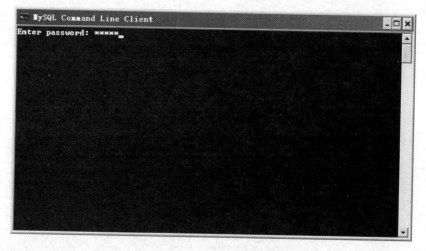

图 A-28 进入 MySQL 控制台

使用 mysql 的基本命令(在 mysql 命令行每输入完命令后一定要有分号),如显示数据库:

```
show databases;
```

如图 A-29 所示。

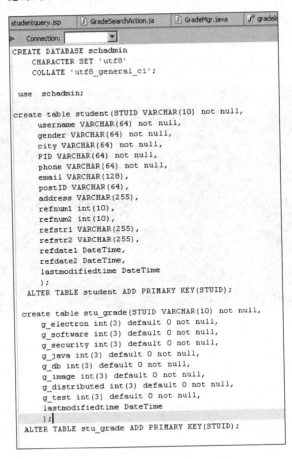

图 A-29　以命令行方式显示数据库

2）建立数据库

打开本书配套软件中"大学学籍管理系统安装配制\大学学籍管理系统"目录下的文件 createtables. sql，这是"大学学籍管理系统"的数据结构表，复制所有的 SQL 语句到 MySQL 控制台，然后按 Enter 键，如图 A-30 和图 A-31 所示。

```
studentquery.jsp    GradeSearchAction.ja    GradeMgr.java    gradelis
   Connection:
CREATE DATABASE schadmin
    CHARACTER SET 'utf8'
    COLLATE 'utf8_general_ci';

use  schadmin;

create table student(STUID VARCHAR(10) not null,
    username VARCHAR(64) not null,
    gender VARCHAR(64) not null,
    city VARCHAR(64) not null,
    PID VARCHAR(64) not null,
    phone VARCHAR(64) not null,
    email VARCHAR(128),
    postID VARCHAR(64),
    address VARCHAR(255),
    refnum1 int(10),
    refnum2 int(10),
    refstr1 VARCHAR(255),
    refstr2 VARCHAR(255),
    refdate1 DateTime,
    refdate2 DateTime,
    lastmodifiedtime DateTime
    );
 ALTER TABLE student ADD PRIMARY KEY(STUID);

create table stu_grade(STUID VARCHAR(10) not null,
    g_electron int(3) default 0 not null,
    g_software int(3) default 0 not null,
    g_security int(3) default 0 not null,
    g_java int(3) default 0 not null,
    g_db int(3) default 0 not null,
    g_image int(3) default 0 not null,
    g_distributed int(3) default 0 not null,
    g_test int(3) default 0 not null,
    lastmodifiedtime DateTime
    );
ALTER TABLE stu_grade ADD PRIMARY KEY(STUID);
```

图 A-30　SQL 语句

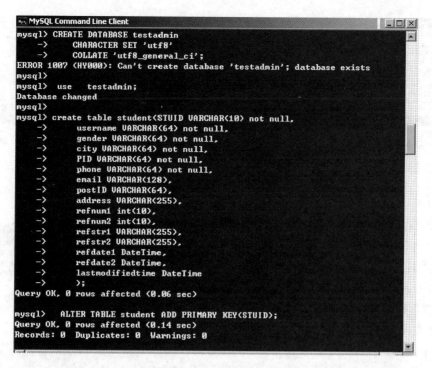

图 A-31　建立相应表

执行后即可看到新的数据库 schadmin 中有两个表,说明数据库创建成功,如图 A-32 所示。

```
mysql>
mysql>
mysql> use schadmin;
Database changed
mysql> show tables;
+------------------+
| Tables_in_schadmin |
+------------------+
| stu_grade        |
| student          |
+------------------+
2 rows in set (0.00 sec)

mysql>
```

图 A-32　显示已创建的数据库与表

6. Deploy 大学学籍管理系统

数据库和 Apache 都安装配制成功后,就可以开始 Deploy 大学学籍管理系统了。在 Deploy 之前,先检查默认的数据库名。数据库创建成功后,默认的数据库名是 schadmin,如果新的数据库名不是 schadmin,而是 testadmin,首先要修改 myapp. war 中的 config . properties 文件,如图 A-33 所示。

修改 config. properties 文件中的参数 url,把 schadmin 改成 testadmin:url=jdbc:mysql:// localhost:3306/testadmin? useUnicode=true&characterEncoding=UTF-8。保存文件后存入 myapp. war,如果数据库名为默认的 schadmin,就直接跳过这一步。

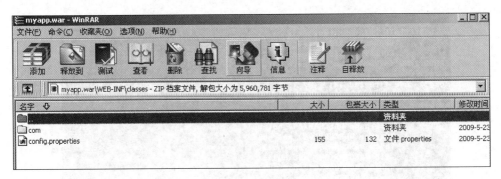

图 A-33　myapp 包

启动 Tomcat Server 后，打开管理页面，它将提示输入用户名和密码，如图 A-34 所示。

单击"浏览"按钮，找到"大学学籍管理系统"安装包，本例中的路径是本书配套软件中的"大学学籍管理系统安装配制\大学学籍管理系统\myapp.war"，如图 A-35 所示。

选择文件 myapp.war 进行 Deploy，Deploy 成功后，能看到 myapp 这个项目，如图 A-36 所示。

访问 http://localhost：8080/myapp 即可看到主页面，如图 A-37 所示。

如果用户能够成功登录，说明"大学学籍管理系统"已经成功安装，用户就可以开始进行系统的使用了。

图 A-34　登录 Tomcat

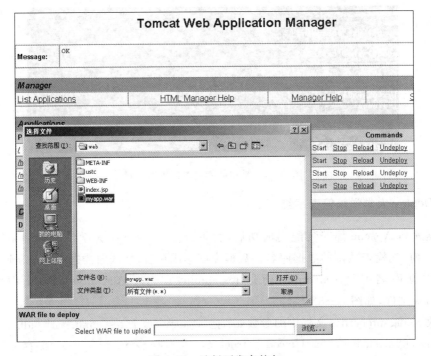

图 A-35　选择要发布的包

Message:	OK

Manager

List Applications	HTML Manager Help	Manager Help	Server Status

Applications

Path	Display Name	Running	Sessions	Commands
/	Welcome to Tomcat	true	0	Start Stop Reload Undeploy
/host-manager	Tomcat Manager Application	true	0	Start Stop Reload Undeploy
/manager	Tomcat Manager Application	true	0	Start Stop Reload Undeploy
/myapp		true	0	Start Stop Reload Undeploy

图 A-36 发布成功后的页面

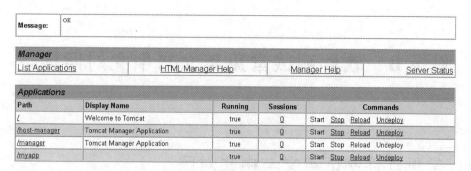

图 A-37 大学学籍管理系统登录主页面

注意：（1）Java EE 版大学学籍管理系统默认账号与密码是：admin/pass111

（2）如果在使用配套软件时发现连接不上数据库（如新建学生添加不上），并且数据库也安装正常，那说明可能数据库的账号与系统设置不一样，请参考：

```
myapp.war\WEB-INF\classes\config.properties 中的设置
driver = com.mysql.jdbc.Driver
url = jdbc:mysql://localhost:3306/schadmin?useUnicode = true&characterEncoding = UTF-8
userid = root
passwd = pass
```

也就是说，数据库的用户名为 root，密码是：pass，这样就可以正常连接数据库了。

当然，如果在安装 MySQL 时，用户名与密码不是 root/pass，那么也没关系，只要把这个配置文件中的用户名与密码改成安装 MySQL 时的用户名与密码就行了。

在使用本书过程中有任何问题，都可以即时和本书作者联系。

附录 B　软件测试常见英文与中文对照描述

B.1　常见软件测试英文与中文对照

常见软件测试英文与中文对照如附表 B-1 所示。

附表 B-1　常见软件测试英文与中文对照

英文简称	中文含义	解释说明
Project Manager(PM)	项目经理	产品和市场部的。负责和用户沟通,并把用户的需求转化成功能需求文档(PRD)
Engineering Manager(EM)	工程部经理	负责产品项目实现,协调项目实现过程中遇到的各种问题
Release Manager(RM)	项目发布经理	负责整个项目的发布,起到协调和监督作用
Quality Assurance Engineer (QA)	质量保证工程师	负责全面有效的质量管理活动,并对所有的有关方面提供证据
Development Engineer(DEV)	开发工程师	产品功能设计,编写代码,修复缺陷
Task	任务	项目实现过程中,分成不同的任务去完成
Product Requirements Document (PRD)	产品需求文档	市场需求信息,直接来源于客户
Specification (SPEC)	产品说明书	产品的详细功能说明书,一般由开发工程师完成
User Interface Mockup (UI Mockup)	产品 UI 示图	产品的功能及界面视图
Test Plan(TP)	测试计划	一般是 QTO 完成,有详细的测试计划和每一阶段的任务
Test Case(TC)	测试案例	QA 用来测试的依据
Milestone	阶段、里程碑	软件开发过程中的几个重要的里程碑(FCC,CC,CF,ER)
Feature Code Complete (FCC)	基本功能代码完成	基本功能完成,可能集成没做或没做充分
Code Completion (CC)	代码完成	整个产品的代码的完成阶段
Code Freeze (CF)	代码冻结	产品代码冻结。CF 后,代码不能轻易改动
Engineering Release (ER)	产品发布	项目完成,一般 QA 要提供 ER 报告,标准是没有严重缺陷存在
Automated Testing(AT)	自动化测试	用自动化工具来代替手工测试
Localization (L10N)	本地化	翻译版本
Internationalization(I18N)	国际化	代码支持本地化

B.2 软件测试常用特定称谓中英文对照

（1）Bug（错误），有时称做 efect（缺陷）或 error（错误），表现特征为：软件未达到产品说明书标明的功能；软件出现产品说明书指明不会出现的错误；软件功能超出产品说明书指明的范围；虽然产品说明书未指出但是软件应达到的目标；软件测试人员或用户认为软件难以理解，不易使用，运行速度缓慢等问题。

（2）Bug report（错误报告），也称为"Bug record（错误记录）"，记录发现的软件错误信息的文档，通常包括错误描述、复现步骤、抓取的错误图像和注释等。

（3）Bug Tracking System（错误跟踪系统，BTS），也称为"Defect Tracking System，DTS"，管理软件测试缺陷的专用数据库系统，可以高效率地完成软件缺陷的报告、验证、修改、查询、统计、存储等任务，尤其适用于大型多语言软件的测试管理。

（4）Build（工作版本），软件开发过程中用于内部测试的功能和性能等不完善的软件版本。

（5）Black box testing（黑盒测试），指测试人员不关心程序具体如何实现的一种测试方法。根据软件的规格对软件进行各种输入和观察软件的各种输出结果来发现软件的缺陷的测试，这类测试不考虑软件内部的运作原理，因此软件对用户来说就像一个黑盒子。

（6）Acceptance testing（验收测试），系统开发生命周期方法论的一个阶段，这时相关的用户和/或独立测试人员根据测试计划和结果对系统进行测试和接收。它让系统用户决定是否接受系统。它是一项确定产品是否能够满足合同或用户所规定需求的测试。

（7）Automated Testing（自动化测试），使用自动化测试工具来进行测试，这类测试一般不需要人干预，通常在 GUI、性能等测试中用得较多。

（8）Ad hoc testing（随机测试），没有书面测试用例、记录期望结果、检查列表、脚本或指令的测试。主要是根据测试者的经验对软件进行功能和性能抽查。随机测试是根据测试说明书执行用例测试的重要补充手段，是保证测试覆盖完整性的有效方式和过程。

（9）Alpha testing（α测试），是由一个用户在开发环境下进行的测试，也可以是公司内部的用户在模拟实际操作环境下进行的受控测试，Alpha 测试不能由程序员或测试员完成。

（10）Beta testing（β测试），测试是软件的多个用户在一个或多个用户的实际使用环境下进行的测试。开发者通常不在测试现场，Beta 测试不能由程序员或测试员完成。

软件测试英文特定称谓与中文对照如附表 B-2 所示。

附表 B-2 软件测试英文特定称谓与中文对照

英 文 简 称	中 文 含 义	英 文 简 称	中 文 含 义
Nation Language Version（NLV）	本地化版本	Fault	故障
Functional Verification Testing（FVT）	功能验证测试	Feasible path	可达路径
Translation Verification Testing（TVT）	翻译验证测试	Feature testing	特性测试
System Verification Testing （SVT）	系统验证测试	Functional testing	功能测试

英 文 简 称	中 文 含 义	英 文 简 称	中 文 含 义
Inspection	检视	White box testing	白盒测试
Interface	接口	Integration testing	集成测试
Invalid inputs	无效输入	Isolation testing	孤立测试
Logic-coverage testing	逻辑覆盖测试	Load testing	负载测试
Maintainability testing	可维护性测试	Monkey testing	跳跃式测试
Path testing	路径测试	Negative testing	逆向测试
Performance testing	性能测试	Portability testing	可移植性
Positive testing	正向测试	Precondition	预置条件
Recovery testing	恢复性测试	Regression testing	回归测试
Sanity testing	理智测试	Security testing	安全性测试
Smoke testing	冒烟测试	Lag time	延迟时间
Localization testing	本地化测试	Logic analysis	逻辑分析
Migration testing	迁移测试	Memory leak	内存泄漏
Mouse over	鼠标在对象之上	Milestone	里程碑
Mouse leave	鼠标离开对象	Mock up	模型,原型
Multiple condition coverage	多条件覆盖	Performance testing	性能测试
Path sensitizing	路径敏感性	Quality assurance(QA)	质量保证
Path testing	路径测试	Quality Control(QC)	质量控制
Release note	版本说明	Refactoring	重构
Screen shot	抓屏、截图	SQL	结构化查询语句
Source code	源代码	System testing	系统测试
Stress testing	压力测试	Test report	测试报告
Test coverage	测试覆盖	Test strategy	测试策略
Test script	测试脚本	Thread testing	线程测试
Test suite	测试套件	Trojan horse	特洛伊木马
Tooltip	控件提示或说明	Truth table	真值表
Top-down testing	自顶向下测试	Usability testing	可用性测试
Unit testing	单元测试	User Interface(UI)	用户界面
Usage scenario	使用场景	User profile	用户信息
User acceptance test	用户验收测试	Walkthrough	走读
Volume testing	容量测试	Web testing	网站测试
Waterfall model	瀑布模型	Zero Bug Bounce (ZBB)	零错误反弹
Work Breakdown Structure(WBS)	任务分解结构	Review	评审
Risk assessment	风险评估	Cause-effect graph	因果图
Capability Maturity Model(CMM)	能力成熟度模型	Character set	字符集
Change control	变更控制	Code style	编码风格
Code coverage	代码覆盖	Compatibility testing	兼容性测试
Code-based testing	基于代码的测试	Documentation testing	文档测试
Concurrency user	并发用户	Garbage characters	乱码字符
End-to-End testing	端到端测试	Iterative development	迭代开发
Equivalence partition testing	等价划分测试	Kick-off meeting	(项目)启动会议
Graphical User Interface (GUI)	图形用户界面	Software life cycle	软件生命周期
Root Cause Analysis	根本原因分析		

附录 C 软件测试工程师经典面试题与参考回答

1. 您所熟悉的软件测试类型都有哪些？请试着分别比较这些不同。

我以前做过的项目常见的测试类型有：功能测试，性能测试，界面测试。

功能测试在测试工作中占的比例最大，功能测试也叫黑盒测试，是把测试对象看做一个黑盒子。利用黑盒测试法进行动态测试时，需要测试软件产品的功能，不需测试软件产品的内部结构和处理过程。采用黑盒技术设计测试用例的方法有：等价类划分、边界值分析、错误推测、因果图和综合策略。

性能测试是通过自动化的测试工具模拟多种正常、峰值以及异常负载条件来对系统的各项性能指标进行测试。负载测试和压力测试都属于性能测试，两者可以结合进行。通过负载测试，确定在各种工作负载下系统的性能，目标是测试当负载逐渐增加时，系统各项性能指标的变化情况。压力测试是通过确定一个系统的瓶颈或者不能接受的性能点，来获得系统能提供的最大服务级别的测试。

界面测试，界面是软件与用户交互的最直接的层，界面的好坏决定用户对软件的第一印象；而且设计良好的界面能够引导用户自己完成相应的操作，起到向导的作用。同时界面如同人的面孔，具有吸引用户的直接优势。设计合理的界面能给用户带来轻松愉悦的感受和成功的感觉。相反由于界面设计的失败，让用户有挫败感，再实用强大的功能都可能在用户的畏惧与放弃中付诸东流。

区别在于，功能测试关注产品的所有功能上，要考虑到每个细节功能，每个可能存在的功能问题。性能测试主要关注于产品整体的多用户并发下的稳定性和健壮性。界面测试更关注于用户体验上，用户使用该产品的时候是否易用，是否易懂，是否规范(快捷键之类的)，是否美观(能否吸引用户的注意力)，是否安全(尽量在前台避免用户无意输入无效的数据，当然考虑到体验性，不能太粗鲁地弹出警告)？ 做某个性能测试的时候，首先它可能是个功能点，要保证它的功能是没问题的，然后再考虑该功能点的性能测试。

2. 您认为做好测试用例设计工作的关键是什么？

白盒测试用例设计的关键是以较少的用例覆盖尽可能多的内部程序逻辑结果。黑盒法用例设计的关键同样也是以较少的用例覆盖模块输出和输入接口。不可能做到完全测试，以最少的用例在合理的时间内发现最多的问题，这是测试工作的价值所在。

3. 请试着比较一下黑盒测试、白盒测试、单元测试、集成测试、系统测试、验收测试的区别与联系。

黑盒测试：已知产品的功能设计规格，可以进行测试证明每个实现的功能是否符合要求。软件的黑盒测试意味着测试要在软件的接口处进行。这种方法是把测试对象看做一个黑盒子，测试人员完全不考虑程序内部的逻辑结构和内部特性，只依据程序的需求规格说明书，检查程序的功能是否符合它的功能说明。因此黑盒测试又叫功能测试或数据驱动测试。黑盒测试主要是为了发现以下几类错误：

(1) 是否有不正确或遗漏的功能?

(2) 在接口上,输入是否能正确地被接受? 能否输出正确的结果?

(3) 是否有数据结构错误或外部信息(例如数据文件)访问错误?

(4) 性能上是否能够满足要求?

(5) 是否有初始化或终止性错误?

白盒测试:已知产品的内部工作过程,可以通过测试证明每种内部操作是否符合设计规格要求,所有内部成分是否已经过检查。白盒测试是对软件的过程性细节做细致的检查。这种方法是把测试对象看做一个打开的盒子,它允许测试人员利用程序内部的逻辑结构及有关信息,设计或选择测试用例,对程序所有逻辑路径进行测试。通过在不同点检查程序状态,确定实际状态是否与预期的状态一致。因此白盒测试又称为结构测试或逻辑驱动测试。白盒测试主要是想对程序模块进行如下检查:

(1) 对程序模块的所有独立的执行路径至少测试一遍。

(2) 对所有的逻辑判定,取"真"与取"假"的两种情况都能至少测一遍。

(3) 在循环的边界和运行的界限内执行循环体。

(4) 测试内部数据结构的有效性,等等。

单元测试(模块测试)是开发者编写的一小段代码,用于检验被测代码的一个很小的、很明确的功能是否正确。通常而言,一个单元测试是用于判断某个特定条件(或者场景)下某个特定函数的行为。单元测试是由程序员自己来完成,最终受益的也是程序员自己。可以这么说,程序员有责任编写功能代码,同时也就有责任为自己的代码编写单元测试。执行单元测试,就是为了证明这段代码的行为和期望的一致。

集成测试(也叫组装测试,联合测试)是单元测试的逻辑扩展。它的最简单的形式是:两个已经测试过的单元组合成一个组件,并且测试它们之间的接口。从这一层意义上讲,组件是指多个单元的集成聚合。在现实方案中,许多单元组合成组件,而这些组件又聚合成程序的更大部分。方法是测试片段的组合,并最终扩展进程,将您的模块与其他组的模块一起测试。最后,将构成进程的所有模块一起测试。

系统测试是将经过测试的子系统装配成一个完整系统来测试。它是检验系统是否确实能提供系统方案说明书中指定功能的有效方法(常见的联调测试)。系统测试的目的是对最终软件系统进行全面的测试,确保最终软件系统满足产品需求并且遵循系统设计。

验收测试是部署软件之前的最后一个测试操作。验收测试的目的是确保软件准备就绪,并且可以让最终用户将其用于执行软件的既定功能和任务。验收测试是向未来的用户表明系统能够像预定要求那样工作。经集成测试后,已经按照设计把所有的模块组装成一个完整的软件系统,接口错误也已经基本排除了,接着就应该进一步验证软件的有效性,这就是验收测试的任务,即软件的功能和性能如同用户所期待的那样。

4. 测试计划工作的目的是什么? 测试计划工作的内容都包括什么? 其中哪些是最重要的?

软件测试计划是指导测试过程的纲领性文件,包含产品概述、测试策略、测试方法、测试区域、测试配置、测试周期、测试资源、测试交流、风险分析等内容。借助软件测试计划,参与测试的项目成员,尤其是测试管理人员,可以明确测试任务和测试方法,保持测试实施过程的顺畅沟通,跟踪和控制测试进度,应对测试过程中的各种变更。

测试计划和测试详细规格、测试用例之间是战略和战术的关系,测试计划主要从宏观上规划测试活动的范围、方法和资源配置,而测试详细规格、测试用例是完成测试任务的具体战术。所以其中最重要的是测试策略和测试方法(最好是能先评审)。

5. 您所熟悉的测试用例设计方法都有哪些?请分别以具体的例子来说明这些方法在测试用例设计工作中的应用。

1)等价类划分

划分等价类:等价类是指某个输入域的子集合。在该子集合中,各个输入数据对于揭露程序中的错误都是等效的,并合理地假定:测试某等价类的代表值就等于对这一类其他值的测试。因此,可以把全部输入数据合理划分为若干等价类,在每一个等价类中取一个数据作为测试的输入条件,就可以用少量代表性的测试数据,取得较好的测试结果。等价类划分可有两种不同的情况:有效等价类和无效等价类。

2)边界值分析法

边界值分析方法是对等价类划分方法的补充。测试工作经验告诉我们,大量的错误是发生在输入或输出范围的边界上,而不是发生在输入输出范围的内部。因此针对各种边界情况设计测试用例,可以查出更多的错误。

使用边界值分析方法设计测试用例,首先应确定边界情况。通常输入和输出等价类的边界,就是应着重测试的边界情况。应当选取正好等于,刚刚大于或刚刚小于边界的值作为测试数据,而不是选取等价类中的典型值或任意值作为测试数据。

3)错误推测法

基于经验和直觉推测程序中所有可能存在的各种错误,从而有针对性地设计测试用例的方法。

错误推测方法的基本思想:列举出程序中所有可能有的错误和容易发生错误的特殊情况,根据它们选择测试用例。例如,在单元测试时曾列出的许多在模块中常见的错误。以前产品测试中曾经发现的错误等,这些就是经验的总结。另外,输入数据和输出数据为0的情况,输入表格为空格或输入表格只有一行,这些都是容易发生错误的情况。可选择这些情况下的例子作为测试用例。

4)因果图方法

等价类划分方法和边界值分析方法都是着重考虑输入条件,但未考虑输入条件之间的联系、相互组合等。考虑输入条件之间的相互组合,可能会产生一些新的情况。但要检查输入条件的组合不是一件容易的事情,即使把所有输入条件划分成等价类,它们之间的组合情况也相当多。因此必须考虑采用一种适合于描述对于多种条件的组合,相应产生多个动作的形式来考虑设计测试用例。这就需要利用因果图(逻辑模型)。因果图方法最终生成的就是判定表,它适合于检查程序输入条件的各种组合情况。

6. 当开发人员说不是 Bug 时,你如何应付?

开发人员说不是 Bug,有两种情况:

一是需求没有确定,所以我可以这么做,这个时候可以找来产品经理进行确认,需不需要改动,三方商量确定好后再看要不要改。

二是这种情况不可能发生,所以不需要修改,这个时候,我可以先尽可能地说出是 Bug 的依据是什么?如果被用户发现或出了问题,会有什么不良结果。程序员可能会给出很多理由,我可以对他的解释进行反驳。如果还是不行,那我可以将这个问题提出来,向开发经理和测试经理进行确认。

如果开发经理和测试经理确认这个 Bug 不修改也没有大问题,那就可以降低 Bug 级别。如果确认这不是 Bug,就可以关闭。如果确定是 Bug,一定要坚持自己的立场,让问题得到最后的确认。

7. 你找工作时,最重要的考虑因素是什么?

工作的性质和内容是否能让我发挥所长,并不断成长。

8. 谈一谈您过去做的软件测试方面的工作经历(为提供进一步提问的素材)。

可以从以下角度考虑:

(1) 测试设计的方法并举例说明(测试技术的使用)。

(2) 测试工具的熟悉程度,能否与当前工作匹配?

(3) 如何做计划? 如何跟踪计划?(日常工作能力)

(4) 如果开发人员提供的版本不满足测试的条件,如何做?(与开发人员协作的能力)

(5) 熟悉 UNIX 系统、Oracle 数据库吗?(是否具备系统知识)

(6) 做过开发吗? 写过哪些代码?(开发技能)

(7) 阅读英语文章,给出理解说明?(英语能力)

(8) 文档的意义——是否善于思考?(最简单的概念,不同层次的理解)

(9) 假如进入我们公司,对我们哪些方面会有帮助?(讲讲自己的特长)

(10) 随便找一件物品,说明测试角度。(测试的实际操作能力)

9. 请简要描述一下几款你使用的测试工具及其测试流程。

========QuickTest=========

(1) 启动时选择要加载的插件;

(2) 进行一些设置(如录制模式等);

(3) 识别应用程序的 GUI(即创建对象库);

(4) 建立测试脚本(录制及编写);

(5) 对脚本进行调试(保证能够运行完);

(6) 插入各种检查点(图片,文本,参数化等);

(7) 在新版应用程序中执行测试脚本;

(8) 分析结果,回报缺陷。

========LoadRunner==========

(1) 制定负载测试计划(分析应用程序,确定测试目标,计划怎样执行 LoadRunner);

(2) 开发测试脚本(录制基本的用户脚本,完善测试脚本);

(3) 创建运行场景(选择场景类型为 Manual Scenario,选择场景类型,理解各种类型,场景的类型转化);

(4) 运行测试;

(5) 监视场景(Memory 相关,Processor 相关,网络吞量以及带宽,磁盘相关,Web 应用程序,IIS 5.0,SQL Server,Network Delay 等);

(6) 分析测试结果(分析实时监视图表,分析事务的响应时间,分解页面,确定 Web Server 的问题,其他有用的功能)。

========JMeter=========

对于 JMeter 的使用方法与技巧，请参考书籍第 18 章与第 19 章。

10. 软件测试的目的？

测试的目的是想以最少的人力、物力和时间找出软件中潜在的各种错误和缺陷，通过修正各种错误和缺陷提高软件质量，回避软件发布后由于潜在的软件缺陷和错误造成的隐患带来的商业风险。

11. 什么是软件测试？

使用人工或自动手段来运行或测定某个系统的过程，其目的在于检验它是否满足规定的需求或是弄清预期结果与实际结果之间的差别。

软件测试就是在软件投入运行前，对软件需求分析、设计规格说明和编码的最终复审，是软件质量保证的关键步骤。软件测试是为了发现错误而执行程序的过程。

12. 白盒测试的特点有哪些？白盒测试有哪几种方法？

白盒测试也称结构测试或逻辑驱动测试，它是知道产品内部工作过程，可通过测试来检测产品内部动作是否按照规格说明书的规定正常进行，按照程序内部的结构测试程序，检验程序中的每条通路是否都能按预定要求正确工作，而不顾它的功能，白盒测试的主要方法有逻辑覆盖、基路测试、数据流测试等，主要用于软件验证。"白盒"法全面了解程序内部逻辑结构、对所有逻辑路径进行测试。"白盒"法是穷举路径测试。

13. 白盒测试和黑盒测试是什么？什么是回归测试？

白盒测试是在看懂程序代码和设计方案的前提下，进行软件的测试。这种测试注重于源代码的覆盖率，同时需要测试者具备较高的技术水平。白盒测试的优点是可以对代码有详细的审查，能找出隐藏在代码中的错误，从而确保高质量的代码；缺点是很多时候不能看完所有的代码，不能找出欠缺的代码，同时白盒测试和用户如何使用软件无关。

黑盒测试的优点是测试者无须熟悉软件内部结构，并且根据蓝图在早期就可以制定测试方案，并不依赖于开发者的工作进展，而且黑盒测试简单易行，对测试者的技术要求不高；但是，黑盒测试主要是功能上的测试，只能覆盖小部分的输入，不能保证程序的所有部分都被测试到。

回归测试是指修改了旧代码后，重新进行测试以确认修改没有引入新的错误或导致其他代码产生错误。自动回归测试将大幅降低系统测试、维护升级等阶段的成本。

回归测试包括两部分：函数本身的测试、其他代码的测试。

14. 单元测试、集成测试、系统测试的侧重点是什么？

单元测试是在软件开发过程中要进行的最低级别的测试活动，在单元测试活动中，软件的独立单元将在与程序的其他部分相隔离的情况下进行测试。

集成测试，也叫组装测试或联合测试。在单元测试的基础上，将所有模块按照设计要求，组装成为子系统或系统，进行集成测试。实践表明，一些模块虽然能够单独地工作，但并不能保证连接起来也能正常地工作。程序在某些局部反映不出来的问题，在全局上很可能暴露出来，影响功能的实现。

系统测试是将经过测试的子系统装配成一个完整系统来测试。它是检验系统是否确实能提供系统方案说明书中指定功能的有效方法。

15. 设计用例的方法、依据有哪些?

白盒测试用例设计有如下方法:基本路径测试、逻辑覆盖测试、循环测试、数据流测试、程序插桩测试、变异测试等。依据详细设计说明书及其代码结构来设计测试用例。

黑盒测试用例设计方法:基于用户需求的测试、功能图分析方法、等价类划分方法、边界值分析方法、错误推测方法、因果图方法、判定表驱动分析方法、正交实验设计方法等。它依据用户需求规格说明书,详细设计说明书来设计测试用例。

16. 一个测试工程师应具备哪些素质和技能?

(1) 掌握基本的测试基础理论;

(2) 可熟练阅读需求规格说明书等文档;

(3) 以用户的观点看待问题;

(4) 有着强烈的质量意识;

(5) 细心和责任心;

(6) 良好的有效的沟通方式(与开发人员及客户);

(7) 具有以往的测试经验;

(8) 能够及时准确地判断出高危险区在何处。

1) 沟通能力

一名理想的测试者必须能够同测试涉及的所有人进行沟通,具有与技术(开发者)和非技术人员(客户,管理人员)的交流能力。既要可以和用户谈得来,又能同开发人员说得上话,不幸的是这两类人没有共同语言。和用户谈话的重点必须放在系统可以正确地处理什么和不可以处理什么上。而和开发者谈相同的信息时,就必须将这些话重新组织以另一种方式表达出来,测试小组的成员必须能够同等地同用户和开发者沟通。

2) 移情能力

和系统开发有关的所有人员都处在一种既关心又担心的状态之中。用户担心将来使用一个不符合自己要求的系统,开发者则担心由于系统要求不正确而使他不得不重新开发整个系统,管理部门则担心这个系统突然崩溃而使它的声誉受损。测试者必须和每一类人打交道,因此需要测试小组的成员对他们每个人都具有足够的理解和同情,具备了这种能力可以将测试人员与相关人员之间的冲突和对抗减少到最低程度。

3) 技术能力

总体而言,开发人员对那些不懂技术的人持一种轻视的态度。一旦测试小组的某个成员做出了一个错误的断定,那么他们的可信度就会立刻被传扬出去。一个测试者必须既明白被测软件系统的概念又要会使用工程中的那些工具。要做到这一点需要有几年以上的编程经验,前期的开发经验可以帮助对软件开发过程有较深入的理解,从开发人员的角度正确地评价测试者,简化自动测试工具编程的学习曲线。

4) 自信心

开发者指责测试者出了错是常有的事,测试者必须对自己的观点有足够的自信心。如果容许别人对自己指东指西,就不能完成什么更多的事情了。

5) 外交能力

当你告诉某人他出了错时,就必须使用一些外交方法。机智老练和外交手法有助于维护与开发人员的协作关系,测试者在告诉开发者他的软件有错误时,也同样需要一定的外交手腕。如果采取的方法过于强硬,对测试者来说,在以后和开发部门的合作方面就相当于"赢了战争却输了战役"。

6）幽默感

在遇到狡辩的情况下,一个幽默的批评将是很有帮助的。

7）很强的记忆力

一个理想的测试者应该有能力将以前曾经遇到过的类似的错误从记忆深处挖掘出来,这一能力在测试过程中的价值是无法衡量的。因为许多新出现的问题和我们已经发现的问题相差无几。

8）耐心

一些质量保证工作需要难以置信的耐心。有时你需要花费惊人的时间去分离、识别和分派一个错误。这个工作是那些坐不住的人无法完成的。

9）怀疑精神

可以预料,开发者会尽他们最大的努力将所有的错误解释过去。测试者必须听每个人的说明,但他必须保持怀疑直到他自己看过以后。

10）自我督促

做测试工作很容易使你变得懒散。只有那些具有自我督促能力的人才能够使自己每天正常地工作。

11）洞察力

一个好的测试工程师具有"测试是为了破坏"的观点,捕获用户观点的能力,强烈的质量追求,对细节的关注能力,应用的高风险区的判断能力以便将有限的测试针对重点环节。

17. 一个软件缺陷 Bug 的组成

缺陷的标题;

缺陷的基本信息;

测试的软件和硬件环境;

测试的软件版本;

缺陷的类型;

缺陷的严重程度;

缺陷的处理优先级;

复现缺陷的操作步骤;

缺陷的实际结果描述;

期望的正确结果描述;

注释文字和截取的缺陷图像。

18. 基于 Web 信息管理系统测试时应考虑的因素有哪些?

（1）功能测试:链接测试;表单测试;Cookies 测试;设计语言测试;数据库测试。

（2）性能测试:连接速度测试;负载测试;压力测试。

（3）可用性测试:导航测试;图形测试;内容测试;整体界面测试。

（4）客户端兼容性测试:平台测试;浏览器测试。

（5）安全性测试:SQL 注入漏洞;XSS 攻击;缓冲区溢出攻击等。

19. 软件本地化测试相比功能测试都有哪些方面需要注意？

软件本地化测试的测试策略：

(1) 本地化软件要在各种本地化操作系统上安装并测试。

(2) 源语言软件安装在另一台相同源语言操作系统上，作为对比测试。

(3) 重点测试由本地化引起的软件的功能和软件界面的错误。

(4) 测试本地化软件的翻译质量。

(5) 手工测试和自动测试相结合。

20. 软件测试项目从什么时候开始？为什么？

软件测试应该在需求分析阶段就介入。因为测试的对象不仅是程序编码，应该对软件开发过程中产生的所有产品都测试，并且软件缺陷存在放大趋势。缺陷发现的越晚，修复它所花费的成本就越大。

21. 需求测试注意事项有哪些？

一个良好的需求应当具有以下特点。

(1) 完整性：每一项需求都必须将所要实现的功能描述清楚，以使开发人员获得设计和实现这些功能所需的所有必要信息。

(2) 正确性：每一项需求都必须准确地陈述其要开发的功能。

(3) 一致性：一致性是指与其他软件需求或高层(系统,业务)需求不相矛盾。

(4) 可行性：每一项需求都必须是在已知系统和环境的权能和限制范围内可以实施的。

(5) 无二义性：对所有需求说明的读者都只能有一个明确统一的解释，由于自然语言极易导致二义性，所以应尽量把每项需求用简洁明了的用户性的语言表达出来。

(6) 健壮性：需求的说明中是否对可能出现的异常进行了分析，并且对这些异常进行了容错处理。

(7) 必要性："必要性"可以理解为每项需求都是用来授权你编写文档的"根源"。要使每项需求都能回溯至某项客户的输入，如 Use Case 或别的来源。

(8) 可测试性：每项需求都能通过设计测试用例或其他的验证方法来进行测试。

(9) 可修改性：每项需求只应在 SRS 中出现一次。这样更改时易于保持一致性。另外，使用目录表、索引和相互参照列表方法将使软件需求规格说明书更容易修改。

(10) 可跟踪性：应能在每项软件需求与它的根源和设计元素、源代码、测试用例之间建立起链接，这种可跟踪性要求每项需求以一种结构化的，粒度好的方式编写并单独标明，而不是大段的叙述。

22. 为什么要编写测试用例？

我们编写测试用例，有如下好处。

便于团队交流：假如一个测试团队有 10 个成员，大家测试的时候都各自为政，没有统一的标准，测试的效率无疑会大打折扣；如果大家都遵循统一的用例规范去写，就会解决这一问题。

便于重复测试：大家知道，软件在实际开发过程中是会有不同版本的，比如会从 1.0 升级到 10.0，那么如果不写测试用例，在测试 10.0 版本的时候，你能完全记得 1.0 版本时做过哪些测试吗？测试用例就像一个备忘录一样，便于重复测试。

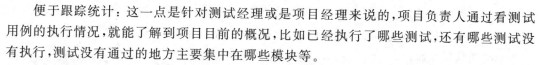

便于跟踪统计：这一点是针对测试经理或是项目经理来说的，项目负责人通过看测试用例的执行情况，就能了解到项目目前的概况，比如已经执行了哪些测试，还有哪些测试没有执行，测试没有通过的地方主要集中在哪些模块等。

便于用户自测：尤其是项目软件，有的时候用户希望自己测试一下软件产品，但是用户大都是非专业人士，他需要根据你写好的用例来更好地检验产品的质量。

23. 什么时候编写测试用例？

什么时候写用例？这个问题没有统一的标准答案，但有一点可以肯定，就是测试用例要尽早编写。通常，我们都会在测试设计阶段来写用例，即《需求规格说明书》和《测试计划》都已完成之后，软件开发人员代码没有完成之前。

软件测试人员编写测试用例的时间段基本上和软件开发人员编写代码的时间段是同步进行的。

24. 根据什么写测试用例？

我们编写测试用例的唯一标准就是用户需求，具体的参考资料就是《产品需求规格说明书》。

25. 什么是兼容性测试？跨平台测试与跨浏览器测试有哪些注意事项？

兼容性是指协调性，硬件上就是说你的计算机的各个部件，如 CPU、显卡等组装到一起以后，会不会相互有影响，不能很好地运作；软件上就是说你的计算机的软件之间能否很好地运作，会不会有影响，软件和硬件之间能否发挥很好的效率工作，会不会导致系统的崩溃。

跨平台测试：市场上有很多不同的操作系统类型，最常见的有 Windows、UNIX、Macintosh、Linux 等。Web 应用系统的最终用户究竟使用哪一种操作系统，取决于用户系统的配置。这样，就可能会发生兼容性问题，同一个应用可能在某些操作系统下能正常运行，但在另外的操作系统下可能会运行失败。因此，在 Web 系统发布之前，需要在各种操作系统下对 Web 系统进行兼容性测试。

跨浏览器测试：浏览器是 Web 客户端最核心的构件，来自不同厂商的浏览器对 Java、JavaScript、ActiveX、plug-ins 或不同的 HTML 规格有不同的支持。例如，ActiveX 是 Microsoft 的产品，是为 Internet Explorer 而设计的，JavaScript 是 Netscape 的产品，Java 是 Sun 的产品，等等。另外，框架和层次结构风格在不同的浏览器中也有不同的显示，甚至根本不显示。不同的浏览器对安全性和 Java 的设置也不一样。测试浏览器兼容性的一个方法是创建一个兼容性矩阵。在这个矩阵中，测试不同厂商、不同版本的浏览器对某些构件和设置的适应性。

26. 软件测试的策略有哪些？

黑盒/白盒，静态/动态，手工/自动，冒烟测试，回归测试，公测（Beta 测试的策略）。

27. 单元测试的策略有哪些？

逻辑覆盖、循环覆盖、同行评审、桌前检查、代码走查、代码评审、数据流分析。

28. 简述一下软件缺陷 Bug 的生命周期？

发现→提交→确认→分配→修复→验证→关闭

29. 软件的安全性应从哪几个方面去测试？

（1）用户认证机制：如数据证书、智能卡、双重认证、安全电子交易协议。

（2）加密机制。

(3) 安全防护策略：如安全日志、入侵检测、隔离防护、漏洞扫描。

(4) 数据备份与恢复手段：存储设备、存储优化、存储保护、存储管理。

(5) 防病毒系统。

30. 单元测试的主要内容是什么？

模块接口测试、局部数据结构测试、路径测试、错误处理测试、边界测试。

31. 集成测试也叫组装测试或者联合测试，请简述集成测试的主要内容。

(1) 在把各个模块连接起来的时候，穿越模块接口的数据是否会丢失。

(2) 一个模块的功能是否会对另一个模块的功能产生不利的影响。

(3) 各个子功能组合起来，能否达到预期要求的父功能。

(4) 全局数据结构是否有问题。

(5) 单个模块的误差累积起来，是否会放大，从而达到不能接受的程度。

32. 集成测试与系统测试有什么关系？

(1) 集成测试的主要依据是概要设计说明书，系统测试的主要依据是需求设计说明书。

(2) 集成测试是系统模块的测试，系统测试是对整个系统的测试，包括相关的软硬件平台、网络以及相关外设的测试。

33. 软件系统中用户文档的测试要点有哪些？

(1) 读者群：文档面向的读者定位要明确。对于初级用户、中级用户以及高级用户应该有不同的定位。

(2) 术语：文档中用到的术语要适用于定位的读者群，用法一致，标准定义与业界规范相吻合。

(3) 正确性：测试中需检查所有信息是否真实正确，查找由于过期产品说明书和销售人员夸大事实而导致的错误。检查所有的目录、索引和章节引用是否已更新，尝试链接是否准确，产品支持电话、地址和邮政编码是否正确。

(4) 完整性：对照软件界面检查是否有重要的分支没有描述到，甚至是否有整个大模块没有描述到。

(5) 一致性：按照文档描述的操作执行后，检查软件返回的结果是否与文档描述的相同。

(6) 易用性：对关键步骤以粗体或背景色给用户以提示，合理的页面布局、适量的图表都可以给用户更高的易用性。需要注意的是，文档要有助于用户排除错误。不但描述正确操作，也要描述错误处理办法。文档对于用户看到的错误信息应当有更详细的文档解释。

(7) 图表与界面截图：检查所有图表与界面截图是否与发行版本相同。

(8) 样例与示例：像用户一样载入和使用样例。如果是一段程序，就输入数据并执行它。以每一个模块制作文件，确认它们的正确性。

(9) 语言：不出现错别字，不要出现有二义性的说法。特别要注意的是屏幕截图或绘制图形中的文字。

(10) 印刷与包装：检查印刷质量；手册厚度与开本是否合适；包装盒的大小是否合适；有没有零碎易丢失的小部件等。

34. 如何理解压力、负载、性能测试？

性能测试是一个较大的范围，实际上性能测试本身包含性能、强度、压力、负载等多方面的测试内容。

压力测试是对服务器的稳定性以及负载能力等方面的测试,是一种很平常的测试。增大访问系统的用户数量或者几个用户进行大数据量操作都是压力测试。而负载测试是压力相对较大的测试,主要是测试系统在一种或者几种极限条件下的相应能力,是性能测试的重要部分。100 个用户对系统进行连续半个小时的访问可以看做压力测试,那么连续访问 8 个小时就可以认为是负载测试,1000 个用户连续访问系统 1 个小时也可以看做是负载测试。

实际上压力测试和负载测试没有明显的区分。测试人员应该站在关注整体性能的高度上来对系统进行测试。

35. 配置测试和兼容性测试的区别是什么?

配置测试的目的是保证软件在其相关的硬件上能够正常运行,而兼容性测试主要是测试软件能否与不同的软件正确协作。

配置测试的核心内容就是使用各种硬件来测试软件的运行情况,一般包括:

(1) 软件在不同主机上的运行情况,例如 Dell 和 Apple;

(2) 软件在不同组件上的运行情况,例如开发的拨号程序要测试在不同厂商生产的 Modem 上的运行情况;

(3) 不同的外设;

(4) 不同的接口;

(5) 不同的可选项,例如不同的内存大小。

兼容性测试的核心内容:

(1) 测试软件是否能在不同的操作系统平台上兼容;

(2) 测试软件是否能在同一操作系统平台的不同版本上兼容;

(3) 软件本身能否向前或者向后兼容;

(4) 测试软件能否与其他相关的软件兼容;

(5) 数据兼容性测试,主要是指数据能否共享。

配置和兼容性测试通称对开发系统类软件比较重要,例如驱动程序、操作系统、数据库管理系统等。具体进行时仍然按照测试用例来执行。

36. 测试工具在测试工作中是什么地位?

国内的很多测试工程师对测试工具相当迷恋,尤其是一些新手,甚至期望测试工具可以完全取代手工测试。测试工具在测试工作中起的是辅助作用,一般用来提高测试效率。自动化测试弥补了手工测试的不足,减轻一定的工作量。实际上测试工具是无法完全替代大多数手工测试的,而一些诸如性能测试等自动化测试也是手工所不能完成的。

对于自动测试技术,应当依据软件的不同情况来分别对待,一般自动技术会应用在引起大量重复性工作的地方、系统的压力点,以及任何适合使用程序解决大批量输入数据的地方。然后再寻找合适的自动测试工具,或者自己开发测试程序。

一定不要为了使用测试工具而使用。

37. 如果测试国际软件中发提醒的 E-mail,需要注意什么?

在做国际软件测试时,如果与时间有关需要着重关注以下两方面。

(1) 时区问题：不同的地区,有不同的时区,对应的时间是不一样的,需要能换算正确。

(2) 夏令时问题：不同国家与地区进入夏令时与出夏令时的时间段不一致,需要能换算正确。

不要出现提前或退后发提醒的 E-mail,需要能准确换算时间。

38．面试官最后会问你有什么问题要问吗?

作为应聘者的你一般不要说没问题问,这会给面试官留下你不太重视这份工作的坏印象。所以如果你想得到这份工作应该抓住这最后的表现自己的机会。你可以问:

(1) 贵公司近期和远期的发展目标是什么?

(2) 贵公司的主要竞争对手有哪些?

(3) 贵公司有多少开发人员和多少测试人员?

(4) 贵公司有进一步扩充测试人员的计划吗?

(5) 如果我有幸能进入贵公司,我有怎么样的发展?

(6) 测试人员的沟通能力很重要,贵公司有规范的沟通渠道吗?

(7) 请介绍一下贵公司的福利情况。

(8) 请问我什么时候能知道这次面试的结果?

附录 D 作者与贡献者简介

D.1 作者简介

中文名：王顺 英文名：Roy

个人简介：10 年以上计算机软件从业经验，资深软件开发工程师，系统架构师。创建学习型组织——言若金叶软件研究中心：一个以网络形式组织的软件研究团队，致力于网络软件研究与开发、计算机专著编写，为加快祖国信息化发展进程而努力！

个人语录：有网络的地方，就有我的存在！

个人新浪微博：http://weibo.com/roywang123

个人腾讯微博：http://t.qq.com/roywang123

中文名：潘娅 英文名：Yetta

个人简历：西南科技大学计算机科学与技术学院副教授，硕士研究生导师，现任软件系主任，10 年以上计算机软件从业经验，主要从事软件过程改进、软件测试等领域的研究和教学工作。

个人语录：简单，快乐！

中文名：盛安平 英文名：Sky

个人简介：10 年以上计算机软件从业经验，资深软件测试工程师，跨平台软件测试事业部负责人。精通 Mac、Linux、Solaris、HP-UX、IBM-AIX 系统的应用及维护。熟练掌握 Windows、Mac 平台自动化测试工具的开发与应用。敏捷开发（Agile）工程师。

个人语录：当你成功的时候，你说的所有话都是真理。

中文名：兰景英

个人简介：西南科技大学计算机科学与技术学院讲师，10 年以上计算机软件从业经验，主要从事软件测试领域的研究和教学工作。

个人语录：真正的梦想是不需要等待的，现在就开始行动吧！

中文名：恽菊花 英文名：Sammy

个人简历：10 年以上计算机软件从业经验，资深软件测试工程师，自动化测试部门负责人，多年 Page、API 测试经验。擅长：数据驱动式测试用例设计、JMeter 等。

个人语录：人生就是倒腾！ 就是要倒腾得有模有样！

中文名：印梅 英文名：Nancy

个人简历：常州机电职业技术学院讲师，7 年以上计算机软件教学经验，主要从事 Java Web 开发、软件测试等领域的研究和教学工作。

个人语录：优等的心，不必华丽，但必须坚固！

中文名：崔贤 英文名：Lauren

个人简介：10 年以上计算机软件从业经验，资深软件测试工程师，安全测试专家，半年以上在美国总部培训学习经验。精通软件功能测试、性能测试、本地化和国际化测试。熟练应用自动化测试工具 JMeter，Selenium。善于用 Autoit 编写自动化测试脚本，开发自动化测试工具应用于 API 封装和测试。熟练应用 Paros，以及 Firefox 自带插件 Firebug，Firetamp 去捕获、拦截、篡改 URL 从而实现对 Web 的安全性测试。

中文名：王莉 英文名：Kate

个人简介：10 年以上计算机软件从业经验，资深软件测试工程师，Web 端软件测试事业部负责人。擅长 Web TA 测试环境的日常更新与维护。

个人语录：在快乐中工作，在工作中体会快乐！

D.2 贡献者简介

中文名：朱少民 英文名：Kerry

个人简介：同济大学软件学院教授，Certified ScrumMaster、CSTQB资深专家和中国科技大学软件学院教指委委员。曾任网迅（中国）软件有限公司QA高级总监，创建并领导过几百人的、国际化的软件测试团队。从事软件开发、测试、QA和过程改进等工作近二十年，在软件工程领域有很高的造诣，出版十多部精品著作，并先后获得青岛市、合肥市、安徽省、机械工业部等多项科技进步奖。

中文名：何海涛 英文名：Tod

个人简介：四川理工学院软件学院工程系主任，副教授，从事软件开发、测试等工作十余年，有较丰富的软件工程经验。目前从事物联网、移动开发、Web应用等方向的教学与研究。

个人语录：科学地做事，热情地做人

新浪微博：http://weibo.com/abigriver

中文名：陈涛 英文名：Tony

个人简介：同济大学计算机软件与理论方向博士，资深高校计算机教师，安徽财经大学计算机科学与技术系副教授。擅长：数据仓储、Java EE开发、软件测试等。

个人语录：坚持、奋斗！

中文名：孙庚 英文名：Linda

广州番禺职业技术学院副教授，曾在大型国企从事7年的CAD/CAM工作，并具有10年以上计算机软件从业经验，目前主要从事软件开发、软件测试等领域的研究和教学工作。

中文名：张扬 英文名：Waley 美籍华人

个人简介：现于美国硅谷任资深软件架构师和工程主管。美国加州大学计算机硕士。曾在多家著名高科技公司，如 IBM，SGI，Cadence，Intraware，WebEx/Cisco 担任资深软件工程师，架构设计师，项目主管和部门经理。主要专长在于网络平台框架设计，设计模式 SaaS 和 Web 2.0 技术。并且对探索和利用互联网分散协同软件开发有着强烈的兴趣和丰富的实践经验。

中文名：李化 英文名：Angelo

个人简历：10 年以上计算机软件从业经验，资深软件开发工程师。擅长：PHP/Java EE/Web 2.0/JavaScript 框架/CSS 等。

个人语录：别人都称我是计算机高手，其实我也只是懂得一点点！

中文名：汪红兵 英文名：Scott

个人简介：10 年以上软件研发及管理经验，资深软件开发工程师，系统架构师，擅长 J2EE/JQuery/Web 2.0/PHP/Python/PB 等开发语言及框架，熟悉 Oracle、MS SQL Server、MySQL 等数据库，能熟练使用 Rational Rose、EA、Visio 等 UML 工具。

个人语录：只要面对现实，你就能超越现实。

中文名：高轶 英文名：Berid

个人简介：10 年以上计算机软件从业经验，资深软件测试工程师，服务器软件测试事业部负责人。精通性能测试、压力测试、稳定性测试等。精通 STAF＋STAX＋Python 自动化测试框架。

个人语录：不能则学，不知则问，耻于问人，决无长进。

中文名：吴治 英文名：Nimon

个人简介：10年以上计算机软件从业经验，资深软件测试工程师。具有丰富的软件项目质量控制管理经验，擅长客户端，Web平台和自动化测试。

个人语录：珍惜今天，梦想明天

中文名：严兴莉 英文名：Cathy

个人简介：毕业于四川绵阳西南科技大学，软件工程专业，爱好唱歌、健美操。2013年毕业，主要学习方向为软件测试，擅长Web测试、手机测试和桌面应用程序测试。言若金叶软件研究中心认证软件测试工程师。

个人语录：Tomorrow is another day!

个人腾讯微博：http://t.qq.com/loyan1314?

中文名：胡绵军 英文名：Star

个人简历：两年以上计算机从业经验，软件测试工程师。

擅长：Web功能测试，手机APP测试，Desktop Application测试。熟练使用性能测试工具对Web进行压力和负载测试。言若金叶软件研究中心认证软件测试工程师。

中文名：王璐 英文名：Jenny

个人简介：2012年毕业于四川理工学院，计算机科学与技术专业，喜欢学习新知识，乐于分享所学。主要学习方向为软件测试，擅长Web测试、手机测试和应用程序测试。言若金叶软件研究中心认证软件测试工程师培训认证教师。

个人语录：没有最好，只要更好！

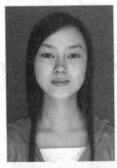

中文名：李林　英文名：Lillian

个人简介：毕业于四川省绵阳西南科技大学，计算机科学与技术专业，爱好唱歌、羽毛球、看书。2013 年毕业，主要学习方向为软件测试，擅长 Web 测试、手机测试和桌面应用程序测试。言若金叶软件研究中心认证软件测试工程师。

个人语录：用微笑面对生活，不管结果如何！

个人新浪微博：http://weibo.com/u/1742997474

中文名：张凤　英文名：Dasiy

个人简介：毕业于四川绵阳西南科技大学，软件工程专业，爱好跳舞、唱歌。2013 年毕业，主要从事软件测试方面工作，擅长 Web 测试、手机测试和桌面应用程序测试。言若金叶软件研究中心认证软件测试工程师。

个人语录：人生最精彩的不是实现梦想的瞬间，而是坚持梦想的过程！

D.3　读书笔记

读书笔记	*Name*：	*Date*：

励志名句：*The world makes way for the man who knows where he is going.*

如果你目标坚定，整个世界都会为你让路！

图书资源支持

感谢您一直以来对清华版图书的支持和爱护。为了配合本书的使用，本书提供配套的资源，有需求的读者请扫描下方的"书圈"微信公众号二维码，在图书专区下载，也可以拨打电话或发送电子邮件咨询。

如果您在使用本书的过程中遇到了什么问题，或者有相关图书出版计划，也请您发邮件告诉我们，以便我们更好地为您服务。

我们的联系方式：

地　　址：北京市海淀区双清路学研大厦 A 座 701

邮　　编：100084

电　　话：010-83470236　　010-83470237

资源下载：http://www.tup.com.cn

客服邮箱：2301891038@qq.com

QQ：2301891038（请写明您的单位和姓名）

资源下载、样书申请

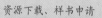

书圈

扫一扫，获取最新目录

课程直播

用微信扫一扫右边的二维码，即可关注清华大学出版社公众号"书圈"。